系统仿真基础教程
基于Python语言

盛立 高明 王维波◎编著

人民邮电出版社

北京

图书在版编目（CIP）数据

系统仿真基础教程 ：基于 Python 语言 / 盛立，高明，王维波编著. -- 北京 ：人民邮电出版社，2025.

ISBN 978-7-115-64904-1

Ⅰ. TP391.9

中国国家版本馆 CIP 数据核字第 2024WG1804 号

内 容 提 要

本书介绍系统仿真基础内容的算法原理和程序实现，包括系统的各种数学模型表示和相互转换、连续时间系统的数值积分法仿真、模型离散化方法和离散时间系统仿真、采样控制系统仿真等。本书使用 Python 编程实现书中介绍的各种算法和示例，主要用到 NumPy、SciPy、Matplotlib 和 python-control 等第三方包。所有的示例都给出了 Python 程序实现，通过理论与程序结合的方法演示算法原理和仿真效果，使读者掌握用 Python 编写系统仿真程序的方法。

阅读本书需要先掌握自动控制原理、现代控制理论、信号与系统等课程的基础知识。本书可作为高等院校系统仿真相关课程的教材，也可供想要了解如何使用 Python 进行动态系统仿真的读者参考。

◆ 编　著　盛　立　高　明　王维波

责任编辑　吴晋瑜

责任印制　王　郁　胡　南

◆ 人民邮电出版社出版发行　　北京市丰台区成寿寺路 11 号

邮编　100164　电子邮件　315@ptpress.com.cn

网址　https://www.ptpress.com.cn

三河市君旺印务有限公司印刷

◆ 开本：800×1000　1/16

印张：21　　　　　　　　　2025 年 4 月第 1 版

字数：469 千字　　　　　　2025 年 4 月河北第 1 次印刷

定价：89.80 元

读者服务热线：(010)81055410　印装质量热线：(010)81055316

反盗版热线：(010)81055315

前　　言

编写本书的目的

　　系统仿真主要是针对实际系统建立数学模型，通过计算机程序对数学模型进行数值求解，从而研究系统的特性。系统仿真技术在通信、自动控制、机械、机器人、航空航天等领域应用广泛，是进行科学研究和工程应用的一种基本方法和技术，所以自动化、电气等专业一般都开设了控制系统仿真、计算机仿真等课程。

　　中国石油大学（华东）一直为自动化、测控、电气等本科专业开设"控制系统仿真技术"课程，我们在多年的教学中发现了教材和教学中的一些问题。

　　（1）适合作为本科生系统仿真课程的教材不多。我们目前使用的教材内容太多，只有部分内容是课程教学中要讲的，教材的很多内容不属于本科生的教学内容范围。

　　（2）我们目前使用的教材侧重于理论，涉及的少量程序还是基于 C 语言的。许多介绍控制系统仿真的书籍介绍 MATLAB/Simulink 编程，但缺少仿真基本算法的内容。我们在教学中只能综合教材和参考书的内容，除讲授仿真相关的算法外，还介绍算法的 MATLAB 程序实现，以做到理论和编程实践结合。

　　（3）由于 MATLAB 中有大量现成的工具箱函数可用，Simulink 图形化设计仿真程序使用起来非常方便，学生形成了对 MATLAB/Simulink 的依赖。在本科生毕业设计或研究生学习科研阶段，很多学生只会用 Simulink 实现系统仿真，在涉及的算法需要编程时往往就束手无策了。

　　鉴于以上这些问题，我们决定编写一本适用于本科生系统仿真课程教学的教材，即本书。本书旨在达到以下目标。

　　（1）教材内容符合本科生"控制系统仿真技术"课程教学需求，能与"自动控制原理"和"现代控制理论"等课程的内容衔接，有助于提升学生的理论水平和实践能力。

　　（2）将 Python 语言引入控制系统仿真课程的教学，减少学生对 MATLAB/Simulink 的依赖。

　　（3）详细介绍系统仿真常用基础算法的原理，也介绍算法的 Python 程序实现。通过学习，学生能掌握算法理论知识，也锻炼编程实现能力。

本书主要内容

本书详细介绍系统仿真的基础知识，全书内容分为 9 章。

第 1 章是系统仿真概述，介绍系统仿真的定义、类型和应用等，还介绍系统仿真的一些前沿技术的基本功能和特点，如虚拟现实、增强现实、数字孪生等。

第 2 章是 Python 编程基础，介绍本书使用的开发环境 Anaconda 的安装和使用、JupyterLab 的基本使用，以及 Python 基本句法、函数式编程、面向对象编程等。未学习过 Python 或未使用过 Anaconda 的读者可以通过本章内容快速掌握 Python 编程方法。

第 3 章介绍本书用到的 NumPy、SciPy、Matplotlib 这 3 个包的基本功能和使用方法。这 3 个包是利用 Python 进行科学计算和数据可视化编程的基础。

第 4 章介绍 python-control 包的功能，及其主要的类和函数。python-control 是用于控制系统建模、分析和设计的包，本书中的很多示例程序都会用到 python-control 中的类和函数。

第 5 章介绍连续时间系统的数学模型，包括不同类型的模型表示、各种模型之间的转换、非线性模型的线性化、结构图模型等。

第 6 章介绍连续时间系统数值积分法仿真，包括欧拉法、龙格-库塔法等数值积分算法，以及数值积分算法的步长控制、稳定性分析等问题。

第 7 章介绍时域模型的离散化和仿真，也就是将连续时间状态空间模型转换为离散时间状态空间模型后进行仿真。这种方法还可以应用于含有非线性环节的结构图的模型离散化和仿真。

第 8 章介绍传递函数模型的离散化和仿真，也就是将传递函数转换为差分方程后进行仿真，涉及替换法、根匹配法、频域离散相似法等。

第 9 章介绍采样控制系统仿真，包括采样控制系统的结构、采样周期与仿真步长的关系、PID 控制算法等。

本书内容不涉及离散事件系统仿真，不涉及用偏微分方程描述的分布参数系统的仿真，只涉及能用常微分方程描述的集中参数系统的仿真。本书内容覆盖了集中参数系统仿真的主要内容，包括系统数学模型的表示和转换、数值积分法仿真、模型离散化仿真、采样控制系统仿真等。本书不仅详细介绍理论原理，还通过示例和 Python 程序演示仿真算法的实现，直观地展示仿真效果。

另外，本书第 5、6、7 章介绍的面向结构图的建模和仿真方法可以实现类似于 Simulink 的功能。我们可以针对一个结构图（即使含有非线性环节）直接构建结构图的互联系统模型，然后进行数值积分法仿真或离散化模型的仿真。读者掌握了本书的内容就能用 Python 编程处理常见的系统仿真问题。

本书提供的资源和学习建议

本书提供全书所有示例程序的源代码，读者可以到人民邮电出版社异步社区本书的资源页下载。这些示例程序的开发和测试环境是 64 位 Windows 10 系统、conda 23.7.3 和 Python 3.11.5。

我们为本书的示例程序创建了一个 conda 环境 simu_v1，在本书示例程序根目录下有一个环境备份文件 simu_v1_full.yaml，读者在 Anaconda Navigator 中使用导入环境的功能导入这个文件就可以创建本书示例运行所需的环境，导入环境的操作方法见 2.1.3 小节。本书的开发环境主要用到 NumPy、SciPy、Matplotlib、python-control 等第三方包，环境 simu_v1 中这些包的版本见 2.1.6 小节的介绍。

本书适合于学习过自动控制原理、现代控制理论、信号与系统等课程的学生和研究人员阅读，未学习过 Python 的人员可以通过本书第 2 章快速学习 Python 编程的基本知识。

本书的算法理论和程序紧密结合，读者在学习过程中只有通过编程测试才能加深对算法原理的理解。建议读者下载本书示例程序的源代码，并且尽量动手编程把书中的示例程序实现一遍、动手编程解决习题中的问题，这样才能提高解决实际问题的能力。

本书为配套教学提供了教学大纲和 PPT 课件，还提供了每章习题的答案和程序。这些教学资源并未发布到异步社区，有需要使用本书作为教材的教师可以向编者发邮件免费索取这些教学资源，联系邮箱：wangwb@upc.edu.cn。

致谢

本书的编写工作主要由盛立、高明、王维波合作完成。另外，丛琳、王平老师参与了书稿检查、教学资源制作等工作；研究生吕雁茹、程炜、李海明帮助绘制了书中的各种图表，还数次帮助进行书稿的全面检查。他们的工作是本书成书不可缺少的，感谢他们为本书所做的贡献。本书的编写还得到了"山东省一流本科课程"、教育部自动化类教指委专业教育教学改革研究课题、中国石油大学（华东）本科校级规划教材等项目的支持。

编写本书其实有点"自我革命"的意味，因为我们要舍弃用了多年的教案和 MATLAB 程序，重新用 Python 编写所有程序，重新制作课件，重新设计实验指导书。最初，我们甚至担心用 Python 无法实现课程中的所有仿真功能。好在最后我们用 Python 实现了所有仿真功能，甚至有了一些令人欣喜的发现，例如可以比较方便地对结构图进行建模和仿真。

我们编写本书的目的之一是将 Python 引入控制系统仿真的课堂教学中，这是一件比较有意义的工作，具有一定的开创性和探索性，但书中难免会有疏漏之处，希望广大读者不吝指正。

编者

2025 年 2 月

资源与支持

资源获取

本书提供如下资源：

- 本书源代码；
- 本书思维导图；
- 异步社区 7 天 VIP 会员；
- 习题答案（学生版）。

要获得以上资源，您可以扫描右侧二维码，根据指引领取。

说明：本书配有 PPT 课件、习题答案的代码和习题答案（教师版），如有需要，请发送邮件至 wangwb@upc.edu.cn 索取上述资料。

提交勘误

作者和编辑尽最大努力来确保书中内容的准确性，但难免会存在疏漏。欢迎您将发现的问题反馈给我们，帮助我们提升图书的质量。

当您发现错误时，请登录异步社区（https://www.epubit.com），按书名搜索，进入本书页面，单击"发表勘误"，输入勘误信息，单击"提交勘误"按钮即可（见右图）。本书的作者和编辑会对您提交的勘误进行审核，确认并接受后，您将获赠异步社区的 100 积分。积分可用于在异步社区兑换优惠券、样书或奖品。

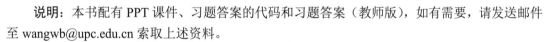

与我们联系

如果您对本书有任何疑问或建议，请您发邮件给我们，并请在邮件标题中注明本书书名，以便我们更高效地做出反馈。

如果您有兴趣出版图书、录制教学视频，或者参与图书翻译、技术审校等工作，可以发邮件给本书的责任编辑（wujinyu@ptpress.com.cn）。

如果您所在的学校、培训机构或企业，想批量购买本书或异步社区出版的其他图书，也可以发邮件给我们。

如果您在网上发现有针对异步社区出品图书的各种形式的盗版行为，包括对图书全部或部分内容的非授权传播，请您将怀疑有侵权行为的链接发邮件给我们。您的这一举动是对作者权益的保护，也是我们持续为您提供有价值的内容的动力之源。

关于异步社区和异步图书

"异步社区"（www.epubit.com）是由人民邮电出版社创办的 IT 专业图书社区，于 2015 年 8 月上线运营，致力于优质内容的出版和分享，为读者提供高品质的学习内容，为作译者提供专业的出版服务，实现作者与读者在线交流互动，以及传统出版与数字出版的融合发展。

"异步图书"是异步社区策划出版的精品 IT 图书的品牌，依托于人民邮电出版社在计算机图书领域多年来的发展与积淀。异步图书面向 IT 行业以及各行业使用 IT 技术的用户。

目　　录

第1章　系统仿真概述

本章介绍系统仿真的一些基本概念和知识。本章先介绍系统的定义及其特性、系统模型的类型；然后介绍系统仿真的定义、系统仿真的基本原则和类型等；再介绍系统仿真技术发展前沿，包括与系统仿真相关的虚拟现实、增强现实、混合现实、数字孪生等技术的基本原理和应用场景。

1.1　系统和模型

系统仿真处理的实际对象是系统，仿真实现依赖于模型。要理解系统仿真的原理和作用，我们先要了解系统的基本特性，了解系统模型的意义和分类。

1.1.1　系统

关于系统（system）有多种定义，一种广为接受的定义是"系统是由相互作用、相互依赖的若干组成部分结合而成的，具有特定功能的有机整体[1]"。

系统是一个有边界的整体，系统的组成部分可以是各种实体（entity）。例如，一辆汽车是一个系统，它包含发动机、变速箱、转向机构、制动器等各种组成部分，它们相互连接、相互作用构成了汽车这个系统；人体也是一个系统，它包含心脏、大脑、四肢、肠胃等各种组成部分，它们相互作用、相互依赖就构成了人体这个系统。

从信号的角度来看，系统可以认为是对一组变量的约束，或变量之间的关系，也可以认为是从一组输入变量到一组输出变量的映射（见参考文献[2]第6章），如图1-1所示。映射就是一种约束，变量是信号的表示。

图 1-1　系统的框图表示

从外部来看，系统的变量分为输入变量和输出变量。输入变量 u 指输入信号，输出变量 y 指输出信号，也称为系统响应。输入变量和输出变量是显式变量（manifest variable），是系统与外界产生信息联系的信号，也是我们所关心的能表现系统特性的信号。

另外，为了用数学模型表示系统并描述系统内部状态的变化，系统还引入状态变量 x。状态变量是引入的辅助变量，用来描述输入变量与输出变量之间的映射关系。

通过观察物理世界中的各种系统，我们可以总结出系统所具备的一些主要特性[1][3]，如下所示。

（1）系统是有边界的，一个系统可以包含多个子系统，也可以是其他系统的子系统或实体。

例如，一辆汽车可以包含发动机系统、变速箱系统、转向系统、制动系统等众多的子系统，而道路上行驶的一辆汽车又是交通系统这个大系统中的一个实体。在研究系统时需要根据研究目的确定好系统的边界，边界以外对系统的作用称为系统的输入，系统对边界以外的作用称为系统的输出。

（2）系统不是孤立的，是相互作用的。一个系统通过输入和输出与外界相互作用，一个系统的输出可以作为另一个系统的输入，同时它的输入也可能来自其他系统的输出。例如，反馈控制系统基本结构如图 1-2 所示，控制器、执行器、被控对象、传感器都可以看作单独的系统，它们的输入值和输出值相互连接和作用，例如控制器的输入值来自传感器的输出值，控制器的输出值又作为执行器的输入值。

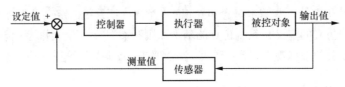

图 1-2　反馈控制系统基本结构

在对一个复杂的系统进行分析或设计时，要根据功能将系统合理地划分为多个子系统，确定子系统的输入和输出，以及子系统之间的相互关联和作用，然后分别对子系统进行分析或设计，再将各个子系统综合为整个大系统。对复杂系统进行分析、设计、开发和管理是一个复杂的工程，属于系统工程学的研究范畴，载人航天工程、核电站、大型水电站等大型工程项目的建设都要用到系统工程学的方法。

（3）系统是在随时间不断发展、运动和变化的。描述系统的三要素是实体、属性和活动[3]，实体就是系统的各个组成部分，属性就是描述实体特征的状态变量，活动就是各实体在相互作用或外部输入作用下属性的变化过程。例如，一个封闭的生态瓶就是一个小型的生态系统（见图 1-3），瓶中的水、绿萍、虾、金鱼藻等是这个系统中的实体，它们的数量就是系统的属性。在外部输入（阳光）的作用下，以及水、绿萍、虾、金鱼藻等实体的相互作用下，实体的数量是在动态变化的，变化的过程就是系统的活动。

随时间变化的系统称为动态系统，不随时间变化的系统称为静态系统。实际中的系统都是动态系统，绝对静止的静态系

图 1-3　封闭的生态瓶

统几乎是不存在的，因为即使是一个原子其内部也是动态变化的，只是由于观察的时间尺度或空间尺度的不同，我们有时可以将一个系统近似认为是一个静态系统。系统的特性往往体现在其运动和变化过程中，所以动态系统是系统研究的重点。

1.1.2　系统的模型

系统的模型就是原系统的替代。模型是对实际系统的描述、模拟和抽象，模型要尽量准确地

反映原系统的特性。在建立模型时一般会根据使用目的做一些简化，在提取系统主要特性的情况下使模型尽量简化。通过对模型进行分析、实验和研究，我们可以掌握原系统的特性，从而为原系统的分析、设计、优化等提供有用的信息。

系统的模型有多种形式，主要有以下几种。

（1）物理模型，即针对原有系统按比例制作的实物模型，一般是缩小比例模型，也可以是等比例或放大比例的模型。例如，战场沙盘模型是缩小比例模型，用于在风洞中测试气动特性的飞机模型、导弹模型一般是缩小比例模型，用于教学演示的分子结构模型是放大比例模型。

（2）数学模型，就是用数学公式描述系统的特性，数学公式是根据系统运行中遵循的物理定律、化学定律、经济定律等列写出来的。动态系统的数学模型一般用微分方程或差分方程表示，对数学模型进行数值计算就可以获取系统状态变化规律，或系统对外界输入的响应特性。

（3）图表模型，就是用图或表格来描述系统特性。图表模型可以直观地展示系统的结构、数据或流程，帮助用户快速理解系统的关键信息。例如地图可以被认为是图模型，软件 UML 建模中的状态图、活动图、用例图等也是描述软件行为的图模型。

（4）三维数字模型，就是使用计算机软件建立的系统三维模型。很多 CAD 软件的设计成果就是三维模型，例如汽车设计、飞机设计、建筑设计等得到的三维模型。这些三维模型可以很好地展示系统的结构组成，可以用于构建虚拟现实系统等，例如通过虚拟现实技术在三维建筑模型中漫游。

（5）神经网络模型，就是用神经网络来表示系统的输入输出特性。人工智能技术发展迅猛，神经网络已经能完成很多以前只能由人脑才能完成的抽象工作，例如用神经网络实现语音识别、图像识别、图像生成等。神经网络就是模拟人脑处理抽象信息的能力，可以认为神经网络是一种表示系统输入输出关系的模型，也就是给它一个输入，它可以输出一个结果。例如给神经网络输入一张图片，它可以识别图片中的动物是小猫还是小狗。

1.2　系统仿真

在介绍了系统和模型的定义后，本节介绍系统仿真的定义，以及系统仿真的作用、系统仿真的类型以及应用等。

1.2.1　系统仿真的定义

系统仿真（system simulation）就是对真实的系统或设想的系统建立模型，针对模型进行实验或计算以获取系统的状态变化信息和响应信息，从而对系统进行分析、验证，或与模型进行交互。

系统仿真由系统、模型和仿真三者构成。系统是被研究的对象，模型是系统特性的描述，仿真就是针对模型进行实验或计算以达到研究原系统特性的目的。

系统仿真中使用的模型可以是物理模型、数学模型、图表模型、三维数字模型、神经网络模型等各种形式的模型，仿真方法主要有实物实验和计算机程序计算两种方法，不同的模型适用不同的仿真方法。

- 对于物理模型进行仿真就是进行实物实验，例如在风洞中对缩小比例的飞机模型进行实验，在实验过程中观察和记录实验数据，再对实验数据进行分析和处理。
- 对于数学模型、图表模型、三维数字模型和神经网络模型等便于在计算机中编程实现的模型，就可以编写计算机程序对这些模型进行仿真计算。

 对于数学模型、图表模型和神经网络模型等便于在计算机中编程实现的模型，我们统称其为可程序化模型。

现代的系统仿真大多是用计算机实现的，所以，系统仿真也被称为计算机仿真。计算机仿真包括三要素，即系统、模型和仿真程序[3]。这三者由 3 个活动连接起来，如图 1-4 所示。

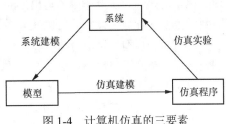

图 1-4　计算机仿真的三要素

1．系统建模

系统建模就是针对实际的系统建立其三维数字模型或数学模型等可程序化模型。

根据系统运行遵循的物理定律、化学定律、经济定律等列写数学公式或绘制图表的建模方式称为机理建模，机理建模得到的模型是数学模型或图表模型。数学模型一般用常微分方程、偏微分方程、差分方程等数学公式表示，图表模型用数据表格、结构图、状态图、活动图等表示系统的结构或运行规律。

实际的物理系统通常是复杂的，机理建模很难得到精确表示系统特性的数学模型，而且在建立数学模型时一般还会设置一些假设条件，以简化模型形式或降低模型阶次。例如，一个加热炉内各处的温度必然与空间位置有关，如果要精确描述炉内温度就需要使用偏微分方程，但是如果不关心加热炉内的温度梯度，就可以假设炉内是一个温度，那么用常微分方程描述就可以了。

在难以进行机理建模时，我们还可以通过系统的输入输出实验数据建立系统的数学模型，例如采用系统辨识方法建立系统的数学模型，或采用深度学习方法训练神经网络建立系统的神经网络模型。

2．仿真建模

仿真建模就是将系统建模得到的模型转换为计算机可数值计算或可处理的形式，例如迭代计算形式，然后编写仿真程序实现模型的数值计算。常微分方程、偏微分方程、差分方程等数学模型有相应的数值计算方法，可以编写程序进行计算；状态图、活动图等可以在程序中用状态机实现；神经网络模型是便于在计算机中用程序实现的；三维数字模型也可以通过程序在计算机中显示和处理。

3．仿真实验

在编写好仿真程序后，就可以利用仿真程序进行仿真计算，获取系统在设定参数下的响应数据，并且用图表、曲线、三维显示等形式直观地表示仿真结果。仿真实验的结果可用于分析系统运行规律和响应特性，可以根据仿真实验结果对实际系统进行改进和优化，或者对模型进行修正。

由于是在计算机中运行程序进行实验，我们可以很方便地修改系统的参数，以研究系统的一些特定的特性，例如系统对某种频率输入信号的响应特性，或系统的极限工作特性等。

1.2.2 系统仿真的作用

系统仿真是现代科学技术研究和生产运行不可或缺的一种技术手段，系统仿真技术已经被广泛应用于各种领域，例如经济系统仿真、电力系统仿真、交通系统仿真、武器系统仿真、化工生产过程仿真等。仿真也被应用于娱乐方面，例如虚拟现实游戏就是用仿真技术展现出虚拟世界，并且能通过游戏手柄、三维运动座椅等与操作者交互。

系统仿真技术之所以应用广泛，主要有以下一些原因。

- 实际系统还处于设计阶段，无法进行物理实验，通过系统仿真可以辅助实际系统设计。通过系统仿真可以获取系统模型的各种响应数据，以便于设计者更好地理解和分析系统的运行规律，识别潜在问题并对设计进行修改和优化，降低系统设计失败的风险。例如飞机的设计需要进行风洞实验确定气动外形，大型化工装置在设计阶段可以通过计算机仿真确定关键参数。
- 系统仿真可以显著降低实验成本。某些实际系统不便于做实验，因为实验成本太高或风险太大，使用仿真系统进行仿真实验就可以有效地降低成本和风险。例如，飞行驾驶仿真系统可以对飞行学员进行初期的培训，还可以模拟出现各种飞行险情，以训练飞行员进行险情处置操作。
- 系统仿真可以提高决策效率，提前设计决策方案。通过模拟不同的场景和方案，系统仿真能够为决策制定提供数据支持，使决策者能够基于仿真结果做出明智的选择。例如作战仿真系统能对不同领域（陆、海、空、天、电、网）、不同层次（战略、战役、战术、技术）、不同手段（实兵/实装模拟、推演模拟、虚拟模拟）的作战训练进行仿真[4]，可以提高训练效果，节约经费，还可以有针对性地制定和完善作战方案。
- 仿真系统可以和实际系统结合，在获取实际系统各种数据的情况下模拟实际系统的运行，从而在计算机上实现对实际系统的高效管理，并能分析历史数据，预测运行趋势，及时发现可能出现的问题并预警，这就是新兴的数字孪生技术。数字孪生技术在工业领域应用广泛，如海上钻井平台的管理[5]、石油炼化装置的管理[6]、电力系统的运行管理[7]等。
- 系统仿真还可以创建实际系统的三维虚拟系统，或创建一个并不实际存在的虚拟系统，人们可以通过视觉、听觉、触觉等传感器与虚拟系统进行交互，例如虚拟现实游戏、Google眼镜、苹果公司的 Vision Pro 设备等都用到了仿真技术。

1.2.3 系统仿真的基本原则

系统仿真的目的是要真实而准确地反映原系统的特性，也就是仿真系统必须与原系统具有相似性，而且仿真结果是否能准确反映原系统的特性，还涉及仿真结果可信度评价问题。仿真模型与原系统要有相似性，仿真模型与结果要有可信度，这是系统仿真的基本原则。

1. 相似性

相似理论认为自然界中的两个系统或两种现象之间可以存在相似性。相似性为基于模型的实验提供了理论依据，当实验模型与原型具有相似性时，由模型实验的结果可以推算出原型的相应结果。

系统仿真中建立的仿真模型就是所研究实际系统的相似模型，仿真模型与实际系统的相似性一般体现在以下几个方面。

（1）物理结构相似。实物模型应该与原系统保持物理结构相似，例如用于风洞实验的飞机模型虽然缩小了比例，但是外形结构要相似；用于教学演示的分子结构模型虽然放大了比例，但是各组成原子的相对大小和位置等物理结构要相似。

（2）原理结构相似。仿真模型应该与原系统的原理结构有相似性，图表模型应该能反映原系统的模块组成和相互关系，数学模型中的变量应该对应实际的物理量，数学公式应该体现实际的物理或化学定律。

例如，要对一个实际的双水箱液位控制实验装置（见图 1-5）进行仿真时，可以使用组态软件绘制双水箱液位控制系统的结构图（见图 1-6）。这个结构图就是一种图模型，系统结构图要比较准确地表示原系统中各个部分（水箱、泵、调节阀）的位置、关系和作用。

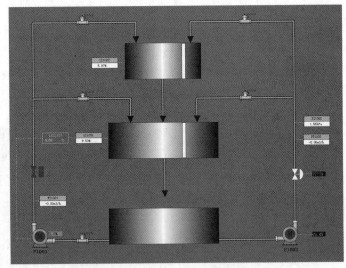

图 1-5　双水箱液位控制系统实验装置　　　　图 1-6　双水箱液位控制的系统结构图

（3）静态特性相似。静态特性指的是系统处于稳定状态时的特性，在相同的参数条件下，仿真系统与实际系统的静态特性应该相似。例如对于双水箱液位控制系统，当系统处于稳定状态时两个水箱的液位、各个阀的流量是稳定的值。若使用数学模型对双水箱液位控制系统进行仿真，在相同的参数条件下，仿真系统与实际实验装置的两个水箱的液位值应该相同。

（4）动态特性相似。动态系统的外部输入或内部状态发生变化时，系统的状态和输出会随时间发生变化，这称为系统的动态响应。在相同的参数条件下，仿真系统和实际系统的动态响应应该相似。例如对于双水箱液位控制系统，如果将上水箱的液位设定值增大 0.1 米，系统中两个水箱的液位会发生动态变化，仿真系统计算的两个水箱的液位变化过程曲线应该与实际实验采集的两个水箱的液位变化过程曲线相似。

仿真模型是原系统的相似模型，它们的特性不可能一模一样，只要各相似要素的误差在允许范围之内，就可以认为仿真模型与原系统是相似的。

2. 可信度

系统仿真的关键是建立与原系统功能结构和特性相似的仿真模型，只要仿真模型足够精确，并且仿真算法保证计算的稳定性，那么仿真结果就有可信度。

在系统不是很复杂或存在实际系统的实验数据时，我们可以从建模的机理上确定模型的可信度，或者用仿真数据与实际实验数据的误差来确定模型的可信度。但是当实际系统很复杂，或者缺少实际系统的实验数据时，如何定义模型的可信度就是一个问题了。特别是当需要仿真的系统很复杂时，需要评估和保证仿真模型的可信度，否则得到的仿真结果可能是不正确的。

模型可信度的定义有多种方式。通常认为，仿真模型可信度是指在特定的应用目的条件下，对于所开发的仿真模型以及仿真输出结果是否正确的一种信任程度；或者是指基于一定的建模与仿真目的，开发的仿真模型能够再现被仿真对象各项指标的可信程度[8]。

要评估和保证仿真模型的可信度，可以通过校核、验证与确认（verification, validation and accreditation，VV&A）方法来完成。校核侧重于对建模过程的检验，是要确定仿真模型是否准确体现了开发者的概念描述和技术规范。验证侧重于对仿真结果的检验，即确定仿真结果数据是否正确反映了实际系统的特性。确认则是在校核与验证的基础上，由相关机构来最终确定仿真模型对于某一特定应用是否可接受。

VV&A 贯穿于建模与仿真的整个过程，有各种定性和定量的方法用于模型可信度校核和验证[8]。仿真模型可信度评估是一个比较复杂的过程，特别是当系统很复杂时。在系统仿真中应该采用一些方法来评估仿真模型的可信度，具体的方法见相关文献资料的介绍。

1.2.4　系统仿真的类型

根据分类的方法不同，系统仿真可以划分为不同的类型。

1. 根据模型的种类分类

根据仿真模型是实物模型还是非实物模型进行划分，主要有以下几类。

（1）物理仿真，就是利用物理模型进行实验，通过实验数据的分析和处理来掌握原系统的运行特性。例如，利用缩小比例的飞机模型进行风洞实验就是物理仿真。物理仿真的优点是直观、真实，缺点是模型修改困难、实验限制多、成本高。

（2）数字仿真，就是使用三维数字模型、数学模型等在计算机上进行仿真，这是现代仿真的主要方式。数字仿真的优点是方便、灵活、经济，缺点是创建仿真模型比较复杂。

（3）半实物仿真，就是使用物理模型和计算机联合进行仿真，即仿真系统中某些部分用计算机来实现，某些部分用实际装置实现。例如，飞行员驾驶训练系统就是半实物仿真系统，计算机生成飞机飞行的周围环境，如机场跑道、天空、群山等；学员的操作面板则是完全模仿飞机驾驶舱的实物。

2. 根据仿真时钟与实际时钟的比例关系分类

实际系统运行的时间系统称为实际时钟，仿真系统运行的时间系统称为仿真时钟。根据仿真时钟与实际时钟的比例关系，系统仿真可以分为以下几类。

（1）实时仿真，即仿真时钟与实际时钟同步，也就是仿真的速度与实际系统运行的速度相同。实物仿真本身就是实时仿真。在半实物仿真中，数字仿真部分为了和实物部分实时交互，数字部分必须是实时仿真。

（2）亚实时仿真，即仿真时钟慢于实际时钟，也就是仿真系统运行的速度慢于实际系统运行的速度。亚实时仿真可能是因为计算机程序运行慢，赶不上实际系统的运行速度导致的。对于某些运行速度极快的实际系统，例如炸药爆炸和扩散的过程，我们可以通过亚实时仿真如同放慢镜头一样研究爆炸过程的细节。

（3）超实时仿真，仿真时钟快于实际时钟，也就是仿真系统运行的速度快于实际系统运行的速度。在计算机仿真中，我们通常希望仿真系统尽快完成计算得到结果。对于一些运行比较慢的实际系统，通过超实时仿真可以快速得到预测结果，例如，对气象模型的超实时仿真可以实现天气预报。

3. 根据系统的特性分类

实际的系统按运行特性可以分为两大类，一类为时间驱动的连续系统，另一类是事件驱动的离散事件系统。对这两类系统建立的仿真模型形式不同，仿真研究方法也有差别。

（1）连续系统。连续系统是指系统的输入变量、状态变量和输出变量都随时间连续变化的系统。对实际的连续系统建模时，随时间变化的集中参数系统用常微分方程表示，随时间和空间变化的系统用偏微分方程表示。

用常微分方程和偏微分方程（以下统称为微分方程）表示的模型是连续时间模型，模型中的时间变量是连续的。为了便于在计算机中实现对微分方程的数值计算，我们需要将微分方程转换为可迭代计算的形式，或转换为等效的差分方程模型或离散状态空间模型，这些都是离散时间模型。注意，离散时间模型只是对原来的连续系统在时间上进行了采样，表示的系统本质上还是连续时间系统。

也有一些实际的系统在建模时就直接使用差分方程或离散状态空间模型作为其数学模型，这实际上也是对连续系统在时间上进行了采样。例如参考文献[2]第6章中的一个生态系统模型是用离散状态空间模型表示的，离散时间变量是以月为单位的。

实际的连续系统要用微分方程等连续时间模型来精确描述。为了便于在计算机中实现数值计算，我们对连续系统在时间上离散化，用离散时间模型来表示。所以，连续时间模型和离散时间模型只是连续系统的不同数学模型形式而已。

在计算机仿真中，我们可能混合使用连续时间模型和离散时间模型，而且即使将模型离散化，各部分模型离散化的时间周期也可以不一样。例如第9章介绍的计算机采样控制系统，计算机上的数字控制器用离散时间模型表示，被控对象用连续时间模型表示，在仿真计算时数字控制器和被控对象的离散化时间周期可以不一样。

（2）离散事件系统。离散事件系统是指系统的输入变量、状态变量和输出变量在某些随机时间点上发生变化的系统。在这类系统中，变化发生在随机的时间点上，引起变化的活动称为事件（event），所以这类系统是由事件驱动的。

实际中的很多系统都是离散事件系统，例如交通运输系统、通信网络、库存系统等。对离散事件系统的仿真可以帮助我们理解系统运行规律，提高系统运行的效率、稳定性和安全性等。

例如，垂直电梯是个离散事件系统，系统有上行、下行、空闲、开门等状态，人员按电梯按钮的事件是随机发生的，系统状态之间的变化由人员控制电梯的活动驱动。垂直电梯这样的离散事件系统不能用微分方程或差分方程等数学模型来描述，需要用状态图、活动图等图模型来描述。离散事件系统的状态变化具有随机性，所以对离散事件系统的仿真分析通常需要使用一些统计方法。

1.2.5 系统仿真的软件实现

要对系统进行计算机仿真，除了系统建模和仿真建模之外，还需要用专门的软件或自己设计程序进行仿真。计算机仿真主要就是用软件或程序对系统模型进行仿真计算、结果显示和分析。

1. 使用CAD、CAE和EDA等专业软件进行仿真

现在的系统设计一般使用各种计算机辅助设计（computer-aided design，CAD）和电子设计自动化（electronic design automation，EDA）软件，机械设计、建筑设计、电路设计、芯片设计等都有自己行业专用的CAD或EDA软件，这些软件一般都具有仿真功能。

- SolidWorks和Creo软件主要用于机械设计，它们可以对设计的模型进行应力分析、流体动力学分析、生成仿真动画等，帮助用户更好地理解和优化设计方案。
- CATIA软件广泛应用于航空、汽车、军工、建筑等领域的系统设计。CATIA具有强大的仿真和分析能力，如结构分析、流体力学分析和运动仿真等。CATIA能够帮助设计师评估产品的性能和行为，预测潜在问题，并优化设计方案。
- Proteus、Altium Designer、Multisim等电路和PCB设计软件都提供了仿真功能。Multisimu中集成了先进的仿真引擎，能够对设计的电路进行精确的仿真分析，预测电路在不同条件下的性能表现，帮助用户深入了解电路的行为特性，并进行优化设计。

另外，还有一些计算机辅助工程（computer-aided engineering，CAE）软件能针对一些专门的领域进行计算和仿真，例如有限元分析、动力学仿真、电磁场仿真等。使用这些软件的仿真计算结果，可以对设计的系统进行验证和预测，以便调整和优化设计方案。

- ANSYS 是大型通用有限元分析软件，适用于结构、流体、热、电磁等多物理场耦合问题的仿真分析。ANSYS 能与多数 CAD 软件（如 Creo、AutoCAD 等）实现数据共享和交换。
- Abaqus 软件主要用于复杂的固体和结构的有限元分析，可进行静力分析、动力分析、热力分析等，从而全面评估系统的性能。
- ADAMS 软件主要用于复杂机械系统（包括机械装置、机床、传动系统等）的动力学仿真分析。它可以帮助工程师优化设计，减少振动和噪声，评估零部件的疲劳寿命以及预测系统的性能等。

2. 使用通用编程语言设计仿真系统

大型的 CAD、CAE 和 EDA 软件一般用于专用领域和技术方向的仿真。针对各种各样的实际问题，特别是一些小型的系统仿真问题，我们需要自己编程实现仿真。针对大型的仿真项目，我们需要编写专用的集成化仿真软件。

有一些适合于快速构建仿真程序的通用编程语言，主要是 MATLAB/Simulink，还有 Scilab、Octave、Mathematica 等软件。MATLAB/Simulink 的优势在于语言本身就集成了矩阵计算功能，还有大量科学领域的工具箱（toolbox）可以直接被调用。另外，Simulink 可以可视化地设计仿真模型，可以利用大量现成的模型和算法模块。MATLAB/Simulink 特别适合于快速构建系统仿真模型，所以，MATLAB/Simulink 被广泛地应用于各种领域的仿真，如控制系统仿真、通信系统仿真、机器人仿真、电力电子系统仿真、光学系统仿真等。

MATLAB/Simulink 也有缺点，主要是因为它是解释型语言，运行效率比较低。在构建大型专用仿真系统，特别是需要实时仿真的系统时，MATLAB/Simulink 可能就不能胜任了，就需要使用 C++等运行效率高的通用编程语言。

1.2.6　系统仿真的应用

系统仿真技术具有灵活、高效、经济、安全等特点，可以应用于系统的设计、测试和运行等各个阶段。系统仿真技术在工程技术、经济、军事、教育、医疗等各领域都得到广泛应用。

1. 工程领域

使用专业的 CAD、CAE 和 EDA 软件可以在设计阶段就对系统进行仿真，例如通过有限元方法分析系统的应力分布情况，通过电路仿真分析系统响应时序等。在设计阶段进行仿真和结果分析，可以检验系统的设计是否能达到设计要求，可以及时发现问题并进行相应的修改，这样可以节省大量时间和经费。

在系统投入使用后，也还可以通过仿真来研究系统的特性。相比实际系统，仿真系统能更方便地修改参数，从而可以测试系统运行的一些极限情况，或者对系统运行进行优化。工程领域中有大量使用仿真技术的实例。

- 水利工程中使用仿真技术研究系统的运行特点，进行系统运行优化设计等。例如，参考文献[9]对水利工程河道泥沙冲淤规律及水沙调节进行了仿真研究，参考文献[10]对南水北调中线工程应急调度策略进行了仿真研究。
- 核电工程中使用仿真方法研究核电站各种系统的运行特性[11]、事故评价与预测方案[12]等。
- 电力系统中使用仿真技术分析系统运行状态，进行电力优化调度，保证电力系统稳定安全地运行[13]。电力系统对仿真要求很高，甚至要求在系统实时仿真[14]。
- 车辆工程中大量使用仿真技术对汽车整体或子系统进行仿真分析和设计，例如新能源汽车电力电子技术仿真[15]，汽车锂电池组液冷散热系统的设计与仿真[16]。

另外，在石油化工装置设计、工业设备设计、无人机设计与飞行控制、桥梁设计与安全诊断、矿山开采优化与事故预防等众多领域都有仿真技术的应用。

2. 教育和培训

教育和培训中使用全数字仿真或半实物仿真替代物理仿真有很多优点，包括成本更低、使用更灵活、更安全等。教育部在 2013 年启动了国家级虚拟仿真实验教学中心的建设工作，截至 2020 年 2 月，在国家虚拟仿真实验教学平台 iLab 实验平台上，已经接入 2079 项优质可共享的虚拟仿真实验教学项目，涵盖 255 个专业和 1561 门课程[17]。高校可以使用这些共享的虚拟实验项目，为学生提供高质量的实验平台。

一些复杂的系统或大型工业系统为了培训新员工会建立仿真培训系统，例如飞机驾驶模拟系统、大型化工装置仿真培训系统、核电站仿真培训系统等。这些仿真培训系统一般使用半实物仿真，即操作平台是实物模型，但操作对象是仿真虚拟的，这样可以使学员熟悉工作中需要操作的各种仪表和面板，又可避免操作实际的系统，以保证安全。

3. 军事领域

武器系统仿真技术在武器装备研制与训练使用过程中发挥着重要的作用。在设计过程中可以通过仿真验证和优化系统设计，在使用中可以通过仿真研究武器特性，充分挖掘武器性能。例如，设计飞行器时可以进行飞行动力学仿真，优化飞行器的控制方案设计[18]；研究飞行失效的原理并进行仿真，可以使飞行器避免进入飞行失效状态，并通过仿真提前制定好相关处理预案[19]。

各主要军事强国都针对军事训练开发了作战仿真系统。作战仿真系统能对不同领域（陆、海、空、天、电、网）、不同层次（战略、战役、战术、技术）、不同手段（实兵/实装模拟、推演模拟、虚拟模拟）的作战训练进行仿真[4]。面对未来复杂环境作战、人机协同作战、信息空间作战、智能系统作战等情况，作战仿真系统的开发也面临很多挑战，需要开发高逼真度、高实时性、高扩展性的作战仿真系统才能适应未来的作战训练需求[20]。

4. 其他领域

几乎任何领域都可以使用仿真技术进行研究和管理，包括经济、金融、交通、运输、物流等社会运行领域，以及生物、化学、天文、地理等科学研究领域，可以说只要能建立系统的数学模型就可以进行仿真。创建仿真系统的关键在于系统建模，只要模型足够准确，仿真结果就是有研究意义的。

1.3　系统仿真技术发展前沿

系统仿真主要包括系统建模、仿真建模、仿真计算和结果展示等几个方面。其中系统建模是关键和难点，仿真建模就是将数学模型转换为计算机可计算的形式，仿真计算的效率主要取决于计算机处理速度和仿真算法效率，结果展示依赖于二维和三维显示技术。

随着计算机技术和三维显示技术的发展，出现了一些新的技术领域，如虚拟现实、增强现实、混合现实、数字孪生等，从本质上来说这些技术也属于系统仿真的技术范畴。

1.3.1　仿真技术难点和研究方向

1. 系统建模

建立实际系统的数学模型是系统仿真的第一步，也是最关键的一步。数学模型的精确度直接影响到仿真结果的准确性，如果数学模型不准确，仿真结果也不可能准确。

仿真模型从构建方式上分为机理建模和试验建模。机理建模就是根据系统运行的机制，运用物理定律、化学定律等列写数学方程来描述系统，这种数学模型对系统内部的运行机制描述得比较清晰，所以机理建模也称为白箱建模。机理建模通常要对系统做一些假设，以抓住系统的主要特性或简化模型的复杂性，所以机理建模得到的数学模型不可能与实际系统完全一样，总是会存在一些误差的。

试验建模就是对系统进行试验，获取系统的输入和输出数据，通过系统辨识方法建立系统的数学模型[21]。试验建模不需要知道系统内部的运行机理，只需给系统施加一个输入变化，记录系统的输出数据，使用最小二乘等方法建立能拟合输入输出数据的数学模型。试验建模被称为黑箱建模或灰箱建模，黑箱建模就是完全不知道系统的机理，只依赖于输入输出数据建模；灰箱建模就是知道系统的部分机理，例如知道系统的模型阶次。试验建模比较容易得到系统的模型，但是模型不可能反映系统的所有特性，因为试验不可能把所有的输入输出响应都测试一遍，特别是对于多输入多输出有耦合性的系统或非线性特性比较强的系统。

系统建模是构建仿真系统的前提和关键问题，目前系统建模与仿真的研究热点主要有以下几个方向。

（1）新兴系统建模与仿真。随着技术的发展，各种新系统层出不穷，例如纯电动汽车、人形机器人、各种无人机等。通过仿真可以优化系统的机械结构和外形设计，可以充分研究系统的各种特性，设计和验证更先进的控制算法，例如电动汽车自动驾驶仿真[22]、电动车锂电池特性仿真[16]、无人机群控制仿真[23]等。

（2）复杂系统建模与仿真。复杂系统的建模与仿真一直是仿真领域的重点和难点问题。实际中的复杂系统一般是大系统，子系统和实体可能是离散事件系统、连续系统、或抽象行为系统。复杂系统建模与仿真中常用到 Agent（智能体）方法[24]、复杂网络模型方法、系统动力学方法等，例如，参考文献[25]将多智能体系统和系统动力学方法应用于社会科学中的复杂系统仿真，参考文献[26]用多智能体方法、复杂网络模型方法对多个复杂系统进行了仿真。

复杂系统建模与仿真涉及很多实际的应用，例如城市交通系统仿真、大规模电网仿真、军事演习训练仿真等，具体的应用实例一般需要有针对性地使用合适的方法。一些新的方法也被尝试用于复杂系统建模与仿真，例如认知仿真[27]。

（3）神经网络建模。人工智能（artificial intelligence，AI）技术发展迅猛，已经在语音识别、图像识别、文本生成等领域成功应用。AI 技术主要使用神经网络模型来模拟人的智能，从系统仿真建模的角度来看，神经网络模型就是一种试验模型。神经网络模型一般需要通过大量的样本数据进行训练，类似于系统辨识中使用输入输出试验数据拟合数学模型的参数，神经网络模型的参数就是其内部大量神经元的参数。训练好的神经网络模型就可以被当作系统模型来使用，例如用神经网络模型进行人脸识别、车牌识别等。

神经网络特别适合于对一些抽象系统（例如复杂决策问题）建模。有一些仿真研究中已经使用了神经网络和深度学习等现代 AI 方法，例如，参考文献[28]研究了基于深度强化学习的智能空战决策与仿真，参考文献[29]研究了基于深度强化学习的海上作战仿真推演决策方法。随着 AI 技术的发展，我们可以预见 AI 技术在仿真领域会有越来越多的应用，能够为一些复杂系统和抽象系统的仿真提供有效的解决方案。

2. 仿真算法和算力

仿真算法指的为了对系统数学模型进行求解而设计的便于计算机程序实现的数值计算方法，例如求解常微分方程的数值积分法、求解偏微分方程的有限元法等。仿真算法要保证计算的稳定性和快速性，而这两个特性往往是互相冲突的。对于一般的数学模型的求解已经有很成熟的仿真算法，对于一些特殊的数学模型的求解就需要从数学理论上来研究仿真算法，这主要是数学家的研究内容，例如参考文献[30]研究了系统生物学中的随机微分方程的数值仿真算法。

在仿真算法确定后，要提高仿真计算的速度就只能靠提高计算性能来实现，并行计算是提高仿真计算速度的有效方式。在 AI 技术对算力需求的推动下，很多行业和地方政府都创建了自己的计算中心，仿真项目可以利用这些算力，只需设计好能充分利用这些算力的仿真程序，例如利用图形处理单元（graphics processing unit，GPU）并行计算进行快速仿真[31]。

1.3.2 仿真相关新兴技术

1. 虚拟现实

虚拟现实（virtual reality，VR）是指利用计算机产生三维的虚拟世界，用户可以通过 VR 眼镜在虚拟的三维世界里漫游，通过控制器与虚拟环境中的对象进行交互，从而产生身临其境的沉浸式体验。VR 的主要特点是它可为用户提供沉浸式完全虚拟的世界，用户在 VR 里不会看到现实世界。

VR 技术被应用于很多领域，如游戏娱乐、教育培训、建筑设计、虚拟参观等。典型的 VR 应用是 VR 游戏，通过佩戴 VR 头显、操作手柄等设备，玩家可以身临其境地体验游戏世界，感受沉浸式视听效果和互动体验。VR 应用也不是必须使用 VR 显示设备，例如 VR 看房、VR 参观博物馆等，用户直接通过计算机或手机就可以身临其境地以三维漫游的方式看房或参观博物馆。

2. 增强现实

增强现实（augmented reality，AR）是指将计算机生成的虚拟信息叠加到真实世界中，实现对真实世界信息的增强。AR 设备可以是佩戴类（如 Google 眼镜，见图 1-7）或非佩戴类（如带有摄像头的手机），AR 设备通过摄像头感知真实世界，然后叠加文字或图像后显示在用户眼前。与 VR 不同，AR 并不完全替代真实世界，而是在真实世界的基础上增加虚拟元素，使用户能够与这些虚拟元素进行互动。

AR 眼镜就是配有摄像头的平视显示（head-up display，HUD）设备，用户可以看到现实世界，也可以看到 HUD 里叠加的计算机生成的信息。AR 眼镜配备相应的应用软件可以实现很多功能，例如，实景导航，根据使用者的当前位置生成导航信息显示在 HUD 上；实时翻译，根据摄像头拍摄的图片，提取文字实时进行翻译，然后显示在 HUD 上；博物馆参观讲解，自动识别摄像头拍摄的物件，然后将相应物件的解说文字显示在 HUD 上，或传输解说语音给用户。

非佩戴类设备 AR 应用的一个典型示例是 *Pokemon GO* 游戏。用户拿着手机在现实世界里拍摄，当有"宝可梦"出现时，就会叠加显示在摄像头拍摄的画面里（见图 1-8），用户通过投掷"精灵球"来捕捉它们——即将虚拟的信息叠加显示到现实世界里，并且用户可以和虚拟的对象进行交互。

图 1-7　Google 眼镜企业版第二代（EE2）

图 1-8　*Pokemon GO* 游戏

3. 混合现实

混合现实（mixed reality，MR）是 VR 和 AR 的混合体，它将现实世界和虚拟世界融合在一起，创造出一个新的环境，且两个世界的元素能共存并互动。VR 中是全虚拟的世界；AR 中有现实世界和虚拟世界，但两者可以被明显地分辨出来；MR 融合了现实世界和虚拟世界，且难以区分两者。

苹果公司 2023 年发布的头戴显示设备 Vision Pro（见图 1-9）就是一种实现了 MR 技术的设备。用户既可以沉浸式地玩游戏、看电影、办公，体验 VR 的功能；也可以利用头显的传感器将外部世界的人和物投射到虚拟世界，从而实现 AR 功能。

图 1-9　苹果公司的 Visio Pro

Vision Pro 能通过摄像头拍摄现实世界，并且与 Vision Pro 的 App 操作界面实时融合后显示在 Vision Pro 内部的两个高分辨率显示屏上，用户通过手势、语音和眼球移动等就可以操作 App。Vision Pro 还有一项称为 Eyesight 的功能，即当有人在附近时，Vision Pro 的黑色外壳可以变得透明，让周围的人能看到使用者的眼睛，戴着 Vision Pro 的使用者无须摘下设备就可以和他人进行无障碍的交流。

MR 技术的应用领域非常多，包括教育、医疗、娱乐、建筑、工业、军事等。随着技术的发展，未来的 MR 设备将更加轻便化和智能化，在更多的领域获得实际应用。

4. 数字孪生

数字孪生（digital twin）是指通过数字技术针对物理实体构建虚拟模型，这个虚拟模型可以全方位地动态跟踪、仿真和预测该实体的行为和状态。简单点说，数字孪生就是针对一个实际的设备或系统创建的数字版的克隆体。

与一般的三维数字模型不同，数字孪生是实体对象的动态仿真，它可以通过传感器和数据传输网络实时获取实际系统的运行数据，实时仿真实体的运行状态。我们可以通过数字孪生体的实时状态数据和历史数据，对实体对象进行高效准确的追踪、监控、分析和预测，并且可以反向操作实体对象。

数字孪生起源于工业界，并主要应用于工业界。数字孪生可以贯穿于产品的设计、开发、制造、运行乃至报废回收的整个生命周期。在产品研发的过程中，数字孪生可以构建产品数字化模型，对其进行仿真测试和验证。在产品运行和维护的过程中，数字孪生通过对运行数据进行连续采集和智能分析，可以预测维护工作的最佳时间点，也可以提供维护周期的参考依据。例如，美国通用电气公司就号称为生产的每个引擎、每个涡轮、每台核磁共振仪创建了一个数字孪生体（见图 1-10），这样就可以通过数字孪生体实时监测并维护这些设备的运行。

图 1-10　数字孪生体

数字孪生需要实时与实体系统双向传输数据，所以与 4G/5G 网络、物联网、工业互联网等网络技术联系紧密。数字孪生还经常与地理信息系统（geographic information system，GIS）或建筑信息模型（building information model，BIM）结合构建一些专门的应用。

因其实用性，数字孪生技术在很多行业获得了应用，例如，汽车行业从零部件生产到整个组装生产线的管理都可以应用数字孪生技术[32]，电力行业可使用数字孪生技术管理发电系统、输电系统、用电系统、储能系统和调配管理等整个行业流程[33]。数字孪生技术还可以应用于构建智慧工厂、智慧油气田、智慧水利、智慧交通等系统，帮助我们有效地管理和维护复杂的系统，提高系统运行质量和效率。

练习题

1-1. 什么是系统？系统有哪些主要特性？

1-2. 系统的模型主要有哪几类？

1-3. 计算机仿真的三要素和 3 个活动是什么？它们之间的关系是什么？

1-4. 系统仿真遵循的相似性主要体现在哪几个方面？

1-5. VR、AR 和 MR 各自的特点和区别是什么？

1-6. 查阅资料，说明人工智能和神经网络技术在系统仿真中有些什么应用。

第 2 章　Python 编程基础

    Python 是一种被广泛使用的编程语言，它简单易学，第三方资源丰富，而且是开源免费的。本书使用 Python 作为编程语言实现系统仿真的基本算法和仿真示例。本章简要介绍 Python 基础知识，以及本书使用的 Anaconda 编程环境，如果读者对 Python 和 Anaconda 比较熟悉，可以略过本章的内容。

2.1　Anaconda 的安装和使用

    Python 是一种解释型编程语言。要使用 Python 编程，可以从 Python 官网下载最新版本的安装包，使用其自带的编程环境 IDLE 编写和运行程序。也有很多其他集成开发环境（Integrated Development Environment，IDE）软件支持 Python 编程，例如 PyCharm、Visual Studio Code、Spyder、Jupyter Notebook、Sublime Text 等。本书使用 Anaconda 中的 JupyterLab 编写和运行 Python 程序，本节介绍 Anaconda 的安装和使用。

2.1.1　Anaconda 的安装

    Anaconda 是 Python 的一个发行版本，它包含 Python 运行环境，所以安装了 Anaconda 后无须再单独安装 Python。Anaconda 有专门用于管理软件包的 conda 工具，相当于 Python 自带的 pip 工具。Anaconda 自带几百个用于科学计算和数据科学的包（package）及其依赖包，例如科学计算中常用的 NumPy、SciPy 和 Matplotlib。Anaconda 中还有 JupyterLab 软件，这是一个基于浏览器的交互式 Python 编程环境。

    Anaconda 有开源免费版本和商业版本，个人用户使用开源免费版本即可。可以从 Anaconda 的官网下载最新的安装包，也可以从国内的一些开源软件镜像站下载。Anaconda 支持多种平台，包括 Windows、Linux 和 macOS，下载适用自己电脑操作系统的版本即可。

    本书在编写时使用的操作系统是 64 位 Windows 10，所以下载 64 位 Windows 平台上的 Anaconda 安装文件。安装文件是一个可执行文件 Anaconda3-2023.09-0-Windows-x86_64.exe，下载完成后，双击此文件即可开始安装。Anaconda 安装启动界面如图 2-1 所示，显示了 Anaconda 的版本信息。

　　按照提示进行操作，单击 Next 按钮进入下一界面选择安装路径，如"D:\anaconda3"，如图 2-2 所示。

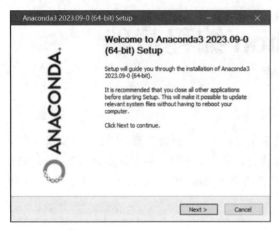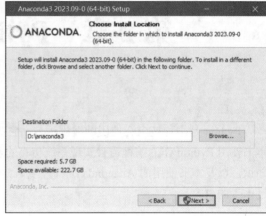

图 2-1　Anaconda 安装启动界面　　　　　　　图 2-2　选择安装路径

　　再次单击 Next 按钮，进入安装选项设置界面，将 3 个复选框都勾选即可，如图 2-3 所示。安装 Anaconda 时会自动安装一个版本的 Python，第二个复选框的提示信息是"Register Anaconda3 as the system Python 3.11"，这表示将 Anaconda 自带的 Python 3.11 作为系统的 Python 解释器，这样其他需要使用 Python 的 IDE 软件（如 Visual Studio Code、PyCharm）就可以自动检测并使用 Anaconda 自带的 Python 3.11。

　　单击 Install 按钮，开始安装。由于是离线安装，安装的速度比较快，按照向导提示完成安装即可。

　　安装完成后，在 Windows 的开始菜单里会出现 Anaconda 程序组，如图 2-4 所示。程序组中各项的作用如下。

- Anaconda Navigator 是一个具有 GUI（graphical user interface，图形用户界面）的软件，它集成了对 Anaconda 中各种工具软件的调用、包的管理、学习资源的导航等功能。我们常用的就是这个软件，可以将其拖到桌面上创建一个快捷方式。
- Anaconda Powershell Prompt 和 Anaconda Prompt 都能启动命令行工作界面，我们可以通过命令行方式运行 conda 命令，或进入 Python 交互环境。Anaconda Powershell Prompt 是基于 Windows 的 PowerShell 命令行工具，Anaconda Prompt 是基于 Windows 的命令提示符窗口工具。两者功能差不多，只是 Anaconda Powershell Prompt 支持的命令更多一些。
- Jupyter Notebook 是一个基于网络浏览器的 Python 编程环境，启动后就会在系统默认的浏览器中打开。
- Spyder 是一个 Python 编程 IDE 软件，Reset Spyder Settings 用于复位 Spyder 软件的各种设置。

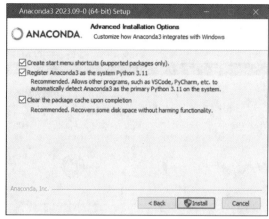
图 2-3　安装选项设置界面

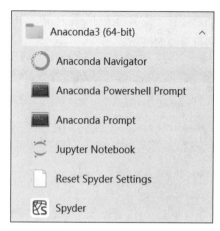
图 2-4　Anaconda 程序组

在 Anaconda Prompt 命令行工作界面可以运行 Windows 命令提示符窗口支持的各种命令,可以运行 conda 命令对 Anaconda 进行管理和操作,还可以进入 Python 运行环境。

例如在图 2-5 所示界面中,我们先运行命令 conda --version 查看 conda 的版本,信息显示 conda 的版本是 23.7.4;然后运行命令 python,信息显示 Python 版本是 3.11.5,来源于 Anaconda。注意,命令行的提示符变成了 ">>>",这表示进入了 Python 的交互式运行环境,在此提示符下可以编写和运行 Python 程序,运行 Python 中的 exit() 函数可以退出 Python 交互式运行环境。

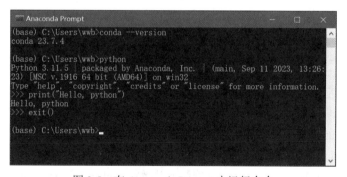
图 2-5　在 Anaconda Prompt 中运行命令

conda 是 Anaconda 提供的一个命令行工具,conda 主要用于管理 Anaconda 中的包,例如安装、升级或删除包,还可以管理 Anaconda 的环境。虽然 conda 命令实现的操作一般都可以在 Anaconda Navigator 中通过可视化操作实现,但有时候使用 conda 命令更便捷。

2.1.2　Anaconda Navigator 的界面和功能

Anaconda Navigator 是一个具有 GUI 的软件,启动后将进入 Anaconda Navigator 的 Home 界面如图 2-6 所示。使用 Anaconda Navigator 可以启动 Anaconda 中的各种应用(application),例如

启动命令行工作界面或 JupyterLab，可以管理 Anaconda 中安装的各种包，还可以快捷跳转到各种学习资源的网站。

图 2-6　Anaconda Navigator 的 Home 界面

Anaconda Navigator 的 Home 界面最上方有一个菜单栏和一个工具栏，工具栏右端有一个 Connect 按钮，通过这个按钮的下拉菜单可以连接到 Anaconda Cloud 或 Anaconda 代码仓库，但需要通过账号登录。

Anaconda Navigator 可以工作于离线模式或在线模式，工具栏上 Connect 按钮左侧会出现文字提示，例如图 2-6 所示界面中显示的是 "Working in offline mode"，表明软件工作于离线模式。在离线模式下不能通过 Anaconda Navigator 安装或升级包，如果要在 Anaconda Navigator 中安装或升级包，就必须工作于在线模式。要使 Anaconda Navigator 工作于在线模式，单击菜单栏的 File→Preferences，打开软件设置对话框，如图 2-7 所示。取消选中 "Enable offline mode" 复选框，然后单击 Apply 按钮。这样，Anaconda Navigator 会自动连接到所设置的通道（channel），如果网络连接正常，图 2-6 所示界面中的文字 "Working in offline mode" 就会消失，表示软件工作于在线状态。

 要使 Anaconda Navigator 工作于在线状态，并不需要单击图 2-6 工具栏右端的 Connect 按钮通过账号登录 Anaconda Cloud 或 Anaconda 代码仓库。

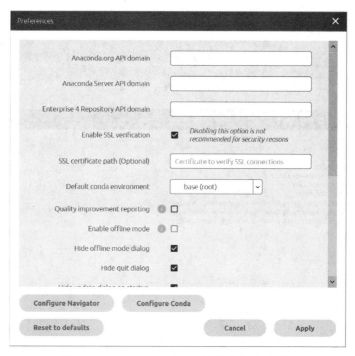

图 2-7　Anaconda Navigator 的软件设置对话框

　　在图 2-6 所示界面左侧有一个导航窗格，其中有 4 个按钮，通过这 4 个按钮可以切换 Anaconda Navigator 的 4 个工作界面。

　　（1）Home 界面。

　　图 2-6 所示界面就是 Home 界面。窗口右侧工作区中列出了 Anaconda 当前环境中的一些应用，如 JupyterLab、PowerShell Prompt、Spyder 等。每个应用由一个方块表示，方块的下方有一个按钮，Launch 按钮表示相应应用已经安装，单击按钮就可以直接启动应用；Install 按钮表示相应应用还未安装，单击按钮就可以安装。每个方块的右上角有一个齿轮形状的按钮，单击此按钮会出现一个菜单，可以更新、移除或选择安装某个版本的应用。

　　工作区的上方有两个下拉列表框和一个 Channels 按钮。第一个下拉列表框用于选择显示的应用的类型，例如显示已安装的应用或需要更新的应用；第二个下拉列表框用于选择环境，环境的创建、删除等管理是在 Environments 界面进行的；Channels 按钮用于设置通道，Channels 就是 Anaconda 在线安装应用或包时连接的服务器。

　　单击 Channels 按钮会出现一个对话框，显示 Anaconda 安装后的默认通道 defaults。通道 defaults 是连接到国外服务器的，在安装应用或包时网络速度比较慢。为了加快网络下载速度，可以将通道 defaults 配置为连接到国内的镜像网站，例如清华大学开源软件镜像站。在图 2-7 所示的软件设置对话框中，单击 Configure Conda 按钮打开图 2-8 所示的 Conda 设置对话框，将文本框中的内容改为图 2-8 所示的内容。主要是增加了 defaults 通道的 URL（uniform resource locator，统一资源定位符）设置，如下所示。

```
default_channels:
- https://mirrors.tuna.tsinghua.edu.cn/anaconda/pkgs/main
- https://mirrors.tuna.tsinghua.edu.cn/anaconda/pkgs/r
- https://mirrors.tuna.tsinghua.edu.cn/anaconda/pkgs/msys2
```

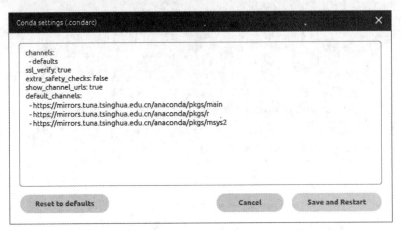

图 2-8　Conda 设置对话框

　　除 defaults 通道外，还有一些其他的通道，例如常用的通道 conda-forge。通道 conda-forge 上的包比通道 defaults 上的更全、更新，例如我们要用到的 python-control 在通道 conda-forge 上有，但是在通道 defaults 上就没有。但是没必要将通道 conda-forge 添加到 Anaconda 的通道里，因为两个通道上的一些包版本不同，可能导致出现兼容性问题。需要从通道 conda-forge 安装某个包时，在 conda 命令中指定通道即可。

　　（2）Environments 界面。

　　图 2-9 所示为 Environments 界面，此工作界面用于管理 Anaconda 的环境和包。

　　一个环境（environment）就是 Anaconda 的一个配置，包含指定版本的 Python，以及一些特定版本的包。一个 Python 项目一般依赖于一些第三方包，项目是在特定版本的 Python 和第三方包支持下开发的。例如，有的项目只能在 Python 2 环境里才能运行，或只能在某个版本的包的支持下才能运行，那么在 Anaconda 中就需要创建一个支持该项目运行的环境。

　　图 2-9 所示界面中间部分用于管理环境，其中的环境列表列出了 Anaconda 中的环境，通过其下部的环境管理工具栏上的几个按钮可以进行新建、导入或删除环境等操作。Anaconda 安装完成后就有一个默认的环境 base，它是 Anaconda 的基础环境，包含 Anaconda 自带的所有应用和包。

　　如果要开发一个较大型的 Python 项目，最好创建一个新的环境，使自己的 Python 项目在这个特定的环境里运行。例如，为了编写本书的所有示例程序，我们创建了一个环境 simu_v1，这个环境使用 Python 3.11.5，以及特定版本的 NumPy、SciPy、Matplotlib 等包。后文将详细介绍环境 simu_v1 以及各个包的安装。

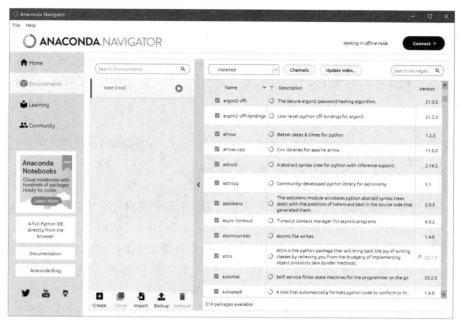

图 2-9   Anaconda Navigator 的 Environments 界面

需要注意的是，如果要在 Anaconda 中创建环境，Anaconda 必须工作于在线模式。创建的新环境不会包含 base 环境中的所有包和应用，需要自己手动安装需要用到的包，这样可能会占用较大的硬盘空间。如果只是用 Anaconda 来学习 Python 编程或一些包的使用方法，可以直接使用 base 环境。

Anaconda 的 base 环境自带科学计算和数据科学中常用的包，如 NumPy、SciPy、Matplotlib 等。图 2-9 所示界面右侧列出了 base 环境中的包，显示了包的描述和版本。如果包的版本号旁边有一个箭头图标，表示这个包有可升级的版本。包的列表上方有几个控件，可用于实现一些操作。

- 最左侧的下拉列表框可用于设置列表显示的包的类型，包括已安装的（Installed）、未安装的（Not installed）、可升级的（Updatable）等。
- Channels 按钮用于打开 Anaconda 的通道设置对话框。
- Update index 按钮用于刷新列表的内容，例如在命令行窗口用 conda 命令安装或升级某个包之后，可以单击此按钮刷新列表内容。
- Search Packages 文本框用于输入文字搜索某个包。

有的书上将 package 称为库，本书统一称为包，但其实并无差别。实际上 Python 中并没有库（library）的概念，库一般指的是无源代码的可复用代码，例如 C++中的动态链接库（.dll 文件）和静态库（.lib 文件）。而 Python 的可复用代码一般是以源代码方式提供的，例如安装的 NumPy、SciPy、Matplotlib 等都是有源代码的，所以 Python 称之为 package。但是 Python 自带的一些标准功能模块称为 Python 标准库（the Python standard library），标准库的模块也是有源代码的。所以，无须在意称为包还是库，习惯而已。

（3）Learning 界面。

Learning 界面显示了大量的文档和教程资源（例如 NumPy、SciPy、Matplotlib 等包的文档、Anaconda Navigator、JupyterLab、Spyder 等软件的文档，以及 Anaconda Notebook、Python 编程、数据可视化等视频教程）的超链接。这些资源都是英文的，如果读者的英文比较好，可直接看这些资源进行学习。

（4）Community 界面。

Community 界面显示了一些社区（例如 Anaconda 社区、Matplotlib 论坛等）的超链接。

2.1.3 在 Anaconda Navigator 中管理环境

一般不要修改 Anaconda 自带的 base 环境的设置，例如不要修改它的 Python 版本。可以在 base 环境里安装新的包，但最好不要升级它自带的包，因为 base 环境里的包能保证兼容性。

如果要开发一个较大型的 Python 项目，或者为了运行某个 Python 项目需要为其配置特定版本的 Python 和包，就最好新建一个环境。为编写和运行本书的所有示例程序，我们就创建了一个环境 simu_v1，它固定了 Python 版本和用到的包的版本。

图 2-9 所示界面中间部分下部的环境管理工具栏可用于实现环境的管理，包括新建、复制、导入、备份、移除等操作。

（1）新建环境。

单击环境管理工具栏上的 Create 按钮可以打开图 2-10 所示的 Create new environment（新建环境）对话框。在此对话框中设置环境的名称，如 simu_v1，然后选择编程语言和版本，可以选择 Python 或 R 语言。最好选择随此版本 Anaconda 安装的 Python 版本，因为这样能与各种应用和包保持兼容性。经过测试发现，如果选择 Python 3.12 创建环境，会出现很多问题。另外，环境的名称要全部用小写字母，不要出现大写字母，否则可能会出现问题，因为 Anaconda 在某些地方会将环境名称全部转换为小写后使用，而 Python 是区分大小写的。

新建的环境会被添加到环境列表中。在环境列表中单击一个环境的名称，就会将相应环境作为当前环境。例如单击环境 simu_v1 后就会在包列表中显示这个环境里的包，如图 2-11 所示。从图 2-11 所示界面可以看到，Python 的版本是 3.11.5，安装的包只有 16 个；而从图 2-9 所示界面可以看到，环境 base 有 519 个已安装的包。

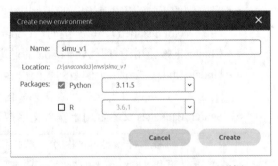

图 2-10　Create new environment 对话框

在 Anaconda Navigator 中切换到 Home 界面，显示 simu_v1 环境下的应用，会发现很多应用没有安装，例如 CMD.exe Prompt、Jupyter Notebook 和 JupyterLab 都没有安装。要安装某个应用，单击其对应的 Install 按钮即可。

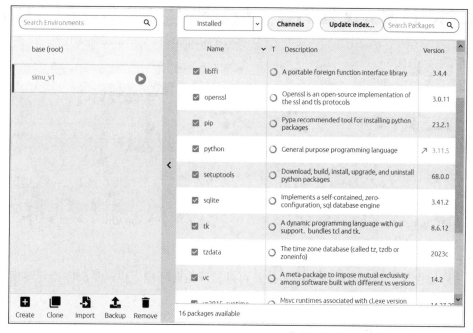

图 2-11 环境 simu_v1 及其包列表

（2）备份环境。

单击环境管理工具栏上的 Clone 按钮可以打开图 2-12 所示的对话框，在对话框里设置环境

名称（例如 simu_v1_clone），单击 Clone 按钮就
可以将当前环境备份为一个新的环境。备份的
环境会出现在环境列表里。

（3）导入环境。

单击环境管理工具栏上的 Import 按钮可以
导入备份的环境，出现的对话框如图 2-13 所示。
如果没有通过账号登录 Anaconda Cloud，就只

图 2-12 Clone from environment 对话框

能选择本地硬盘上的备份文件，也就是扩展名为.yaml 的文件。可以给导入的环境设置一个名称，
导入后的环境会出现在环境列表里。

使用导入功能可以快速建立需要的环境，例如本书提供了所用环境 simu_v1 的备份文件，读
者只需导入此备份文件，就可以建立本书示例程序需要的环境。

（4）备份环境。

单击环境管理工具栏上的 Backup 按钮可以备份当前的环境，打开的对话框如图 2-14 所示。
如果没有通过账号登录 Anaconda Cloud，就只能备份到本地硬盘上。单击图 2-14 所示的对话框中
的 Backup 按钮后会出现一个选择文件对话框，需要选择一个扩展名为.yaml 的文件，当前环境的
备份将保存到这个文件里。

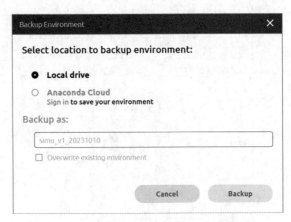

图 2-13　Import Environment 对话框　　　　　图 2-14　Backup Environment 对话框

（5）移除环境。

单击环境管理工具栏上的 Remove 按钮可以移除当前环境，也就是删除当前环境的所有内容。

2.1.4　在 Anaconda Navigator 中管理包

1．升级已安装的包

Anaconda Navigator 的 Environments 界面可用于管理各个环境中的包，如图 2-11 所示。通过在下拉列表框进行选择，可以在列表中显示已安装、未安装或需要升级的包；还可以通过名称查找某个包。

> 如果要在 Anaconda Navigator 里安装或升级包，Anaconda Navigator 必须工作于在线状态。

如果选择显示未安装的包，列表中会列出 Anaconda 连接的通道上所有未安装的包，选择某个包后单击列表下方的 Apply 按钮就可以开始安装相应的包。

如果列表中显示的是已安装的包，就可以移除或升级包。如果一个包的版本号左侧有一个箭头图标，表示这个包有新版本可以升级。单击一个可升级的包名称左侧的复选框会弹出一个菜单，如图 2-15 所示，其中有以下几个菜单项。

- Unmark：如果被做了标记，就取消标记。
- Mark for installation：标记为需要安装。因为可更新的包是已安装的包，所以图 2-15 所示界面中这个菜单项无效。
- Mark for update：标记为需要更新，应用后会自动更新到合适的版本。注意，并不一定会更新到最新版本。
- Mark for removal：标记为需要移除。

- Mark for specific version installation：标记为安装指定的版本。此菜单项有一个子菜单，显示这个包的所有版本，可以选择安装某个特定版本。但要注意，一般不要指定安装最新版本，因为最新版本不一定与环境的 Python 版本兼容。

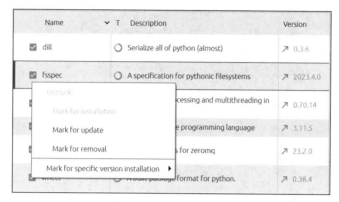

图 2-15　已安装包的菜单

　　可以在列表中为多个包做标记，但是只能标记同类型的操作，例如都标记为需要更新。标记后单击列表框下方的 Apply 按钮就可以执行操作。例如在图 2-15 所示界面中将 fsspec 包标记为需要更新，单击 Apply 按钮后会出现一个对话框，对话框刚显示时会自动分析包的依赖关系，将需要升级的包都列出来，单击对话框中的 Apply 按钮就可以开始更新。开始更新后，Anaconda Navigator 的包列表下方会显示一个进度条，等待操作完成即可。

2. 安装新的包

　　如果选择显示未安装的包，列表中会列出当前环境中所有未安装的包。在列表中显示环境 simu_v1 中未安装的包，搜索 numpy，列表中会出现 19 条记录。找到 numpy 这一条记录，勾选记录前面的复选框（见图 2-16），然后单击 Apply 按钮。Anaconda 会自动分析 NumPy 包的依赖关系，这会需要比较长的时间，分析完成后会在一个对话框中将需要安装的包都列出来（见图 2-17），单击对话框中的 Apply 按钮就可以开始安装。

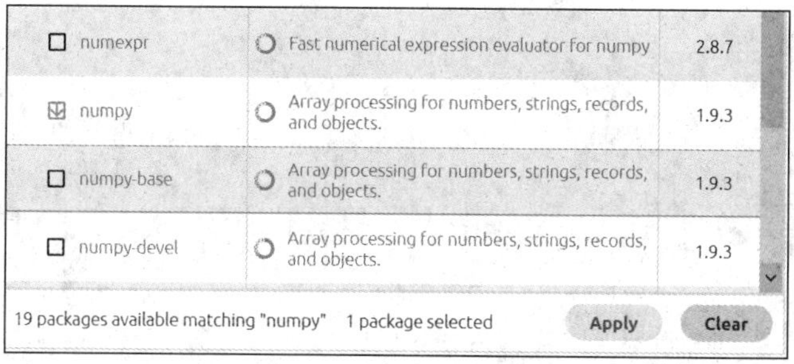

图 2-16　选择安装 NumPy 包

环境 simu_v1 中安装的 NumPy 包版本是 1.26.0，环境 base 中的 NumPy 包版本是 1.24.3。

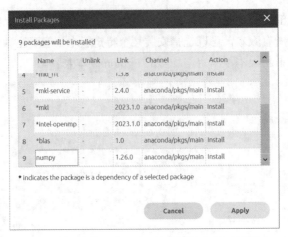

图 2-17　安装 NumPy 包及其依赖包的对话框

2.1.5　conda 命令的使用

1. conda 的作用

　　conda 是一个命令行工具，用于实现环境、通道和包的管理等。实际上，Anaconda Navigator 的各种操作都是基于 conda 命令实现的，相当于是给 conda 命令加了一个 GUI。前文已经介绍了在 Anaconda Navigator 中进行环境和包管理的操作，本小节介绍如何用 conda 命令实现这些操作。有时候用 conda 命令实现操作更高效，我们应该掌握一些常用 conda 命令的用法。

　　在 Anaconda Navigator 的 Home 界面里选择环境后，单击 CMD.exe Prompt 应用方块上的 Launch 按钮就可以进入命令行操作界面。在 Windows 开始菜单的 Anaconda 程序组里单击 Anaconda Prompt 也可以进入命令行界面。例如，使用 simu_v1 环境进入命令行后，运行 conda info 命令，运行的界面如图 2-18 所示。

图 2-18　命令行工作界面

图 2-18 中的第一行显示了提示符和运行的命令，第一行的内容如下。

```
(simu_v1) C:\Users\wwb>conda info
```

最前面括号内是环境名称，"(simu_v1)"表示当前的环境是 simu_v1；后面的"C:\Users\wwb"是当前工作路径；这一行执行的命令是 conda info。

conda info 命令的作用是显示 conda 的信息，从图 2-18 所示界面的显示可以看到很多信息，例如当前环境是 simu_v1；当前环境的保存路径是 D:\anaconda3\envs\simu_v1；conda 版本是 23.9.0；Python 版本是 3.11.5；通道的 URL 有 6 个，是清华大学开源软件镜像站的地址。

2. 使用 conda 命令管理环境

conda 的一个主要功能就是管理环境，包括创建环境、激活环境、切换环境、删除环境、显示环境列表等。用 conda 命令管理环境比在 Anaconda Navigator 中管理环境更灵活。

（1）创建环境。

要创建一个名称为 env_test01 的环境，可以使用如下命令。

```
conda create --name env_test01
```

这条命令中的"--name"是命令参数，用于指定环境名称，可以用简化形式"-n"表示这个参数。这条命令会创建一个名称为 env_test01 的环境，但不会为此环境安装任何包，连 Python 都不会安装。

如果要创建名称为 env_test02 的环境，并且指定 Python 版本为 3.10，就可以使用下面的命令。

```
conda create -n env_test02 python=3.10
```

这样会创建名称为 env_test02 的环境，并且为其安装 Python 3.10 和一些基本的包。

还可以在创建环境时就安装某个包，例如安装 NumPy 包，可以使用如下命令。

```
conda create -n env_test03  numpy
```

这样会创建名称为 env_test03 的环境，自动安装与 Anaconda 同版本的 Python 3.11.5，并安装最新版本的 NumPy。

也可以在创建环境时指定安装的包的版本，例如上面创建环境 env_test03 的语句可以写为：

```
conda create -n env_test03  numpy=1.25.0
```

这样就会为创建的环境 env_test03 安装 NumPy 1.25.0。

在创建环境时可以同时指定 Python 版本和包的版本，可以同时指定安装多个包。

（2）列出所有环境。

要列出 conda 中所有的环境，可以使用下面的命令。

```
conda info -envs
```

或使用如下命令。

```
conda env list
```

这两个命令都可以列出 conda 中所有的环境，命令运行后显示的内容类似于下面的内容。

```
# conda environments:
#
base                     D:\anaconda3
env_test01               D:\anaconda3\envs\env_test01
env_test02               D:\anaconda3\envs\env_test02
env_test03               D:\anaconda3\envs\env_test03
simu_v1              *   D:\anaconda3\envs\simu_v1
```

其中，simu_v1 环境的地址前面有个星号，表示这是当前环境。

（3）切换当前环境。

例如当前环境是 simu_v1，如果要切换到 base 作为当前环境，使用如下命令。

```
conda activate base
```

这样，命令行提示符最左边括号的内容会变成"(base)"，表示 base 是当前环境。

要退出当前环境，使用如下命令。

```
conda deactivate
```

这样会退出当前环境，自动切换到另一个环境作为当前环境。两条命令的运行效果如图 2-19 所示。在命令行界面操作时要注意当前环境的名称，因为有的操作（例如安装包、移除包等）若不指定环境名称，就针对当前环境进行。

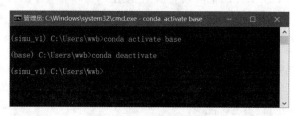

图 2-19　切换当前环境

（4）移除环境。

使用 conda remove 命令移除一个环境，例如移除环境 env_test01 的命令如下。

```
conda remove --name env_test01 --all
```

注意，不能移除当前环境，不能移除 base 环境。

使用 conda 命令还可以实现环境的备份、导入等操作，这里就不详细介绍了，需要用时查阅 conda 官方文档即可。

3. 使用 conda 命令管理包

conda 的另一个主要功能是管理环境里的包，包括查找、安装、更新、移除包等操作。使用 conda 命令管理包比在 Anaconda Navigator 中管理包更灵活和快捷。

使用 simu_v1 作为当前环境，进入命令行操作窗口，然后进行如下操作。

（1）查找一个包是否可供安装。

使用命令 conda search 可以在默认通道或指定通道上查找包，如果包存在就可以安装，否则就无法安装。例如在默认通道上查找 scipy 包的命令如下。

```
conda search scipy
```

SciPy 是一个常用的包，所以在默认通道上可以找到。命令运行后会列出所有可供安装的 SciPy 版本以及所在通道。

本书中用到的 python-control（包的名称是 control）在默认通道上就没有，如果在默认通道上查找 control 包，命令如下。

```
conda search control
```

返回结果会显示找不到名称为 control 的包，但是会自动用匹配形式"*control*"进行查找，返回一些结果。

conda-forge 通道上有 control 包，可以指定通道进行查找，命令如下。

```
conda search --override-channels --channel conda-forge control
```

这条命令查找的结果如图 2-20 所示，它显示了 conda-forge 通道上所有版本的 control 包，可见最新版本是 control 0.9.4。

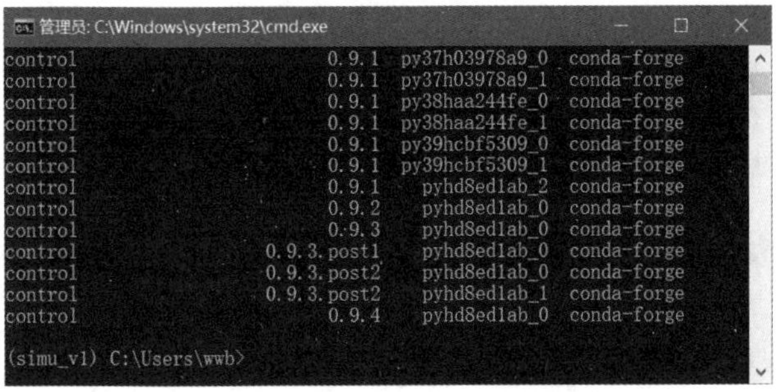

图 2-20　查找 control 包的结果

（2）安装包。

使用 conda install 命令安装包，可以指定环境名称和通道，格式如下。

```
conda install --name env_name --channel chan_name pack_name=ver
```

参数--name 用于指定环境名称 env_name，若不指定就是安装到当前环境里；参数--channel 用于指定通道，若不指定就使用 conda 设置的默认通道；pack_name 是需要安装的包，可以指定包的具体版本，若不指定就安装最合适的高版本。可以同时安装多个包。

simu_v1 环境中需要安装 SciPy 包，当前环境为 simu_v1 时可使用如下命令。

```
conda install scipy
```

这样会从默认通道上获取最合适的版本即 SciPy 1.11.3 安装到 simu_v1 环境里。

安装一个包时可以指定包的版本，但有时指定版本可能会导致安装失败。例如为 simu_v1

环境指定安装 Matplotlib 3.7.0，使用如下命令。

```
conda install matplotlib=3.7.0
```

命令运行会显示失败，提示中有如下信息。

```
UnsatisfiableError: The following specifications were found
to be incompatible with the existing python installation in your environment:

Specifications:

  - matplotlib=3.7.0 -> python[version='>=3.10,<3.11.0a0|>=3.8,<3.9.0a0|>=3.9,<3.10.0a0']

Your python: python=3.11
```

这表示如果要安装 Matplotlib 3.7.0，环境中的 Python 版本需要大于或等于 3.10，但是要小于 3.11.0。而环境 simu_v1 中的 Python 版本是 3.11.5，所以 Matplotlib 3.7.0 与 Python 3.11.5 不兼容，无法安装。

前面已经测试过默认通道上没有 control 包，需要从 conda-forge 通道安装 control 包。安装 control 包时需要同时安装 slycot 包，所以使用如下命令。

```
conda install -c conda-forge control slycot
```

这样会在环境 simu_v1 中安装最新版本的 control 包。本书的示例教程都是基于 control 0.9.4 编写和测试的，在高版本 control 包环境下运行可能出错，可以用下面的指令安装 control 0.9.4。

```
conda install -c conda-forge control=0.9.4 slycot
```

（3）升级包。

conda update 命令用于升级指定的包、Python 或 conda。例如升级 SciPy 包使用如下命令。

```
conda update scipy
```

要升级 Python 使用如下命令。

```
conda update python
```

注意不要轻易升级一个环境的 Python 版本，因为很多包的版本与 Python 版本是关联的，若升级了 Python 而不升级包，可能会导致兼容性问题。

要升级 conda 自己，使用如下命令。

```
conda update conda
```

（4）移除包。

使用命令 conda remove 移除一个或多个包，例如要移除 control 和 slycot 包可使用如下命令。

```
conda remove control slycot
```

2.1.6　本书程序运行环境的建立

1. 创建过程和配置

我们为本书的示例程序创建了一个环境 simu_v1，若读者使用相同版本的 Anaconda，可以按照下面的步骤创建相同的环境。

（1）在 Anaconda Navigator 中创建一个环境 simu_v1，指定 Python 版本 3.11.5。

（2）在 Anaconda Navigator 的 Home 界面，安装 CMD.exe Prompt 和 JupyterLab 应用。

（3）按照图 2-8 所示的设置，为默认通道设置镜像网站地址，以提高下载的速度。本书示例程序根目录下有一个纯文本文件存储了设置内容，可以从文件中复制。

（4）以 simu_v1 作为当前环境，启动 CMD.exe Prompt 进入命令行操作界面。

（5）执行下面的命令安装 NumPy、SciPy 和 Matplotlib 这 3 个主要的包。当然也可以分为 3 条命令分别安装。

```
conda install numpy scipy matplotlib
```

（6）执行下面的命令从 conda-forge 通道安装 control 和 slycot。

```
conda install -c conda-forge control=0.9.4 slycot
```

安装完成后，环境 simu_v1 和 base 中 Python 和几个主要包的版本信息如表 2-1 所示。

表 2-1　环境 simu_v1 和 base 中 Python 和几个主要包的版本信息

软件或包	环境 simu_v1	环境 base
Python	3.11.5	3.11.5
NumPy	1.26.0	1.24.3
SciPy	1.11.3	1.11.3
Matplotlib	3.7.2	3.7.2
python-control	0.9.4	无

2. 使用备份文件导入环境

为方便读者创建与本书示例程序的运行环境 simu_v1 相同的环境，我们为环境 simu_v1 创建了备份文件 simu_v1_full.yaml，此文件存放在全书示例程序的根目录下。读者在 Anaconda Navigator 的环境管理窗口使用导入功能选择环境备份文件 simu_v1_full.yaml，就可以创建与 simu_v1 完全相同的环境。注意，进行导入操作之前要按照图 2-8 所示设置好通道的国内镜像网站，这样 conda 在安装包时比较快。但即使设置了镜像网站，导入操作也需要消耗较长时间。

2.2　JupyterLab 的基本使用

JupyterLab 是一个基于浏览器的编程 IDE，它支持多种编程语言，用于 Python 交互式编程特别方便。本书所有示例程序都使用 JupyterLab 编程环境，本节介绍 JupyterLab 的基本使用。

2.2.1　JupyterLab 的界面组成

Anaconda Navigator 的 Home 界面有 JupyterLab 应用的方块。我们在 simu_v1 环境中安装

JupyterLab 后，单击 JupyterLab 应用方块中的 Launch 按钮就可以启动 JupyterLab。

JupyterLab 是基于浏览器的编程 IDE，所以 JupyterLab 会在系统默认的浏览器中打开。例如若系统默认的浏览器是 Firefox，JupyterLab 打开后的初始界面如图 2-21 所示。JupyterLab 的初始界面主要包含 5 个部分。

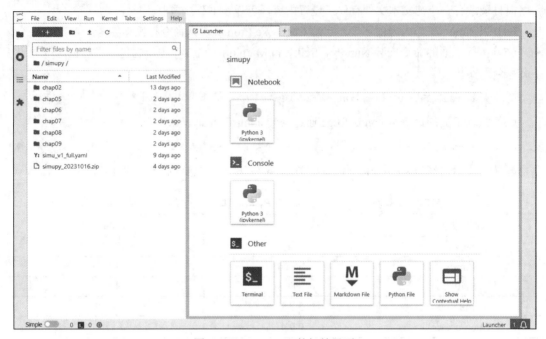

图 2-21　JupyterLab 的初始界面

1. 菜单栏

界面上方是 JupyterLab 的菜单栏，有 File、Edit、View 等多个菜单，JupyterLab 的主要操作基本都可以通过菜单栏实现。从菜单的标题就可以知道其功能，我们就不列出所有菜单的功能了，只介绍 Settings 菜单中的几个选项。

（1）Theme，设置界面主题和文字大小。

这个选项有多个子选项，可以设置 JupyterLab 的界面主题、代码编辑器的文字大小、UI 的文字大小等。界面主题只有暗色和亮色两种。

（2）Language，设置界面语言。

安装 Anaconda 后默认的界面语言只有 English 一种，若要使用中文界面，需要通过 conda 安装中文语言包。在 Anaconda 中切换到 simu_v1 环境，然后打开命令行界面，执行下面的命令。

```
conda install -c conda-forge jupyterlab-language-pack-zh-CN
```

安装完成后重启 JupyterLab，在 Settings→Language 下就会出现中文的选项，选中后可以使 JupyterLab 的界面切换为中文。但要注意中文界面并不完美，还有一些界面文字是英文的，为了解说方便，本书仍使用英文界面。

（3）Terminal Theme，终端界面主题。

这个选项用于设置终端界面的颜色主题。终端界面主题一般应设置为暗色，因为 conda 等关键字总是用黄色显示，在浅色主题下看不清这些关键字。

（4）Advanced Settings Editor，高级设置编辑器。

选中这个选项后，工作区会出现一个设置编辑器，用于对 JupyterLab 中的各种功能进行设置，还可以查看和修改所有快捷键。

2. 左侧边栏

JupyterLab 窗口左侧有个多页的侧边栏，单击各分页的标题栏可以切换页面，单击当前页的标题栏即可收缩或展开侧边栏。侧边栏有 4 个基本页面，如果安装了一些插件，可能会出现更多的页面。

（1）File Browser，文件浏览器。

图 2-21 中显示的就是这个页面。文件浏览器用于浏览硬盘上的文件系统，注意它只能浏览用户工作目录下的文件，而不是整个硬盘的文件系统。例如 Windows 上的登录用户名是 wwb，那么它只能浏览用户 wwb 的工作目录下的文件。在此文件浏览器中，利用其上方的工具栏按钮可以新建文件夹、上传文件（就是从整个硬盘系统中选择文件复制到当前目录下）等。在文件浏览器的文件系统列表上右击，通过快捷菜单可以实现打开、删除、重命名、创建副本等各种操作。

（2）Running Terminals and Kernels，正在运行的终端和内核。

该页面会显示正在运行的内核和终端，例如，显示的内容可能如图 2-22 所示。图中右侧的工作区中显示了 3 个页面，包含一个终端页面和两个 Notebook 文件页面。左侧的正在运行的终端和内核页面显示内容分为 3 组。

- OPEN TABS 组，列出了工作区中当前打开的页面。
- KERNELS 组，列出了正在运行的内核。打开一个 Notebook 文件就会启动一个 Python 内核，内核负责解释和运行程序。注意，在工作区关闭一个 Notebook 文件后，其对应的内核并不会自动关闭。图 2-22 中 KERNELS 组比 OPEN TABS 组多一项 note2_12.ipynb，就是因为虽然在工作区关闭了这个文件，但是其内核并未关闭。关闭一个 Notebook 文件后，最好也关闭其对应的内核，以减少内存占用。
- TERMINALS 组，列出了工作区运行的终端。终端就是一个命令行操作界面，在终端里可以执行 conda 命令。

（3）Table of Contents，目录。

这个页面会显示工作区中当前 Notebook 文件的目录结构。当 Notebook 文件中使用 Markdown 设计了标题时，这个页面会自动提取 Notebook 文件中的各级标题并显示。

（4）Extension Manager，插件管理器。

JupyterLab 支持安装第三方插件，以实现更多的功能，例如更多的界面主题。可以通过 pip 或 conda 命令安装插件，可以在 pypi 网站上查找 JupyterLab 插件。

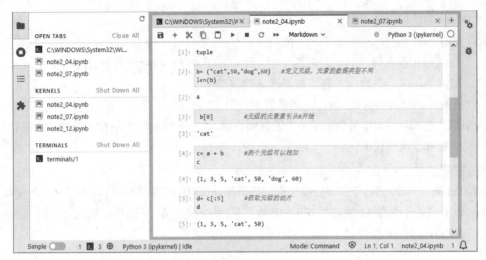

图 2-22　Running Terminals and Kernels 页面

3.　工作区

左侧边栏的右侧是工作区，工作区是一个多页编辑器，可以打开多个文件编辑器或终端。图 2-21 的工作区显示了一个 Launcher 页面，当没有任何文件或终端被打开时就自动显示这个 Launcher 页面。图 2-22 的工作区有多个页面，显示了打开的 Notebook 文件和终端。

工作区的多个页面可以按照图 2-22 所示的方式显示。还可以拖动页面的标题栏使其在不同的位置显示，例如两个页面水平或垂直并排显示，或更复杂的显示模式，如图 2-23 所示。

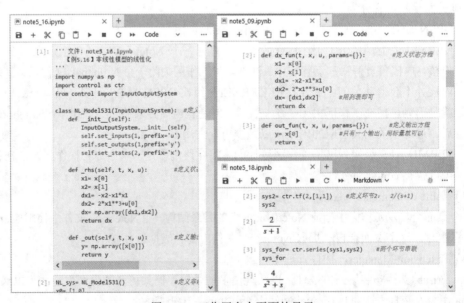

图 2-23　工作区多个页面的显示

图 2-21 所示的 Launcher 页面中有多个方块，单击后可以创建多种类型的文件或窗口。

（1）Notebook，创建 Notebook 文件。

在当前目录下创建一个自动命名的扩展名为.ipynb 的 Notebook 文件，并用编辑器打开此文件。Notebook 文件是 JupyterLab 的程序文件。我们可以在 Notebook 文件中编写 Python 代码并且交互式运行，还可以在 Notebook 文件中使用 Markdown 编写文本。2.2.2 小节会详细介绍 Notebook 文件编辑界面的功能，以及代码的编写和运行。

 本书中将扩展名为.ipynb 的文件称为 Notebook 文件，而不使用"笔记本"这样的名称，以免混淆。

（2）Console，打开控制台编程窗口。

打开一个控制台编程窗口，可以逐行输入 Python 代码并运行，其功能类似于 Python 官方的软件 IDLE。控制台编程窗口的交互性不如 Notebook 文件编辑窗口，所输入的代码不会被保存为文件。

（3）Terminal，打开一个终端窗口。

打开一个终端窗口，可以在终端窗口里执行 conda 和 pip 命令。

（4）Text File，创建一个纯文本文件。

在当前目录下创建一个自动命名的扩展名为.txt 的纯文本文件，并用编辑器打开。

（5）Markdown File，创建一个 Markdown 文件。

在当前目录下创建一个自动命名的扩展名为.md 的 Markdown 文件，并用编辑器打开此文件。Markdown 是一种轻量化的标记语言，可以创建带格式的文本，例如定义多级标题、定义字体等，还可以插入 LaTeX 定义公式。

（6）Python File，创建一个 Python 程序文件。

在当前目录下创建一个自动命名的扩展名为.py 的 Python 程序文件，并用编辑器打开此文件。注意，在编辑器里只能编辑 Python 程序文件，不能直接运行 Python 程序文件。

（7）Show Contextual Help，显示上下文帮助窗口。

显示一个上下文帮助窗口，当在程序文件中单击一个函数时，在这个上下文帮助窗口中就会显示函数的帮助信息。例如在图 2-24 中，我们在左边 Notebook 文件中单击了函数 ctr.ctrb()，这是 control 包中的 ctrb()函数，右侧的上下文帮助窗口中就显示了这个函数的帮助信息和源代码。

4. 右侧边栏

在 JupyterLab 窗口的右侧有一个右侧边栏，初始只有一个 Property Inspector（属性检查器）页面，它可以显示工作区当前页面中 Notebook 文件中单元格的属性。例如在图 2-25 中，工作区当前页面是一个 Notebook 文件，当前单元格是输入[3]，在右侧边栏的属性检查器中可以显示和编辑这个单元格的属性。单元格的属性主要有两个。

- Cell Tags，标签属性。每个 Tag 就是为单元格设置的一个标签，可以看作关键字。

● Slide Type，幻灯片类型。在将 Notebook 文件导出为 Reveal.js 类型的幻灯片时，每个单元格可以导出为单独的幻灯片（Slide）、子页面（Sub-Slide）或忽略（Skip）等。

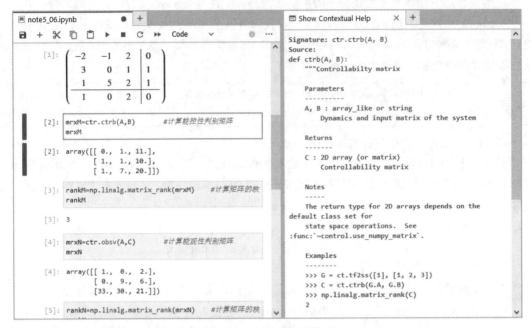

图 2-24　上下文帮助窗口

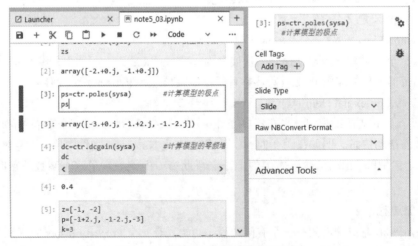

图 2-25　右侧边栏的属性检查器页面

如果为 JupyterLab 安装了调试器（debugger），在进行程序调试时在右侧边栏还会出现一个调试器界面。后文会详细介绍如何在 JupyterLab 中调试程序。

5. 状态栏

JupyterLab 窗口最下方是状态栏，状态栏会根据工作区当前页的内容而显示不同的内容。当工作区的当前页面是一个 Notebook 文件时（见图 2-22），状态栏的显示内容主要有以下几项。

（1）Simple 按钮。这是一个开关按钮，默认是关闭的。若单击该按钮使其变成打开的状态，则工作区以简单方式显示，也就是只显示当前文件，而不是呈现出带页标题栏的多页形式。

（2）当前终端和内核的个数，例如图 2-22 中显示有 1 个终端和 3 个内核。注意，这里显示的数字不是工作区打开的页面的个数，而是左侧边栏中显示的正在运行的终端和内核个数。

（3）当前内核的类型和状态，例如图 2-22 中显示当前的内核是 Python 3(ipykernel)，状态是 Idle（空闲）。Python 3(ipykernel)是 conda 自带的 Python 3 交互式内核。

（4）状态栏的右侧显示单元格的当前模式、鼠标当前位置和当前文件名等信息。

2.2.2　Notebook 文件编辑和运行

Anaconda 的一个主要特色功能是引入了 Notebook 文件，在 Notebook 文件中可以写入 Python 代码，并且可以交互式运行 Python 代码。在 Notebook 文件中还可以用 Markdown 编辑文字和嵌入图片，可以用 LaTeX 编写数学公式。Jupyter Notebook 和 JupyterLab 都支持 Notebook 文件，其中 JupyterLab 推出时间更晚，功能更丰富，本书就使用 JupyterLab。

1. Notebook 文件编辑器

在图 2-21 所示的 Launcher 页面单击 Notebook 文件的方块，可以创建一个 Notebook 文件。若在左侧边栏的文件浏览器中双击一个 Notebook 文件，可以在工作区打开相应文件。图 2-26 所示为 Notebook 文件编辑器界面。

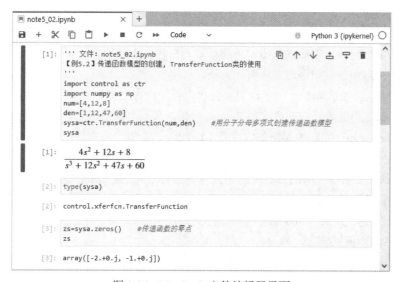

图 2-26　Notebook 文件编辑器界面

Notebook 文件由单元格（cell）组成，单元格分为输入单元格和输出单元格。输入单元格有背景色，输出单元格无背景色，成对的输入单元格和输出单元格具有相同的编号，例如输入[1]对应输出[1]，如图 2-26 所示。有的输入单元格没有输出，后面就没有输出单元格。注意，单元格前面的序号并不是代码顺序，而是代码运行顺序。一个单元格可以被多次运行，运行后单元格的编号会发生变化。

Notebook 文件编辑器中显示的文件有一个当前单元格，鼠标单击一个输入或输出单元格会将其切换为当前单元格。当前单元格的左侧有蓝色竖条，单击蓝色竖条可以隐藏或显示相应单元格的内容，在单元格的内容较多时隐藏单元格的内容比较实用。

当前输入单元格的右上角会自动出现一个工具栏，通过此工具栏的按钮可以复制单元格、移动单元格、插入单元格或删除单元格。

在单元格上右击，通过快捷菜单可以对单元格进行各种操作。通过 JupyterLab 菜单中的 File、Edit、View 等菜单也可以对 Notebook 文件和单元格进行各种操作，看菜单项的标题就可以知道其功能，所以就不具体介绍这些操作了。

2. Notebook 文件的运行

每个打开的 Notebook 文件有一个对应的 Python 内核，内核负责解释执行单元格的内容。可以每次运行一个单元格的内容，也可以连续运行所有单元格，还可以重新运行某个单元格。当单元格的输出是图片、LaTeX 公式时，可以在单元格内显示。所以，Notebook 文件非常便于交互式地运行 Python 程序。

Notebook 文件编辑器界面上部有一个工具栏，除了保存文件、插入单元格等编辑操作按钮外，还有几个按钮和控件用于实现代码运行和内核的操作。

▶按钮（快捷键是 Shift+Enter）：运行当前单元格，并移动到下一个单元格。

■按钮：中断运行。如果当前单元格的代码正在运行，单击此按钮可以中断运行。

C按钮：重启内核。重启内核后，再运行单元格时从 1 开始重新编号。

▶▶按钮：重启内核并顺序运行所有单元格。

Code ▼下拉列表框：用于设置当前单元格的内容类型，有如下 3 种类型。

- Code：当前单元格的内容是 Python 代码，代码可以被运行，可以产生输出单元格。
- Markdown：当前单元格的内容是 Markdown 文本，可以使用 Markdown 设计带格式的文本。
- Raw：当前单元格的内容是原始文本，运行单元格不会产生输出。

工具栏的右侧还有 3 个按钮，如图 2-26 所示。

- 调试器按钮。如果 Notebook 文件使用的内核支持调试器，这个按钮可以被点亮，表示程序进入单步调试模式。
- Switch kernel 按钮，其上显示 Notebook 文件当前使用的内核名称，例如 Python 3(ipykernel)。每个 Notebook 文件需要选择一个内核才可以运行，Python 3(ipykernel)是 Anaconda 自带

的内核，且只有这一个内核，这个内核不支持程序单步调试。用户可以安装其他内核，例如支持程序单步调试的内核。单击该按钮会出现一个对话框，用于为 Notebook 文件重新选择内核。

- Kernel status 按钮，用于显示内核状态信息，如内核状态（空闲或繁忙）、运行的单元格个数、程序运行时间等信息。

3. Notebook 文件编辑器常用功能和快捷键

Notebook 文件编辑器常用功能和快捷键如表 2-2 所示。

表 2-2　Notebook 文件编辑器常用功能和快捷键

功能	快捷键	功能描述
保存文件	Ctrl + S	保存当前 Notebook 文件
代码注释	Ctrl + /	在单元格中选中多行后，按此快捷键可以将代码变为注释或将注释变为代码，也就是在每一行前面添加或删除一个#
右移	Ctrl +]	将选中的多行文字向右移动一个 Tab 位（默认是 4 个空格）
左移	Ctrl + [	将选中的多行文字向左移动一个 Tab 位
上下文帮助	Ctrl + I	打开上下文帮助窗口，并显示光标所在函数的帮助信息
运行单元格	Shift + Enter	运行当前单元格

2.2.3　Notebook 文件程序调试

1. 安装支持调试的内核

JupyterLab 支持对 Notebook 文件进行调试操作，但是需要 Notebook 文件使用的内核支持调试操作才可以。Anaconda 自带的内核只有一个 Python 3(ipykernel)，这个内核并不支持调试操作。如果当前内核支持调试操作，那么工具栏右侧的调试器按钮是可以被点亮的。

支持调试操作的内核有 xeus-python 等。在 Anaconda Navigator 中选择当前环境为 simu_v1，打开命令行窗口后执行下面的命令安装 xeus-python。

```
conda install -c conda-forge xeus-python
```

安装成功后重新启动 JupyterLab，其 Launcher 页面如图 2-27 所示。与图 2-21 所示的 Launcher 页面相比，Notebook 和 Console 下面分别多了 2 个方块，即增加了 2 种内核。

- Python 3.11(XPython Raw)：基于 Python 3.11 的 XPython Raw 内核，这个内核不支持调试功能，其功能与 Anaconda 自带的 Python 3(ipykernel)内核一样。
- Python 3.11(XPython)：基于 Python 3.11 的 XPython 内核，这个内核支持调试功能。

在 Launcher 页面创建 Notebook 文件时，单击某种内核的 Notebook 文件方块就可以创建文件并使用相应内核。

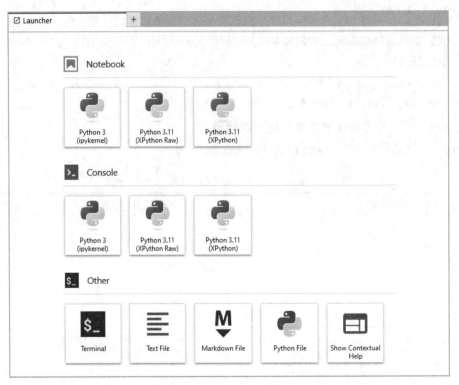

图 2-27　安装了 xeus-python 之后的 Launcher 页面

2. Notebook 文件的程序调试

如果需要对一个 Notebook 文件设置断点进行单步跟踪调试，就需要将其内核设置为 Python 3.11(XPython)。选择这个内核后，Notebook 文件编辑器工具栏右侧的调试器按钮变成黑色可用的了。单击这个按钮使能调试器，按钮会变成红色，右侧边栏会出现一个调试器面板，如图 2-28 所示。

使能调试器后，Notebook 中单元格的每行代码前面会自动显示行号。用鼠标在行号左侧单击就可以设置断点，例如图 2-28 中，当前单元格[*]的第 2 行代码设置了断点，输入[3]的第 3 行代码设置了断点。

在 Notebook 编辑器的工具栏上执行一个单元格时，如果单元格内的代码有断点，程序就会在断点处停下来，在右侧边栏的调试器面板可以控制代码的单步执行，并观察局部变量和全局变量的当前值。

右侧边栏的调试器面板有几个子面板。

- VARIABLES 子面板用于观察程序中当前的全局变量或局部变量的值，其标题栏右侧的下拉列表框用于选择全局变量或局部变量，还可以选择显示为树状形式或表格形式。
- CALLSTACK 子面板工具栏上的几个按钮用于控制代码的执行。

- BREAKPOINTS 子面板显示了 Notebook 文件中的所有断点，可以快速清除所有断点。
- SOURCE 子面板显示了当前运行的单元格内的所有源代码，当前代码行用深灰色底色表示。
- KERNEL SOURCES 子面板显示了内核中的源文件。

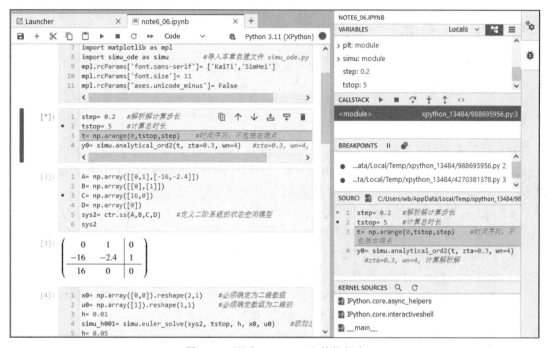

图 2-28　调试 Notebook 文件的程序

程序调试最常用的功能是程序在断点处暂停后，单步跟踪执行代码，以观察当前环境中的各个变量的值。VARIABLES 子面板中会自动列出程序当前的全局变量和局部变量。CALLSTACK 子面板的工具栏上的按钮可用于控制代码的单步执行，这些单步调试操作与一般的 IDE 软件中的单步调试操作是一样的。CALLSTACK 子面板工具栏上几个按钮的功能如下。

- Continue（F9）：程序连续运行，直至遇到单元格中的下一个断点才停下来。如果单元格后面没有断点了，就运行完当前单元格的代码。
- Terminate（Shift+F9）：终止程序的运行。
- Next（F10）：执行当前行代码并移动到下一行。
- Step In（F11）：执行当前行代码，如果代码中有函数，就跟踪进入函数的代码去单步执行。
- Step Out（Shift+F11）：如果当前是在一个函数的代码里，就执行完函数的全部代码并返回。

若要退出调试模式，单击 Notebook 编辑器工具栏上的调试器按钮，使其变成黑色，Notebook

文件单元格中的代码行号和断点会消失。

JupyterLab 还有很多其他功能，例如使用 Markdown 编写带格式的文本、使用 LaTeX 输入公式、安装和使用插件等，本书就不具体介绍了。掌握了本节介绍的 JupyterLab 的基本功能及其用法，就可以针对本书内容编写和调试程序了。

2.3　Python 基础

本书使用 Python 编程，读者需要掌握一定的 Python 编程基础知识才可以看懂书中的程序。本节简要介绍 Python 基础知识。

2.3.1　Python 的特点

Python 最初是由荷兰程序员 Guido van Rossum 在 1989 年圣诞节假期开发的。2000 年之后，Python 逐渐流行起来，最近几年的 TIOBE 编程语言排行榜上，Python 基本排在前 3 位。Python 之所以如此流行，是因为它有一些优秀的特点。

- Python 是一个遵循 GNU 通用公共许可协议的开源软件，是一个纯粹的自由软件，这为大量人群使用它扫除了知识产权障碍。
- Python 是面向对象的编程语言，可用于编写复杂的、较大型的软件项目，例如 AI 领域的 TensorFlow、PyTorch 等大型框架都是基于 Python 的。
- Python 的可扩展性强，第三方资源丰富。Python 社区有大量的第三方包，例如 NumPy、SciPy 和 Matplotlib 为科学计算和数据可视化奠定了基础。
- Python 是一种胶水语言，可以将其他语言编写的类库转换为 Python 绑定，例如 PySide6 是 Qt 6 C++类库的 Python 版本，使用 PySide6 就可以用 Python 编写专业的 GUI 应用。
- Python 是一种解释型语言，可交互式运行，简单易学。

Python 也有缺点，主要是因为它是解释型语言，所以 Python 程序不如 C++等编译型语言程序运行速度快。但是在计算机性能极大提升的情况下，开发效率比运行效率更重要，这个缺点就不是大问题了。

2.3.2　Python 的基本规则

Python 有如下一些基本规则。

- 区分大小写，这与 C++语言类似。
- 单行注释语句以#开始。
- 多行注释语句以成对的三引号界定，通常用于在函数和类中写上下文帮助信息。
- 用缩进定义代码段，相同缩进的多行代码是一个代码段，类似于 C 语言中用{}定义代码段。
- 定义代码段的语句（例如 if、for、while 等语句）末尾要加冒号。

- 所有的对象都是类的实例，即使 int、float、str 等基本数据类型也是类。
- 变量是动态类型的，定义变量时无须指定其类型，一个变量可以在程序中被赋予不同类型的值。
- Python 中有一些关键字，这些关键字不能作为变量名称或类名称，使用命令 help("keywords") 可以列出当前版本 Python 中全部的关键字。Python 3.11 中的全部关键字如下：

```
False         class          from          or
None          continue       global        pass
True          def            if            raise
and           del            import        return
as            elif           in            try
assert        else           is            while
async         except         lambda        with
await         finally        nonlocal      yield
break         for            not
```

2.3.3　基本数据类型和运算符

1. 基本数据类型

Python 的基本数据类型有 int（整数）、float（浮点数）、complex（复数）、str（字符串）和 bool（布尔型）。Python 是动态类型编程语言，定义一个变量时直接为其赋值即可，Python 将自动确定变量的类型。一个变量可以重新赋值为另一种类型的值，使用 type() 函数可以显示变量的类型。示例代码如下。

```
[1]:    '''   程序文件: note2_01.ipynb   '''
        a= 10                     #不带小数点，自动定义为 int 类型
        type(a)                   #显示变量的类型
[1]:    int
[2]:    a= 23.0                   #带小数点，自动定义为 float 类型
        type(a)
[2]:    float
[3]:    b1= True                  #布尔型.True 或 False
        type(b1)
[3]:    bool
[4]:    b2= None                  #空值
        type(b2)                  #注意 NoneType 不是一种基本类型
[4]:    NoneType
[5]:    s1= 'Welcome to-'         #用单引号定义字符串
        s2= "青岛-"               #用双引号定义字符串
        s3= '''金沙滩'''          #用三引号定义字符串
        type(s3)
[5]:    str
[6]:    print(a,b1,b2,s1,s2,s3)
        23.0 True None Welcome to- 青岛- 金沙滩
[7]:    d= 2+3j                   #j 是复数的虚部符号
        type(d)
```

45

```
[7]:   complex
[8]:   print(d,"实部=%.2f,虚部=%.2f"%(d.real, d.imag))
       (2+3j) 实部=2.00,虚部=3.00
[9]:   help(complex)
       Help on class complex in module builtins:

       class complex(object)
        |  complex(real=0, imag=0)
        |
        |  Create a complex number from a real part and an optional imaginary part.
       ##### 注：省略显示后面的内容
```

布尔型变量可赋值为 True 或 False，这两个值是 Python 的关键字。

变量可以被赋值为 None，这也是 Python 中的一个关键字。输入[4]中赋值 b2= None，用 type(b2) 显示 b2 的类型是 NoneType。NoneType 是一种特殊的数据类型，只有一种取值 None。

字符串可以用单引号、双引号或三引号定义，程序中一般使用单引号或双引号定义字符串。三引号还可以定义注释，这种注释一般放在函数或类的初始部分作为上下文帮助信息，使用 help() 函数显示一个函数的帮助信息时，就是显示这部分注释信息。例如图 2-24 的上下文帮助窗口中显示了 control.ctrb()函数的源代码，函数内部的初始部分用三引号定义的注释就是函数的上下文帮助信息。

复数是 Python 中的一种基本数据类型，输入[7]中定义了 d= 2+3j，其中的 j 是虚部符号。complex 是一个类，输出[9]中显示了 complex 类的帮助信息（代码段中未显示完整）。complex 类有 real 和 imag 两个属性，分别表示复数的实部和虚部。

同样，字符串类型 str 也是一个类，str 类有很多属性和方法用于字符串操作，例如 str.upper() 返回全大写的字符串。通过 help(str)可以显示 str 类的完整帮助信息。

基础数据类型之间可以进行转换，使用 int()、float()、str()等函数进行转换，示例代码如下。

```
[10]:  n1= int(True)          #bool 转换为 int
       n1
[10]:  1
[11]:  n2= bool(0)            #int 转换为 bool
       n2
[11]:  False
[12]:  f1= float("3.14159")   #str 转换为 float
       f1
[12]:  3.14159
[13]:  f2= float(1024)        #int 转换为 float
       f2
[13]:  1024.0
[14]:  s1= str(3.14159)       #float 转换为 str
       s1
[14]:  '3.14159'
```

```
[15]:  n1= int("1315")      #str 转换为 int
       n1
[15]:  1315
[16]:  n2= int(23.67)       #float 转换为 int, 只截取整数部分
       n2
[16]:  23
[17]:  m1= complex(12.4)    #float 转换为 complex
       m1
[17]:  (12.4+0j)
```

2. 基本运算符和序列数据切片

Python 的基本运算符有加（+）、减（−）、乘（*）、除（/），还有幂次（**）和求余数（%）。
另外，索引（[ ]）也可以看作一种基本运算符，使用索引可以获取字符串的某个字符或某个范围
内的字符串。

```
[1]:   '''   程序文件: note2_02.ipynb  '''
       a= 10
       b= 4
       c= a/b               #两个 int 直接相除, 得到的是 float
       c
[1]:   2.5
[2]:   type(a), type(b), type(c)
[2]:   (int, int, float)
[3]:   c= int(a/b)          #整除
       c
[3]:   2
[4]:   c= 10 % 4            #取余数
       print("c=",c)
       c= 2
[5]:   a= 2**10             #幂次计算
       print("2^10= ", a)
       2^10=  1024
[6]:   s1= "hello, "
       s2= "world 世界"
       s= s1 + s2   #字符串相加就是连接两个字符串
       print(s)
       hello, world 世界
[7]:   d= len(s2)   #len()函数用于求字符串的长度, 也就是字符个数
       d            #一个汉字是一个字符
[7]:   7
[8]:   s2[0]                #字符串的索引从 0 开始
[8]:   'w'
[9]:   s2[1:5]              #获取索引 1 至 5（不包含 5）的字符串
[9]:   'orld'
[10]:  s2[:5]               #获取索引 5（不包含 5）之前的所有字符
[10]:  'world'
[11]:  s2[5:]               #获取索引 5（包含 5）之后的所有字符
```

```
[11]:  '世界'
[12]:  s2[-1]          #-1 表示右端第 1 个字符的索引
[12]:  '界'
[13]:  s2[:-2]         #获取左端至索引-2（不含-2）的所有字符
[13]:  'world'
[14]:  s2[-2:]         #获取从索引-2（包含-2）至右端的所有字符
[14]:  '世界'
```

在输入[1]中，虽然 a 和 b 都是 int 类型，但是 c= a/b 得到的 c 是 float 类型。若要得到两个整数的整除结果，需要采用输入[3]中的方式，即 c= int(a/b)，其中 int()函数用于将一个数强制转换为整数，且只取整数部分，不会四舍五入。

函数 len()可以求一个字符串的长度，即字符个数。字符串中的一个汉字算作一个字符，所以，s2="world 世界"，用 d= len(s2)求得其长度为 7。

可以通过索引获取字符串中的一个字符或一部分字符串。字符串的索引从 0 开始，所以 s2[0]是第一个字符'w'，s2[-1]是最后一个字符'界'。索引还可以指定范围，用于获取字符串的切片。例如字符串 s2 的内容是"world 世界"，长度是 7，有以下几种获取切片的形式。

- s2[1:5]，获取索引 1 至 5（不包含 5）的字符串，得到的字符串是"orld"。
- s2[:5]，获取索引 5（不包含 5）之前的所有字符，得到的字符串是"world"。
- s2[5:]，获取索引 5（包含 5）之后的所有字符，得到的字符串是"世界"。
- s2[-1]，获取索引为-1 的一个字符，-1 是最右端的字符的索引，所以得到的是"界"。同理，-2 是从右端开始第 2 个字符的索引。
- s2[:-2]，获取左端至索引-2（不包含-2）的所有字符，得到的字符串是"world"。
- s2[-2:]，获取从索引-2（包含-2）到右端的所有字符，得到的字符串是"世界"。

对字符串的元素进行索引和切片的这些规则同样适用于 Python 中其他序列类型的数据，例如列表和元组。

2.3.4　序列数据类型

Python 中有 3 种基本的序列数据类型：列表、元组和范围。它们具有一些相同的特性。前面所介绍的字符串也可以看作一种序列数据类型，对字符串的切片操作方法同样适用于列表和元组。

1. 列表

列表（list）是一组数据的集合，使用一对方括号定义列表的数据内容。列表有如下特点。

- 列表的成员数据可以是不同类型的，例如可以定义列表 b= ["cat",10,"dog",20]。
- 列表的索引是从 0 开始的，可以获取列表的切片。
- 列表的长度是可以改变的，通过 list 类的方法可以在列表中添加、插入和删除数据。
- 列表可以为空，例如 a= []是一个空的列表。
- 列表中可以嵌套列表，例如 data=[[1,2,3],[4,5,6,7,8]]。

下面的代码演示了列表的主要特性。

```
[1]:    '''  程序文件: note2_03.ipynb  '''
        a= [1,3,5,7,9]                    #同类型数据的列表,相当于一个数组
        type(a)
[1]:    list
[2]:    b= ["cat",10,"dog",20]            #不同类型数据的列表
        len(b)
[2]:    4
[3]:    b[0]                              #列表索引从 0 开始
[3]:    'cat'
[4]:    b[1]= 50                          #可以修改列表元素的值
        b[:3]                             #列表切片, 获取索引 0 至 3 (不包含 3)的数据列表
[4]:    ['cat', 50, 'dog']
[5]:    b.append("pig")                   #给列表添加一个数据
        b
[5]:    ['cat', 50, 'dog', 20, 'pig']
[6]:    c= a + b                          #两个列表可以相加
        c
[6]:    [1, 3, 5, 7, 9, 'cat', 50, 'dog', 20, 'pig']
[7]:    data= [[1,2,3],[4,5,6,7,8]]       #列表中可以嵌套列表
        len(data)                         #data 长度为 2
[7]:    2
[8]:    data[1]                           #data[1]是一个列表
[8]:    [4, 5, 6, 7, 8]
[9]:    data.clear()                      #清空列表
        data
[9]:    []
```

通过 list 类的方法可以对列表进行一些操作,包括在列表中添加、插入和删除数据。可以通过 help(list)查看 list 类的详细信息,这里就不具体介绍了。

2. 元组

元组(tuple)也是一组数据的集合,使用一对括号定义元组的数据内容。元组与列表的特性相似,主要的差别是元组在初始化数据后就不能再修改:不能修改数据内容,也不能改变元组的大小。下面的代码演示了元组的定义和使用方法。

```
[1]:    '''  程序文件: note2_04.ipynb  '''
        a= (1,3,5)                        #定义元组, 元素的数据类型相同
        type(a)
[1]:    tuple
[2]:    b= ("cat",50,"dog",60)            #定义元组, 元素的数据类型不同
        len(b)
[2]:    4
[3]:    b[0]                              #元组的元素索引从 0 开始
[3]:    'cat'
[4]:    c= a + b                          #两个元组可以相加
        c
```

```
[4]:    (1, 3, 5, 'cat', 50, 'dog', 60)
[5]:    d= c[:5]                              #获取元组的切片
        d
[5]:    (1, 3, 5, 'cat', 50)
```

3. 范围

范围（range）是用 range 类创建的对象，它表示数据范围。范围通常用在循环语句中作为循环变量的取值范围，也可以用于生成列表数据。

用 range 类创建对象有以下几种形式。

```
range(stop)
range(start, stop[, step])
```

- 若只有一个参数，例如 range(10)，创建的数据范围是[0,10)，不包含右端的 10，步长为 1。
- 若有 2 个参数，例如 range(2,10)，创建的数据范围是[2,10)，不包含右端的 10，步长为 1。
- 若有 3 个参数，例如 range(1,10,2)，创建的数据范围是[1,10)，不包含右端的 10，步长为 2。

```
[1]:    '''  程序文件：note2_05.ipynb  '''
        a= range(5)                           #创建范围，数据范围是[0,5)，步长为1
        a
[1]:    range(0, 5)
[2]:    b= range(10,50,5)                     #创建范围，数据范围[10,50)，步长为5
        b
[2]:    range(10, 50, 5)
[3]:    La= list(range(5))                    #根据范围创建列表
        La
[3]:    [0, 1, 2, 3, 4]
[4]:    Lb= list(range(10,50,5))              #根据范围创建列表
        Lb
[4]:    [10, 15, 20, 25, 30, 35, 40, 45]
[5]:    for i in range(1,10,2):               #在循环语句中使用 range 类型数据
            print(i)
        1
        3
        5
        7
        9
[6]:    data= [2**x for x in range(10)]       #根据变量的表达式生成列表
        data
[6]:    [1, 2, 4, 8, 16, 32, 64, 128, 256, 512]
```

注意，range 对象只表示范围，在输出[1]和输出[2]中显示范围对象时，只显示了它表示的数据范围，而不包含范围内的数据点。通过范围定义的列表才可存储范围内具体的数据点，例如输入[3]中根据范围 range(5)定义的列表 La，其数据内容就是列表[0, 1, 2, 3, 4]。

range 对象通常用于在 for 循环中定义循环变量的范围,例如输入[5]中的代码是在 for 循环中使用 range 对象的一种典型用法。关键字 in 表示在范围内取值,相应地还可以使用 not in 表示不在一个范围内取值。

输入[6]中展示了根据变量的表达式定义列表的方法,这种方法便于创建有规律的数据序列。输入[6]中列表元素的表达式是 2**x,然后 x 在 range(10)内取值,从而得到一个列表[1, 2, 4, 8, 16, 32, 64, 128, 256, 512]。

2.3.5 集合数据类型

Python 中的集合数据类型包括集合类型和字典类型。

1. 集合

Python 中的集合(set)类型可以实现数学中的集合的表示和计算,例如判断一个数据是否在集合内,计算集合的交集、并集等。下面的代码演示了集合的创建和集合的一些主要操作。

```
[1]:    '''   程序文件: note2_06.ipynb  '''
        sa= {'A','B', 10,20,'cat','dog'}        #直接定义和初始化集合
        sa
[1]:    {10, 20, 'A', 'B', 'cat', 'dog'}
[2]:    type(sa)
[2]:    set
[3]:    sb= set()                       #定义一个空的集合
        sb
[3]:    set()
[4]:    sb.add('cat')                   #往集合中添加元素
        sb.add('dog')
        sb
[4]:    {'cat', 'dog'}
[5]:    sb.update([1,2,3])              #可以用列表、元组、字符串等序列数据更新集合
        sb
[5]:    {1, 2, 3, 'cat', 'dog'}
[6]:    sb.remove("cat")                #移除一个元素
        sb
[6]:    {1, 2, 3, 'dog'}
[7]:    sb.update("ABCD")
        sb
[7]:    {1, 2, 3, 'A', 'B', 'C', 'D', 'dog'}
[8]:    sc= sa & sb                     #两个集合的交集
        sc
[8]:    {'A', 'B', 'dog'}
[9]:    for i in sc:                    #集合可用作循环变量的取值范围,但顺序是不确定的
            print(i)
        B
        dog
        A
[10]:   sd= sa | sb                     #两个集合的并集
        sd
[10]:   {1, 10, 2, 20, 3, 'A', 'B', 'C', 'D', 'cat', 'dog'}
[11]:   se= sd - sb                     #计算差集
```

51

```
se
```

```
[11]:    {0, 20, 'cat'}
```

使用一对花括号可以创建和初始化集合内容。但要注意，若要创建一个空集，必须使用 set()
创建一个空的集合对象。如果使用 sb={}，那么创建的是一个空的字典。另外要注意，集合不支
持索引，如果 sa 是一个集合，是不能通过 sa[0]获取其第一个元素的。

set 是表示集合的类，set 有很多方法进行集合的操作，如 add()用于添加元素，remove()用于
移除元素，update()可以将列表、元组或字符串的元素添加到集合里。可以通过 help(set)查看 set
类的详细描述。

集合之间可以通过运算符进行集合计算，如计算交集（&）、并集（|）和差集（−）。集合可
以作为 for 等循环语句中循环变量的取值范围，但是集合元素的输出和显示顺序是随机的。可以
使用 sorted()函数对一个集合进行排序。

2. 字典

字典（dict）就是键-值（key-value）数据的集合。一个键-值对称为一个项（item），项就是
有映射关系的数据。使用字典可以方便地建立可查找的数据表，例如可以定义如下字典表示界面
组件的属性及其值。

```
da= {"width":100, "height":200, "color":"white"}
```

字典 da 中的一个项是"width":100，其中"width"是键（key），100 是值（value）。

字典中的键一般使用字符串或整数，值可以是任何类型的数据。一个字典中的键必须是唯一
的，不允许重复。下面的代码演示了字典的创建和常用的一些操作。

```
[1]:    '''  程序文件: note2_07.ipynb  '''
        da= {"width":100, "height":200, "color":"white"}        #定义并初始化一个字典
        da
[1]:    {'width': 100, 'height': 200, 'color': 'white'}
[2]:    type(da)
[2]:    dict
[3]:    da.update({"readonly": False})        #添加一项
        da
[3]:    {'width': 100, 'height': 200, 'color': 'white', 'readonly': False}
[4]:    da['width']= 120                       #改变键的值
        da['color']= 'red'
        da
[4]:    {'width': 120, 'height': 200, 'color': 'red', 'readonly': False}
[5]:    chk= da.get('checkable',True)         #通过键获取值, 如果键不存在, 就返回设置的默认值
        chk
[5]:    True
[6]:    db= {x:2**x for x in range(11)}       #使用表达式创建字典数据
        db
[6]:    {0: 1, 1: 2, 2: 4, 3: 8, 4: 16, 5: 32, 6: 64, 7: 128, 8: 256, 9: 512, 10: 1024}
[7]:    skey= da.keys()                       #字典所有的键, 类似于一个集合
        skey
[7]:    dict_keys(['width', 'height', 'color', 'readonly'])
[8]:    for k in da.keys():                   #通过键遍历字典
            print("{0} = {1}".format(k,da[k]))    #输出键及其值
```

```
              width = 120
              height = 200
              color = red
              readonly = False
[9]:          sitems= da.items()                    #字典的所有项，类似于一个集合
              sitems
[9]:    dict_items([('width', 120), ('height', 200), ('color', 'red'), ('readonly', False)])
[10]:   for k,v in da.items():                    #通过项遍历字典
              print("{0} = {1}".format(k,v))    #输出键和值
        width = 120
        height = 200
        color = red
        readonly = False
```

字典支持索引，但是用键名称而不是序号作为索引。例如，输入[4]中通过键索引修改了键对应的值。

表示字典的类是 dict，它有一些方法对字典进行操作。例如，使用 update()可以向字典添加键-值对；clear()可以清空字典数据；使用 get()方法可以获取一个键的值，如果键不存在，还可以返回一个默认值。输入[5]中获取"checkable"键的值，如果字典中不存在这个键，就返回 get()方法中设置的默认值 True。

dict.keys()方法返回字典中的所有键，返回的数据类似于一个集合，但并不是 set 类型数据。输出[7]中显示了 da.keys()的内容；输入[8]中用 da.keys()作为循环变量的范围，遍历了字典的数据。

dict.items()方法返回字典中的所有项，返回的数据类似于一个集合。输出[9]中显示了 da.items()的内容，每个项是一个元组数据，例如('width',120)。我们无法单独获取字典中的某个项，但是可以遍历所有项，输入[10]演示了遍历所有项的方法。

2.3.6 逻辑运算与条件语句

1. if 语句

布尔型数据有 True 和 False 两种取值，比较运算的结果产生布尔值。比较运算使用如下运算符：大于（>）、小于（<）、大于或等于（>=）、小于或等于（<=）、等于（==）、不等于（!=）。

布尔值之间的运算称为逻辑运算，逻辑运算使用如下关键字：逻辑与（and）、逻辑或（or）、逻辑非（not）。还有一个关键字 in 也可以用作逻辑运算符，用于判断一个值是否在一个列表或集合内。not 和 in 可以结合起来使用。

if 条件语句有 3 个关键字：if、elif 和 else。条件语句后面需要用冒号（:）结尾，并在下一行开始编写条件成立时执行的代码段。Python 中使用缩进定义代码段。示例代码如下。

```
[1]:    ''' 程序文件: note2_08.ipynb '''
        plants = {'白杨树','苹果树','桂花树'}
        animals= {'cat', 'dog', 'pig'}
        a= 'cat'
        if a in plants:
```

```
        print('{0} 属于植物'.format(a))
        print('植物包括',plants)
    elif a in animals:
        print('{0} 属于动物'.format(a))
        print('动物包括',animals)
    else:
        print('{0} 不属于动物或植物'.format(a))
    cat 属于动物
    动物包括 {'cat', 'dog', 'pig'}
```

```
[2]:    L1= list(range(1,10,2))        #定义一个奇数列表
        L1
```

```
[2]:    [1, 3, 5, 7, 9]
```

```
[3]:    b= 5
        if (b in L1) and (b>3):
            print('{0}是一个大于 3 的奇数'.format(b))
        else:
            print('b=',b)
    5 是一个大于 3 的奇数
```

在写复杂的条件语句时，应该用括号将各子条件限定起来，明确定义条件计算的顺序。例如，输入[3]中的 if 条件语句虽然也可以写成如下的形式，但是不如输入[3]中的写法明确。

```
        if b in L1 and b>3:
```

2. match 语句

match 语句是一种多分支语句，类似于 C++中的 switch 语句。示例代码如下。

```
[4]:    today= 'Wed'
        match today:
            case 'Mon':
                print('今天周一，不想干活')
            case 'Tue' | 'Wed' | 'Thur':        #多种取值
                print('周二到周四好好干活')
            case 'Fri':
                print('今天周五，不想干活')
            case _:                             #其他取值
                print('周末了，happy')
    周二到周四好好干活
```

在上面的代码中，today 是一个用于判断条件的变量，它可以有不同的取值。case 是分支条件，匹配其值时就执行其分支代码段。case 的分支条件可以是多个值的或运算，最后一个特殊的分支表示前面的分支条件都不满足时执行的代码段。

2.3.7   循环语句

Python 中的循环语句有 for 循环和 while 循环。另外还有两个关键字用于控制循环的跳转，continue 用于略过循环体中后面的代码，继续下一次循环；break 用于退出循环。

1. for 循环

for 循环用于遍历操作，通常是使用一个循环变量在一个范围内遍历。例如下面的代码。

```
[1]:  '''  程序文件: note2_09.ipynb  '''
      s= 0
      for i in range(101):      #在范围 [0,101)内循环
        s += i
      print(s)
      5050
[2]:  for i in range(1,10,2):
        print(i)
      1
      3
      5
      7
      9
```

注意，range(101)的数据范围是[0,101)，也就是不包含右端的 101。

列表、元组、集合、字典的 keys()和 items()等都可以作为 for 循环中循环变量的取值范围。前文在介绍这些数据类型时基本都演示过使用 for 循环对它们进行遍历的代码。

使用 for 循环可以为列表、集合和字典变量根据表达式赋初值，例如下面的代码。

```
[3]:  La= [x**2 for x in range(10)]        #根据表达式为列表赋初值
      La
[3]:  [0, 1, 4, 9, 16, 25, 36, 49, 64, 81]
[4]:  sa= {x**2 for x in range(1,100)}     #根据表达式为集合赋初值
      sb= {x**3 for x in range(1,100)}
      sc= sa & sb
      sc
[4]:  {1, 64, 729, 4096}
[5]:  da= {x:x**2 for x in range(10)}      #根据表达式为字典赋初值
      da
[5]:  {0: 0, 1: 1, 2: 4, 3: 9, 4: 16, 5: 25, 6: 36, 7: 49, 8: 64, 9: 81}
```

但要注意，不能用这种方法给元组变量赋初值。

集合作为循环变量的取值范围时，取值的顺序是随机的。若要按照一定的方式进行排序，需要使用 sorted()函数，例如下面的代码。

```
[6]:  for i in sc:          #使用集合作为循环范围
        print(i)
      4096
      1
      64
      729
[7]:  for i in sorted(sc):        #使用集合作为循环范围，并且进行了排序
        print(i)
      1
      64
      729
      4096
```

2. while 循环

while 循环是在满足条件的情况下执行循环内的代码。利用 while 循环计算从 0 累加至 100 的代码如下。

```
[1]:    '''  程序文件: note2_10.ipynb  '''
        s,i = 0,0
        while(i<=100):
            s += i
            i += 1
        print(s)
```
```
5050
```

有时也常用 while(True)构造死循环，在循环体的代码里判断条件满足时用 break 跳出循环，例如下面的代码。

```
[2]:    s,i = 0,0
        while(True):            #死循环
            i += 1
            if (i % 2)==0:      #如果是偶数，就不相加
                continue
            s += i
            if s>2000:          #满足条件时退出循环
                break
        print('s= {0}, i= {1}'.format(s,i))
```
```
s= 2025, i= 89
```

这段代码中使用了 continue，用于略过偶数的累加。在累加值 s>2000 时，用 break 跳出循环。

2.4　Python 的函数式编程

Python 中函数的定义和使用非常灵活，甚至可以说过于灵活。本节简要介绍 Python 中定义和使用函数的一些主要知识点和难点，以便读者能读懂函数的调用方法，能正确定义和使用函数。

2.4.1　函数的定义和使用

1. 函数的定义
Python 中使用关键字 def 定义函数，函数的全部代码是一个代码块。例如下面的代码定义了一个函数 func1()。

```
[1]:    '''  程序文件: note2_11.ipynb  '''
        def func1(name, math, english=80, physics=70, print_score=True):
            if print_score:
                print('{0}的成绩: 数学= {1}, 英语= {2}, 物理={3}'.format(
                    name, math,english,physics))
            score= math + english + physics
            return score
```

定义函数时的输入参数称为形参。这个函数有 5 个形参，其中右端 3 个形参使用等号赋了值，表示这 3 个参数有默认值。如果调用函数 func1()时不给右端的 3 个参数传递值，就使用其默认值。

定义函数时，如果定义了一个有默认值的形参，后面的形参都必须具有默认值。

函数中使用关键字 return 返回函数的值。函数可以没有返回值，可以返回一个变量，也可以

返回多个变量。func1()只返回一个变量 score，表示 3 科成绩的总分。

2. 调用函数

要调用函数 func1()就需要传递参数给函数 func1()，并且可以获取其返回值。调用函数时给函数传递的输入参数称为实参。可以按位置传递参数，例如下面的代码：

```
[2]:    func1('小明',86,90,88)      #按位置传递参数，最后一个参数未传递，使用默认值
        小明的成绩：数学= 86, 英语= 90, 物理=88
[2]:    264
[3]:    sum1= func1('小华',91,93)    #按位置传递参数，最后两个参数使用默认参数
        小华的成绩：数学= 91, 英语= 93, 物理=70
[4]:    func1('小强',82,85,False)    #按位置传递参数，实参中的 False 实际赋值给了形参physics
        小强的成绩：数学= 82, 英语= 85, 物理=False
[4]:    167
```

输入[2]中给 func1()传递了 4 个参数，最后的形参 print_score 使用了默认值 True，所以后面有输出的成绩信息。另外，输出[2]中显示了函数 func1()的返回值。如果一个函数有返回值，但是调用这个函数时并没有用变量接收函数的返回值，那么 JupyterLab 就会自动显示函数的返回值。

输入[3]中只传递了 2 个分数，按位置就是形参 math 和 english 的值，后面两个形参都使用了默认值，所以输出的成绩信息为"物理=70"。输入[3]中使用变量 sum1 获取了函数 func1()的返回值，所以输出[3]中没有自动显示 func1()的返回值。

输入[4]中调用 func1()时传递的参数有问题，False 实际传给了形参 physics，而不是传递给了形参 print_score。在按位置给函数传递参数时，不能略过具有默认值的形参。

调用函数时还可以按关键字传递参数值，例如下面的代码。

```
[5]:    func1('小芳', 92, physics=96)      #前两个形参是位置参数，后面一个是关键字参数
        小芳的成绩：数学= 92, 英语= 80, 物理=96
[5]:    268
[6]:    sum3= func1('小呆',  physics=71, math=63)      #没有默认值的形参必须传递值
        小呆的成绩：数学= 63, 英语= 80, 物理=71
```

输入[5]中前两个实参是按位置传递参数，对应于函数 func1()中的前两个形参。第三个实参是按关键字传递参数，关键字名称就是形参的名称，"physics=96"表示设置 physics 参数值为 96。注意，输入[5]中设置实参时略过了带有默认值的形参 english，但是从输出的成绩信息中可以看到 english 和 physics 的参数值是对的。所以，使用关键字传递参数时不受形参的顺序影响。

函数原型中没有默认值的形参也可以采用关键字形式传递实参，而且可以打乱顺序。例如输入[6]中 math 使用了关键字参数，且在 physics 之后，但是输出的成绩信息是正确的。

输入[5]和输入[6]都混合使用了位置实参和关键字实参，但是在函数调用中若使用了关键字参数，后面就不能再使用位置参数，例如下面的写法是错误的。

```
func1(name='小呆', 61, physics=71)          #错误写法
```

3. 函数返回多个变量

Pyhton 中的函数可以返回多个变量的值，例如下面的代码。

```
[7]:  def func2(name, math, english=80, physics=70):
          score= math + english + physics
          return name,score
[8]:  result= func2('小胖',76,89,91)
      result
[8]:  ('小胖', 256)
[9]:  n, s= func2('小胖',76,89,91)
      print("姓名= ",n)
      print("总分= ",s)
      姓名=  小胖
      总分=  256
[10]: (n, s)= func2('小胖',76,89,91)
      n, s
[10]: ('小胖', 256)
```

输入[7]中定义了一个函数 func2()，最后的 return 语句返回了两个变量。当函数返回多个变量时，实际上是返回一个元组，所以函数 func2()的返回值是元组数据(name, score)。

输入[8]中用一个变量 result 获取函数 func2()的返回值，输出[8]显示了 result 的值，可以看到 result 是一个元组数据，它含有两个元素，也就是函数中返回的 name 和 score。

如果知道函数返回的元组数据中有几个元素，也可以用变量分别接收元组中的数据。输入[9]和输入[10]获取函数 func2()返回值的写法都是可以的，函数 func2()返回的元组中的两个元素分别存储到了变量 n 和 s 中，这样就便于处理。

4. 函数参数传递的问题

当传递给函数的参数类型是字符串、列表、元组、字典和集合等复合数据类型时，实际传递的是实参的地址，其本质也是对数据进行了复制，只不过复制的是实参的内存地址。在函数体中对这些类型参数进行读/写操作时，实际上是对同一块内存空间进行操作，这会影响到实参的值，这类参数又被称为引用类型参数。

所以，如果在函数内修改了传入的复合类型参数的值，就会影响到函数外实参的值。如果要避免出现这种影响，可以在函数内创建传入参数的深拷贝副本，对副本进行修改就不会影响到实参的值。但是要注意，不能在函数内创建传入参数的浅拷贝副本后再做修改，因为对浅拷贝副本的修改也会影响到原来的变量。关于引用类型参数可查阅参考文献[34]第 11 章，关于变量的深拷贝和浅拷贝问题可查阅参考文献[35]第 3 章，本书就不具体介绍了。

2.4.2   函数定义中的可变位置参数*args

函数中的可变参数指的是在调用函数时，函数的实参个数可以是变化的。在 2.4.1 节中定义的函数 func1()只能计算 3 门课程的总分，如果希望调用一个函数能计算 5 门或 8 门课的成绩，以函数 func1()的定义是无法实现的。

Python 中定义函数时可以处理可变个数的实参，有两种处理方法，一种用于处理可变位置参数，另一种用于处理可变关键字参数。

要处理可变位置参数，需要在函数中用"*"定义一个形参，一般定义为"*args"。当调用函数有可变个数的位置实参时，这些可变个数的实参被收集成一个元组赋值给形参 args。下面的代码演示了具有可变位置参数的函数的定义和调用。

```
[1]:    '''  程序文件: note2_12.ipynb  '''
        def func3(name, sex, *args):
            count= len(args)              #分数个数
            total= 0
            for i in range(count):        #计算总分
                total += args[i]
            return name, count, total
```
```
[2]:    result= func3('小明','男',93,87,90)
        result
```
```
[2]:    ('小明', 3, 270)
```
```
[3]:    result= func3('小花','女',91,68,87,90,95)
        result
```
```
[3]:    ('小花', 5, 431)
```

输入[1]中定义了一个函数 func3()。函数 func3()的前两个形参是位置参数，第 3 个参数*args用于收集可变位置实参，它的作用是将不确定个数的位置实参收集为一个元组。所以，func3()中的 args 是一个元组。函数 func3()的功能就是确定元组 args 的元素个数，并计算元组所有数据的和。

输入[2]中调用函数 func3()时，前两个位置实参对应于函数中的形参 name 和 sex，后面 3 个数就是可变位置参数，被收集到变量 args 里。输入[3]中调用函数 func3()时有 5 个分数，也被收集到变量 args 里。从输出[2]和输出[3]可以看到，函数中使用*args 参数可以很方便地处理可变个数位置实参。

有一点需要注意，在调用具有可变位置参数的函数时，不能在可变位置参数之前使用关键字参数，例如下面的调用方法是错误的。

```
result= func3('小花',sex='女',91,68,87,90,95)      #错误写法
```

在定义函数时，可变位置参数*args 之后的形参必须是具有默认值的形参。在调用函数时，可变位置实参之后的实参必须使用关键字形式，例如下面的代码。

```
[4]:    def func4(name, *args, age=20, sex='男'):
            count= len(args)              #分数个数
            total= 0
            for i in range(count):        #计算总分
                total += args[i]
            return name, count, total,sex,age
```
```
[5]:    result= func4('小明',93,87,90)
        result
```
```
[5]:    ('小明', 3, 270, '男', 20)
```
```
[6]:    result= func4('小花',91,68,87,90,95,age=18, sex='女')
        result
```
```
[6]:    ('小花', 5, 431, '女', 18)
```

输入[4]中定义了一个函数 func4()，在*args 参数后的两个参数都具有默认值。

输入[5]中调用 func4()时，"小明"之后的 3 个数都被当作可变位置参数，而不会传递给形参 age。age 和 sex 都使用了默认值。

输入[6]中调用 func4()时，"小花"之后的 5 个数是可变位置参数，最后两个参数使用了关键字实参，这样可以把具体的值传递给形参 age 和 sex。

2.4.3　函数定义中的可变关键字参数**kwargs

函数定义中可以用"**"定义一个处理可变关键字参数的形参，通常定义为**kwargs。当调用函数时传递了可变个数的关键字实参时，这些关键字实参会被收集为字典类型的变量 kwargs，函数里可以在字典 kwargs 中查找某个关键字的值并做处理。下面的代码演示了具有可变关键字参数的函数的定义和调用。

```
[1]:    '''  程序文件: note2_13.ipynb  '''
        def func5(name, sex, **kwargs):
          print(kwargs)
          height= kwargs.get('height', 170)        #获取关键字 height 的值，具有默认值170
          nation= kwargs.get('nation', '中国')
          degree= kwargs.get('degree', None)       #默认值可以设置为 None
          return name, sex, height, nation, degree
[2]:    func5('小明','男')                            #未传递可变关键字参数
        {}
[2]:    ('小明', '男', 170, '中国', None)
[3]:    func5('小花','女', height=165, degree='硕士')    #传递了 2 个关键字参数
        {'height': 165, 'degree': '硕士'}
[3]:    ('小花', '女', 165, '中国', '硕士')
[4]:    func5('小龙',sex='男', height=175, college='MIT', degree='博士')
           # 关键字实参  sex='男' 是传递给固定形参 sex 的
        {'height': 175, 'college': 'MIT', 'degree': '博士'}
[4]:    ('小龙', '男', 175, '中国', '博士')
[5]:    func5('小龙', height=175, sex='男',college='MIT', degree='博士')
           # sex='男' 并不在第 2 个参数位置，但是 sex 未被纳入 kwargs
        {'height': 175, 'college': 'MIT', 'degree': '博士'}
[5]:    ('小龙', '男', 175, '中国', '博士')
```

输入[1]中定义了一个函数 func5()，它的形参中最后一个是可变关键字参数**kwargs。变量 kwargs 是字典类型，函数的代码首先输出变量 kwargs 的值，然后从字典 kwargs 中依次获取 3 个关键字的值，并且设置了默认值。函数中处理可变关键字参数时一般是知道有哪些关键字的，所以会从字典 kwargs 中获取关键字的值然后用于处理。如果字典中没有这个关键字，一般会为这个关键字设置一个默认值，如函数 func5()中处理的那样。

输入[2]中调用函数 func5()时只传递了前两个位置参数的值，所以函数输出的 kwargs 的内容是一个空的字典，但是函数返回的 height、nation、degree 都具有默认值。

输入[3]中调用函数 func5()时传递了 height 和 degree 两个关键字的值。函数中的字典 kwargs 的内容有 2 个项，即 {'height': 165, 'degree': '硕士'}。

输入[4]中调用 func5()的代码是：

```
func5('小龙',sex='男', height=175, college='MIT', degree='博士')
```

注意，第二个关键字参数 sex='男'是传递给形参 sex 的，它不会作为字典 kwargs 中的一项，从函数输出的 kwargs 内容可以看到这一点。另外，调用 func5()时传递的可变关键字参数中有一项 college='MIT'，但是这个关键字参数在函数 func5()里并没有被处理，但这并不影响函数的运行。

定义函数 func5()时固定名称的形参是 name 和 sex，在调用函数 func5()时对这两个参数可以传递位置实参或关键字实参。输入[5]中将 sex='男'写在了关键字参数 height=175 的后面，但是 sex='男'还是传递给形参 sex 的值，它不会被纳入字典变量 kwargs 里。

从这段示例代码可以看到 Python 中的函数在处理输入参数时非常灵活，使用可变关键字参数**kwargs 可以处理任意多个输入参数，容易对函数功能进行扩展，而函数的接口定义无须改变。

2.4.4　函数定义中同时使用可变参数*args 和**kwargs

在函数定义中可以根据需要同时使用可变参数*args 和**kwargs，或只使用其中的一个。可变参数*args 用于处理可变个数的位置输入参数，将其收集为一个元组；可变参数**kwargs 用于处理可变个数的关键字输入参数，将其收集为一个字典。例如下面的代码。

```
[1]:    '''   程序文件: note2_14.ipynb  '''
        def func7(name, sex, *args, **kwargs):
            count= len(args)          #分数个数
            total= sum(args)          #求和
            if (count>0):
                average= total/count
            else:
                average= 0
            province= kwargs.get('province', '山东')
            college = kwargs.get('college',  'UPC')
            return name, sex, average, province, college
[2]:    func7('小强','男')
[2]:    ('小强', '男', 0, '山东', 'UPC')
[3]:    func7('小强','男',college='QDU')
[3]:    ('小强', '男', 0, '山东', 'QDU')
[4]:    func7('小明','男', 91,78,65)
[4]:    ('小明', '男', 78.0, '山东', 'UPC')
[5]:    func7('小明','男', 84,90,78, college='SDU')
[5]:    ('小明', '男', 84.0, '山东', 'SDU')
[6]:    func7('小花','女', 82,87,68,90,72,province='北京', college='BHU')
[6]:    ('小花', '女', 79.8, '北京', 'BHU')
```

输入[1]中定义了一个函数 func7()，它有两个必须传递值的位置参数 name 和 sex，后面的*args 用于收集可变位置参数，**kwargs 用于收集可变关键字参数。函数 func7()的功能是计算元组 args 中多个分数的平均分，获取字典 kwargs 中的关键字 province 和 college 的值。

调用函数 func7()时就比较灵活。输入[2]中只传递了前两个位置参数；输入[3]中没有传递可变位置参数，传递了一个关键字参数 college='QDU'；输入[4]中传递了 3 个可变位置参数 91、78、

65，函数会计算这 3 个数的平均值；输入[5]和输入[6]中同时传递了可变位置参数和可变关键字
参数，但是传递的参数个数不同。

　　因为可变参数*args 和**kwargs 的使用，Python 中函数的调用形式非常灵活，函数的功能可
以很强大。Python 标准库和第三方包中的很多函数都使用可变参数*args 和**kwargs，理解了这
两个可变参数的意义和作用，才能很好地理解这些函数的原型定义和调用方法。

　　例如，我们在前面的一些示例代码中用到 str 类的 format()方法构造字符串。str.format()方法
就使用了可变位置参数和可变关键字参数，看 str.format()函数的帮助信息和一段示例代码就可以
明白其用法。

```
[7]:    help(str.format)
        Help on method_descriptor:

        format(...)
            S.format(*args, **kwargs) -> str

            Return a formatted version of S, using substitutions from args and kwargs.
            The substitutions are identified by braces ('{' and '}').
[8]:    s1= "姓名= {0}, 年龄={1}".format("小明", 21)
            #字符串中用序号替代，format()中传递的是可变位置参数
        print(s1)
        姓名= 小明, 年龄=21
[9]:    s2= "姓名= {name}, 年龄={age}".format(age=25, name="小胡")
            #字符串中用关键字替换，format()中传递的是可变关键字参数
        print(s2)
        姓名= 小胡, 年龄=25
```

　　输入[7]中用 help(str.format)查看 str.format()方法的帮助。从显示的帮助信息中可以看出，其
参数形式是(*args, **kwargs)，返回值是一个字符串。str.format()方法的功能就是用参数 args 或
kwargs 中的内容替换字符串中花括号里的内容，从而构造一个字符串。

　　输入[8]中原始的字符串是"姓名= {0}, 年龄={1}"，花括号中是序号。format()方法的调用形
式是 format("小明", 21)，所以输入参数是可变位置参数，会被收集为元组变量 args。元组 args 中
的数据按序号替换原始字符串中的{0}和{1}，所以得到的字符串是"姓名= 小明, 年龄=21"。

　　输入[9]中原始的字符串是"姓名= {name}, 年龄={age}"，花括号中是关键字。format()方法
的调用形式是 format(age=25, name="小胡")，输入参数是可变关键字参数，会被收集为字典变量
kwargs，然后字典中关键字的值会替换原始字符串中相应的{name}和{age}，所以得到的字符串
是"姓名= 小胡, 年龄=25"。在 str.format()方法中使用关键字形式传递参数时不必考虑关键字出
现的顺序。

2.4.5　使用 Python 内置函数和标准库中的函数

　　Python 带有内置函数和标准库，在程序中可以直接使用内置函数，使用 import 导入标准库
后就可以使用标准库中的函数。

1. Python 的内置函数

Python 的内置函数就是在编程中可以直接使用的函数，例如前文的示例中经常用到的 type()、help()、print()等函数。这些内置函数可以看作 Python 的一部分，Python 中常用的内置函数如下（这里省略了函数名后面的括号）。

- 数据类型：bool，complex，dict，float，int，list，range，set，str，tuple。
- 数学运算函数：abs，divmod，max，min，pow，round，sum。
- 进制转换、字符转换函数：bin，hex，oct，ascii，chr，ord。
- 功能函数：dir，help，len，open，print，type，sorted，isinstance，issubclass。
- 其他函数：all，anext，any，enumerate，eval，exec，format，globals，locals，next，reversed。

执行下面的命令会列出 Python 中所有内置的类和函数。

```
import builtins
dir(builtins)
```

第一条命令 import builtins 表示导入内置模块，第二条命令 dir(builtins)表示列出模块 builtins 中所有的类和函数。列出的内容中包含前面列出的函数。

dir()是 Python 的一个内置函数，其参数可以是模块名称或一个类名称。若参数是模块名称就会列出模块内的全部类和函数，例如 dir(builtins)；若参数是一个类名称，就列出类的所有属性和方法，例如用下面的命令可以列出 str 类全部的属性和方法。

```
dir(str)
```

help()函数用于显示一个模块、类或函数的上下文帮助信息，它显示的信息比 dir()详细。例如使用下面的命令可以列出 builtins 模块中的全部类和函数及其详细定义，比 dir(builtins)显示的信息多。

```
import builtins
help(builtins)
```

help()可以显示一个类的上下文帮助信息，例如使用如下命令显示 str 类上下文信息。

```
help(str)
```

这样会显示 str 类的所有属性和方法的定义，且每个方法的上下文帮助信息也会显示。而 dir(str)命令只会显示 str 类的属性和方法的列表。

help()可用于查看一个函数的上下文帮助信息，例如使用下面的命令查看 str.find()方法的帮助信息。

```
help(str.find)
```

dir()和 help()是两个非常有用的查看帮助信息的命令，一般用 dir()查看一个模块或类的成员信息列表，然后用 help()查看一个函数的上下文帮助信息，包括函数的原型定义、参数说明和示例代码等。

Python 中其他内置函数的功能就不具体介绍了，从函数名一般就可以知道其功能，例如 max()

用于求一个序列内的最大值、sum()用于对一个序列求和。对于功能不太确定的内置函数，可使用 help()查看其上下文帮助信息。

2. Python 的标准库

除了内置函数，Python 还带有标准库。标准库就是一些模块，一个模块就是一个 Python 程序文件，文件里定义了大量的类和函数。要使用标准库中的类和函数，需要使用 import 关键字导入模块。

在 Anaconda Navigator 的 Learning 界面单击 Python Reference 方块，可以打开 Python 标准库的官方文档。Python 标准库中有很多模块，可用于文件读写、网络通信、数学运算、多媒体数据处理、GUI 编程等。常用的模块有如下一些。

- math 是基本数学计算模块，包含 sin()、cos()、sqrt()、log()等基本数学运算函数，还有常数 pi 表示圆周率，常数 e 表示自然对数的底。
- random 是随机数模块，可以生成各种随机数，例如函数 random()生成一个[0,1)的随机浮点数，函数 uniform(a, b)生成范围[a,b]内均匀分布的一个随机浮点数，函数 gauss(mu=0.0, sigma=1.0)用于生成一个高斯随机数。
- os 是操作系统模块，用于对目录、文件等进行操作。
- io 是流操作模块，可用于文件内容的读写。
- time 和 datetime 是用于日期和时间数据处理的模块。

要使用 Python 标准库中的函数，首先需要使用 import 导入语句。import 语句有多种写法。

第一种是直接导入模块，例如下面的代码。

```
import math
a= math.sin(0.5*math.pi)
b= math.log(0.5*math.e)
```

语句"import math"的功能是导入 math 模块，这样就可以在后续的代码中使用 math 模块中所有的函数和常数，但是需要用"math."作为前缀。

第二种方法是直接导入模块中的所有内容，例如下面的代码。

```
from math import  *
a= sin(0.5*pi)
b= log(0.5*e)
```

语句"from math import *"的功能是导入 math 模块中的所有成员，包括类、函数和常数。在后续的代码中就可以直接使用 math 模块中的成员，而不需要加前缀"math."。建议不要使用这种形式的 import 语句，因为这样模块中的函数、类和常数没有限定符，可能与其他模块中的成员出现同名冲突。

第三种方法是只导入模块中的部分函数，例如下面的代码。

```
from math import sin, cos, pi
a= sin(0.5*pi)
b= cos(0.8*pi)
c= log(0.1*e)          #出错，没有导入 log() 和 e
```

第一行的 import 语句从 math 模块中导入了 sin()、cos()和 pi，所以在后面的代码中可以直接使用它们。但是上面代码中的最后一行是会出现错误的，因为 log()函数和常数 e 并没有被导入。

在使用 import 语句导入模块时还可以给模块设置别名，特别是当模块名称比较长时，使用别名可以简化后面的代码。例如下面的代码。

```
import datetime as dt
cur= dt.datetime.now()        #使用 datetime 类的类方法 now()获取当前日期和时间
```

第一行的 import 语句将 datetime 模块导入，并使用别名 dt。那么在后面的代码中使用 datetime 模块中的成员时就可以使用前缀 "dt."，这样可以减小代码的长度。

2.4.6 使用第三方的包和模块

1. 包和模块

包（package）就是一个文件夹下所有 Python 文件的集合，我们使用 conda install 或 pip install 命令安装的就是第三方的包。假设 Anaconda 安装后的根目录是 D:\anaconda3，那么所有 base 环境下安装的包都在下面这个文件夹里。

```
D:\anaconda3\Lib\site-packages
```

我们创建的环境 simu_v1 的包都在如下的目录里。

```
D:\anaconda3\envs\simu_v1\Lib\site-packages
```

一个包就是一个文件夹，例如我们可以在 site-packages 目录下找到文件夹 scipy，它就是 scipy 包所在的文件夹。一个包的文件夹下有一个固定名称的 Python 文件__init__.py，程序中导入模块或包时，Python 会自动查找包目录下的文件__init__.py 并执行其中的代码，对包执行初始化操作。

一个包的目录下可以包含子文件夹，也就是子包。例如 scipy 目录下还有 signal、optimize、linalg 等子文件夹，它们就是 scipy 的子包，可以分别用 scipy.signal, scipy.optimize、scipy.linalg 来表示这些子包的名称。

包文件夹里一般有多个 Python 程序文件，一个 Python 文件就是一个模块（module），模块里定义了一些类、函数或常数供外部调用。一个包的__init__.py 文件通常会把包文件夹下面的模块都导入，用户在使用 import 语句时只需导入这个包就可以了，而无须逐一导入模块。

用户自定义的一些函数或类可以写在一个 Python 文件里，这个 Python 文件就是一个模块，例如自定义类和函数都保存在文件 mymod.py 里。若要在 Notebook 文件或 Python 程序文件中调用文件 mymod.py 里的内容，当文件 mymod.py 与调用它的文件在同一个文件夹里时，用 import mymod 语句导入这个模块即可。

2. 使用第三方包

Python 编程的一大优势就是有非常丰富的第三方包可以使用，PyPi 官方网站上有几百万个已发布的包。要使用某个包，需要先使用 conda install 或 pip install 命令将其安装到本地环境里。Anaconda 在安装时就自带了 500 多个包，本书中主要用到 numpy、scipy、matplotlib 和 control

这几个包。

第三方包中的模块必须使用 import 语句导入后才可以使用，例如下面的代码使用 numpy 中的函数实现函数计算，使用 matplotlib 绘制的函数曲线如图 2-29 所示。

```
[1]:    '''  程序文件: note2_15.ipynb  '''
        import numpy as np
        import matplotlib.pyplot as plt
        import matplotlib as mpl
```

```
[2]:    x= np.arange(-6,6,0.1)
        y1= np.sin(2*x)
        y2= np.cos(x)
```

```
[3]:    plt.plot(x,y1,'r',x,y2,'b:')
        plt.xlabel('x')
        plt.ylabel('y')
        plt.xlim([-6, 6])
        plt.ylim([-1.5,1.5])
```

```
[3]:    (-1.5, 1.5)
```

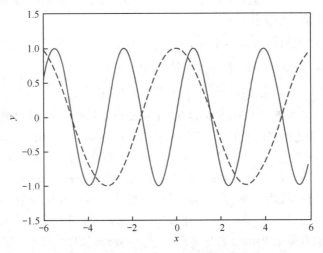

图 2-29　使用 matplotlib 绘制的函数曲线

 程序中并没有输出图的编号，输出[3]中的图编号和名称是在排版时人为添加的。本书中所有用 JupyterLab 程序显示的图都会如此处理。

输入[1]中是几个 import 语句，用于导入模块。import numpy 实际上是导入 numpy 包中的所有模块，导入 numpy 后通常使用别名 np。matplotlib 有多个子包，导入子包时一般为其设置一个别名，例如子包 matplotlib.pyplot 的别名为 plt。

输入[2]中使用 numpy 中的 arange()函数生成了一个数组 x，然后用 numpy 中的 sin()和 cos() 计算了两个函数值，计算的结果也是数组。numpy 包的主要功能是定义数组，一些函数也直接对数组进行操作，类似于在 MATLAB 中直接对数组进行操作。

输入[3]中使用 matplotlib.pyplot 模块中的一些函数绘制了函数曲线，这些函数与 MATLAB 中的绘图函数比较相似。输出[3]中是绘制的两个函数的曲线。

NumPy、SciPy 和 Matplotlib 是 Python 科学计算和数据可视化中最常用的包，第 3 章会介绍这 3 个包的一些主要功能的使用方法。python-control 是用于控制系统建模、分析和仿真的包，是本书主要研究和使用的一个包。第 4 章会概要介绍 python-control 的主要功能，然后在后续各章介绍仿真中的算法时，对涉及的 python-control 中的一些类和函数会详细介绍。

2.5　Python 的面向对象编程

Python 是面向对象的编程语言，Python 中所有的对象都是类的实例，包括基础数据类型 int、float、str 等都是类。Python 中的类提供了面向对象编程的所有机制，Python 中的类定义有自己的一些特点，本节将介绍 Python 中类的定义和面向对象编程的一些主要知识点。

2.5.1　类的定义和主要组成部分

1. 定义一个类

Python 中使用关键字 class 定义类，例如下面的代码定义了一个类 Shape。

```
[1]:    '''  程序文件: note2_16.ipynb  '''
class  Shape:
    ''' Shape 类: 形状类的父类 '''
    shapeType= {"Sphere", "Rectangle", "Square"}      #类属性，形状名称的集合

    def __init__(self,color='red'):
        self.fillColor= color           #对象属性，公共变量
        self.shape= None                #对象属性，初始化为 None
        self._area= 0                   #对象属性，名义上的私有变量

    @classmethod
    def showAllTypes(cls):              #类方法，不用创建对象就可以访问
        print(cls.shapeType)

    def get_area(self):                 #对象方法
        ''' 函数功能: 计算形状的面积'''
        return self._area
```

代码中定义类 Shape 时没有指定父类，所以它的默认父类是 object，object 是 Python 中所有类的最上层父类。类的名称可以是任何符合变量命名规则的名称，但是一般将类的首字母大写，以区别于普通变量。

类的实现代码都需要缩进作为一个代码块。类定义的开始部分可以用一对三引号写多行注释，作为类的上下文帮助信息。类的函数定义的开始部分也可以类似地定义函数的上下文帮助信息，例如 Shape 类中的函数 get_area()就定义了上下文帮助信息。

使用命令 help(Shape)可以显示类 Shape 的帮助信息，包括类的上下文帮助信息，以及类里面

定义的函数的上下文帮助信息。

类是实际对象的抽象结构，是对数据和算法的封装。类的主要成员包括数据变量和函数，Python 中把类的数据变量称为属性（attribute），把类的函数称为方法（method）。根据作用范围不同，属性又分为类属性和对象属性，方法也分为类方法和对象方法。

2. 类属性和类方法

类属性（class attribute）就是类的所有对象共有的属性，类方法（class method）就是类的所有对象共有的方法。类属性和类方法分别类似于 C++的类中用 static 关键字定义的静态成员变量和静态函数。

类属性就是在类的开始部分定义的变量，例如 Shape 类中的变量 shapeType 就是一个类属性。shapeType 定义了形状名称的集合，变量 shapeType 对于所有 Shape 类的对象是共有的，而且与具体的对象实例无关。类属性一般是集合、字典或枚举型数据变量，供类的所有对象公共使用。

类方法是类中用修饰符@classmethod 定义的函数，如 Shape 类中的函数 showAllTypes()。注意，类函数的第一个参数表示自身类名称，一般用 cls 作为变量名。类方法是与类的具体对象无关的函数，所以类方法一般用于处理类的一些公共事务，例如 showAllTypes()就显示类属性 shapeType 的内容。

在一个类的定义完成后，Python 就会自动创建一个类对象（class object），类对象的名称就是类名称。通过类名称可以访问类属性和类方法，还可用于创建类的实例。例如下面的代码就是直接访问 Shape 的类属性和类方法。

```
[2]:   Shape.shapeType                    #直接访问类属性，无须创建对象
[2]:   {'Rectangle', 'Sphere', 'Square'}
[3]:   Shape.showAllTypes()               #直接使用类方法，无须创建对象
       {'Rectangle', 'Square', 'Sphere'}
```

3. 对象属性和对象方法

一个类的实例就是对象，例如我们可以创建 Shape 类的两个对象。

```
shape1= Shape()
shape2= Shape('yellow')
```

对象属性就是每个对象独有的数据变量，对象方法就是能与对象绑定的函数。在一个类中，定义对象方法的函数时，函数的第一个参数必须是一个表示对象实例的变量，一般用 self 表示，self 与 C++中的 this 作用相似。例如 Shape 类中定义的函数__init__()和 get_area()的第一个参数都是 self。

__init__()是类中的一个特殊函数，在创建一个类的实例时会自动执行这个函数进行对象的初始化操作，所以函数__init__()的作用类似于 C++中类的构造函数，我们称之为初始化函数。

Shape 类的__init__()函数有 2 个参数，self 表示对象实例，color 是传递的一个初始化参数。在函数__init__()中定义了几个以 "self." 为前缀的变量，这些变量就是表示对象属性的数据变量。

对象属性变量一般在类的初始化函数里定义并初始化（即使初始化为 None），这样可以知道一个类里有哪些对象属性变量。虽然也可以在类的其他函数里定义对象属性变量，但是一般不建议这么做。

在 Python 的类定义中，所有的对象属性变量和对象方法都是对外公开的，也就是没有 C++ 中的 private 部分。但是 Python 遵循一个基本的命名规则，就是以一个下画线开始的属性和函数名被当成类私有的，外部不要直接访问类的这些属性和方法。例如 __init__() 函数中定义的属性变量 self._area 就被当成私有的，外部程序访问一个 Shape 对象时，不要直接操作这个变量。但是实际上，self._area 这个变量是可以被直接访问的。

下面是创建 Shape 类的对象，并访问其对象属性和对象方法的示例代码。

```
[4]:  shape1= Shape()            #创建对象
      shape2= Shape('yellow')    #创建对象
      print(shape1.fillColor, shape2.fillColor)
      red yellow
[5]:  shape1.shape= "Square"     #访问对象属性
      shape1.shape
[5]:  'Square'
[6]:  shape1.get_area()          #访问对象方法
[6]:  0
[7]:  shape1._area= 6            #实际上是可以访问带下画线的对象属性的，只是习惯上不要这么做
      shape1._area
[7]:  6
```

输入[4]中创建了 Shape 类的两个对象 shape1 和 shape2。Shape 类的初始化函数中有一个具有默认值的参数 color，用于设置对象属性 self.fillcolor 的值。输入[4]中输出了 shape1.fillcolor 和 shape2.fillcoor 两个对象属性的值，它们的值不同。这是因为 self.fillcolor 是对象独有的数据变量，两个对象同名的对象属性可以具有不同的值。

输入[5]中直接访问对象属性 shape1.shape 的值。对象属性 self.shape 是对象公开的属性，是可以直接读写的。

输入[6]中访问对象方法 shape1.get_area()，它的作用是返回对象属性 self._area 的值。self._area 被当作私有变量，外部代码不应该直接读写这个变量。但是在输入[7]中，是可以直接读写 shape1._area 这个变量的。所以，在对象属性变量前面加一个下画线只是一种命名规则，将其当作一种私有变量，在编程时不要直接访问这种变量。

2.5.2 类的继承

1. 定义一个从 Shape 类继承的类

类的继承是面向对象编程的一个主要特点。Python 中的 object 类是所有类的最上层父类，前面定义 Shape 类时没有指定父类，实际就是从 object 类继承的。

在 Python 中定义一个继承的类时可以指定多个父类，也就是支持多重继承。下面的代码从 Shape 类继承定义了一个类 Rectangle。

```
[8]:    class  Rectangle(Shape):
           def __init__(self, width=10, height=5, color='red'):
               super().__init__(color)              #执行父类的初始化函数
               self.shape= "Rectangle"
               self._area= width * height

           def get_area(self,width, height):        #对象方法
               w= width                             #w 和 h 是函数的局部变量
               h= height
               self._area= w * h
               return self._area
```

```
[9]:    rect= Rectangle()
        rect.fillColor                 #fillColor 属性还是父类中初始化的值
```

```
[9]:    'red'
```

```
[10]:   a= rect.get_area(3,6)          #调用重定义的函数
        a
```

```
[10]:   18
```

Python 的类中定义的所有函数都是虚（virtual）函数，所以可以在子类中重写（override）。Rectangle 类中重新定义了函数__init__()和 get_area()，且它们的参数与父类中同名函数的参数不同。

初始化函数__init__()中使用 Python 内置函数 super()获取父类对象，使用下面的语句执行父类的初始化函数。

```
super().__init__(color)
```

在类的初始化函数中，一般要执行父类的初始化函数，然后执行自己的初始化内容。Rectangle 类的初始化函数中设置了 self.shape 的值为"Rectangle"，这样就覆盖了父类中为 self.shape 初始化的值。

Rectangle 类的 get_area()方法重新定义了计算面积的方法，函数中定义的变量 w 和 h 是局部变量。

输入[9]中创建了一个 Rectangle 类的对象 rect，对象属性 rect.fillcolor 的值是'red'，这是在父类初始化函数中初始化的值。输入[10]中执行对象方法 rect.get_area(3,6)，用的是 Rectangle 类中定义的函数。

2. 类的实例和继承关系判断

Python 中有两个内置函数在类的实例和继承关系判断中比较有用。

- isinstance(obj, cls)函数：用于判断对象 obj 是不是类 cls 或其子类的实例。
- issubclass(cls, other_cls)函数：用于判断类 cls 是不是类 other_cls 的子类。

例如，对于本节定义的类 Shape 和 Rectangle，用下面的代码测试这两个函数。

```
[11]:   rect= Rectangle()
        isinstance(rect, Rectangle)        #判断 rect 是不是 Rectangle 类的实例
```

```
[11]:   True
```

```
[12]:   isinstance(rect, Shape)            #判断 rect 是不是 Shape 类的实例
```

```
[12]:   True
```

[13]:	`issubclass(Rectangle, Shape)`	#判断 Rectangle 类是不是 Shape 类的子类
[13]:	`True`	
[14]:	`issubclass(Rectangle, object)`	#判断 Rectangle 类是不是 object 类的子类
[14]:	`True`	
[15]:	`issubclass(Rectangle, Rectangle)`	#判断 Rectangle 类是不是 Rectangle 类的子类
[15]:	`True`	

输入[11]中创建了一个 Rectangle 类的对象 rect。输入[12]的返回值为 True，说明 rect 可以看作 Rectangle 类的父类 Shape 的实例。

输入[14]的返回值为 True，因为 obejct 是 Rectangle 的间接父类。输入[15]的返回值为 True。

本章只简要介绍了 Pyhton 编程的一些基础知识，已经掌握 Python 编程的读者可以将其作为回顾内容和速查手册。对 Python 初学者来说，掌握这些内容就基本可以读懂后面章节中的示例程序，可以自己动手编写程序了。Python 编程还有更多的细节内容，读者可以参考有关 Python 编程的专门图书，例如参考文献[34]~参考文献[36]。

练习题

2-1. 生成一个有 9 个元素的列表，列表元素的表达式是 10^x，其中 x 是整数，且 $x \in [-4,4]$。

2-2. 设 $n \in [1,100], m \in [1,21]$，求解满足条件 $n^2 = m^3$ 的所有整数对 n 和 m。

2-3. 创建一个字典数据表示 12 个月，例如表示 1 月的项是 "1:January"，再用 for 循环排序输出此字典的全部数据。

2-4. 编写一个函数计算一个整数 n 的阶乘，即 $n! = n \times (n-1) \times (n-2) \cdots 2 \times 1$，注意，$0! = 1$。并调用函数计算 0、1、2、……、10 的阶乘。

2-5. 定义一个有可变位置参数的函数 findMinMax(*args)，从传递的不定个数的分数中查找最高分和最低分，并将之作为函数的返回值。

2-6. 使用 Python 标准库 random 中的函数 gauss()生成 1000 个均值为 0、标准差为 1.5 的随机数，然后计算这批数据的均值和标准差。

2-7. 什么是类属性？什么是对象属性？它们的主要区别是什么？

2-8. 什么是类方法？如何定义类方法？

2-9. 定义一个类 Sphere，在初始化函数里定义一个对象属性 radius 表示半径，并通过初始化函数的输入参数为 radius 设置一个默认值。编写一个对象方法 get_volume()计算球的体积。创建一个 Sphere 类的对象，并计算半径为 10 的球体体积。

第3章 科学计算和数据可视化基础

在 Python 中进行科学计算和数据可视化最常用的包是 NumPy、SciPy 和 Matplotlib，本书后文涉及系统仿真的示例程序也需要用到这 3 个包。本章简要介绍这 3 个包的功能和基本使用方法。本章内容可以作为初学者的一个入门教程，也可以作为这 3 个包基本使用方法的速查手册。

3.1 NumPy

NumPy（Numerical Python）是一个开源的 Python 包，它提供了 n 维数组类 ndarray 和线性代数计算相关的功能。使用 NumPy 提供的数组对象，我们可以在 Python 程序中方便地实现类似于 MATLAB 中的矩阵计算功能。因为 NumPy 包所提供的基础功能，使得 NumPy 成为在 Python 中进行科学和工程计算的基础依赖包。

安装 Anaconda 时就安装了 NumPy，要在程序中使用 NumPy 包，一般使用如下的导入语句。本章在描述 NumPy 模块中的类或函数时，会使用前缀"numpy."或"np."，它们是等效的。

```
import numpy as np
```

 NumPy 是包的正式名称，可以视为包的"大名"；numpy 是 Python 程序中包的名称，可以视为包的"小名"。本书会根据语境分别使用 NumPy 和 numpy，但有时候使用 NumPy 和 numpy 都是可以的。SciPy 和 scipy、Matplotlib 和 matplotlib 等也是如此。

3.1.1 数组的创建和常用属性

1. 创建数组

NumPy 中表示 n 维数组的类是 ndarray，可以直接使用 ndarray 类创建数组，也有很多函数可以创建 ndarray 类对象，比较常用的是 numpy.array()函数。

```
[1]:    '''  程序文件：note3_01.ipynb  '''
        import numpy as np
        a= np.array([1,3,5,7,9], dtype= np.uint8)    #通过列表创建一维数组，并指定元素数据类型
```

```
          (type(a),  a.dtype)          #显示 a 的类型，以及 a.dtype 属性
[1]:      (numpy.ndarray, dtype('uint8'))
[2]:      a                             #显示 a 的内容
[2]:      array([1, 3, 5, 7, 9], dtype=uint8)
[3]:      print(a)                      #用 print()输出 a 的内容
[3]:      [1 3 5 7 9]
[4]:      b=np.array([[1,2,3,4],[5,6,7,8]])          #创建二维数组，自动设置元素数据类型
          (type(b),  b.dtype)
[4]:      (numpy.ndarray, dtype('int32'))
[5]:      b
[5]:      array([[1, 2, 3, 4],
                 [5, 6, 7, 8]])
[6]:      c= np.array(((12,  3.14),(4, 10+2j)))       #也可以通过元组数据创建数组
          c
[6]:      array([[12. +0.j,  3.14+0.j],
                 [ 4. +0.j, 10. +2.j]])
[7]:      c.dtype
[7]:      dtype('complex128')
[8]:      d= np.array([True,0,1,3,0,-2], dtype= 'bool')      #使用字符串表示元素类型
          d
[8]:      array([ True, False,  True,  True, False,  True])
[9]:      d.dtype
[9]:      dtype('bool')
```

输入[1]中使用 np.array()函数创建了一个一维数组 a，数组的数据来源于一个列表[1,3,5,7,9]。函数 array()中的关键字参数 dtype 用于指定数组元素的数据类型，代码中指定的数据类型是 np.uint8，表示无符号 8 位整数。函数 array()中的关键字参数 dtype 的值也可以直接使用字符串，例如创建数组 a 的代码也可以写成下面的形式。

```
a= np.array([1,3,5,7,9], dtype='uint8')
```

输出[1]中显示了 type(a)和 a.dtype 的值，从输出[1]的内容可以看到，a 是 numpy.ndarray 类型，a.dtype 属性值是 dtype('uint8')。

NumPy 中表示 n 维数组的类是 ndarray，这是 NumPy 中最基本和最常用的一个类。ndarray 表示的数组最大的特点是数组的所有元素的数据类型是相同的，例如都是无符号 8 位整数（uint8）。

NumPy 中定义了一些常用数据类型，这些类型可以作为 numpy.array()函数中 dtype 参数的非字符串形式的取值。

- 有符号整数类型：byte、int8、int16、int32、int64 和 int_。其中，byte 等效于 int8，int_ 等效于 int32。注意，没有 int 类型。
- 无符号整数类型：ubyte、uint8、uint16、uint、uint32 和 uint64。其中，ubyte 等效于 uint8，uint 等效于 uint32。
- 浮点数类型：float16、float32、float64 和 float_。其中，float_ 等效于 float64。注意，没有 float 类型。
- 复数类型：complex64、complex128、csingle 和 cfloat。其中，csingle 等效于 complex64，

cfloat 等效于 complex128。注意，没有 complex 类型。

● 布尔类型：bool_。注意，没有 bool 类型。

若 numpy.array()函数中 dtype 参数使用字符串作为参数值，上述的类型改为字符串即可，例如 dtype= np.int16 改为 dtype= 'int16'即可。只是末尾带下画线的改为字符串时需要去除下画线，例如 dtype= np.int_要改为 dtype= 'int'。

使用 numpy.array()函数创建数组时若不指定元素数据类型，函数将根据数据特点自动设置数据类型。例如输入[4]中源数据列表中都是整数，所以创建的数组的数据类型是 int32；输入[6]中源数据列表中有复数，所以创建的数组元素类型为 complex128。

使用 numpy.array()函数创建数组时源数据可以是列表，也可以是元组。例如输入[6]中的源数据是一个二维的元组，创建的数组是一个二维数组。

输入[8]中根据源数据创建了一个 bool 类型的数组，源数据中的 0 被转换为 False，非零数据被转换为 True。

2. 数组的常用属性

ndarray 类型数组的一个主要特点是数组的元素是同一数据类型，这符合数学计算的特点，无须动态判断数据类型可以减少计算开支。NumPy 为 ndarray 类型数组提供了一些高级的数学操作方法，可以方便而高效地实现矩阵计算，使程序更简洁易懂。

ndarray 是一个类，它提供了一些属性和方法。方法主要用来对数组进行一些操作，属性主要表示数组的一些参数或数据，主要的属性如下。

● ndim：数组的维数，是一个整数。例如 1 表示一维数组，2 表示二维数组。
● shape：数组的形状，是一个元组。例如元组(4,)表示数组是 4 个元素的一维数组，元组(2,5)表示数组是 2 行 5 列的二维数组。
● dtype：数组元素的数据类型。
● itemsize：数组每个元素的大小，即所占字节数。例如元素类型为 int32，那么 itemsize 就是 4。
● size：数组的元素总个数。
● nbytes：存储数组所有元素所占用的字节数，nbytes= itemsize × size。
● real：数组的实部，即数组所有元素的实部组成的同形状的数组。
● imag：数组的虚部，即数组所有元素的虚部组成的同形状的数组。
● T：数组转置后的数组。

下面的代码展示了数组的一些主要属性的意义。

```
[1]:    ''' 程序文件: note3_02.ipynb '''
        import numpy as np
        A= np.array([1,4,6,7,8], dtype='int16')
        A
[1]:    array([1, 4, 6, 7, 8], dtype=int16)
[2]:    B= np.array([[1,2,3,4],[6,7,8,9]])      #自动设置元素数据类型
        B
```

```
  [2]:   array([[1, 2, 3, 4],
                 [6, 7, 8, 9]])
  [3]:   A.ndim,  B.ndim                    #数组的维数
  [3]:   (1, 2)
  [4]:   A.shape,  B.shape                  #数组的形状，返回一个元组(行数,列数)
  [4]:   ((5,), (2, 4))
  [5]:   A.size , B.size                    #元素个数
  [5]:   (5, 8)
  [6]:   A.itemsize, B.itemsize             #元素的大小，即一个元素占用的字节数
  [6]:   (2, 4)
  [7]:   B.T                                #二维数组的转置，可以转置
  [7]:   array([[1, 6],
                 [2, 7],
                 [3, 8],
                 [4, 9]])
  [8]:   A.T                                #一维数组的转置，不变
  [8]:   array([1, 4, 6, 7, 8], dtype=int16)
  [9]:   C= A.reshape(1,5)                  #改变数组形状，改为二维数组
         C.shape
  [9]:   (1, 5)
 [10]:   C
 [10]:   array([[1, 4, 6, 7, 8]], dtype=int16)
 [11]:   C.T
 [11]:   array([[1],
                 [4],
                 [6],
                 [7],
                 [8]], dtype=int16)
```

　　ndarray.shape 属性是一个元组。如果数组是一维数组，这个元组只有一个数。例如数组 A 是有 5 个元素的一维数组，A.shape 的值是(5,)；数组 B 是 2 行 4 列的二维数组，B.shape 的值是(2, 4)。

　　ndarray.T 属性是数组的转置。输入[7]中的 B.T 是二维数组 B 的转置，输出[7]的结果是正确的；输入[8]中的 A.T 是一维数组 A 的转置，但是输出[8]中显示的数组还是一维数组，并没有转置。

　　若要依据数学意义将一个行向量转置为列向量，需要将一维数组改变形状为二维数组。输入[9]中使用 ndarray.reshape()方法将数组 A 改变形状为 1 行 5 列的二维数组，并赋值给数组 C；C.shape 属性显示为(1, 5)，表明它是一个二维数组，虽然它只有 1 行。输出[11]中显示的 C.T 是 5 行 1 列的二维数组，实现了从行向量到列向量的转置。

3.1.2　其他创建数组的函数

　　除了前面介绍的函数 numpy.array()可以创建数组外，NumPy 中还有其他一些函数可以创建数组，例如创建单位矩阵、对角矩阵、等差序列数组等。

1. 根据范围创建数组

有几个函数可以根据范围创建数组，便于创建具有序列特性的数组。

（1）函数 arange()可根据范围和步长生成数据均匀分布的数组，其原型定义如下：

```
numpy.arange([start ], stop[, step ], dtype=None, *, like=None)
```

函数原型定义中方括号内的参数为可选的参数。函数 arange()有 3 种设置范围和步长的方式。

```
arange(stop)                    #范围是[0, stop)，默认步长为 1
arange(start, stop)             #范围是[start, stop)，默认步长为 1
arange(start, stop, step)       #范围是[start, stop)，步长为 step
```

使用函数 arange()的示例代码如下。

```
[1]:    '''  程序文件：note3_03.ipynb  '''
        import numpy as np
        a1= np.arange(10)               #范围 [0,10)，使用默认步长 1
        a1
[1]:    array([0, 1, 2, 3, 4, 5, 6, 7, 8, 9])
[2]:    a2= a1.reshape(2,5)             #改变数组形状
        a2
[2]:    array([[0, 1, 2, 3, 4],
               [5, 6, 7, 8, 9]])
[3]:    a3= np.arange(1,10)             #范围[1,10)，使用默认步长 1
        a3
[3]:    array([1, 2, 3, 4, 5, 6, 7, 8, 9])
[4]:    a4= np.arange(1, 5 ,0.5)        #范围 [1,5)，步长为 0.5
        a4
[4]:    array([1. , 1.5, 2. , 2.5, 3. , 3.5, 4. , 4.5])
```

使用 numpy.arange()函数生成的是一维数组，使用 ndarray.reshape()方法可以改变数组的形状，例如输入[2]中将一维数组改成了 2 行 5 列的二维数组。

（2）函数 linspace()可根据范围和数据点个数生成均匀分布的数组，其原型定义如下：

```
numpy.linspace(start, stop, num=50, endpoint=True, retstep=False, dtype=None, axis=0)
```

其中，num 是生成的数据点个数；endpoint 表示数据范围是否包含右端点 stop；参数 retstep 表示是否返回步长值，若 retstep=True，则函数 linspace 的返回值是元组(sample, step)，否则就只返回数组 sample。使用 linspace()函数的示例代码如下。

```
[5]:    b1, step= np.linspace(0, 10, num=5, retstep=True) #[0,10]内均匀取 5 个点,包含右端点
        print('step= ',step)        #数据步长
        b1
        step=  2.5
[5]:    array([ 0. ,  2.5,  5. ,  7.5, 10. ])
[6]:    b2= np.linspace(0, 10, num=10, endpoint=False)     #[0,10)内均匀取 10 个点,不含右端点
        b2
[6]:    array([0., 1., 2., 3., 4., 5., 6., 7., 8., 9.])
```

（3）函数 logspace()可根据范围和数据点个数生成对数均匀分布的数组，其原型定义如下：

```
numpy.logspace(start, stop, num=50, endpoint=True, base=10.0, dtype=None, axis=0)
```

其中，参数 base 是对数的底数，默认是 10，也可以使用自然常数 numpy.e。

使用 logspace()函数的示例代码如下。

```
[7]:   c1= np.logspace(-2, 2, num=5, endpoint=True, base=10)
       c1      #生成的数组是 [10^-2, 10^-1, 10^0, 10^1, 10^2]
[7]:   array([1.e-02, 1.e-01, 1.e+00, 1.e+01, 1.e+02])
[8]:   c2= np.logspace(0, 2, num=3, endpoint=True, base=np.e)
       c2      #生成的数组是 [e^0, e^1, e^2]
[8]:   array([1.        , 2.71828183, 7.3890561 ])
```

输入[7]生成的数组的数据是 $\begin{bmatrix} 10^{-2} & 10^{-1} & 10^0 & 10^1 & 10^2 \end{bmatrix}$，输入[8]生成的数组的数据是 $\begin{bmatrix} e^0 & e^1 & e^2 \end{bmatrix}$。

2. 根据形状和数据来源创建数组

NumPy 中有一些函数可用于创建指定形状的数组，并且初始化数组数据，常用的函数见表 3-1。

表 3-1　根据形状和数据来源创建数组的常见函数

函数	示例代码	示例代码功能
empty()	A1= np.empty(shape=(2,3), dtype='int8')	创建指定形状的数组，不初始化数据内容
empty_like()	A2= np.empty_like(A1)	创建与数组 A1 同形状的数组，不初始化数据内容
zeros()	B1= np.zeros(shape=(2,4))	创建指定形状的数组，元素全部设置为 0
zeros_like()	B2= np.zeros_like(B1)	创建与数组 B1 同形状的数组，元素全部设置为 0
ones()	C1= np.ones(shape=(3,2))	创建指定形状的数组，元素全部设置为 1
ones_like()	C2= np.ones_like(C1)	创建与数组 C1 同形状的数组，元素全部设置为 1
eye()	D= np.eye(N=3, M=4, k=0)	创建一个 N 行 M 列的数组，指定主对角线上的元素都是 1，其他元素都是 0
identity()	E= np.identity(3)	创建单位矩阵
full()	F1= np.full(shape=(2,2), fill_value=5)	创建指定形状的数组，并将所有元素值设置为 fill_value
full_like()	F2= np.full_like(F1, 10)	创建与数组 F1 同形状的数组，元素全部设置为 10

这些函数的使用示例代码如下。

```
[1]:   '''  程序文件: note3_04.ipynb  '''
       import numpy as np
       A1= np.empty(shape=(2,3), dtype='int8')      #创建指定形状的数组，不初始化数组内容
       A1
[1]:   array([[110, 103, 117],
              [108,  97, 114]], dtype=int8)
[2]:   A2= np.eye(N=3, M=4)        #创建 N 行 M 列的数组，主对角线上元素为 1，其他元素为 0
       A2
[2]:   array([[1., 0., 0., 0.],
              [0., 1., 0., 0.],
              [0., 0., 1., 0.]])
[3]:   A3= np.identity(3)              #创建单位矩阵
       A3
[3]:   array([[1., 0., 0.],
```

```
                    [0., 1., 0.],
                    [0., 0., 1.]])
[4]:    A4= np.ones(shape=(3,2))              #创建指定形状的数组，数组元素全部设置为1
        A4
[4]:    array([[1., 1.],
               [1., 1.],
               [1., 1.]])
[5]:    A5= np.zeros(shape=(2,4))             #创建指定形状的数组，数组元素全部设置为0
        A5
[5]:    array([[0., 0., 0., 0.],
               [0., 0., 0., 0.]])
[6]:    A6= np.full(shape=(2,2), fill_value=5)    #创建指定形状的数组，数组元素都设置为5
        A6
[6]:    array([[5, 5],
               [5, 5]])
[7]:    B1= np.zeros_like(A6)                 #创建与A6形状相同的、数据全为0的数组
        B1
[7]:    array([[0, 0],
               [0, 0]])
```

3. 构建特别对角矩阵和三角矩阵

函数 numpy.diag()可以提取一个矩阵的对角线元素，或根据一维数组创建对角矩阵。其原型定义如下：

```
numpy.diag(v, k=0)
```

当 v 是一个矩阵时，返回指定对角线上的元素；当 v 是列表或一维数组时，根据列表或一维数组的内容构造对角矩阵。k 是对角线编号，k=0 表示主对角线，k>0 表示主对角线之上的对角线，k<0 表示主对角线之下的对角线。示例代码如下：

```
[1]:    '''   程序文件：note3_05.ipynb   '''
        import numpy as np
        A1= np.diag([1,2,3,4])               #构建对角矩阵
        A1
[1]:    array([[1, 0, 0, 0],
               [0, 2, 0, 0],
               [0, 0, 3, 0],
               [0, 0, 0, 4]])
[2]:    A2= np.diag([1,2,3,4], k=-1)          #构建对角矩阵，k=-1 表示主对角线之下
        A2
[2]:    array([[0, 0, 0, 0, 0],
               [1, 0, 0, 0, 0],
               [0, 2, 0, 0, 0],
               [0, 0, 3, 0, 0],
               [0, 0, 0, 4, 0]])
[3]:    B1= np.arange(1,17).reshape(4,4)
        B1
[3]:    array([[ 1,  2,  3,  4],
               [ 5,  6,  7,  8],
               [ 9, 10, 11, 12],
               [13, 14, 15, 16]])
[4]:    B2= np.diag(B1)                       #获取主对角线上的元素
```

```
       B2
[4]:   array([ 1,   6, 11, 16])
[5]:   B3= np.diag(B1, k= 1)              #获取 k=1 对角线上的元素
       B3
[5]:   array([ 2,   7, 12])
```

函数 numpy.triu() 用于获取一个矩阵的上三角矩阵，函数 numpy.tril() 用于获取一个矩阵的下三角矩阵。可以指定对角线参数 k。示例代码如下：

```
[6]:   C1= np.tril(B1)                    #获取下三角矩阵
       C1
[6]:   array([[ 1,  0,  0,  0],
              [ 5,  6,  0,  0],
              [ 9, 10, 11,  0],
              [13, 14, 15, 16]])
[7]:   C2= np.triu(B1, k=1)              #获取上三角矩阵，对角线参数 k=1
       C2
[7]:   array([[ 0,  2,  3,  4],
              [ 0,  0,  7,  8],
              [ 0,  0,  0, 12],
              [ 0,  0,  0,  0]])
```

函数 numpy.tri() 用于构建一个三角矩阵，其原型定义如下：

```
numpy.tri(N, M=None, k=0, dtype=<class 'float'>, *, like=None)
```

其功能是构建一个 N 行 M 列的矩阵，k 指定的对角线以下的元素全部为 1，其他元素为 0。

```
[8]:   D= np.tri(4,4, k=0)              #构建三角矩阵，k 指定的对角线以下全为 1
       D
[8]:   array([[1., 0., 0., 0.],
              [1., 1., 0., 0.],
              [1., 1., 1., 0.],
              [1., 1., 1., 1.]])
```

3.1.3 数组的索引和切片

ndarray 数组的索引是从 0 开始的，数组切片就是提取数组的一部分数据，例如提取一个二维数组的某一行，或符合特定条件的元素。ndarray 数组的索引和切片的表示方式非常灵活，下面只介绍一些常用的方法。

对一维数组进行索引和切片的示例代码如下：

```
[1]:   '''  程序文件: note3_06.ipynb  '''
       import numpy as np
       A= np.arange(1,10)        #创建一个一维数组
       A
[1]:   array([1, 2, 3, 4, 5, 6, 7, 8, 9])
[2]:   A[0]                      #数组索引从 0 开始
[2]:   1
[3]:   A[-1]                     #索引为-1，表示最右端
[3]:   9
[4]:   A[1:4]                    #获取 A[1]到 A[3]的元素，不包含 A[4]
```

```
[4]:    array([2, 3, 4])
[5]:    inx= np.arange(0,10,2)          #生成一个数组，用于表示索引
        inx
[5]:    array([0, 2, 4, 6, 8])
[6]:    A[inx]                          #获取 inx 数组表示的索引的元素
[6]:    array([1, 3, 5, 7, 9])
[7]:    inx= (A % 2)==0                 #元素值为偶数的索引数组
        inx
[7]:    array([False,  True, False,  True, False,  True, False,  True, False])
[8]:    A[inx]                          #获取 inx 数组表示的索引的元素
[8]:    array([2, 4, 6, 8])
```

数组的索引是从 0 开始的，数组索引若越界会报错。数组索引还可以是负数，−1 表示最右端的元素，例如输入[3]中的 A[−1]就表示数组 A 的最右端元素。

获取数组的一部分内容就是数组切片。对于一维数组，可以有以下几种方式。

- 用索引范围获取数组切片。例如输入[4]中的 A[1:4]表示获取 A[1]到 A[3]的元素组成的一个数组，注意不包含 A[4]。
- 可以用一个数组作为索引。例如输入[5]中生成了一个数组 inx，表示要获取的元素的索引。输入[6]中使用 A[inx]获取这些索引的元素组成的数组。
- 提取数组元素的索引还可以是逻辑值。例如输入[7]中生成了一个数组 inx，数组 inx 与数组 A 具有相同大小，但是元素值是逻辑值。当 A 中的元素值为偶数时，数组 inx 中对应元素的值为 True。使用 A[inx]就可以获取 A 中对应于 inx 中元素值为 True 的元素。

对二维数组进行索引和切片的示例代码如下：

```
[9]:    B= np.arange(1,21).reshape(4,5)
        B
[9]:    array([[ 1,  2,  3,  4,  5],
               [ 6,  7,  8,  9, 10],
               [11, 12, 13, 14, 15],
               [16, 17, 18, 19, 20]])
[10]:   B[0,1]
[10]:   2
[11]:   B[:,1]                 #获取所有行，1 列
[11]:   array([ 2,  7, 12, 17])
[12]:   B[:,-1]                #获取所有行，−1 列
[12]:   array([ 5, 10, 15, 20])
[13]:   B[1:3,:]               #获取 1、2 行，所有列
[13]:   array([[ 6,  7,  8,  9, 10],
               [11, 12, 13, 14, 15]])
[14]:   B2= B[B%4==0]          #获取所有能被 4 整除的元素
        B2
[14]:   array([ 4,  8, 12, 16, 20])
```

二维数组有两个索引，都是从 0 开始的。一个索引若是一个冒号，表示获取所有行或所有列，例如 B[:,1]表示获取所有行、索引 1 的列。输入[14]中是获取数组 B 中所有能被 4 整除的数，实质上是使用了与 B 同形状的具有逻辑值的索引数组。

3.1.4 数组的拼接

数组拼接就是将两个或多个数组按照一定的轴向拼接起来，NumPy 中有如下函数可实现数组的拼接。

- concatenate()：将几个数组在已有的轴上拼接起来。
- vstack()：将几个数组在垂直方向拼接起来，各数组的列数应该相同。
- hstack()：将几个数组在水平方向拼接起来，各数组的行数应该相同。
- stack()：将几个数组在新的轴上拼接起来，会增加数组维数。
- block()：将几个数组按照方块组装成为一个数组。

下面的代码演示了数组拼接相关函数的应用。

```
[1]:    '''  程序文件: note3_07.ipynb  '''
        import numpy as np
        A1= np.arange(6).reshape(2,3)
        A1
[1]:    array([[0, 1, 2],
               [3, 4, 5]])
[2]:    A2= np.array([x**2 for x in range(6)]).reshape(2,3)
        A2
[2]:    array([[ 0,  1,  4],
               [ 9, 16, 25]])
[3]:    BH1= np.hstack((A1,A2))                    #水平方向拼接
        # BH1= np.concatenate((A1,A2),axis=1)      #等效于 hstack((A1,A2))
        BH1
[3]:    array([[ 0,  1,  2,  0,  1,  4],
               [ 3,  4,  5,  9, 16, 25]])
[4]:    # BV1= np.vstack((A1,A2))                   #垂直方向拼接
        BV1= np.concatenate((A1,A2),axis=0)       #等效于 vstack((A1,A2))
        BV1
[4]:    array([[ 0,  1,  2],
               [ 3,  4,  5],
               [ 0,  1,  4],
               [ 9, 16, 25]])
[5]:    B1= np.zeros((2,3))                        #生成一个零矩阵
        B1
[5]:    array([[0., 0., 0.],
               [0., 0., 0.]])
[6]:    B2= np.eye(2,3)                            #生成一个对角矩阵
        B2
[6]:    array([[1., 0., 0.],
               [0., 1., 0.]])
[7]:    B= np.block([[A1,B1],[B2,A2]])             #按方块拼接 4 个矩阵
        B
[7]:    array([[ 0.,  1.,  2.,  0.,  0.,  0.],
               [ 3.,  4.,  5.,  0.,  0.,  0.],
               [ 1.,  0.,  0.,  0.,  1.,  4.],
               [ 0.,  1.,  0.,  9., 16., 25.]])
```

函数 concatenate() 有一个关键字参数 axis，axis=0 表示在行的方向上拼接，也就是垂直拼接；axis=1 表示在列的方向上拼接，也就是水平拼接。

函数 block()用于将列表中的多个矩阵拼接为一个矩阵，要保证各矩阵维数是相容的。

3.1.5　数组计算与广播

1. 相同形状的数组的计算

对 NumPy 的数组可以直接进行加、减、乘、除等基本数学运算，而无须遍历每个元素单独进行计算，这可以简化程序而且使计算逻辑更加清晰。当两个数组的形状相同时，加、减、乘、除等基本运算是针对每个元素的，例如下面的代码。

```
[1]:    '''  程序文件：note3_08.ipynb  '''
        import numpy as np
        A= np.arange(1,7).reshape(2,3)
        A
[1]:    array([[1, 2, 3],
               [4, 5, 6]])
[2]:    B= np.linspace(2,12,6).reshape(2,3)
        B
[2]:    array([[ 2.,  4.,  6.],
               [ 8., 10., 12.]])
[3]:    C1= A + B        # 数组相加是对应元素相加
        C1
[3]:    array([[ 3.,  6.,  9.],
               [12., 15., 18.]])
[4]:    C2= A * B        # 数组相乘是对应元素相乘
        C2
[4]:    array([[ 2.,  8., 18.],
               [32., 50., 72.]])
[5]:    C3= A/B          # 数组相除是对应元素相除
        C3
[5]:    array([[0.5, 0.5, 0.5],
               [0.5, 0.5, 0.5]])
```

2. 矩阵相乘计算

对于 NumPy 数组，我们可以使用运算符@对两个数组按照线性代数中矩阵相乘的规则进行计算，相乘的两个矩阵的维数必须是相容的。

```
[6]:    C4= A @ B.T   # 矩阵相乘
        C4
[6]:    array([[ 28.,  64.],
               [ 64., 154.]])
```

A 是 2 行 3 列的数组；B.T 是 B 的转置矩阵，是 3 行 2 列的数组；A@B.T 的结果是 2 行 2 列的数组。

若要实现线性代数中有关矩阵的其他一些计算，如求方阵的行列式、逆矩阵、特征值和特征向量等，需要使用 SciPy 中的函数，这些内容将在 3.2 节介绍。

3. 广播

在对不同形状的数组进行数学计算时，NumPy 会使用广播（broadcasting），也就是在满足一定条件时，小的数组会自动扩充到与大的数组相同的形状。所以，一个数组可以与一个标量相加，实际上是数组的每个元素与这个标量相加。示例代码如下。

```
[7]:   A= np.arange(1,7).reshape(2,3)
       A1= A + 10          # 数组和标量相加
       A1
[7]:   array([[11, 12, 13],
              [14, 15, 16]])
[8]:   A2= 10 * A          # 数组和标量相乘
       A2
[8]:   array([[10, 20, 30],
              [40, 50, 60]])
```

一个二维数组可以和一个一维数组进行计算，例如下面的代码。

```
[9]:   B= np.array([1,10,100])
       B
[9]:   array([  1,  10, 100])
[10]:  C1= A + B           # B 会自动扩展为与 A 同行数，然后按元素相加
       C1
[10]:  array([[  2,  12, 103],
              [  5,  15, 106]])
[11]:  C2= A * B           # B 会自动扩展为与 A 同行数，然后按元素相乘
       C2
[11]:  array([[  1,  20, 300],
              [  4,  50, 600]])
[12]:  C3= A/B             # B 会自动扩展为与 A 同行数，然后按元素相除
       C3
[12]:  array([[1.  , 0.2 , 0.03],
              [4.  , 0.5 , 0.06]])
```

在这段代码中，A 是二维数组，B 是一维数组。

$$A = \begin{pmatrix} 1 & 2 & 3 \\ 4 & 5 & 6 \end{pmatrix}, \quad B = \begin{pmatrix} 1 & 10 & 100 \end{pmatrix}$$

当计算 A+B 时，NumPy 会自动将数组 B 扩展为 $\begin{pmatrix} 1 & 10 & 100 \\ 1 & 10 & 100 \end{pmatrix}$，然后与数组 A 按元素进行相加。同样，计算 A*B 时，NumPy 会自动将数组 B 扩展为 $\begin{pmatrix} 1 & 10 & 100 \\ 1 & 10 & 100 \end{pmatrix}$，然后与数组 A 按元素进行相乘。

 NumPy 的广播比较灵活，如果不熟悉其规则可能会得到意想不到的结果。所以，应在规则明确的情况下使用广播，最好是使用形状相容的数组进行计算。

3.2 SciPy

SciPy 是一个基于 NumPy 构建的实现了大量数学算法（包括优化算法、常微分方程数值求解、线性代数计算、数字信号处理等）的包。SciPy 是 Python 中用于科学计算的一个基础包，本

书中用到的 python-control 的一些功能就是基于 SciPy 的功能实现的。

3.2.1　SciPy 功能简介

SciPy 是一个实现了大量数学算法的包，它包含多个子包，部分子包及其描述如表 3-2 所示。

表 3-2　SciPy 的部分子包及其描述

子包	子包名称	描述
scipy.special	特殊函数	实现了数学和物理中的一些特殊函数，如贝塞尔函数、椭圆函数等
scipy.integrate	积分	实现了常微分方程多种数值积分算法
scipy.optimize	优化	实现了无约束优化、有约束优化、最小二乘法、线性规划等数学优化算法
scipy.interpolate	插值	实现了一维、二维插值算法
scipy.fft	傅里叶变换	实现了快速傅里叶变换（FFT）、离散余弦变换（DCT）等算法
scipy.signal	信号处理	提供数字信号分析，数字滤波器设计等功能
scipy.linalg	线性代数	提供线性代数中的计算功能，如求矩阵的行列式、求矩阵的特征值和特征向量等
scipy.sparse	稀疏矩阵	实现对稀疏矩阵的处理
scipy.spatial	空间数据	提供对空间点云数据的计算功能，如 Delaunay 三角形剖分、Voronoi 图等
scipy.stats	统计	实现了统计相关的一些算法
scipy.ndimage	多维图像	提供二维和多维图像处理功能
scipy.io	文件读写	提供文件数据读写功能

SciPy 的功能很多，本节只选择其中与线性代数计算、数字信号处理相关的子包进行简单的介绍，本书的一些示例程序中会用到这些子包。

3.2.2　线性代数计算

scipy.linalg 子包实现了与线性代数相关的一些计算，如矩阵求逆、线性代数方程组求解等。现代控制理论中经常涉及矩阵的计算，本小节介绍 scipy.linalg 中常用函数的功能。

1. 矩阵基本计算

scipy.linalg 子包中用于矩阵基本计算的常用函数如表 3-3 所示，函数参数中的省略号表示省略的参数。

表 3-3　scipy.linalg 子包中用于矩阵基本计算的常用函数

函数	函数功能
inv(A,...)	计算矩阵 A 的逆矩阵，如果矩阵 A 不是方阵或矩阵 A 是奇异矩阵，会产生错误
det(A,...)	计算矩阵 A 的行列式
norm(A,...)	计算矩阵 A 或向量 A 的范数
pinv(A,...)	计算矩阵 A 的伪逆矩阵
expm(A)	使用 Pade 近似计算矩阵的指数函数 e^A

下面的代码演示了部分矩阵基本计算函数的应用。

```
[1]:    '''  程序文件: note3_09.ipynb  '''
        import numpy as np
        from scipy import linalg
        A= np.array([[1,0,1],[2,3,1],[0,2,0]])
        A
[1]:    array([[1, 0, 1],
               [2, 3, 1],
               [0, 2, 0]])
[2]:    linalg.det(A)                      #求方阵的行列式
[2]:    2.0
[3]:    linalg.inv(A)                      #求方阵的逆矩阵
[3]:    array([[-1. ,  1. , -1.5],
               [-0. ,  0. ,  0.5],
               [ 2. , -1. ,  1.5]])
[4]:    np.linalg.matrix_rank(A)           #求矩阵 A 的秩
[4]:    3
```

一个非奇异的方阵 A 具有逆矩阵，且 A 的行列式不为 0。scipy.linalg 子包中没有直接用于计算矩阵的秩的函数，但是 numpy.linalg 模块中有个函数 matrix_rank()可用于计算一个矩阵的秩。

2. 矩阵的特征值和特征向量

对于一个矩阵 $A \in \mathbf{R}^{n \times n}$，若存在 $\lambda \in \mathbf{R}, x \in \mathbf{R}^n, x \neq 0$ 满足

$$Ax = \lambda x$$

称 λ 为特征值（eigenvalue），x 为对应的特征向量（eigenvector）。由上式，有

$$(A - \lambda I)x = 0$$

因为 $x \neq 0$，所以，$A - \lambda I$ 是奇异的，那么特征值由下式求解。

$$\det(A - \lambda I) = 0$$

特征值可以是实数，也可以是共轭复数。计算矩阵 $sI - A$ 的行列式，可以得到一个多项式。

$$P_A(s) = \det(sI - A) = s^n + a_{n-1}s^{n-1} + \cdots + a_1 s^n + a_0$$

$P_A(s)$ 称为矩阵 A 的特征多项式（characteristic polynomial）。

矩阵的特征值和特征向量在实际应用中非常有用，例如状态空间模型的系统矩阵特征值决定了系统的稳定性。scipy.linalg 模块中有一些用于计算矩阵特征值和特征向量的函数，常用的两个函数功能描述如下。

- eigvals(A,...)，计算矩阵 A 的特征值，返回值是特征值的一维数组。
- eig(A,...)，计算矩阵 A 的特征值和特征向量，返回值是元组(w, vr)，其中 w 是特征值数组，vr 是特征向量组成的矩阵，对应于 w[i]的特征向量是 vr[:,i]。

下面的代码演示了用程序计算矩阵特征值和特征向量的方法。

```
[5]:    A= np.array([[1,2],[2,1]])
        A
```

85

```
[5]:    array([[1, 2],
               [2, 1]])
[6]:    val= linalg.eigvals(A)           #计算矩阵 A 的特征值
        val
[6]:    array([ 3.+0.j, -1.+0.j])
[7]:    (val, vect)= linalg.eig(A)       #计算矩阵 A 的特征值和特征向量
        val
[7]:    array([ 3.+0.j, -1.+0.j])
[8]:    vect                #特征向量组成的数组, 对应于特征值 val[i]的特征向量是 vect[:,i]
[8]:    array([[ 0.70710678, -0.70710678],
               [ 0.70710678,  0.70710678]])
```

输入[5]中定义了矩阵 $A = \begin{pmatrix} 1 & 2 \\ 2 & 1 \end{pmatrix}$，矩阵 A 的特征多项式为

$$P_A(\lambda) = \begin{vmatrix} \lambda-1 & -2 \\ -2 & \lambda-1 \end{vmatrix} = (\lambda-1)^2 - 4 = (\lambda+1)(\lambda-3)$$

所以，特征值为

$$\lambda_1 = -1, \lambda_2 = 3$$

理论计算的特征值与输出[6]和输出[7]显示的结果是一致的。

设特征向量为 $x = \begin{pmatrix} x_1 \\ x_2 \end{pmatrix}$，由 $Ax = \lambda x$ 求特征向量 x。

当 $\lambda_1 = -1$ 时

$$\begin{pmatrix} 1 & 2 \\ 2 & 1 \end{pmatrix}\begin{pmatrix} x_1 \\ x_2 \end{pmatrix} + \begin{pmatrix} x_1 \\ x_2 \end{pmatrix} = 0 \quad \Rightarrow \begin{pmatrix} 2x_1 + 2x_2 \\ 2x_1 + 2x_2 \end{pmatrix} = 0$$

所以，对应于 $\lambda_1 = -1$ 的特征向量可以取为 $x = \begin{pmatrix} 1 \\ -1 \end{pmatrix}$。

同样，对于 $\lambda_2 = 3$，有

$$\begin{pmatrix} 1 & 2 \\ 2 & 1 \end{pmatrix}\begin{pmatrix} x_1 \\ x_2 \end{pmatrix} - 3\begin{pmatrix} x_1 \\ x_2 \end{pmatrix} = 0 \Rightarrow \begin{pmatrix} -2x_1 + 2x_2 \\ 2x_1 - 2x_2 \end{pmatrix} = 0$$

所以，对应于 $\lambda_2 = 3$ 的特征向量可以取为 $x = \begin{pmatrix} 1 \\ 1 \end{pmatrix}$。

理论计算的特征向量与输出[8]中显示的特征向量不一样，这是因为特征向量不是唯一的，只要特征向量的各个元素值满足相互关系即可。

3. 线性方程组求解

对于线性方程组 $Ax = b$，若已知矩阵 A 和列向量 $b \neq 0$，就可以求解向量 x。如果矩阵 $A \in \mathbf{R}^{n \times n}$，且 A 是满秩的，那么 x 有唯一解。如果 $A \in \mathbf{R}^{n \times m}$，且 $n > m$，可以求得最小二乘解。

scipy.linalg 模块中有一些函数用于求解线性方程组，常用的两个函数功能描述如下。

- solve(A, b, ...)，计算线性方程组 $Ax = b$ 的解 x，其中 A 必须是非奇异的方阵，否则出错。
- lstsq(A,b,...)，计算线性方程组 $Ax = b$ 的最小二乘解 x。

下面的代码演示了线性方程组求解函数的应用。

```
[9]:   A= np.array([[3,2,-1],[2,-2,4],[2,-1,2]])
       b= np.array([1,-2,0]).reshape(3,1)
       x= linalg.solve(A,b)      #求解线性方程组
       x
[9]:   array([[ 1.],
              [-2.],
              [-2.]])
[10]:  invA= linalg.inv(A)       #求逆矩阵
       x= invA @ b
       x
[10]:  array([[ 1.],
              [-2.],
              [-2.]])
```

输入[9]中使用 scipy.linalg.solve()函数计算了线性方程组 $Ax = b$ 的解 x。因为矩阵 A 是非奇异的，所以应该有 $x = A^{-1}b$。输入[10]中通过计算 $A^{-1}b$，验证了函数 solve()计算结果的正确性。

3.2.3 系统模型表示和仿真

scipy.signal 模块实现了数字信号处理的一些算法，包括信号和系统分析、数字滤波器设计等。scipy.signal 模块中还包含线性时不变（linear time-invariant，LTI）系统的模型表示和相互转换的方法，如传递函数模型、状态空间模型。模型表示是控制系统分析、设计和仿真的基础，本书后文用到的 python-control 包在实现系统模型表示和仿真时就用到了 scipy.signal 模块中的一些功能。

1. LTI 系统模型类

scipy.signal 模块中提供了几个类用于表示连续时间或离散时间 LTI 系统的模型，包括传递函数模型和状态空间模型。表 3-4 所示为其中几个 LTI 系统模型类及其初始化函数和描述。

表 3-4　几个 LTI 系统模型类及其初始化函数和描述

类及其初始化函数	描述
lti(*system)	lti 是连续时间 LTI 系统的模型父类。根据传入的参数形式不同，可以创建 3 种模型，即 StateSpace、TransferFunction 或 ZerosPolesGain
dlti(*system)	dlti 是离散时间 LTI 系统的模型父类。根据传入的参数形式不同，可以创建 3 种模型，即离散时间 StateSpace、TransferFunction 或 ZerosPolesGain
StateSpace(A,B,C,D [,dt=None])	创建状态空间模型。dt 是离散时间系统的采样周期，若 dt=None 模型就是连续时间系统；若 dt=True 或一个具体的数，模型就是离散时间系统
TransferFunction(num,den [,dt=None])	创建用分子分母多项式表示的传递函数模型
ZerosPolesGain(zeros, poles, gain,[dt=None])	创建用零点、极点和增益表示的传递函数模型

有 3 种具体形式的模型类：StateSpace 是状态空间模型类，TransferFunction 是分子分母多项式形式的传递函数模型类，ZerosPolesGain 是零极点增益形式的传递函数模型类。这 3 个类都可以表示连续时间或离散时间 LTI 系统。参数 dt 是离散时间系统的采样周期，若参数 dt=None 就表示连续时间 LTI 系统，若 dt=True 或一个具体的数就表示离散时间 LTI 系统。

lti 类是连续时间 LTI 系统的模型父类，根据传递的参数不同，它可以创建连续时间系统的 StateSpace、TransferFunction 或 ZerosPolesGain 模型。

dlti 类是离散时间 LTI 系统的模型父类，根据传递的参数不同，它可以创建离散时间系统的 StateSpace、TransferFunction 或 ZerosPolesGain 模型。

下面的代码演示了创建连续时间 LTI 系统模型的方法。

```
[1]:    '''  程序文件: note3_10.ipynb  '''
        import numpy as np
        import scipy.signal as sig
        sysa= sig.lti([2,1],[1,5,6])        #创建分子分母多项式形式的传递函数
        sysa
[1]:    TransferFunctionContinuous(
        array([2., 1.]),
        array([1., 5., 6.]),
        dt: None
        )
[2]:    A= np.array([[-2,-1],[6,0]])
        B= np.array([[0],[1]])
        C= np.array([1,0])
        D= 0
        sysb= sig.StateSpace(A,B,C,D)       #创建状态空间模型
        sysb
[2]:    StateSpaceContinuous(
        array([[-2, -1],
               [ 6,  0]]),
        array([[0],
               [1]]),
        array([[1, 0]]),
        array([[0]]),
        dt: None
        )
[3]:    Z= np.array([-1,-2])
        P= np.array([-3,-4,-5])
        sysc= sig.ZerosPolesGain(Z,P, 4)    #创建零极点增益形式的传递函数模型
        sysc
[3]:    ZerosPolesGainContinuous(
        array([-1, -2]),
        array([-3, -4, -5]),
        4,
        dt: None
        )
```

使用 scipy.signal 模块中的类创建的状态空间模型和传递函数模型在显示时不够直观，使用 python-control 也可以创建状态空间模型和传递函数模型，而且在显示模型时能以数学公式的形式直观显

示。第 5 章会介绍如何用 python-control 创建系统模型。

下面的代码演示了如何创建离散时间 LTI 系统的模型。

```
[4]:  dsysa= sig.TransferFunction([2,1],[1,5,6], dt=0.5)    #离散时间LTI系统传递函数模型
      dsysa
[4]:  TransferFunctionDiscrete(
      array([2., 1.]),
      array([1., 5., 6.]),
      dt: 0.5
      )
[5]:  dsysb= sig.StateSpace(A,B,C,D, dt=0.1)                #离散时间LTI系统状态空间模型
      dsysb
[5]:  StateSpaceDiscrete(
      array([[-2, -1],
             [ 6,  0]]),
      array([[0],
             [1]]),
      array([[1, 0]]),
      array([[0]]),
      dt: 0.1
      )
```

离散时间 LTI 系统的传递函数就是脉冲传递函数，第 7 章会详细介绍离散时间 LTI 模型的表示和仿真计算原理。

2. LTI 系统模型的转换

LTI 系统的各种模型可以相互转换，例如传递函数模型可以转换为状态空间模型，分子分母多项式形式的传递函数可以转换为零极点增益形式的传递函数。scipy.signal 模块中提供了一些函数实现模型转换，相关函数及功能如表 3-5 所示。

表 3-5　实现 LTI 系统模型转换的函数及功能

函数	功能
tf2zpk(num,den)	将分子分母多项式形式的传递函数转换为零极点增益形式的传递函数
zpk2tf(z, p, k)	将零极点增益形式的传递函数转换为分子分母多项式形式的传递函数
tf2ss(num,den)	将传递函数模型转换为状态空间模型
ss2tf(A,B,C,D[,input])	将状态空间模型转换为传递函数模型
zpk2ss(z,p,k)	将零极点增益形式的传递函数模型转换为状态空间模型
ss2zpk(A,B,C,D[,input])	将状态空间模型转换为零极点增益形式的传递函数模型
cont2discrete(system, dt,...)	将一个连续时间系统模型 system 转换为离散时间状态空间模型，system 可以是传递函数模型或状态空间模型

下面的代码演示了其中部分函数的使用方法。

```
[6]:  num= [4,12,8]
      den= [1,12,47,60]
      Z,P,K= sig.tf2zpk(num,den)         #分子分母多项式形式转换为零极点增益形式
      Z,P,K
```

```
[6]:    (array([-2., -1.]), array([-5., -4., -3.]), 4.0)
[7]:    Z= [-4]
        P= [-1, -2+1.0j, -2-1.0j]
        K=2
        num,den= sig.zpk2tf(Z,P,K)        #零极点增益形式转换为分子分母多项式形式
        num,den
[7]:    (array([2., 8.]), array([1., 5., 9., 5.]))
[8]:    A,B,C,D =sig.tf2ss(num,den)
        A,B,C,D
[8]:    (array([[-5., -9., -5.],
               [ 1.,  0.,  0.],
               [ 0.,  1.,  0.]]),
        array([[1.],
               [0.],
               [0.]]),
        array([[0., 2., 8.]]),
        array([[0.]]))
```

一个传递函数的分子分母多项式形式对应的零极点增益形式是唯一的，例如输入[6]中的传递函数是

$$G(s)=\frac{4s^2+12s+8}{s^3+12s^2+47s+60}=\frac{4(s+2)(s+1)}{(s+5)(s+4)(s+3)}$$

输入[7]中的传递函数是

$$G(s)=\frac{2(s+4)}{(s+1)(s+2+j)(s+2-j)}=\frac{2s+8}{s^3+5s^2+9s+5}$$

传递函数转换为状态空间模型时，根据状态变量的定义不同，得到的状态空间模型的表达式也不同。所以传递函数转换为状态空间模型的结果不是唯一的，第 5 章会详细介绍传递函数转换为状态空间模型的方法。

3. 连续时间 LTI 系统仿真

scipy.signal 模块中提供了一些函数对连续时间 LTI 系统进行时域和频域仿真计算，例如计算系统的脉冲响应、阶跃响应、频率响应等，相关函数及功能如表 3-6 所示。此处就不具体介绍这些仿真函数的使用了，在后文中会通过 python-control 详细介绍连续时间系统的仿真。

表 3-6　连续时间 LTI 系统仿真相关函数及功能

函数	功能
lsim(system, U, T[, X0, interp])	计算一个 LTI 系统对任意输入的响应输出
lsim2(system[, U, T, X0])	计算一个 LTI 系统的输出，使用 scipy.integrate.odeint()函数作为常微分方程的求解器
impulse(system[, X0, T, N])	计算一个 LTI 系统的脉冲响应
impulse2(system[, X0, T, N])	计算一个单输入 LTI 系统的脉冲响应
step(system[, X0, T, N])	计算一个 LTI 系统的阶跃响应

续表

函数	功能
step2(system[, X0, T, N])	计算一个 LTI 系统的阶跃响应，与函数 step()功能相似，但是用函数 lsim2()计算模型的阶跃响应
freqresp(system[, w, n])	计算一个 LTI 系统的频率响应
bode(system[, w, n])	计算一个 LTI 系统伯德图（Bode diagram）中的幅度和相位

4. 离散时间 LTI 系统仿真

scipy.signal 模块中提供了一些函数对离散时间 LTI 系统进行时域和频域的仿真计算，相关函数及功能如表 3-7 所示。这里就不具体介绍这些仿真函数的使用了，在后文中会通过 python-control 详细介绍离散时间系统的仿真。

表 3-7　离散时间 LTI 系统仿真相关函数及功能

函数	功能
dlsim(system, u[, t, x0])	计算一个离散时间 LTI 系统的对任意输入的响应输出
dimpulse(system[, x0, t, n])	计算一个离散时间 LTI 系统的脉冲响应
dstep(system[, x0, t, n])	计算一个离散时间 LTI 系统的阶跃响应
dfreqresp(system[, w, n, whole])	计算一个离散时间 LTI 系统的频率响应
dbode(system[, w, n])	计算一个离散时间 LTI 系统伯德图中的幅度和相位

3.3　Matplotlib

Matplotlib 是 Python 中数据绘图常用的一个包，使用 Matplotlib 可以绘制曲线、直方图、柱状图、饼图、伪色图、极坐标图、三维曲面等各种图。Matplotlib 具有丰富的绘图定制功能，我们可以在图中使用 LaTeX 标记输出数学符号和公式，生成具有出版品质的图。

系统仿真计算的结果数据通常需要绘图来展示，以便直观地展示系统的动态变化过程，掌握系统的特性。本书后文都使用 Matplotlib 对仿真计算结果数据绘图，本节简要介绍 Matplotlib 的基本用法。

3.3.1　基本绘图示例

1. 示例代码和绘图效果

我们先用一个程序绘制简单的数据曲线。

示例程序并没有输出图的编号，输出[2]和输出[3]中的图编号和名称是在排版时人为添加的。本书对所有用 JupyterLab 程序输出的图都会如此处理。

示例代码如下。输入[2]的代码的绘图效果如图 3-1 所示，输入[3]的代码的绘图效果如图 3-2 所示。

```
[1]:    '''  程序文件：note3_11.ipynb  '''
        import numpy as np
        import matplotlib as mpl
        import matplotlib.pyplot as plt
        mpl.rcParams['font.sans-serif']= ['KaiTi','SimHei']    #设置matplotlib 使用的字体
        mpl.rcParams['font.size']= 11                          #设置matplotlib 使用的默认文字大小
        mpl.rcParams['axes.unicode_minus']= False    #为了正常显示数字中的负号
```

```
[2]:    t = np.linspace(0, 2*np.pi, 100)
        y1= np.sin(2*t)
        y2= np.cos(4*t)

        fig, ax = plt.subplots(figsize=(5, 3), layout='constrained')
        ax.plot(t, y1, 'r:',  label='sin(2t)')
        ax.plot(t, y2, 'b-*', label='cos(4t)')
        ax.set_xlabel('时间(秒)')              # 设置 x 轴标题
        ax.set_ylabel('数值')                  # 设置 y 轴标题
        ax.set_xlim([0, 2*np.pi])              # 设置 x 轴坐标范围
        ax.set_ylim([-1.5, 1.5])               # 设置 y 轴坐标范围
        ax.set_title("正弦和余弦曲线")         # 设置图的标题
        ax.legend(loc="upper right")           # 生成图例，设置图例位置
```

```
[2]:    <matplotlib.legend.Legend at 0x1b8407ec2d0>
```

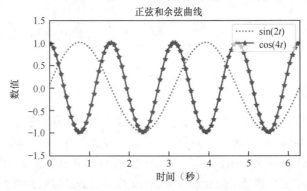

图 3-1　一个图上有一个子图和两条曲线

```
[3]:    fig2, ax = plt.subplots(1,2,figsize=(6, 2.5), layout='constrained')
        ax[0].plot(t, y1, color='r', linestyle='--', label='sin(2t)')
        ax[0].set_xlabel('时间')               # 设置 x 轴标题
        ax[0].set_ylabel('数值')               # 设置 y 轴标题
        ax[0].set_xlim([0, 2*np.pi])           # 设置 x 轴坐标范围
        ax[0].set_ylim([-1.2, 1.2])            # 设置 y 轴坐标范围
        ax[0].set_title("正弦曲线")            # 设置图的标题

        ax[1].plot(t, y2, 'b-', linewidth=2, label='cos(4t)')
        ax[1].set_xlabel('时间')               # 设置 x 轴标题
        ax[1].set_ylabel('数值')               # 设置 y 轴标题
```

```
ax[1].set_xlim([0, 2*np.pi])          # 设置 x 轴坐标范围
ax[1].set_ylim([-1.2, 1.2])           # 设置 y 轴坐标范围
ax[1].set_title("余弦曲线")            # 设置图的标题
```

[3]:   Text(0.5, 1.0, '余弦曲线')

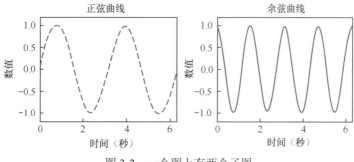

图 3-2　一个图上有两个子图

输入[1]中导入了 matplotlib 和 matplotlib.pyplot 模块。matplotlib 有一些全局设置存储在字典变量 rcParams 中，输入[1]中设置了 rcParams 中的几个参数。

```
mpl.rcParams['font.sans-serif']= ['KaiTi','SimHei']   #设置 matplotlib 使用的字体
mpl.rcParams['font.size']= 11                          #设置 matplotlib 使用的默认文字大小
mpl.rcParams['axes.unicode_minus']= False              #为了正常显示数字中的负号
```

设置 matplotlib 这些参数的目的是在图中正常显示汉字和数字中的负号，如果不做这些设置，图中显示汉字时会出现乱码。

2. 图和子图

Matplotlib 画图有两种方法，一种是类似于 MATLAB 中的指令式绘图方法；另一种是面向对象的绘图方法，也就是显式地创建绘图需要的各种对象，然后使用对象的属性和方法进行绘图操作。面向对象绘图方法的程序结构更加清晰，而且只有面向对象的绘图方法才可以将 Matplotlib 绘制的图嵌入 GUI 应用程序，例如将 Matplotlib 绘制的图嵌入用 PyQt5 设计的 GUI 应用程序（可参考文献[37]第 14 章）。2.4.6 小节的示例使用了 Matplotlib 的指令式绘图方法，但是本书后文的程序中将只使用 Matplotlib 的面向对象绘图方法。

使用 Matplotlib 绘图，一般是先用 matplotlib.pyplot.subplots()函数创建一个图（Figure 类对象）和一个或多个子图（Axes 类对象），然后使用子图类 Axes 的属性和方法在子图上绘图。输入[2]中使用 subplots()函数的代码如下：

```
fig, ax = plt.subplots(figsize=(5, 3), layout='constrained')
```

其中，参数 figsize 用于设置图的大小，figsize=(5, 3)表示图的宽度是 5in（1in=25.4mm），高度是 3in。参数 layout 用于设置布局方式，layout='constrained'表示使用约束式布局。上面的代码有两个返回值，fig 是创建的 Figure 类对象，表示整个图；ax 是一个 Axes 类对象，表示一个子图，绘图操作主要是在子图 ax 上进行。

matplotlib.pyplot.subplots()函数的原型定义如下：

```
subplots(nrows=1, ncols=1, *, sharex=False, sharey=False, squeeze=True, width_ratios=
None, height_ratios=None, subplot_kw=None, gridspec_kw=None, **fig_kw)
```

其中，参数 nrows 和 ncols 表示创建的子图的行数和列数；其他参数的意义此处不详细解释，读者可通过指令 help(plt.subplots)查看 subplots()函数的上下文帮助信息。使用 subplots()函数会创建一个图，一个图可以包含多个子图。例如输入[3]中使用如下的代码创建了图和子图。

```
fig2, ax = plt.subplots(1,2,figsize=(6, 2.5), layout='constrained')
```

代码中的参数表示 nrows=1、ncols=2，所以会创建 1 行 2 列的子图，也就是有 2 个子图。返回的值 fig2 是 Figure 类对象，表示整个图；ax 是一个 ndarray 一维数组，有 2 个元素，分别表示 2 个子图。如果 subplots()创建的图包含多行多列子图，例如 2 行 2 列子图，那么返回的 ax 是一个 ndarray 二维数组。我们可以分别在每个子图上使用子图类 Axes 的方法绘图。

3. Axes.plot()方法绘制曲线

使用 subplots()函数创建了图和子图后，绘图操作主要就在子图上进行。子图是 Axes 类对象，该类提供了大量的属性和方法进行绘图操作，例如 Axes.plot()方法用于绘制一般的曲线。输入[2]中的代码在一个子图上绘制了两条曲线，绘图的代码如下：

```
ax.plot(t, y1, 'r:',  label='sin(2t)')
ax.plot(t, y2, 'b-*', label='cos(4t)')
```

Axes.plot()方法的前两个参数分别是 x 轴和 y 轴的数据，例如其中的 t 和 y1；第三个参数是字符串表示的曲线格式，可设置曲线颜色、曲线样式和数据点标记，例如'r:'表示红色虚线；'b-*'表示蓝色实线，并且数据点用星号标记。

Axes.plot()的格式字符串中的颜色可以用一个字符表示，常用的颜色字符如表 3-8 所示。也可以使用关键字参数 color 设置曲线的颜色，例如设置 color='r'。

表 3-8　常用的颜色字符

颜色字符	颜色
'b'	蓝色
'g'	绿色
'r'	红色
'c'	蓝绿色
'm'	洋红色
'y'	黄色
'k'	黑色
'w'	白色

Axes.plot()的格式字符串中的线型用一些字符表示，常用的线型字符如表 3-9 所示。也可以使用关键字参数 linestyle 设置线型，例如设置 linestyle=':'。

表 3-9　常用的线型字符

线型字符	线型
'-'	实线
'--'	短画线
'-.'	点画线
':'	虚线

Axes.plot()的格式字符串中还可以设置数据点的标记形状，例如用星号表示数据点，常用的标记形状见表 3-10。也可以使用关键字参数 marker 设置标记形状，例如设置 marker='*'。

表 3-10　常用的标记形状字符

标记形状字符	标记形状
'.'	小数点
'o'	圆圈
'v'	下三角形
'^'	上三角形
'<'	左三角形
'>'	右三角形
's'	正方形
'*'	星号
'+'	加号
'x'	x 符号
'd'	菱形

Axes.plot()方法可以使用格式字符串设置曲线颜色、线型和标记形状，也可以使用关键字参数进行设置。例如输入[3]中绘制曲线的代码如下：

```
ax[0].plot(t, y1, color='r', linestyle='--', label='sin(2t)')
ax[1].plot(t, y2, 'b-', linewidth=2, label='cos(4t)')
```

Axes.plot()方法中还可以设置如下的关键字参数。

- linewidth：设置曲线宽度，单位是排版点数，1 点等于 1/72 英寸①，例如可以设置 linewidth=2.5。
- label：设置曲线的标签，例如 label='sin(2t)'。在生成图例时会自动使用这个标签作为曲线的标题。

4. Axes 的其他方法

在使用 Axes.plot()绘制曲线后，还可以使用 Axes 类的方法对子图做更多的设置。常用的方

---

① 1 英寸等于 2.54 厘米。——编辑注。

法功能描述如下。

- set_xlabel()：设置 x 轴的标题。
- set_ylabel()：设置 y 轴的标题。
- set_xlim()：设置 x 轴的坐标范围。
- set_ylim()：设置 y 轴的坐标范围。
- set_title()：设置子图的标题。
- legend()：自动生成图例，可以使用关键字参数 loc 设置图例在子图中的位置，如"upper right"、"lower right"、"upper center"、"lower left"等。
- grid()：设置是否显示网格线。

3.3.2 图的主要组成元素

要对一个图的各个组成元素进行编程操作，首先要搞清楚图的组成元素的名称及其对应的类，然后才可以使用类的属性和方法进行操作。图 3-3 展示了 Matplotlib 绘制的图的主要组成元素。

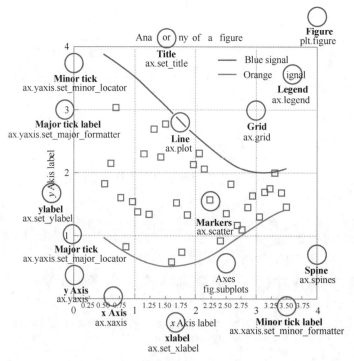

图 3-3 Matplotlib 绘制的图的主要组成元素

（1）Figure（图），对应类 matplotlib.figure.Figure。

Figure 就是整个图，Figure 类管理整个图的一些属性，例如设置整个图的标题、整个图的背景颜色、绘图区的 4 个边距等。一个图可以包含多个子图，Figure 类管理这些子图，可以添加、删除子图，可以清除整个图形区域。

（2）Axes（子图），对应类 matplotlib.axes.Axes。

Axes 就是图上的一个子绘图区域，称为子图，一个图上可以有一个或多个子图。一个 Axes 对象被创建时，会自动创建 x 轴和 y 轴，它们是 Axis 类对象。Axes 有一些方法对坐标轴的宏观属性进行设置，例如 set_xlim()和 set_ylim()分别设置 x 轴和 y 轴的坐标范围，set_xlabel()和 set_ylabel()分别设置 x 轴和 y 轴的标题。

Axes 类提供了很多绘图方法在子图上绘图，例如 Axes.plot()绘制一般的曲线，Axes.scatter()绘制散点图。这些绘图方法会生成对象，例如 Axes.plot()绘制曲线返回的结果是 Line2D 类型的对象，Axes.scatter()绘制散点图返回的是 PathCollection 类型对象。Axes 有一些容器变量用于对子图上的这些对象进行管理，例如 Axes.get_lines()返回子图上由 Axes.plot()方法生成的 Line2D 对象的列表。

（3）Axis（坐标轴），对应类 matplotlib.axis.Axis。

Axis 是管理坐标轴的类，它管理坐标轴的标题、刻度、刻度标签、网格线等。从图 3-3 上可以看到一个坐标轴有以下几个组成部分。

- 轴标题（axis label）：坐标轴的标题字符串，如图中的"x Axis label"。
- 主刻度（major tick）：坐标轴上的主分度的短线，如图中 x 轴上 0、1、2、3、4 等数值处的刻度。
- 主刻度标签（major tick label）：在主刻度处的文字标签，一般是坐标数值。
- 次刻度（minor tick）：相邻两个主刻度之间的细分刻度，次刻度默认是不显示的。
- 次刻度标签（minor tick label）：与次刻度对应的文字标签，默认是不显示的。
- 网格线（grid line）：与主刻度、次刻度对应的网格线。可以控制是否显示网格线，以及网格线的颜色、线型、线宽等属性。

Axis 类有两个子类，matplotlib.axis.XAxis 和 matplotlib.axis.YAxis，分别用于表示 x 轴和 y 轴。通过 x 轴和 y 轴对象及其管理的刻度、标签、网格线等对象可以完全定制坐标轴和网格线的显示效果。

（4）Legend（图例），对应类 matplotlib.legend.Legend。

使用 Axes.legend()方法可以为一个子图自动生成图例，获取图例对象后，可以使用 Legend 类的属性和方法对图例的显示内容和效果进行完全的控制，例如控制图例显示位置、图例文字内容等。

（5）其他图形元素类。

图上所有可见元素都有对应的类，例如文字是 Text 类，坐标轴线、刻度线、网格线、绘制的曲线都是 Line2D 类，Axes.bar()方法绘制的柱状图的各个矩形是 Rectangle 类等。所有这些图形元素的抽象父类都是 matplotlib.artist.Artist 类，所以它们在图中被称为 artist。在程序中只要获取这些类的对象，就可以通过类的属性和方法对这些对象进行操作。

3.3.3　绘图的一些常用功能

本小节介绍 Matplotlib 绘图中一些常用功能，例如坐标轴的设置、添加标注、文字中输入公式等。Matplotlib 绘图还有很多的细节技术问题本书就不详细介绍了，可参考 Matplotlib 的官方文档或相关技术图书，例如参考文献[38]。

1. 坐标轴设置

使用 Axes.plot()方法绘图时会自动设置坐标轴的数据范围和刻度标签，但是我们可以通过 Axes 类和 Axis 类的接口函数进行更多的设置。

```
[1]:    '''  程序文件: note3_12.ipynb  '''
import numpy as np
import scipy.signal as sig
import matplotlib as mpl
import matplotlib.pyplot as plt
mpl.rcParams['font.sans-serif']= ['KaiTi','SimHei']   #matplotlib 全局参数设置
mpl.rcParams['font.size']= 11
mpl.rcParams['axes.unicode_minus']= False
```

```
[2]:    time= np.linspace(0,4,50)
wn= 5
zta= 0.5     #阻尼比
sysa= sig.TransferFunction([wn*wn],[1, 2*zta*wn, wn*wn])
t1,y1= sig.step(sysa,T=time)        #计算系统的阶跃响应

zta= 0.3       #阻尼比
sysb= sig.TransferFunction([wn*wn],[1, 2*zta*wn, wn*wn])
t2,y2= sig.step(sysb,T=time)        #计算系统的阶跃响应
```

```
[3]:    fig, ax = plt.subplots(1,2,figsize=(8, 3), layout='constrained')
ax[0].plot(t1, y1, 'r', label='zta=0.5')
ax[0].plot(t2, y2, 'b--', label='zta=0.3')
ax[0].set_xlabel('时间(秒)')
ax[0].set_ylabel('输出')
ax[0].set_title("二阶系统阶跃响应")
ax[0].legend(loc="lower right")
ax[0].margins(x=0, y=0.1)                  #设置坐标轴的边距

ax[1].plot(t1, y1, 'r', label='zta=0.5')
ax[1].plot(t2, y2, 'b--', label='zta=0.3')
ax[1].set_xlabel('时间(秒)')
ax[1].set_ylabel('输出')
ax[1].set_title("二阶系统阶跃响应")
ax[1].legend(loc="lower right")

ax[1].set_xlim([0, 4])
ax[1].set_ylim([0, 1.5])
ax[1].set_xticks(np.arange(0,4.1,0.5))                  #设置 x 轴主刻度位置
ax[1].xaxis.set_major_formatter('{x:1.1f}')            #设置 x 轴主刻度标签格式
ax[1].set_yticks(np.arange(0,1.6,0.5))                 #设置 y 轴主刻度位置
ax[1].yaxis.set_major_formatter('{x:1.2f}')            #设置 y 轴主刻度标签格式

ax[1].grid(which='major', axis='both', linestyle=':',color='gray')    #显示主网格线
```

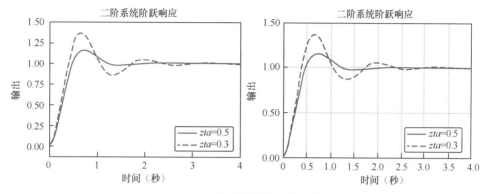

图 3-4　二阶系统的阶跃输入响应

这段代码计算了两种不同阻尼比的二阶系统的单位阶跃响应，并绘制了响应曲线。图 3-4 左图是自动设置的坐标范围和刻度标签，图 3-4 右图是通过代码设置了坐标范围和刻度标签。

二阶系统是自动控制理论中研究的一个典型对象，二阶系统的传递函数是

$$G(s) = \frac{\omega_n^2}{s^2 + 2\zeta\omega_n s + \omega_n^2}$$

输入[2]中使用 scipy.signal 模块中的 TransferFunction 类创建了二阶系统的两个传递函数模型，两个模型使用了不同的阻尼比。输入[2]中还使用 scipy.signal 模块中的 step()函数对二阶系统模型进行了单位阶跃输入的仿真计算，得到响应的时间和输出序列。

输入[3]中使用 matplotlib.pyplot.subplots()函数创建了一个图，它包含 2 个子图。第一个子图（ax[0]）中简单地绘制了两条响应曲线，未对坐标轴进行任何设置，绘图结果如图 3-4 左图所示。Matplotlib 会自动设置 x 轴和 y 轴的坐标范围，并且留有一定的边距（margin）。例如 x 轴的数据范围是[0,4]，但是 x 轴的两边都有一定的边距。可以通过 Axes.margins()函数设置坐标范围边距，例如：

```
ax[0].margins(x=0, y=0.1)          #设置坐标轴的边距
```

这里设置了 x 轴和 y 轴的坐标范围边距，设置的范围是[0,1]，表示百分比。例如 y=0.1 表示根据 y 轴实际数据的范围，上下各留出 10%的余量作为 y 轴的坐标范围。

要设置坐标轴的范围，可以直接使用 Axes.set_xlim()和 Axes.set_ylim()方法，例如输入[3]中设置了第二个子图（ax[1]）的坐标范围。设置坐标范围后，matplotlib 会自动设置坐标轴的刻度的个数和数字格式，我们也可以通过代码直接进行设置，例如输入[3]中的代码。

```
ax[1].set_xticks(np.arange(0,4.1,0.5))              #设置 x 轴主刻度位置
ax[1].xaxis.set_major_formatter('{x:1.1f}')         #设置 x 轴主刻度标签格式
ax[1].set_yticks(np.arange(0,1.6,0.5))              #设置 y 轴主刻度位置
ax[1].yaxis.set_major_formatter('{x:1.2f}')         #设置 y 轴主刻度标签格式
```

Axes.set_xticks()方法用于在 x 轴的指定位置设置主刻度，代码中的 np.arange(0,4.1,0.5)会生成[0,4.1)范围内间隔为 0.5 的序列，所以图 3-4 右图的 x 轴是间隔 0.5 有一个主刻度。

Axis.set_major_formatter()方法用于设置主刻度标签的文字，代码中的参数'{x:1.1f}'表示

数值显示到小数点后 1 位。对比图 3-4 的左图和右图，可以看到坐标轴刻度和刻度标签设置的效果。

Axes.grid()方法可以控制网格线的显示，例如输入[3]中的代码：

```
ax[1].grid(which='major', axis='both', linestyle=':',color='gray')    #显示主网格线
```

其中，参数 which 用于指定网格线，可选'major'、'minor'或'both'；参数 axis 用于指定坐标轴，可以是'both'、'x'或'y'；参数 linestyle 用于指定网格线的线型；参数 color 用于指定网格线颜色。

2. 在图中添加标注和输入公式

在一个子图上绘制曲线后，我们还可以使用 Axes.text()方法在子图上的任何位置输出文字，使用 Axes.annotate()方法在子图上添加标注。在子图上输出文字时，还可以在文字中嵌入 TeX 表达式，以输出一些数学符号和公式，如图 3-5 所示。

```
[1]:    ''' 程序文件：note3_13.ipynb '''
        import numpy as np
        import scipy.signal as sig
        import matplotlib as mpl
        import matplotlib.pyplot as plt
        mpl.rcParams['font.sans-serif']= ['KaiTi','SimHei']   #设置matplotlib全局参数
        mpl.rcParams['font.size']= 11
        mpl.rcParams['axes.unicode_minus']= False
```

```
[2]:    time= np.linspace(0,4,50)
        wn= 5
        zta= 0.5      #阻尼比
        sysa= sig.TransferFunction([wn*wn],[1, 2*zta*wn, wn*wn])
        t1,y1= sig.step(sysa,T=time)      #计算系统的阶跃响应

        zta= 0.3      #阻尼比
        sysb= sig.TransferFunction([wn*wn],[1, 2*zta*wn, wn*wn])
        t2,y2= sig.step(sysb,T=time)      #计算系统的阶跃响应
```

```
[3]:    fig, ax = plt.subplots(figsize=(4.5, 3), layout='constrained')
        ax.plot(t1, y1, 'r',   label=r"$\zeta= 0.5$")
        ax.plot(t2, y2, 'b--', label=r"$\zeta= 0.3$")
        ax.set_xlabel('时间(秒)')
        ax.set_ylabel('输出')
        ax.set_title("二阶系统阶跃响应")
        ax.set_xlim([0, 4])
        ax.set_ylim([0, 2.0])
        ax.legend(loc="upper right")
        ax.annotate("峰值点", xy=(0.7,1.4), xytext=(1.3,1.6),
                    arrowprops=dict(facecolor='g', shrink=0.05))
        ax.text(1.2, 0.4, r"二阶系统传函$G(s)=\frac{\omega_n^{2}} {s^{2} + 2\zeta\omega_ns +
        \omega_n^{2}}$")
```

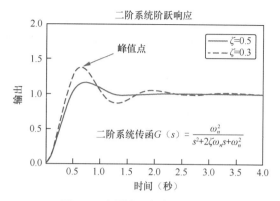

图 3-5　在图中添加标注和公式

使用 Axes.annotate()方法可以在图中添加标注，例如输入[3]中的代码

```
ax.annotate("峰值点", xy=(0.7,1.4), xytext=(1.3,1.6),
            arrowprops=dict(facecolor='g', shrink=0.05))
```

第一个参数是要显示的标注文字，参数 xy 表示标注箭头点的坐标，xytext 表示标注文字的起始坐标。字典参数 arrowprops 用于设置箭头的特性，包括颜色和缩放系数。

Matplotlib 带有轻量化的 TeX 表达式解释器，支持 Mathtext 数学文本，Mathtext 是 TeX 的一个子集。Matplotlib 默认使用 Mathtext，而不是使用完整的 LaTeX。

Mathtext 是用一对符号"$"限定的字符串，Mathtext 字符串通常使用反斜线"\"表示一些特殊字符和表达式。例如输入[3]中使用 Axes.plot()方法的两行代码如下：

```
ax.plot(t1, y1, 'r',   label=r"$\zeta= 0.5$")
ax.plot(t2, y2, 'b--', label=r"$\zeta= 0.3$")
```

代码中设置 label 参数时使用了 Mathtext，字符串之前的字符"r"表示这是个原始字符串（raw string），Mathtext 一般使用原始字符串。一对符号"$"限定了 Mathtext 字符串内容，"\zeta"表示希腊字母"ζ"。这样设置两条曲线的标签后，在生成的图例中就可以看到两条曲线的标签是"ζ=0.5"和"ζ=0.3"。

在任何字符串中都可以嵌入 Mathtext，例如设置坐标轴的标题时也可以嵌入 Mathtext。使用 Mathtext 可以输入比较复杂的数学公式，例如输入[3]中使用 Axes.text()方法在图中显示了二阶系统的传递函数。

```
ax.text(1.2, 0.4, r"二阶系统传函$G(s)= \frac{\omega_n^{2}} {s^{2} + 2\zeta\omega_ns +
\omega_n^{2}}$")
```

Axes.text()方法中的前两个参数表示图中的 x 和 y 坐标，是输出文字的起始位置。后面输出的字符串中使用了 Mathtext，在图中显示了二阶系统的传递函数。

Mathtext 规定了数学公式表示的各种规则，下面介绍常用的一些规则，更多的规则见 Matplotlib 的帮助文档。

（1）希腊字母的表示。数学公式中经常使用希腊字母，希腊字母用 "\\" 引导的一些专用名称表示，小写希腊字母的表示如图 3-6 所示，常用大写希腊字母的表示如图 3-7 所示。

α \alpha	β \beta	γ \gamma	δ \delta
ε \epsilon	ε \varepsilon	ζ \zeta	η \eta
θ \theta	ϑ \vartheta	ι \iota	κ \kappa
ϰ \varkappa	λ \lambda	μ \mu	ν \nu
ξ \xi	π \pi	ϖ \varpi	ρ \rho
ϱ \varrho	σ \sigma	ς \varsigma	τ \tau
υ \upsilon	χ \chi	ψ \psi	ω \omega
φ \phi	φ \varphi	ϝ \digamma	

图 3-6　小写希腊字母的表示

Γ \Gamma	Δ \Delta	Θ \Theta	Λ \Lambda
Ξ \Xi	Π \Pi	Σ \Sigma	Υ \Upsilon
Φ \Phi	Ψ \Psi	Ω \Omega	

图 3-7　常用大写希腊字母的表示

（2）下标和上标。Mathtext 公式中的下标用 "_" 表示，上标用 "^" 表示。如果上标或下标的内容超过一个字符，需要使用花括号 "{}" 限定起来。例如要显示 $\alpha_2 > \omega_n^{2k}$，使用如下的字符串：

```
r"$\alpha_2 > \omega_n^{2k}$"
```

（3）根号。根号使用表达式 "\sqrt[]{}"，其中方括号中写根号次数，若是平方根就不用写；花括号中写根号中的内容，例如 $\sqrt{x}$ 使用如下的字符串：

```
r"$\sqrt{x}$"
```

若要显示公式 $\sqrt[3]{a+b}$，使用如下的字符串：

```
r"$\sqrt[3]{a+b}$"
```

（4）分式。使用 "\frac{}{}" 表示一个分式，两个花括号内分别写分子和分母表达式。例如要显示 $\dfrac{2}{s+1}$ 使用如下的字符串：

```
r"$\frac{2}{s+1}$"
```

分式可以嵌套。在使用嵌套的分式表达式时，若分式两端使用括号，需要使用 "\left(" 和 "\right)" 使一对括号自动改变大小。例如要显示公式 $\left(\dfrac{s+\dfrac{b}{a}}{s^2+3s+1}\right)$，要使用如下的字符串：

```
r"$\left(\frac{s+\frac{b}{a}}{s^2+3s+1}\right)$"
```

3.3.4 常见类型的图形绘制

1. Axes 的常用绘图方法

Matplotlib 中画图主要是使用 Axes 类的各种绘图方法在子图上画图，如常用 Axes.plot()绘制数据曲线。Axes 类还提供了很多其他的绘图方法用于绘制各种二维和三维图形，例如散点图、柱状图、饼图、火柴杆图、梯形图、填充图、等高线图、三维散点图、三维曲面等。Axes 类常用的绘图方法和功能如表 3-11 所示。

表 3-11　Axes 类常用的绘图方法和功能

方法	功能描述
plot()	绘制一般的曲线，通过设置 drawstyle 参数还可以绘制阶梯曲线
semilogx()	绘制 x 轴采用对数坐标的曲线
semilogy()	绘制 y 轴采用对数坐标的曲线
loglog()	绘制 x 轴和 y 轴都采用对数坐标的曲线
stem()	绘制火柴杆图，适合显示离散时间信号
step()	绘制阶梯图，适合显示 DAC（数模转换器）输出经过零阶保持器的连续时间信号
scatter()	绘制散点图
fill()	绘制一个填充的多边形区域
fill_between()	填充两条水平方向上的曲线之间的区域，即两组 y 值之间的区域
fill_betweenx()	填充两条垂直方向上的曲线之间的区域，即两组 x 值之间的区域
stackplot()	绘制叠加面积图
bar()	一次绘制一个柱状图序列，可以多个序列并排，也可以叠加
barh()	绘制水平柱状图
pie()	绘制饼图
hist()	绘制一个信号的统计直方图
hist2d()	绘制两个信号的二维统计直方图
contour()	绘制等高线图
contourf()	绘制填充等高线图
streamplot()	绘制一个向量场的流线图
quiver()	绘制一个二维场的箭头图
imshow()	显示一个图片，图片数据是二维数组，颜色由 colormap 决定
pcolor()	根据非规则矩形网格数据绘制伪色图，色块颜色由 colormap 决定。数组较大时，pcolor()速度较慢，推荐使用相同功能而速度更快的 pcolormesh()
pcolormesh()	根据非规则矩形网格数据绘制伪色图，色块颜色由 colormap 决定

2. 对数坐标图

Axes 类有多个方法可以使用对数坐标轴绘图，semilogx()方法绘图时 x 轴使用对数坐标，semilogy()方法绘图时 y 轴使用对数坐标，loglog()方法绘图时 x 轴和 y 轴都使用对数坐标。实际上，使用 plot()方法绘图后，可以通过 Axes.set_xscale(value)和 Axes.set_yscale(value)方法设置 x 轴和 y 轴的坐标轴尺度，value='linear'表示线性尺度，value='log'表示对数尺度，所以使用 plot()

方法也可以绘制对数坐标图。

在对一个传递函数表示的连续时间系统进行频率分析时，通常需要绘制其伯德图，伯德图包括幅频曲线和相频曲线，横坐标是频率，一般采用对数坐标。下面的代码使用 scipy.signal 模块中的 bode()函数获取一个系统的频率响应数据，然后使用 Axes.semilogx()方法绘制幅频曲线和相频曲线，输出如图 3-8 所示。

```
[1]:    '''   程序文件：note3_14.ipynb   '''
        import numpy as np
        import scipy.signal as sig
        import matplotlib as mpl
        import matplotlib.pyplot as plt
        mpl.rcParams['font.sans-serif']= ['Microsoft YaHei','KaiTi','SimHei']
        mpl.rcParams['font.size']= 11
        mpl.rcParams['axes.unicode_minus']= False
```

```
[2]:    sysa= sig.TransferFunction([5,1],[1, 3, 2,1])
        w, mag,phase= sig.bode(sysa)
```

```
[3]:    fig, ax = plt.subplots(2, 1, figsize=(4.5, 5), layout='constrained')
        ax[0].semilogx(w, mag, 'r')
        # ax[0].set_xlabel('角频率(rad/s)')
        ax[0].set_ylabel('幅度（dB）')
        ax[0].set_title("幅频曲线")
        ax[0].margins(x=0, y=0.1)         #设置坐标轴的边距
        ax[0].grid(which='major', axis='both', linestyle=':',color='gray')    #显示主网格线

        ax[1].semilogx(w, phase, 'b')
        ax[1].set_xlabel('角频率(rad/s)')
        ax[1].set_ylabel('相位（deg）')
        ax[1].set_title("相频曲线")
        ax[1].margins(x=0, y=0.1)         #设置坐标轴的边距
        ax[1].grid(which='major', axis='both', linestyle=':',color='gray')    #显示主网格线
```

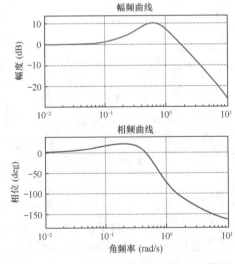

图 3-8　一个传递函数表示的系统的伯德图

输入[2]中使用 scipy.signal.TransferFunction()创建了一个传递函数模型 sysa，这个模型的传递函数是

$$G(s) = \frac{5s+1}{s^3 + 3s^2 + 2s + 1}$$

输入[2]中使用 scipy.signal.bode()函数计算了模型 sysa 的频率响应数据，返回的数据中 w 是角频率，角频率单位是 rad/s；mag 是幅度数组，单位是分贝（dB）；phase 是相位数组，单位是度（degree）。

输入[3]中创建了一个图，包含 2 行 1 列共 2 个子图，并使用 Axes.semilogx()绘制了幅频曲线和相频曲线。因为 bode()函数计算结果中的幅度已经是以分贝为单位的，所以幅频曲线的 y 轴使用线性尺度。

3. 火柴杆图

Axes.stem()方法可以绘制火柴杆图，火柴杆图适合于显示离散时间信号，下面的代码绘制了一个信号采样示意图。输出如图 3-9 所示。

```
[1]:    '''    程序文件：note3_15.ipynb   '''
import numpy as np
import matplotlib as mpl
import matplotlib.pyplot as plt
mpl.rcParams['font.sans-serif']= ['KaiTi','SimHei']
mpl.rcParams['font.size']= 11
mpl.rcParams['axes.unicode_minus']= False
```

```
[2]:    t= np.linspace(0,5,30)
y= np.sin(2*t)
```

```
[3]:    fig, ax = plt.subplots(figsize=(5, 3), layout='constrained')
ax.plot(t, y, 'g:',label='连续时间信号')
ax.stem(t, y, linefmt='-k',markerfmt='bo', basefmt='--r', bottom=0, label='采样信号')
ax.set_xlabel('时间(秒)')
ax.set_ylabel('信号')
ax.set_title("信号采样示意图")
# ax.set_xlim([0, 5])
ax.set_ylim([-1.2, 1.2])
ax.legend(loc="lower left")
```

```
[3]:    <matplotlib.legend.Legend at 0x15d334e0690>
```

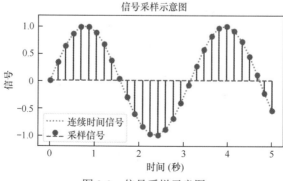

图 3-9　信号采样示意图

输入[2]中生成了一个线性分布的时间序列 t，并用正弦函数计算了对应的正弦信号序列 y。输入[3]中使用 Axes.plot(t,y)绘制了正弦信号，plot()绘制的曲线表示的是连续时间信号。

如果通过 ADC（模数转换器）对一个模拟信号进行采样，将其转换为数字信号，那么采样信号只在离散的时间点有值。使用 Axes.stem()方法绘制火柴杆图就可以很好地表示这种离散时间信号，图 3-9 直观地反映了模拟信号采样为离散时间信号的原理。输入[3]中使用 Axes.stem()方法的代码如下：

```
ax.stem(t, y, linefmt='-k',markerfmt='bo', basefmt='--r', bottom=0, label='采样信号')
```

其中，前两个参数表示 x 轴和 y 轴的数据对，是必需的输入参数；后面的关键字参数是可选的，都有默认值。

- linefmt：用于设置竖线的格式，包括线型和颜色。
- markerfmt：用于设置火柴杆顶端的标记的格式，包括颜色和标记形状。
- basefmt：用于设置基线的格式，包括线型和颜色。
- bottom：用于设置基线的数值，默认值为 0。
- label：用于设置曲线的标签。

4. 阶梯图

Axes.step()方法可以绘制阶梯图，阶梯图适合于显示 DAC 输出的零阶保持信号。

```
[1]:    ''' 程序文件：note3_16.ipynb '''
        import numpy as np
        import matplotlib as mpl
        import matplotlib.pyplot as plt
        mpl.rcParams['font.sans-serif']= ['KaiTi','SimHei']
        mpl.rcParams['font.size']= 11
        mpl.rcParams['axes.unicode_minus']= False

[2]:    t= np.linspace(0,5,30)
        y= np.sin(2*t)

[3]:    fig, ax = plt.subplots(nrows=2, ncols=2, figsize=(8, 6), layout='constrained')
        ax[0][0].plot(t, y, 'g:*',label='模拟信号')
        ax[0][0].set_title("模拟信号")

        ax[0][1].stem(t, y, basefmt='r--', label='离散时间信号')
        ax[0][1].set_title("采样信号")

        ax[1][0].stem(t, y, linefmt='k:', markerfmt='r*',basefmt='k--',label='离散时间信号')
        ax[1][0].step(t, y, 'c-',where='post',  label='零阶保持输出(post)')
        ax[1][0].set_title("零阶保持输出(post)")

        ax[1][1].stem(t, y, linefmt='k:', markerfmt='r*',basefmt='k--',label='离散时间信号')
        ax[1][1].step(t, y, 'g-',where='pre',  label='零阶保持输出(pre)')
        ax[1][1].set_title("零阶保持输出(pre)")

        for i in range(2):
            for j in range(2):
                ax[i][j].set_xlabel('时间(秒)')
                ax[i][j].set_ylabel('信号')
```

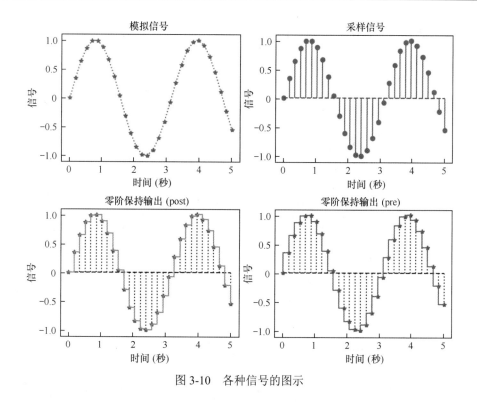

图 3-10　各种信号的图示

输入[3]中使用 subplots()函数创建了一个图，这个图包含 2 行 2 列的子图，返回的子图数组 ax 是一个二维数组。

子图 ax[0][0]中使用 Axes.plot()方法绘图，显示的是原始的连续时间模拟信号；子图 ax[0][1]中用 Axes.stem()方法绘制火柴杆图，显示的是模拟信号经过采样后得到的离散时间信号。

ax[1][0]中用 Axes.stem()绘制了星号表示数据点的火柴杆图，还用 Axes.step()方法绘制了阶梯图，也就是图中的实线曲线。子图 ax[1][0]使用 Axes.step()方法的代码如下：

```
ax[1][0].step(t, y, 'c-',where='post',  label='零阶保持输出(post)')
```

其中，第 3 个参数'c-'是曲线的格式，可以设置颜色和线型。参数 where 表示阶梯位置，可以设置为‘post’、‘pre’或‘mid’。代码中设置的是 where='post'，表示将当前数据点的值作为阶梯的值保持到下一个数据点，这就是 DAC 输出使用零阶保持器的特性。所以，子图 ax[1][0]实线曲线就是数字信号经过 DAC 和零阶保持器后输出的连续时间信号，本书后文中显示零阶保持器的输出信号时就使用这种方式。

子图 ax[1][1]中也使用 Axes.step()显示了阶梯信号，只是设置参数 where='pre'，它表示使用下一个点的值作为当前阶梯的值。从图 3-10 的第二行两个子图可以看出它们的区别。

5. 散点图和统计直方图

Axes.scatter()方法可以根据平面数据点坐标绘制散点图，还可以控制每个散点的颜色和大

107

小。Axes.hist()方法可以根据数据点统计并绘制直方图。下面的代码生成了一批正态分布的随机数，然后绘制这些随机数的散点图，再绘制其统计直方图。

```
[1]:    '''   程序文件: note3_17.ipynb   '''
        import numpy as np
        import matplotlib as mpl
        import matplotlib.pyplot as plt
        mpl.rcParams['font.sans-serif']= ['KaiTi','SimHei']
        mpl.rcParams['font.size']= 11
        mpl.rcParams['axes.unicode_minus']= False
```

```
[2]:    mu, sigma= 0, 0.5       # 正态分布的均值和标准差
        N= 1000                 #数据点个数
        x1= np.linspace(0,N,N)
        y1= np.random.normal(loc=mu, scale=sigma, size=N)      #生成正态分布的随机数
        x2= np.linspace(-1.5, 1.5, 50)
        y2= 1/(sigma*np.sqrt(2*np.pi)) *np.exp(-(x2-mu)**2/(2*sigma**2))   #计算理论概率密度
```

```
[3]:    fig, ax = plt.subplots(1,2,figsize=(8, 3), layout='constrained')
        ax[0].scatter(x1, y1, s=8)                              #随机数散点图
        ax[0].set_xlabel('序号')
        ax[0].set_ylabel('随机数值')
        ax[0].set_title(r"正态分布随机数 ($\mu=0,\sigma=0.5$) ")

        ax[1].hist(y1, bins=20, linewidth=1, edgecolor="white",
                  density=True, label='统计密度')
        ax[1].plot(x2,y2,'r--', linewidth=2, label='理论密度')
        ax[1].set_xlabel('随机数值')
        ax[1].set_ylabel('概率密度')
        ax[1].set_xlim([-2, 2])
        ax[1].set_title("概率密度图")
        ax[1].legend(loc="upper right")
```

```
[3]:    <matplotlib.legend.Legend at 0x1edb18a5c10>
```

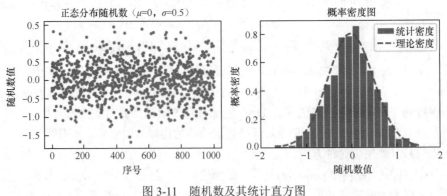

图 3-11　随机数及其统计直方图

输入[2]中使用 np.random.normal()函数生成了 1000 个正态分布的随机数，正态分布的均值为 0，标准差为 0.5。正态分布的概率密度函数是

$$p(x) = \frac{1}{\sigma\sqrt{2\pi}} e^{\frac{-(x-\mu)^2}{2\sigma^2}}$$

其中，μ 是均值，σ 是标准差。输入[2]中还根据正态分布的概率密度函数计算了理论概率密度数据。

输入[3]中使用 subplots()函数创建了一个图，包含两个子图。子图 ax[0]中使用 Axes.scatter() 方法绘制了随机数的分布图，使用的代码如下：

```
ax[0].scatter(x1, y1, s=8)          #随机数散点图
```

它只设置了数据点的大小为 8。Axes.scatter()方法有很多参数，其原型定义如下：

```
scatter(self, x, y, s=None, c=None, marker=None, cmap=None, norm=None, vmin=None,
vmax=None, alpha=None, linewidths=None, *, edgecolors=None, plotnonfinite=False, data=
None, **kwargs)
```

其中，x 和 y 是数据点的坐标，是必需的参数；s 用于设置每个数据点大小，若 s 是一个浮点数则每个数据点的大小相同，若 s 是与数据 x 相同大小的数组就设置每个数据点大小；c 用于设置每个数据点的颜色，可以是一个颜色或颜色数据的数组；marker 用于设置数据点的形状；cmap、norm、vmin、vmax 是使用颜色表（colormap）设置数据点颜色时用的参数。其他参数的具体意义见 Axes.scatter()方法的上下文帮助信息。

子图 ax[1]中使用 Axes.hist()方法针对随机数序列 y1 统计并绘制了直方图，代码如下：

```
ax[1].hist(y1, bins=20, linewidth=1, edgecolor="white", density=True, label='统计密度')
```

其中，y1 是需要统计的随机数数组，bins 用于设置统计的条柱个数，linewidth 设置条柱的边框线宽度，edgecolor 设置条柱边框线的颜色。设置 linewidth=1, edgecolor="white"就可以将每个条柱明显地分隔开，否则它们是连在一起的。参数 density 若设置为 True 就统计概率密度，若设置为 False（默认值）就统计数据点个数。Axes.hist()方法还有许多其他参数，例如参数 color 设置条柱的颜色、参数 cumulative 设置是否统计累加概率，详细的参数和意义见 Axes.hist()方法的上下文帮助信息。

子图 ax[1]中绘制了正态分布的理论概率密度曲线，从图 3-11 右图可见，统计直方图与理论概率密度是比较接近的。

练习题

3-1. 范德蒙德（Vandermonde）矩阵是如下形式的矩阵

$$\boldsymbol{A} = \begin{pmatrix} 1 & x_1 & x_1^2 & \dots & x_1^{n-1} \\ 1 & x_2 & x_2^2 & \dots & x_2^{n-1} \\ \vdots & \vdots & \vdots & \ddots & \vdots \\ 1 & x_n & x_n^2 & \dots & x_n^{n-1} \end{pmatrix}$$

编写一个函数，根据传入的列表 x 生成范德蒙德矩阵 $\boldsymbol{A}$，并测试函数的功能。

3-2. 编程计算下列矩阵的行列式、秩、逆矩阵。

（1）$A = \begin{pmatrix} -2 & 1 \\ -1 & 3 \end{pmatrix}$　　　　　　　（2）$A = \begin{pmatrix} 1 & 2 & -1 \\ 3 & 0 & -2 \\ 4 & 6 & 5 \end{pmatrix}$

3-3. 编程计算下列矩阵的特征值和特征向量。

（1）$A = \begin{pmatrix} 4 & 1 & -2 \\ 2 & 0 & 2 \\ 1 & -4 & 3 \end{pmatrix}$　　　　（2）$A = \begin{pmatrix} 0 & 3 & 0 \\ 3 & 0 & 2 \\ -10 & -7 & -6 \end{pmatrix}$

3-4. 对于一个矩阵 $A \in \mathbf{R}^{m \times n}$，它的奇异值分解（singular value decomposition）是 $A = U\Sigma V$，其中 $U \in \mathbf{R}^{m \times m}$，$\Sigma \in \mathbf{R}^{m \times n}$，$V \in \mathbf{R}^{n \times n}$，且有

$$U^\mathrm{T}U = I, \quad V^\mathrm{T}V = I, \quad \Sigma = \begin{pmatrix} \sigma_1 & & & \\ & \ddots & & 0 \\ & & \sigma_r & \\ 0 & & & 0 \end{pmatrix}$$

其中，$\sigma_1, \cdots, \sigma_r$ 称为矩阵 A 的奇异值。在 NumPy 或 SciPy 中查找能进行矩阵奇异值分解的函数，计算下列矩阵的奇异值分解。

（1）$A = \begin{pmatrix} 1 & 1 & 0 \\ 3 & -1 & 1 \\ 0 & 2 & 3 \end{pmatrix}$　　　　（2）$A = \begin{pmatrix} 1 & 0 & 2 & 5 \\ 5 & 7 & 12 & 0 \\ 0 & -5 & 1 & 3 \\ 4 & 0 & 4 & -2 \end{pmatrix}$

3-5. 神经网络中常用的一种激活函数是 Sigmod 函数，其函数表达式是

$$S(x) = \frac{1}{1 + \mathrm{e}^{-x}}$$

其导数是

$$S'(x) = \frac{\mathrm{e}^{-x}}{\left(1 + \mathrm{e}^{-x}\right)^2} = S(x)\left(1 - S(x)\right)$$

在 $x \in [-10, 10]$ 内均匀取 50 个点，用 Matplotlib 在一个图上绘制 $S(x)$ 和 $S'(x)$ 的曲线。

3-6. scipy.signal 模块中的 chirp()函数可以生成扫频信号，其函数原型是

```
scipy.signal.chirp(t, f0, t1, f1, method='linear', phi=0, vertex_zero=True)
```

查阅 scipy 的资料搞清楚函数中各参数的意义，用 chirp()生成一个线性扫描信号，并用 Matplotlib 绘制信号波形，要求：起始频率 1Hz，终止频率 10Hz，时间范围 $t \in [0, 10]$。

第 4 章　python-control 概述

控制系统分析、设计与仿真常用的软件工具是 MATLAB/Simulink，但它是商业软件，不但费用高，而且可能会受到限制。Python Control Systems Library（简称 python-control）是一个开源的 Python 包，它实现了控制系统分析和设计的基本功能。python-control 虽然没有 MATLAB/Simulink 那样功能强大，但它是开源的，而且在不断发展。本书后文介绍控制系统仿真时会用到 python-control 中的大量功能，本章概要介绍 python-control 及其主要功能、类和函数。

4.1　python-control 简介

在 PyPi 官方网站上有多个与控制系统相关的包，其中 python-control 是功能较全、更新比较及时的。最早的 python-control 在 2014 年 4 月就发布了，版本是 0.6.0。2023 年 6 月发布的版本是 0.9.4，本书使用的就是这个版本。

4.1.1　python-control 的安装

python-control 依赖于 numpy、scipy、matplotlib 和 slycot，前 3 个包在 Anaconda 中已安装，slycot 需要和 python-control 一起安装。使用 conda 安装 python-control 的命令如下：

```
conda install -c conda-forge control slycot
```

python-control 在 Python 程序中的包名称是 control，而且 conda 默认的通道上没有这个包，需要指定使用通道 conda-forge。使用上面的命令会自动安装最新版本的 control，本书的 Anaconda 环境 simu_v1 中安装的是 0.9.4 版本的 control。

读者在使用本书时，使用上面的命令安装最新的 python-control 版本可能会高于 0.9.4。高版本与低版本之间可能存在差异，在运行示例程序时可能出现错误或警告，那么可以用下面的命令安装 0.9.4 版本的 python-control。

```
conda install -c conda-forge control=0.9.4 slycot
```

要在 Python 编程中使用 control 模块一般使用如下的导入语句：

```
import control as ctr
```

python-control 中大部分的类和函数是在 control 模块中定义的，它还有如下 3 个子包。

- control.flatsys：包含微分平坦系统（differentially flat systems）相关的内容。
- control.matlab：包含兼容 MATLAB 的一些功能。
- control.optimal：包含与优化控制相关的一些内容。

这 3 个子包中有一些类和函数，但它们与本书内容无关，此处就不介绍这 3 个子包的内容了。

Python Control Systems Library 是这个包的全称，其官网上将它简称为 python-control。control 是这个包在 Python 程序中的包名称，也是模块名称。本书中，我们一般用 python-control 来称呼这个包。

4.1.2　python-control 的主要功能

python-control 包含一些类和函数，实现了控制系统分析与设计常用的一些功能。python-control 主要有如下功能。

- 能用多种模型表示线性系统，包括传递函数模型、状态空间模型等。
- 能对非线性系统进行建模、仿真和分析。
- 能对用结构图表示的模型进行串联、并联和反馈计算。
- 能计算系统的时域响应，包括脉冲响应、阶跃响应、初值响应、任意输入响应。
- 能计算系统的频率响应，绘制伯德图和奈奎斯特图（Nyquist diagram）。
- 能进行控制系统分析，包括稳定性、能控性、能观性、稳定裕度等。
- 能进行控制器设计，包括极点配置，设计 LQR、H_2、H_∞ 控制器。
- 能基于平衡实现、汉克尔（Hankel）奇异值等方法进行模型简化。
- 能设计卡尔曼（Kalman）滤波器。

python-control 中的一些功能是基于 SciPy 实现的。SciPy 中有一些功能可用于控制系统分析与设计，例如 scipy.signal 模块中就有用于表示系统传递函数和状态空间模型的类，还有一些函数可以对系统进行时域和频域分析（见 3.2.3 小节）。

使用 python-control 已基本能实现自动控制原理和现代控制理论中的大部分功能，即对控制系统进行分析、设计和仿真。参考文献[39]就将 python-control 用于控制系统分析和设计，少数无法实现的功能可以通过使用 NumPy 和 SciPy 中的基础功能自己编程来实现。

虽然 python-control 没有 Simulink 那样图形化地构建系统模型并进行仿真的能力，但是只要给出系统的结构图模型，使用 python-control 就能比较容易地构建整个系统的仿真模型，从而进行仿真（详见 6.6 节和 7.3 节）。所以，我们可以尝试在系统仿真中使用 Python 替代 MATLAB 和 Simulink。

4.2　python-control 中主要的类和函数

python-control 中定义了一些类和函数，可用于表示系统模型，或对系统进行时域和频域分析。本节将简要介绍 python-control 中主要的一些类和函数，但是不会具体介绍它们的使用方法，而会在后文中用到时加以详细介绍。本节内容可以当作 python-control 主要内容的速查手册，详细内容参见 python-control 的官方文档。

4.2.1 python-control 中主要的类

1. 表示系统模型的类

LTI 系统一般用传递函数模型或状态空间模型表示，一般的非线性模型用状态空间模型表示。python-control 中表示系统模型的一些类及其功能如表 4-1 所示。

表 4-1   表示系统模型的一些类及其功能

类	功能
StateSpace	表示连续时间或离散时间 LTI 系统状态空间模型的类，用 A、B、C、D 共 4 个矩阵定义模型
TransferFunction	用分子分母多项式表示的连续时间 LTI 系统传递函数模型，或离散时间 LTI 系统的脉冲传递函数模型
InputOutputSystem	表示输入输出（Input/Output，I/O）模型的类。I/O 模型可用于表示线性或非线性的状态空间模型
NonlinearIOSystem	表示非线性 I/O 模型的类，其父类是 InputOutputSystem
LinearIOSystem	表示线性 I/O 模型的类，其父类是 InputOutputSystem 和 StateSpace
InterconnectedSystem	表示一组 I/O 系统互联模型的类，例如表示一个结构图系统的模型，结构图中可以包含非线性环节。其父类是 InputOutputSystem
LinearICSystem	表示一组线性 I/O 系统互联模型的类，例如表示各环节都是传递函数的结构图模型。其父类是 InterconnectedSystem 和 LinearIOSystem
DescribingFunctionNonlinearity	作为一个父类，可用于继承定义使用描述函数表示的非线性系统
FrequencyResponseData	用频率响应数据定义系统模型的类

StateSpace 是用 4 个矩阵表示的 LTI 系统状态空间模型，TransferFunction 是用分子分母多项式表示的传递函数模型，它们都可以表示连续时间模型和离散时间模型。

 本书会用"LTI 模型"描述某个模型的类型，或函数中的模型参数类型。LTI 模型指的是 TransferFunction 或 StateSpace 类型的模型。

I/O 模型是定义系统的输入输出关系的模型，I/O 模型需要定义状态方程表示系统的动态特性，定义输出方程表示系统输出与内部状态和系统输入之间的代数关系。与 I/O 模型相关的类比较多，它们之间的继承关系见图 4-1。

- InputOutputSystem 是所有 I/O 模型类的父类。它是一个抽象父类，一般不使用它创建具体的模型，而是定义一个继承它的新类，然后在新类中重写模型的状态方程和输出方程。5.1.7 小节有这个类的详细介绍和使用示例。
- NonlinearIOSystem 用于定义非线性 I/O 模型。创建 NonlinearIOSystem 类对象时需要指定一个外部函数作为模型的状态方程，指定一个外部函数作为模型的输出方程。模型的状态方程和输出方程可以是非线性的。5.1.7 小节有这个类的详细介绍和使用示例。

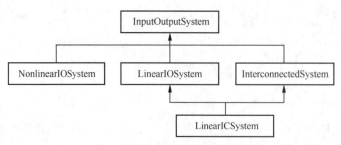

图 4-1　I/O 模型类的继承关系

- LinearIOSystem 用于定义线性 I/O 模型，它通常是将一个 StateSpace 对象转换为线性 I/O 模型。5.1.7 小节有这个类的详细介绍和使用示例。
- InterconnectedSystem 用于定义 I/O 模块互联的系统的模型，例如定义一个含有非线性环节的结构图系统的模型。6.6.2 小节会介绍这种模型的创建和使用方法。
- LinearICSystem 用于定义 I/O 模块互联的系统的模型，所有的 I/O 模块都必须是线性环节。6.6.1 小节会介绍这种模型的创建和使用方法。

StateSpace 和 TransferFunction 是表示 LTI 系统的模型类，也是控制系统中常用的模型形式。下面的代码演示了创建 StateSpace 和 TransferFunction 类对象的方法。

```
[1]:    '''  程序文件: note4_01.ipynb  '''
        import numpy as np
        import control as ctr
        num=[2,1]
        den=[1,3,0,5]
        sysa=ctr.TransferFunction(num,den)        #创建传递函数模型
        sysa
```

$$[1]: \quad \frac{2s+1}{s^3+3s^2+5}$$

```
[2]:    type(sysa)
```
```
[2]:    control.xferfcn.TransferFunction
```
```
[3]:    A=np.array([[2, 3],[1,0]])
        B=np.array([[0],[1]])
        C=np.array([1,2])
        D=np.array([0])
        sysb=ctr.StateSpace(A,B,C,D)              #创建状态空间模型
        sysb
```

$$[3]: \quad \left[\begin{array}{cc|c} 2 & 3 & 0 \\ 1 & 0 & 1 \\ \hline 1 & 2 & 0 \end{array}\right]$$

```
[4]:    type(sysb)
```
```
[4]:    control.statesp.StateSpace
```

输出[1]中显示了 TransferFunction 类对象的传递函数，输出[3]中显示了 StateSpace 对象的状态空间模型，它们都是用数学公式显示的，比较直观。scipy.signal 模块中虽然也有函数可以创建传递函数

模型和状态空间模型，但是 SciPy 的模型在显示时不能用数学公式显示，不够直观（见 3.2.3 小节）。

2. 表示时域响应数据的类 TimeResponseData

python-control 中的 TimeResponseData 类用于表示系统的时域响应数据，一些对系统进行时域仿真计算的函数的返回结果就是 TimeResponseData 类对象。例如，函数 step_response()用于计算系统的单位阶跃响应，函数 impulse_response()用于计算系统的单位脉冲响应，它们的返回结果都是 TimeResponseData 类对象。

TimeResponseData 类对象存储了时域响应的时间序列、状态变量和输出变量的数据序列，使用这些数据就可以绘制系统的时域响应曲线。6.1.3 小节对 TimeResponseData 类有详细的介绍和使用示例。

4.2.2 python-control 中主要的函数

python-control 中有很多函数用于系统建模、分析和设计，本小节分类介绍一些常用的功能函数。本小节可以作为 python-control 中函数的速查手册，函数的详细定义可以查阅 python-control 官方文档，本书后文用到其中的一些函数时会详细介绍。

1. 创建系统模型的函数

除了直接使用 TransferFunction、StateSpace 等模型类创建模型，还可以使用一些函数创建模型。创建模型的一些函数如表 4-2 所示。

表 4-2　创建模型的一些函数

函数	创建模型所属的类	函数功能
ss(A, B, C, D[, dt])	StateSpace	创建一个 LTI 系统的状态空间模型
tf(num, den[, dt])	TransferFunction	用分子分母多项式系数创建一个传递函数模型
zpk(zeros, poles, gain[, dt])	TransferFunction	用零点、极点和增益数据创建一个传递函数模型
rss([states,outputs,inputs,…])	StateSpace	创建一个稳定的随机状态空间模型
drss([states, outputs, inputs, …])	StateSpace	创建一个稳定的随机离散时间状态空间模型
frd(d, w)	FrequencyResponseData	创建一个频率响应数据模型

函数 ss()用于创建 StateSpace 模型，tf()和 zpk()用于创建 TransferFunction 模型。这 3 个函数中都有一个参数 dt，如果 dt=True 或一个浮点数，那么创建的就是离散时间模型。默认情况下 dt=None，创建的是连续时间模型。

```
[1]:    ''' 程序文件: note4_02.ipynb '''
        import numpy as np
        import control as ctr
        num=[2,1]
        den=[1,3,0,5]
        sysa=ctr.tf(num,den,dt=0.1)        #创建传递函数模型
        sysa
```

[1]: $\dfrac{2z+1}{z^3+3z^2+5}, dt=0.1$

[2]: Z=[-2]

```
P=[-1,-3]
K=2
sysb=ctr.zpk(Z,P,K)              #用零点、极点、增益数据创建传递函数模型
sysb
```

[2]: $\dfrac{2s+4}{s^2+4s+3}$

```
A=np.array([[2, 3],[1,0]])
B=np.array([[0],[1]])
C=np.array([1,2])
D=np.array([0])
sysc=ctr.ss(A,B,C,D,dt=True)     #创建状态空间模型
sysc
```

[3]: $\begin{pmatrix} 2 & 3 & | & 0 \\ 1 & 0 & | & 1 \\ 1 & 2 & | & 0 \end{pmatrix}, dt = \text{True}$

输入[1]中使用函数 tf()通过分子分母多项式定义了一个传递函数模型 sysa，指定参数 dt=0.1，所以 sysa 是一个离散时间模型，输出[1]中显示的是脉冲传递函数。

输入[2]中使用函数 zpk()通过零点、极点、增益数据定义了一个传递函数模型 sysb，但输出[2]中显示的传递函数还是自动展开为分子分母多项式形式。注意，在输出传递函数模型时，python-control 总是以分子分母多项式形式显示传递函数的公式。

输入[3]中用函数 ss()定义状态空间模型时设置参数 dt=True，这表示模型是一个离散时间模型，但是还未指定具体的采样周期 dt 的数值。

2. 模型转换和处理相关的函数

一个系统可以用不同的模型表示，模型之间可以相互转换。例如传递函数模型和状态空间模型之间可以转换，状态空间模型还可以通过相似变换转换为不同形式的标准型。模型处理包括模型降阶、最小化实现和线性化等。表 4-3 所示为与模型转换和模型处理相关的函数，5.2 节会比较详细地介绍模型转换和处理的原理及程序实现。

表 4-3　与模型转换和处理相关的函数

函数	功能
ss2tf(sys)	将一个状态空间模型转换为传递函数模型
tf2ss(sys)	将一个传递函数模型转换为状态空间模型
tf2io(sys)	将一个传递函数模型转换为 I/O 模型
ss2io(sys)	将一个状态空间模型转换为 I/O 模型
minreal(sys[, tol, verbose])	获取一个 LTI 模型的最小实现
balred(sys, orders[, method, alpha])	使用平衡实现方法将一个状态空间模型降阶到指定阶次
find_eqpt(sys, x0[, u0, y0, t, params, iu, ...])	计算一个 I/O 模型的平衡点
linearize(sys, xeq, ueq[, t, params])	在给定的状态和输入值下，计算一个 I/O 模型的线性化模型
canonical_form(xsys[, form])	将一个状态空间模型转换为某种标准型

函数	功能
modal_form(xsys[, condmax, sort])	将一个状态空间模型转换为模态标准型
observable_form(xsys)	将一个状态空间模型转换为能观标准型
reachable_form(xsys)	将一个状态空间模型转换为能达标准型，即能控标准型
sample_system(sysc, Ts[, method, ...])	将一个连续时间 LTI 模型转换为离散时间模型
similarity_transform(xsys, T[, timescale, ...])	对一个状态空间模型进行相似变换

3. 对模型互联进行处理的函数

对模型互联进行处理，一般是对多个环节（子系统）互联的结构图模型进行化简，求整个系统的闭环模型，或直接创建整个结构图的互联模型。模型互联处理的相关函数如表 4-4 所示。

表 4-4　模型互联处理的相关函数

函数	功能
append(sys1, sys2, [..., sysn])	将多个环节组合成一个拼接的系统
feedback(sys1[, sys2, sign])	建立两个环节的反馈连接模型
negate(sys)	返回一个系统的负系统
parallel(sys1, sys2, [...,sysn])	返回多个环节的并联系统
series(sys1,sys2,[...,sysn])	返回多个环节的串联系统
connect(sys, Q, inputv, outputv)	基于索引的方式对多个环节的互联系统建模，例如建立结构图的模型
interconnect(syslist [,connections, ...])	建立多个 I/O 子系统互联的系统的模型，例如建立结构图的模型，结构图中可以包含非线性 I/O 子系统

结构图的模型化简涉及对环节的串联、并联和反馈等形式的处理，一般需要经过多步处理才可以得到整个结构图的闭环传递函数。自动控制原理中有针对结构图化简的信号流图处理方法。

对于比较复杂的结构图，若只是为了仿真而不需要求其闭环传递函数，就可以建立其互联系统模型。有两个函数可用于创建结构图的整体互联模型。

- 函数 connect()用于所有环节都是 StateSpace 或 TransferFunction 模型的结构图的建模，它根据各环节的模型及其互联关系得到整个系统的状态空间模型，函数返回的是 StateSpace 类模型。5.4.4 小节和 6.6.1 小节有这个函数的详细介绍和使用示例。
- 函数 interconnect()用于建立多个 I/O 子系统互联的系统的模型，例如建立结构图的模型。若所有的子系统都是线性 I/O 模型，函数返回的是 LinearICSystem 类模型，否则返回的是 InterconnectedSystem 类模型。所以，函数 interconnect()可以对包含非线性环节的结构图建模。5.4.5 小节和 6.6.2 小节有这个函数的详细介绍和使用示例。

4. 对系统进行时域仿真的函数

对系统进行时域仿真就是求系统模型在某种输入或初值作用下的状态和输出变化的过程，例如计算系统的脉冲输入响应、阶跃输入响应等。对系统进行时域仿真的函数如表 4-5 所示。

表 4-5　对系统进行时域仿真的函数

函数	功能
forced_response(sys[, T, U, X0, transpose, ...])	计算给定输入下一个 LTI 模型的响应
impulse_response(sys [, T, X0, input, ...])	计算一个 LTI 模型的单位脉冲响应
step_response(sys[, T, X0, input, output, ...])	计算一个 LTI 模型的单位阶跃响应
initial_response(sys[, T, X0, input, ...])	计算一个 LTI 模型在某个初值下的响应
input_output_response(sys, T[, U, X0, ...])	计算一个 I/O 模型在给定输入下的响应

对连续时间系统的仿真计算涉及常微分方程的数值求解，python-control 使用了 SciPy 中的常微分方程数值求解函数。第 6 章会详细介绍常微分方程数值求解的算法原理，及其在系统仿真中的应用。

5. 频率特性绘图函数

自动控制原理中有对系统进行频域分析的内容，通过绘制伯德图、奈奎斯特图分析系统稳定性、稳定裕度等特性。python-control 中用于频率特性绘图的函数如表 4-6 所示。

表 4-6　用于频率特性绘图的函数

函数	功能
bode_plot(syslist[, omega, plot, ...])	绘制系统的伯德图
nyquist_plot(syslist[, omega, plot, ...])	绘制系统的奈奎斯特图
nichols_plot(sys_list[, omega, grid])	绘制系统的尼科尔斯（Nichols）图
nichols_grid([cl_mags,cl_phases, ...])	绘制系统的尼科尔斯网格图

6. 用于控制系统分析的函数

python-control 中用于控制系统分析的函数如表 4-7 所示，可以对系统进行时域分析和频域分析。

表 4-7　用于控制系统分析的函数

函数	功能
dcgain(sys)	返回一个 LTI 模型的 DC 增益
describing_function(F, A[, num_points, ...])	数值计算一个非线性系统的描述函数
frequency_response(sys, omega[, squeeze])	计算一个 LTI 模型的频率响应
margin(sysdata)	计算一个 LTI 模型的增益和相位裕度，以及相应的转折频率
stability_margins(sysdata[, returnall, ...])	计算一个 LTI 模型的稳定裕度以及相应的转折频率
step_info(sysdata[, T, T_num, yfinal, ...])	计算一个 LTI 模型的响应特性，包括上升时间、调节时间、峰值等
phase_crossover_frequencies(sys)	计算一个 LTI 模型的奈奎斯特图与实轴相交点的频率和增益
poles(sys)	计算一个 LTI 模型的所有极点

函数	功能
zeros(sys)	计算一个 LTI 模型的所有零点
pzmap(sys[, plot, grid, title])	绘制一个 LTI 模型的零极点分布图
root_locus(sys[, kvect, xlim, ylim, ...])	绘制一个传递函数模型的根轨迹图
ctrb(A, B)	根据状态空间模型中的矩阵 A 和 B 计算能控性判别矩阵
obsv(A, C)	根据状态空间模型中的矩阵 A 和 C 计算能观性判别矩阵

7. 其他功能函数

python-control 中其他常用的功能函数如表 4-8 所示。

表 4-8 其他常用的功能函数

函数	功能
db2mag(db)	将以分贝为单位的数据转换为幅度
mag2db(mag)	将幅度转换为以分贝为单位的数据
damp(sys[, doprint])	计算一个 LTI 模型的自然频率、阻尼比和极点
timebase(sys[, strict])	返回一个模型的时基数据，也就是模型的 dt 参数
unwrap(angle[, period])	将相位数据展开为连续曲线的数据
isctime(sys[, strict])	判断一个模型是不是连续时间系统
isdtime(sys[, strict])	判断一个模型是不是离散时间系统
issiso(sys[, strict])	判断一个模型是不是 SISO（单输入单输出）系统
issys(obj)	判断一个模型是不是 LTI 系统

python-control 中还有其他一些函数，例如用于里卡蒂（Riccati）方程、李雅普诺夫（Lyapunov）方程求解的函数，用于 LQR、H₂、H∞控制器设计的函数等，这些功能与本书内容无关就不介绍了，感兴趣的读者查看 python-control 的官方文档。

练习题

4-1. python-control 中用于表示 LTI 系统的模型类有哪几个？

4-2. 在 python-control 中，什么是 I/O 模型？I/O 模型需要定义系统哪两个部分的方程？

4-3. 一个传递函数是 $G(s) = \dfrac{s(s+6)}{(s+10)(s^2+9)}$，用 python-control 的类或函数创建这个传递函数的模型，并确定它的分子分母多项式形式。

第 5 章　连续时间系统的模型

对一个系统进行仿真，首先需要建立其数学模型，然后对数学模型进行数值求解。本章介绍连续时间系统的模型，包括常微分方程模型、传递函数模型、脉冲响应函数模型、状态空间模型等，以及各种模型之间的转换、非线性状态空间模型的线性化等。

5.1　连续时间系统的模型概述

连续时间系统是指系统的各个信号都是连续时间信号。实际的系统一般都是连续时间系统，所以连续时间系统是控制理论主要的研究对象。要对连续时间系统进行分析、设计和仿真，首先要建立系统的数学模型。连续时间系统的数学模型主要有常微分方程模型、传递函数模型、状态空间模型等形式。本节介绍描述连续时间系统的几种数学模型，以及 python-control 中与模型表示相关的类的功能和使用方法。

5.1.1　常微分方程模型

对于一个单输入单输出（single-input single-output，SISO）LTI 动态系统，其高阶常微分方程（ordinary differential equation，ODE）模型表达式为

$$\frac{\mathrm{d}^n y}{\mathrm{d}t^n} + a_{n-1}\frac{\mathrm{d}^{n-1} y}{\mathrm{d}t^{n-1}} + \cdots + a_1\frac{\mathrm{d}y}{\mathrm{d}t} + a_0 y = b_m\frac{\mathrm{d}^m u}{\mathrm{d}t^m} + b_{m-1}\frac{\mathrm{d}^{m-1} u}{\mathrm{d}t^{m-1}} + \cdots + b_1\frac{\mathrm{d}u}{\mathrm{d}t} + b_0 u \tag{5-1}$$

其中，$n \geq m$，n 为系统的阶次。如果 $n < m$，则系统是一个非因果系统，在物理上是不可实现的。$a_i\,(i=0,1,\cdots,n-1)$ 是实数，称为系统结构参数，$b_j\,(j=0,1,\cdots,m)$ 是实数，称为输入结构参数。$u \in R^1$ 是系统的输入变量，$y \in R^1$ 是系统的输出变量。

对于式（5-1）所表示的系统，初始时刻 t_0 的初值如下。

- 输出及其各阶导数初值：$y^{(i)}(t_0) = y_0^{(i)}$，其中 $i = 0,1,\cdots,n-1$
- 输入及其各阶导数初值：$u^{(j)}(t_0) = u_0^{(j)}$，其中 $j = 0,1,\cdots,m-1$

常微分方程表示系统输入变量和输出变量之间的动态关系，也就是随时间变化的关系。系统的常微分方程模型通常根据系统运行的各种物理定律和化学定律列写微分方程和代数方程，再通过整理消去中间变量而得到。

【例 5.1】一个电阻-电感-电容（RLC）电路如图 5-1 所示，电源电压为 $u(t)$，电容两端的电压为 $u_c(t)$。电路中的电阻、电感、电容的值分别为 R、L 和 C。以 $u(t)$ 作为输入，$u_c(t)$ 作为输出，建立该系统的高阶微分方程模型。

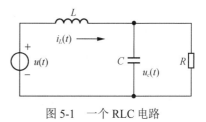

图 5-1 一个 RLC 电路

解：设流过电感的电流为 $i_L(t)$，根据基尔霍夫电压定律和电流定律，写出系统的动态方程为

$$\begin{cases} \dfrac{u_c(t)}{R} + C\dfrac{\mathrm{d}u_c(t)}{\mathrm{d}t} - i_L(t) = 0 \\ L\dfrac{\mathrm{d}i_L(t)}{\mathrm{d}t} + u_c(t) - u(t) = 0 \end{cases}$$

如果将 $u(t)$ 作为输入，将 $u_c(t)$ 作为输出，消去中间变量 $i_L(t)$，可以得到表示系统输入输出关系的高阶常微分方程。

$$LC\frac{\mathrm{d}^2 u_c(t)}{\mathrm{d}t^2} + \frac{L}{R}\frac{\mathrm{d}u_c(t)}{\mathrm{d}t} + u_c(t) = u(t)$$

5.1.2 传递函数模型

对于式（5-1）所表示的系统，假设输入和输出及其各阶导数的初值都为零，那么对式（5-1）两边进行拉普拉斯（Laplace）变换，可以得到传递函数表示的模型。传递函数模型是一种复数域模型。

$$G(s) = \frac{Y(s)}{U(s)} = \frac{b_m s^m + b_{m-1}s^{m-1} + \cdots + b_0}{s^n + a_{n-1}s^{n-1} + \cdots + a_1 s + a_0} \tag{5-2}$$

式（5-2）是分子分母多项式形式的传递函数。传递函数的表示法将一个时域内的高阶微分方程表示为复数域的代数方程，便于分析和处理。

另外一种用零点、极点和增益形式（称为零极点增益形式）表示的传递函数为

$$G(s) = K\frac{(s-z_1)(s-z_2)\cdots(s-z_m)}{(s-p_1)(s-p_2)\cdots(s-p_n)} \tag{5-3}$$

其中，K 为系统增益（gain），$p_i (i=1,\cdots,n)$ 为系统极点（pole），$z_j (j=1,\cdots,m)$ 为系统零点（zero）。

在式（5-3）中，当 $s=0$ 时得到的值称为系统的零频增益（zero-frequency gain），或 dc 值。

$$dc = (-1)^{m-n}\frac{K \cdot z_1 \cdot z_2 \cdot \cdots \cdot z_m}{p_1 \cdot p_2 \cdot \cdots \cdot p_n} \tag{5-4}$$

5.1.3 传递函数模型的程序表示

1. 传递函数模型类 TransferFunction

python-control 中有一个类 TransferFunction 用于表示传递函数，该类的定义如下。

```
class control.TransferFunction(num, den[, dt=None])
```

其中，num 和 den 是分别表示分子和分母多项式系数的数组，可以是 NumPy 数组或 Python 的列表类型数据；dt 是系统的时基（timebase），是一个可选参数，若 dt=None（默认值），表示连续时间系统；若 dt=True，表示不设置具体采样周期的离散时间系统；若 dt 为一个具体的正数，就是设置了具体采样周期的离散时间系统。

TransferFunction 类有一些方法和属性，比较常用的如表 5-1 所示。表中只列出了方法或属性，省略了方法的输入参数。

表 5-1　TransferFunction 类的常用方法和属性

方法或属性	功能
dcgain()	返回模型的零频增益，也就是式（5-4）中的 *dc* 值
poles()	返回系统的所有极点
zeros()	返回系统的所有零点
minreal()	返回系统的最小实现，也就是消除相同的零点和极点之后的传递函数模型
feedback()	与另一个系统组成反馈系统
sample()	将一个连续时间模型离散化，也就是在设定采样周期下将传递函数转换为脉冲传递函数
ninputs	模型输入变量的个数
noutputs	模型输出变量的个数
nstates	模型状态变量的个数
dt	模型的时基，表示系统的采样周期，其值为 None、True 或一个具体的正数
num	传递函数的分子多项式系数数组
den	传递函数的分母多项式系数数组
s	返回拉普拉斯算子，相当于一个传递函数为 $\frac{s}{1}$ 的系统。该算子可用于创建新的传递函数模型
z	返回差分算子，相当于一个脉冲传递函数为 $\frac{z}{1}$ 的系统。该算子可用于创建新的脉冲传递函数模型

【例 5.2】一个系统传递函数如下

$$G(s) = \frac{4s^2 + 12s + 8}{s^3 + 12s^2 + 47s + 60}$$

其对应的零极点增益形式为

$$G(s) = \frac{4(s+1)(s+2)}{(s+3)(s+4)(s+5)}$$

编写程序研究传递函数模型的创建，以及 TransferFunction 类的使用。

```
[1]:    ''' 程序文件: note5_02.ipynb
        【例 5.2】传递函数模型的创建，TransferFunction 类的使用
        '''
```

```
import control as ctr
import numpy as np
num=[4,12,8]
den=[1,12,47,60]
sysa=ctr.TransferFunction(num,den)      #用分子分母多项式创建传递函数模型
sysa
```

[1]: $$\frac{4s^2+12s+8}{s^3+12s^2+47s+60}$$

[2]: `type(sysa)`

[2]: `control.xferfcn.TransferFunction`

[3]: `zs=sysa.zeros()`   #传递函数的零点
`zs`

[3]: `array([-2.+0.j, -1.+0.j])`

[4]: `ps=sysa.poles()`   #传递函数的极点
`ps`

[4]: `array([-5.+0.j, -4.+0.j, -3.+0.j])`

[5]: `s=ctr.TransferFunction.s`   #获取类属性 s
`s`

[5]: $$\frac{s}{1}$$

[6]: `type(s)`   #s 是一个传递函数，可以看作拉普拉斯算子

[6]: `control.xferfcn.TransferFunction`

[7]: `Gs=(4*(s+1)*(s+2))/((s+3)*(s+4)*(s+5))`   #通过 s 构造传递函数模型
`Gs`

[7]: $$\frac{4s^2+12s+8}{s^3+12s^2+47s+60}$$

[8]: `dc=sysa.dcgain()`   #获取零频增益值
`dc`

[8]: `0.13333333333333333`

输入[1]中通过给定分子分母多项式系数，创建了一个 TransferFunction 类对象 sysa。通过 TransferFunction 类的 zeros()和 poles()方法，可以获取传递函数的所有零点和极点。

类属性 TransferFunction.s 是一个传递函数模型，相当于拉普拉斯算子，通过这个算子可以直接列写传递函数。输入[7]中使用算子 s 按零极点增益形式写传递函数模型 Gs 的表达式，输出[7]中显示了传递函数模型 Gs，它被自动展开为分子分母多项式形式。

根据该系统的零极点增益形式传递函数模型，令模型中的 $s=0$，可计算其零频增益为

$$dc=\frac{4\times1\times2}{3\times4\times5}=\frac{2}{15}\approx0.13333$$

输入[8]中使用 sysa.dcgain()计算了模型 sysa 的 dc 值，输出[8]中显示的 dc 值与理论计算结果相符。

2. 操作传递函数模型的函数

python-control 中有一些函数可以创建或操作 TransferFunction 类对象，这些函数及功能如表 5-2 所示。表中的 StateSpace 类是表示状态空间模型的类，会在 5.1.6 小节介绍。

表 5-2　python-control 中操作 TransferFunction 类对象的函数及功能

函数	功能
tf(num, den)	根据给定的分子分母多项式系数创建一个 TransferFunction 类对象
zpk(zeros, poles, gain)	根据给定的零点、极点和增益创建一个 TransferFunction 类对象
dcgain(sys)	返回系统 sys 的零频增益，sys 是 TransferFunction 类或 StateSpace 类对象
poles(sys)	返回系统 sys 的所有极点，sys 是 TransferFunction 类或 StateSpace 类对象
zeros(sys)	返回系统 sys 的所有零点，sys 是 TransferFunction 类或 StateSpace 类对象

函数 tf()用于创建一个 TransferFunction 类对象，它有多种参数形式。

```
tf(sys)        #从一个 sys 创建一个传递函数模型，sys 可以是 TransferFunction 或 StateSpace 类对象
tf(num, den[, dt])     #根据分子分母多项式系数创建传递函数
tf('s')        #创建一个拉普拉斯算子，然后可以用于构建传递函数模型
tf('z')        #创建一个差分算子，然后可以用于构建离散时间系统的脉冲传递函数模型
```

【例 5.3】一个系统的传递函数为

$$G(s) = \frac{3s^2 + 9s + 6}{s^3 + 5s^2 + 11s + 15} = \frac{3(s+1)(s+2)}{(s^2 + 2s + 5)(s+3)}$$

编写程序用 tf()、zpk()等函数创建此传递函数模型，并研究其零极点。

```
[1]:    ''' 程序文件：note5_03.ipynb
        【例 5.3】python-control 中操作传递函数模型的一些函数的使用
        '''
        import control as ctr
        import numpy as np
        num=[3,9,6]
        den=[1,5,11,15]
        sysa=ctr.tf(num,den)        #用 tf()函数创建传递函数模型
        sysa
```

[1]:
$$\frac{3s^2 + 9s + 6}{s^3 + 5s^2 + 11s + 15}$$

```
[2]:    zs=ctr.zeros(sysa)          #计算模型的零点
        zs
```

```
[2]:    array([-2.+0.j, -1.+0.j])
```

```
[3]:    ps=ctr.poles(sysa)          #计算模型的极点
        ps
```

```
[3]:    array([-3.+0.j, -1.+2.j, -1.-2.j])
```

```
[4]:    dc=ctr.dcgain(sysa)         #计算模型的零频增益，也就是传递函数中令 s=0 的结果
        dc
```

```
[4]:    0.4
```

```
[5]:    z=[-1, -2]
        p=[-1+2.j, -1-2.j,-3]
        k=3
        sysb=ctr.zpk(z,p,k)         #用 zpk()函数创建传递函数模型
        sysb
```

[5]: $\dfrac{3s^2+9s+6}{s^3+5s^2+11s+15}$

```
[6]:  s=ctr.tf('s')                                    #创建一个拉普拉斯算子 s
      s
```

[6]: $\dfrac{s}{1}$

```
[7]:  type(s)                                          #s 的类型为传递函数模型
[7]:  control.xferfcn.TransferFunction
[8]:  Gs=(3*(s+1)*(s+2))/((s**2+2*s+5)*(s+3))          #使用算子 s 创建传递函数模型
      Gs
```

[8]: $\dfrac{3s^2+9s+6}{s^3+5s^2+11s+15}$

输入[1]中用 tf()函数创建了传递函数模型 sysa，输入[2]中用 zeros()函数计算了其零点，输入[3]中用 poles()函数计算了其极点。从输出[3]中可见系统的 3 个极点中有一对共轭复数极点 $-1\pm2j$。

输入[5]中用 zpk()函数创建了传递函数模型 sysb，输出[5]中显示了模型 sysb，它自动展开为分子分母多项式形式显示。

输入[6]中使用 tf('s')创建了一个 TransferFunction 类对象 s，这个 s 可以当作拉普拉斯算子使用。输入[8]中使用拉普拉斯算子 s 定义了传递函数模型 Gs。从输出[1]、输出[5]和输出[8]可以看出，用 3 种方式创建的传递函数模型是一样的。

5.1.4 脉冲响应函数模型

若系统的初始条件为零，受单位脉冲函数 $\delta(t)$ 作用时其输出为 $h(t)$，则 $h(t)$ 称为权函数或脉冲响应函数。

单位脉冲函数 $\delta(t)$ 的数学表示是

$$\delta(t)=\begin{cases}\infty, & t=0 \\ 0, & t\neq 0\end{cases} \tag{5-5}$$

另外，单位脉冲函数还具有以下性质。

（1） $\displaystyle\int_0^\infty \delta(t)\mathrm{d}t=1$，即 $\delta(t)$ 在时域的积分值为 1。

（2） $L\left[\delta(t)\right]=\displaystyle\int_{-\infty}^{+\infty} e^{-st}\delta(t)\mathrm{d}t=1$，即 $\delta(t)$ 的拉普拉斯变换为 1。

（3）如果一个系统的脉冲响应函数为 $h(t)$，则对于任意输入 $u(t)$，其输出由以下的连续时间信号卷积公式给出

$$y(t)=h\cdot u(t)=\int_0^t h(t-\tau)u(\tau)\mathrm{d}\tau \tag{5-6}$$

（4）对于系统 $G(s)$，若其输入为 $u(t)=\delta(t)$，则输出为

$$Y(s)=G(s)U(s)=G(s)$$

所以，一个系统的脉冲响应的拉普拉斯变换就是系统的传递函数。

5.1.5　状态空间模型

常微分方程和传递函数模型表示的是系统的输入输出关系，这两种模型不能直接用于仿真计算，需要转换为与输入输出模型等效的状态空间模型。状态空间模型是现代控制理论中主要研究的模型，本小节简要介绍状态空间模型的一些基本概念。

1.　通用状态空间模型

状态空间模型可以很方便地表示多输入多输出（multiple-input multiple-output，MIMO）系统，连续时间系统的状态空间模型的一般形式为

$$\begin{cases} \dot{x}(t) = f\big(t, x(t), u(t)\big) \\ y(t) = g\big(t, x(t), u(t)\big) \end{cases} \tag{5-7}$$

其中，$u \in R^m, y \in R^p, x \in R^n$ 分别表示系统的输入变量、输出变量和状态变量。状态空间模型分为状态方程和输出方程，状态方程是一阶常微分方程组，表示状态变量的动态变化规律；输出方程是代数方程组，表示输出变量与输入变量和状态变量之间的静态关系。

2.　线性与时不变特性

时不变状态空间模型的一般形式为

$$\begin{cases} \dot{x}(t) = f\big(x(t), u(t)\big) \\ y(t) = g\big(x(t), u(t)\big) \end{cases} \tag{5-8}$$

它要求状态方程和输出方程都具有时不变特性。时不变的意义是：模型试验的结果只取决于输入和初值，而与试验进行的起始时间无关。时不变特性又称为定常特性。

另外，如果式（5-7）中的 $f(\cdot)$ 和 $g(\cdot)$ 分别是状态变量和输入变量的线性函数，即

$$\begin{cases} f\big(t, x(t), u(t)\big) = \boldsymbol{A}(t)x(t) + \boldsymbol{B}(t)u(t) \\ g\big(t, x(t), u(t)\big) = \boldsymbol{C}(t)x(t) + \boldsymbol{D}(t)u(t) \end{cases} \tag{5-9}$$

那么可以得到线性状态空间模型，即

$$\begin{cases} \dot{x}(t) = \boldsymbol{A}(t)x(t) + \boldsymbol{B}(t)u(t) \\ y(t) = \boldsymbol{C}(t)x(t) + \boldsymbol{D}(t)u(t) \end{cases} \tag{5-10}$$

控制理论中研究最充分的是线性时不变系统（LTI 系统），又称为线性定常系统。LTI 系统的状态空间模型表示为

$$\begin{cases} \dot{x}(t) = \boldsymbol{A}x(t) + \boldsymbol{B}u(t) \\ y(t) = \boldsymbol{C}x(t) + \boldsymbol{D}u(t) \end{cases} \tag{5-11}$$

其中，$x \in R^n, u \in R^m, y \in R^p$ 分别是系统的状态变量、输入变量和输出变量，$A \in R^{n \times n}, B \in R^{n \times m}$，$C \in R^{p \times n}, D \in R^{p \times m}$ 是 4 个常数矩阵。

【例 5.4】对于图 5-1 所示的 RLC 电路，建立其状态空间模型。

解：对于图 5-1 所示的 RLC 电路，【例 5.1】已经根据电压定律和电流定律得到其模型方程。

$$\begin{cases} \dfrac{u_c(t)}{R} + C\dfrac{du_c(t)}{dt} - i_L(t) = 0 \\ L\dfrac{di_L(t)}{dt} + u_c(t) - u(t) = 0 \end{cases}$$

如果取状态变量 $x(t) = \begin{pmatrix} u_c(t) \\ i_L(t) \end{pmatrix}$，输入变量 $u(t) = (u(t))$，输出变量 $y(t) = (u_c(t))$，经过整理后，系统的状态空间模型表达式为

$$\begin{pmatrix} \dot{u}_c(t) \\ i_L(t) \end{pmatrix} = \begin{pmatrix} -\dfrac{1}{RC} & \dfrac{1}{C} \\ -\dfrac{1}{L} & 0 \end{pmatrix} \begin{pmatrix} u_c(t) \\ i_L(t) \end{pmatrix} + \begin{pmatrix} 0 \\ 1/L \end{pmatrix} u(t)$$

$$y(t) = u_c(t)$$

该系统是一个 LTI 系统，对该系统来说

$$A = \begin{pmatrix} -\dfrac{1}{RC} & \dfrac{1}{C} \\ -\dfrac{1}{L} & 0 \end{pmatrix}, B = \begin{pmatrix} 0 \\ 1/L \end{pmatrix}, C = (1 \quad 0), D = 0$$

5.1.6　状态空间模型的程序表示

1. 表示 LTI 系统的状态空间模型类 StateSpace

python-control 中有一个类 StateSpace，用于表示式（5-11）所描述的 LTI 系统的状态空间模型。该类的定义如下：

```
class control.StateSpace(A, B, C, D[, dt])
```

其中，A、B、C、D 是 ndarray 类型的数组，也就是式（5-11）中描述状态空间模型的 4 个矩阵。参数 dt 是可选的，若不设置 dt，表示连续时间系统；若 dt 设置为 True，表示不设置具体采样周期的离散时间系统；若 dt 为一个具体的正数，就是设置了具体采样周期的离散时间系统。

StateSpace 类的常用方法和属性如表 5-3 所示。

表 5-3　StateSpace 类的常用方法和属性

方法或属性	功能
dynamics()	计算系统的动态部分，也就是状态变量的导数值，即计算 $Ax(t)+Bu(t)$ 的值
output()	计算系统的输出部分，也就是计算 $Cx(t)+Du(t)$ 的值
sample()	将连续时间状态空间模型离散化，得到离散时间状态空间模型
poles()	返回系统的所有极点，也就是 LTI 状态空间模型中矩阵 A 的所有特征值
zeros()	返回系统的所有零点
minreal()	返回系统的最小实现，也就是去除了系统中不能控和不能观状态之后的系统模型
feedback()	与另一个系统组成反馈系统
A，B，C，D	LTI 状态空间模型中的 4 个矩阵，都是二维数组
ninputs	模型输入变量的个数
noutputs	模型输出变量的个数
nstates	模型状态变量的个数
dt	模型的时基，即系统的采样周期

【例 5.5】一个 LTI 系统状态空间模型表达式为

$$\dot{x}=\begin{pmatrix}-5 & -1\\6 & 0\end{pmatrix}x+\begin{pmatrix}0\\1\end{pmatrix}u$$
$$y=\begin{pmatrix}1 & 0\end{pmatrix}x$$

用程序研究状态空间模型的建立，以及 StateSpace 类的常用方法的使用。

```
[1]:    ''' 程序文件: note5_05.ipynb
        【例 5.5】 LTI 系统状态空间模型，StateSpace 类的常用方法的使用
        '''
        import control as ctr
        import numpy as np
        from scipy import linalg
        A=np.array([[-5, -1],[6,0]])
        B=np.array([[0],[1]])
        C=np.array([1,0])
        D=np.array([0])
        sys1=ctr.StateSpace(A,B,C,D)      #创建 LTI 状态空间模型
        sys1
```

```
[1]:    ⎡-5  -1 | 0⎤
        ⎢ 6   0 | 1⎥
        ⎣ 1   0 | 0⎦
```

```
[2]:    type(sys1)
[2]:    control.statesp.StateSpace
[3]:    ps=sys1.poles()                   #获取系统的极点
        ps
[3]:    array([-3.+0.j, -2.+0.j])
[4]:    (w,vect)=linalg.eig(A)            #计算矩阵 A 的特征值和特征向量
```

128

```
                w
[4]:  array([-3.+0.j, -2.+0.j])
[5]:  x=np.array([1,2]).reshape(2,1)
      u=np.array([1])
      t=0
      dyna=sys1.dynamics(t,x,u)         #模型的动态方程的计算结果, 即 dx= A*x+B*u
      dyna
[5]:  array([-7.,  7.])
[6]:  y=sys1.output(t,x,u)              #模型的输出方程的结果, 即 y=C*x+D*u
      y
[6]:  array([1.])
```

输入[1]中创建了一个 StateSpace 类对象 sys1，创建对象时传递了 LTI 系统的 4 个矩阵。

输入[3]中用 StateSpace.poles()方法计算了系统的极点，LTI 系统的极点就是矩阵 A 的特征值。输入[4]中使用 scipy.linalg 模块中的 eig()函数计算了矩阵 A 的特征值。输出[3]和输出[4]的结果是相同的。

输入[5]中设置状态值为 $x = \begin{pmatrix} 1 \\ 2 \end{pmatrix}$，输入为 $u = 1$，通过 StateSpace.dynamics()方法计算系统状态方程的值，也就是状态的导数值。输入[6]中通过 StateSpace.output()方法计算了系统输出方程的值。StateSpace 类的 dynamics()方法和 output()方法在第 6 章编写数值积分法仿真程序时很有用。

2. 状态空间模型处理相关的函数

python-control 中有一些函数可以对 StateSpace 类对象进行操作，除了函数 zpk()，表 5-2 中的其他几个函数都可以使用 StateSpace 类对象作为输入参数。例如函数 tf(sys)，如果输入参数 sys 是一个 StateSpace 类对象，其结果就是与状态空间模型对应的传递函数模型。

python-control 中还有一些函数与 StateSpace 类对象相关，这些函数及功能如表 5-4 所示。

表 5-4　python-control 中与 StateSpace 类对象相关的一些函数及功能

函数	功能
ss(A, B, C, D [,dt])	创建一个 StateSpace 类对象
rss([states, outputs, inputs, strictly_proper])	创建一个稳定的随机 LTI 系统的 StateSpace 类对象
ctrb(A, B)	根据矩阵 A 和 B 计算 LTI 状态空间模型的能控性判别矩阵
obsv(A, C)	根据矩阵 A 和 C 计算 LTI 状态空间模型的能观性判别矩阵

函数 ss()用于创建一个 LTI 系统的状态空间模型，其输入参数与 StateSpace 类的输入参数一样。函数 rss()用于创建一个稳定的随机 LTI 系统状态空间模型，该函数的完整定义如下：

```
control.rss(states=1, outputs=1, inputs=1, strictly_proper=False, **kwargs)
```

其中，states 定义状态变量的个数；outputs 定义输出变量的个数；inputs 定义输入变量的个数；strictly_proper 若设置为 True，表示创建一个严格正则的系统；可选关键字参数 kwargs 中可以设置参数 dt，用于创建稳定的随机 LTI 离散时间系统。

函数 ctrb(A, B)能计算系统的能控性判别矩阵，函数 obsv(A, C)能计算系统的能观性判别矩阵。LTI 系统的能控性和能观性的意义，判别矩阵的计算等内容详见参考文献[40]第 3 章。

【例 5.6】一个 LTI 系统状态空间模型表达式为

$$\dot{x} = \begin{pmatrix} -2 & -1 & 2 \\ 3 & 0 & 1 \\ 1 & 5 & 2 \end{pmatrix} x + \begin{pmatrix} 0 \\ 1 \\ 1 \end{pmatrix} u$$

$$y = \begin{pmatrix} 1 & 0 & 2 \end{pmatrix} x$$

编写程序研究状态空间模型的建立、状态空间模型的稳定性、能控性和能观性等问题。

```
[1]:    ''' 程序文件： note5_06.ipynb
        【例 5.6】建立 LTI 系统的状态空间模型，研究能控性、能观性等问题
        '''
        import control as ctr
        import numpy as np
        A=np.array([[-2, -1, 2],[3,0,1],[1,5,2]])
        B=np.array([[0],[1],[1]])
        C=np.array([1,0,2])
        D=np.array([0])
        sys1=ctr.StateSpace(A,B,C,D)            #创建 LTI 状态空间模型
        sys1
```

$$[1]: \quad \left(\begin{array}{ccc|c} -2 & -1 & 2 & 0 \\ 3 & 0 & 1 & 1 \\ 1 & 5 & 2 & 1 \\ \hline 1 & 0 & 2 & 0 \end{array} \right)$$

```
[2]:    mrxM=ctr.ctrb(A,B)                      #计算能控性判别矩阵
        mrxM
[2]:    array([[ 0.,  1., 11.],
               [ 1.,  1., 10.],
               [ 1.,  7., 20.]])
[3]:    rankM=np.linalg.matrix_rank(mrxM)       #计算矩阵的秩
        rankM
[3]:    3
[4]:    mrxN=ctr.obsv(A,C)                      #计算能观性判别矩阵
        mrxN
[4]:    array([[ 1.,  0.,  2.],
               [ 0.,  9.,  6.],
               [33., 30., 21.]])
[5]:    rankN=np.linalg.matrix_rank(mrxN)       #计算矩阵的秩
        rankN
[5]:    3
[6]:    ps=ctr.poles(sys1)                      #获取系统的极点
        ps
[6]:    array([ 4.29774456+0.j        , -2.14887228+2.41928838j,
               -2.14887228-2.41928838j])
```

numpy.linalg 模块中的函数 matrix_rank()可以计算一个矩阵的秩。由程序计算输出结果可知，本示例中的系统是能控且能观的，但不稳定，因为系统有一个极点具有正实部。

5.1.7 I/O 模型的表示

python-control 中的类 StateSpace 只能表示 LTI 系统的状态空间模型。python-control 中有一组其他的类可以表示式（5-7）所示系统的状态空间模型，特别是非线性系统的状态空间模型。python-control 把式（5-7）所表示的系统称为 I/O 系统。有 3 个类用于表示不同的 I/O 系统。

- InputOutputSystem 类：用于表示式（5-7）所表示的一般的状态空间模型。
- LinearIOSystem 类：用于表示 LTI 系统状态空间模型，其内部用一个 StateSpace 对象表示 I/O 系统。
- NonlinearIOSystem 类：用于表示非线性系统状态空间模型。

LinearIOSystem 和 NonlinearIOSystem 都是 InputOutputSystem 的子类。表示 LTI 系统状态空间模型可以使用 LinearIOSystem 类或 StateSpace 类，表示非线性系统状态空间模型可以使用 NonlinearIOSystem 类。当然，我们也可以自定义一个继承 InputOutputSystem 的类表示一个具体的状态空间模型。

1. InputOutputSystem 类

InputOutputSystem 类用于表示一般的 I/O 系统状态空间模型，模型可以是线性的或非线性的、连续时间的或离散时间的。InputOutputSystem 类的主要方法和属性如表 5-5 所示。

表 5-5　InputOutputSystem 类的主要方法和属性

方法或属性	功能
dynamics(t,x,u)	计算系统的动态部分，也就是计算状态方程的值
_rhs(t, x, u)	内部函数，用于定义状态方程。dynamics()方法就是调用此函数，自定义子类时需要重新实现此函数
output(t,x,u)	计算系统的输出部分，也就是计算输出方程的值
_out(t, x, u)	内部函数，用于定义输出方程。output()方法就是调用此函数，自定义子类时需要重新实现此函数
feedback(other=1, sign=- 1, …)	与另一个 I/O 系统组成反馈系统
linearize(x0, u0, t=0,…)	将系统在一个给定的状态和输入点线性化，得到 LTI 状态空间模型
set_inputs(inputs, prefix='u')	设置系统输入变量的个数和前缀
set_outputs(outputs, prefix='y')	设置系统输出变量的个数和前缀
set_states(states, prefix='x')	设置系统状态变量的个数和前缀
ninputs	模型输入变量的个数
noutputs	模型输出变量的个数
nstates	模型状态变量的个数
dt	模型的时基，也就是系统的采样周期
name	模型的名称
params	模型的自定义参数，也就是在初始化函数中设置的模型参数

InputOutputSystem 类的初始函数定义如下：

```
class control.InputOutputSystem(self, params={}, **kwargs)
```

其中，params 是字典类型的自定义参数；kwargs 是可选关键字参数，可以设置以下关键字参数。

- inputs：可以是整数或字符串列表，整数设置输入变量的个数，字符串列表设置具体的信号名称。
- outpus：设置输出变量的个数或信号名称。
- states：设置状态变量的个数或信号名称。
- dt：可以是 None、True 或一个正数，None 表示连续时间系统，True 表示离散时间系统，正数表示离散时间系统的采样周期。
- name：字符串类型，表示模型的名称。

InputOutputSystem 类的内部函数 _rhs()用于定义状态方程，内部函数 _out()用于定义输出方程。不能用 InputOutputSystem 类创建具体的对象，因为其内部这两个函数没有具体实现，无法定义实际的模型。一般是自定义一个继承 InputOutputSystem 类的类，在自定义类中重新实现函数 _rhs()和_out()。

【例 5.7】 一个非线性系统状态空间模型表达式为

$$\begin{cases} \dot{x}_1 = -x_2 - x_1^2 \\ \dot{x}_2 = 2x_1^3 + u \\ y = x_1 \end{cases}$$

从 InputOutputSystem 类继承，自定义一个类表示该系统。并且求输入 $u=1$、状态变量 x 分别为 $(1 \quad 0)^{\mathrm{T}}$ 和 $(2 \quad 1)^{\mathrm{T}}$ 时系统状态方程的值和输出方程的值。

```
[1]:    ''' 程序文件: note5_07.ipynb
        【例 5.7】 从 InputOutputSystem 继承，自定义 I/O 模型类
        '''
        import numpy as np
        from control import InputOutputSystem

        class IO_Model507(InputOutputSystem):       #自定义 I/O 模型类
            def __init__(self):
                InputOutputSystem.__init__(self)     #调用父类初始化函数
                self.set_inputs(1, prefix='u')       #设置输入变量个数和名称前缀
                self.set_outputs(1,prefix='y')       #设置输出变量个数和名称前缀
                self.set_states(2, prefix='x')       #设置状态变量个数和名称前缀

            def _rhs(self, t, x, u):                 #定义状态方程
                x1= x[0]
                x2= x[1]
                dx1= -x2-x1*x1
                dx2= 2*x1**3+u[0]
                dx= np.array([[dx1],[dx2]])          #需要用列向量形式
```

```
            return dx

    def _out(self, t, x, u):              #定义输出方程
        y= np.array([x[0]])               #需要用列向量形式
        return y
```

[2]: `IO_mod=IO_Model507()`

[3]:
```
t= 0
x= np.array([1,0])
u= np.array([1])
dx= IO_mod.dynamics(t, x, u)          #计算模型状态方程的值
dx
```

[3]:
```
array([[-1],
       [ 3]])
```

[4]:
```
y= IO_mod.output(t,x,u)                #计算模型输出方程的值
y
```

[4]: `array([[1])`

[5]: `(IO_mod.ninputs, IO_mod.noutputs, IO_mod.nstates)`   #显示模型的各变量的个数

[5]: `(1, 1, 2)`

输入[1]中定义了一个继承 InputOutputSystem 类的 IO_Model507 类。在其初始化函数中，设置了模型中 3 个变量的个数。IO_Model507 类用于表示本示例中一个具体的状态空间模型，所以需要重新实现函数_rhs()和_out()。函数_rhs()里定义模型的状态方程，返回值是状态变量的导数值，函数_out()定义模型的输出方程，返回值是系统的输出。

输入[2]中创建了一个 IO_Model507 类的对象 IO_mod，输入[3]中设置 $u=1$，$x=\begin{pmatrix}1 & 0\end{pmatrix}^{\mathrm{T}}$，然后调用 IO_mod.dynamics()计算了模型状态方程的值。dynamics()方法会调用内部函数_rhs()，输出[3]中的计算结果是正确的。

同样，输入[4]中调用 IO_mod.output()计算系统的输出，output()方法会调用内部函数_out()。

输入[5]中设置了显示 IO_mod 中 3 个属性的值，输出[5]中显示的结果与 IO_Model507 类的初始化函数中设置的值是对应的。注意，如果在初始化函数中未设置这 3 个变量的个数，那么这 3 个属性的值都是 None。

2. LinearIOSystem 类

LinearIOSystem 类用于表示线性的状态空间模型，它有两个父类：InputOutputSystem 和 StateSpace。LinearIOSystem 类的初始化函数定义如下：

```
class control.LinearIOSystem(linsys, **kwargs)
```

其中，参数 linsys 是 StateSpace 或 TransferFunction 类对象，可选关键字参数 kwargs 可设置的关键字参数与 InputOutputSystem 类的初始化函数中的可选关键字参数一样。

LinearIOSystem 类可用于创建实际的对象，只需在创建对象时传递一个状态空间模型或传递函数模型即可。LinearIOSystem 类用 LTI 系统中的 4 个矩阵 A、B、C、D 实现了内部函数_rhs()和_out()。

python-control 中还有两个函数可以直接创建 LinearIOSystem 类对象。函数 tf2io()用于将传递函数转换为 I/O 模型，ss2io()用于将状态空间模型转换为 I/O 模型。这两个函数的调用形式如下：

133

```
control.tf2io(sys)    -> sys_io
control.tf2io(num, den)  -> sys_io
control.ss2io(sys)    -> sys_io
```

这两个函数中的输入参数 sys 是 TransferFunction 或 StateSpace 类对象，3 个函数的返回值都是 LinearIOSystem 类的对象。

【例 5.8】一个一阶系统传递函数为

$$G(s) = \frac{1}{s+2}$$

编程创建一个 LinearIOSystem 对象表示该系统，并研究 tf2io()、ss2io()函数的使用方法。

```
[1]:    ''' 程序文件: note5_08.ipynb
        【例 5.8】 用 LinearIOSystem 模型表示一个 LTI 系统
        '''
        import control as ctr
        import numpy as np
        import scipy
        num=[1]
        den=[1,2]
        sys_tf=ctr.TransferFunction(num,den)    #创建传递函数模型
        sys_tf
```

$$[1]: \quad \frac{1}{s+2}$$

```
[2]:    LN_mod=ctr.LinearIOSystem(sys_tf)    #根据传递函数模型创建 LinearIOSystem 模型
        LN_mod
```

$$[2]: \quad \begin{pmatrix} -2 & 1 \\ \hline 1 & 0 \end{pmatrix}$$

```
[3]:    (LN_mod.ninputs, LN_mod.noutputs, LN_mod.nstates)    #显示各变量个数
[3]:    (1, 1, 1)
[4]:    sys2=ctr.tf2io(num,den)    #根据传递函数的分子分母系数创建 LinearIOSystem 模型
        sys2
```

$$[4]: \quad \begin{pmatrix} -2 & 1 \\ \hline 1 & 0 \end{pmatrix}$$

```
[5]:    type(sys2)
[5]:    control.iosys.LinearIOSystem
[6]:    A=np.array([[-2, -1],[6,0]])
        B=np.array([[0],[1]])
        C=np.array([1,0])
        D=np.array([0])
        sys_ss=ctr.StateSpace(A,B,C,D)    #创建 StateSpace 模型
[7]:    sys3=ctr.ss2io(sys_ss)    #将 StateSpace 模型转换为 LinearIOSystem 模型
        sys3
```

$$[7]: \quad \begin{pmatrix} -2 & -1 & 0 \\ 6 & 0 & 1 \\ \hline 1 & 0 & 0 \end{pmatrix}$$

```
[8]:    type(sys3)
[8]:    control.iosys.LinearIOSystem
```

我们在输入[1]中创建了一个 TransferFunction 类对象 sys_tf，表示传递函数模型 $\dfrac{1}{s+2}$。在输入[2]中创建 LinearIOSystem 对象 LN_mod 时以 sys_tf 作为输入参数。从输出[2]可以看到，LinearIOSystem 类将传入的传递函数转换为状态空间模型，模型方程为

$$\begin{cases} \dot{x} = -2x + u \\ y = x \end{cases}$$

输入[3]中显示模型 LN_mod 的 3 个属性的值，这 3 个属性的值是根据初始化时的传递函数或状态空间模型自动设置的。

输入[4]中用 tf2io()函数创建了一个 LinearIOSystem 对象 sys2，它自动将传递函数转换成了状态空间模型。

输入[6]中创建了一个 StateSpace 对象 sys_ss，然后用 ss2io(sys_ss)创建一个 LinearIOSystem 对象 sys3。sys3 就用状态空间模型 sys_ss 的 A、B、C、D 矩阵表示线性 I/O 模型。

3. NonlinearIOSystem 类

NonlinearIOSystem 类是 InputOutputSystem 类的子类，可用于表示任意的非线性系统状态空间模型。NonlinearIOSystem 类的初始化函数定义如下：

```
class control.NonlinearIOSystem(updfcn, outfcn=None, params={}, **kwargs)
```

其中，updfcn 是状态方程的函数名，outfcn 是输出方程的函数名，params 是自定义参数，kwargs 是可选关键字参数（kwargs 可设置的关键字参数详见对 InputOutputSystem 初始化函数的解释）。

在创建 NonlinearIOSystem 对象时必须设置一个函数 updfcn 用于表示状态方程，可以设置一个函数 outfcn 用于表示输出方程。如果不设置输出方程，那么默认输出所有状态。

【例 5.9】一个非线性系统状态空间模型表达式为

$$\begin{cases} \dot{x}_1 = -x_2 - x_1^2 \\ \dot{x}_2 = 2x_1^3 + u \\ y = x_1 \end{cases}$$

用 NonlinearIOSystem 类创建一个对象表示该系统状态空间模型。并且求输入 $u=1$，状态变量 x 分别为 $\begin{pmatrix} 1 & 0 \end{pmatrix}^{\mathrm{T}}$ 和 $\begin{pmatrix} 2 & 1 \end{pmatrix}^{\mathrm{T}}$ 时系统状态方程的值和输出方程的值。

```
[1]:    ''' 文件: note5_09.ipynb
        【例 5.9】 用 NonlinearIOSystem 类对象表示一个非线性状态空间模型
        '''
        import control as ctr
        import numpy as np
[2]:    def dx_fun(t, x, u, params={}):     #定义状态方程
            x1= x[0]
            x2= x[1]
            dx1= -x2-x1*x1
            dx2= 2*x1**3+u[0]
            dx= [dx1,dx2]                     #用列表即可
```

```
          return dx
[3]:  def out_fun(t, x, u, params={}):    #定义输出方程
          y= x[0]                         #只有一个输出，用标量就可以
          return y
[4]:  NL_mod= ctr.NonlinearIOSystem(dx_fun, out_fun, inputs=1, outputs=1,
                                    states=2, name="model_509")
      #NL_mod= ctr.NonlinearIOSystem(dx_fun, out_fun)
[5]:  t= 0
      x= np.array([1,0])
      u= np.array([1])
      dx= NL_mod.dynamics(t, x, u)        #计算模型状态方程的值
      y= NL_mod.output(t,x,u)             #计算模型输出方程的值
      (dx,y)
[5]:  (array([-1,  3]), array([1]))
[6]:  x= np.array([2,1])
      dx= NL_mod.dynamics(t, x, u)        #计算模型状态方程的值
      y= NL_mod.output(t,x,u)             #计算模型输出方程的值
      (dx,y)
[6]:  (array([-5, 17]), array([2]))
[7]:  (NL_mod.ninputs, NL_mod.noutputs, NL_mod.nstates, NL_mod.name)   #显示模型的一些属性
[7]:  (1, 1, 2, 'model_509')
```

我们在输入[2]中定义了一个函数 dx_fun()，用于表示模型的状态方程，计算状态变量的导数值。注意，函数 dx_fun()中的字典型参数 params 是必需的，因为 NonlinearIOSystem 内部的函数 _rhs()在调用这个函数时会传递这个参数。同样，我们在输入[3]中定义了一个函数 out_fun()，用于表示模型的输出方程，计算模型的输出变量的值。

输入[4]中创建了一个 NonlinearIOSystem 类型的对象 NL_mod，使用了如下的语句：

```
NL_mod= ctr.NonlinearIOSystem(dx_fun, out_fun, inputs=1, outputs=1,
                              states=2, name="model_509")
```

其中，第一个参数 dx_fun 指向定义了模型状态方程的函数，这个参数是必需的，后面的参数都是可选的。第二个参数 out_fun 指向定义了模型输出方程的函数，如果不设置输出方程，就默认把所有状态作为输出。后面的几个可选关键字参数设置了模型的输入、输出、状态变量的个数，以及模型名称。

注意，在函数 dx_fun()最后返回值时返回的是列表[dx1, dx2]，因为 NonlinearIOSystem 的内部函数 _rhs()会将其转换为 ndarray 数组。而在从 InputOutputSystem 类继承的自定义类中重新实现内部函数_rhs()时，返回值必须设置为 ndarray 数组。

输入[5]中给定了 t、x、u 的值，然后调用模型的 dynamics()方法计算状态方程的值，调用 output()方法计算输出方程的值。

5.2 连续时间系统的模型转换

一个连续时间系统可以用多种形式的模型来表示，包括常微分方程、传递函数和状态空间模

型。各种模型之间可以互相转换，例如 LTI 系统的传递函数模型和状态空间模型之间可以相互转换；LTI 状态空间模型还可以通过相似变换转换为各种标准型，以便对系统进行分析和设计。本节介绍连续时间系统各种模型之间的转换原理及其程序实现。

5.2.1 传递函数的不同表示形式

传递函数一般用分子分母多项式表示，即

$$G(s) = \frac{B(s)}{A(s)} = \frac{b_m s^m + b_{m-1} s^{m-1} + \cdots + b_0}{s^n + a_{n-1} s^{n-1} + \cdots + a_1 s + a_0} \tag{5-12}$$

这里假设 $n \geq m$。这个传递函数还可以用零极点增益形式表示，即

$$G(s) = \frac{B(s)}{A(s)} = K \frac{(s-z_1)(s-z_2)\cdots(s-z_m)}{(s-p_1)(s-p_2)\cdots(s-p_n)} \tag{5-13}$$

如果将式（5-13）按部分因式展开，首先假设式（5-13）中的极点都是单一极点，那么展开后的形式为

$$G(s) = \frac{B(s)}{A(s)} = K_c + \frac{r_1}{s-p_1} + \frac{r_2}{s-p_2} + \cdots + \frac{r_n}{s-p_n} \tag{5-14}$$

其中，K_c 是分子多项式对分母多项式的倍数，当 $n=m$ 时，$K_c \neq 0$；当 $n > m$ 时，$K_c = 0$。

系数 r_k 称为传递函数在极点 $s = p_k$ 处的留数（residue），并且有

$$r_k = \left((s-p_k) \frac{B(s)}{A(s)} \right)_{s=p_k} \tag{5-15}$$

这是因为

$$(s-p_k)\frac{B(s)}{A(s)} = K_c(s-p_k) + \frac{r_1(s-p_k)}{s-p_1} + \frac{r_2(s-p_k)}{s-p_2} + \cdots + r_k + \cdots + \frac{r_n(s-p_k)}{s-p_n}$$

在上式中令 $s = p_k$，就得到式（5-15）。

当传递函数中存在多重极点时也可以进行部分因式展开，只是处理起来麻烦一些，具体计算方法可借鉴参考文献[41]的附录 B，本书就不具体介绍了。

python-control 中用 TransferFunction 类表示传递函数模型。显示一个 TransferFunction 对象时，它会自动以分子分母多项式形式显示传递函数。TransferFunction 类有 poles() 和 zeros() 方法可以返回传递函数的所有极点和零点，还有 dcgain() 方法可以返回零频增益 dc，dc 就是令传递函数中的 $s=0$ 时得到的值，其计算公式如下

$$dc = (-1)^{m-n} \frac{K \cdot z_1 \cdot z_2 \cdot \cdots \cdot z_m}{p_1 \cdot p_2 \cdot \cdots \cdot p_n} \tag{5-16}$$

所以，这个零频增益 dc 并不是式（5-13）中的增益 K。若要得到式（5-13）中的增益 K，

需要用 dcgain()方法计算出 dc，用 poles()和 zeros()方法计算出零极点后，再根据式（5-16）计算出增益 K。

python-control 中没有将传递函数直接从多项式形式转换为零极点增益形式的函数，scipy.signal 模块中有此类的转换函数，这两个函数的定义如下。

```
scipy.signal.tf2zpk(num, den)    -> (z, p, k)
scipy.signal.zpk2tf(z, p, k)     -> (num, den)
```

在这两个函数中，num 和 den 是传递函数的分子和分母多项式系数数组，z 是所有零点的数组，p 是所有极点的数组，k 是式（5-13）中的增益。

scipy.signal 模块中还有一个函数 residue()可以将多项式形式传递函数转换为式（5-14）所示的部分因式展开的形式。

```
scipy.signal.residue(num, den, tol=0.001, rtype='avg')  -> (r,p,k)
```

其中，num 和 den 是传递函数的分子和分母多项式系数；tol 是认为两个根相同的容许误差；rtype 是计算多次相同根的方法，有"avg""min""max"等几种方法。返回值就是式（5-14）中的留数 r、对应极点 p 以及系数 k。

【例 5.10】一个传递函数的多项式形式和零极点增益形式如下，求其部分因式展开形式，并编程测试这些转换。

$$G(s) = \frac{4(s+1)(s+2)}{(s+3)(s+4)(s+5)} = \frac{4s^2+12s+8}{s^3+12s^2+47s+60}$$

解：已知传递函数的极点，且分母阶次大于分子阶次，所以部分因式展开形式是

$$G(s) = \frac{r_1}{s+3} + \frac{r_2}{s+4} + \frac{r_3}{s+5}$$

其中，

$$r_1 = \Big[(s+3)G(s)\Big]_{s=-3} = \left[\frac{4(s+1)(s+2)}{(s+4)(s+5)}\right]_{s=-3} = 4$$

$$r_2 = \Big[(s+4)G(s)\Big]_{s=-4} = \left[\frac{4(s+1)(s+2)}{(s+3)(s+5)}\right]_{s=-4} = -24$$

$$r_3 = \Big[(s+5)G(s)\Big]_{s=-5} = \left[\frac{4(s+1)(s+2)}{(s+3)(s+4)}\right]_{s=-5} = 24$$

所以，部分因式展开形式为

$$G(s) = \frac{4}{s+3} + \frac{-24}{s+4} + \frac{24}{s+5}$$

编写程序实现传递函数模型不同形式之间的转换。

```
[1]:    ''' 程序文件: note5_10.ipynb
        【例 5.10】传递函数的 3 种形式及其互相转换: 分子分母多项式、零极点增益、部分因式展开
        '''
        import control as ctr
        import scipy.signal as sig
        num= [4,12,8]
        den= [1,12,47,60]
        sys1= ctr.tf(num,den)            #用分子分母多项式定义传递函数
        sys1
```

[1]: $$\dfrac{4s^2+12s+8}{s^3+12s^2+47s+60}$$

```
[2]:    [Z,P,K]= sig.tf2zpk(num,den)      #多项式转换为零点、极点和增益
        (Z,P,K)
```

[2]: `(array([-2., -1.]), array([-5., -4., -3.]), 4.0)`

```
[3]:    sys2= ctr.zpk(Z,P,K)              #用零极点增益形式定义传递函数
        sys2
```

[3]: $$\dfrac{4s^2+12s+8}{s^3+12s^2+47s+60}$$

```
[4]:    (num2,den2)= sig.zpk2tf(Z,P,K)    #零极点增益转换为多项式
        (num2,den2)
```

[4]: `(array([ 4., 12., 8.]), array([ 1., 12., 47., 60.]))`

```
[5]:    r,p,k= sig.residue(num,den)       #计算部分因式展开形式的各个系数
        (r,p,k)
```

[5]: `(array([ 4., -24., 24.]), array([-3., -4., -5.]), array([], dtype=float64))`

输入[1]中用分子分母多项式系数创建了传递函数模型 sys1, 输入[2]中通过 scipy.signal 模块中的函数 tf2zpk() 将多项式形式转换为零极点增益形式, 从输出[2]可以看到所计算的零极点和增益是正确的。

输入[3]中以零极点增益形式创建了传递函数模型 sys2, 在输出[3]中显示模型 sys2 时, 它自动以分子分母多项式形式显示。

输入[5]中使用 scipy.signal 模块中的函数 residue() 根据传递函数的分子分母多项式系数计算了部分因式展开形式的各个系数。输出[5]中显示的数据与我们理论计算的结果一致。

5.2.2 传递函数的实现问题

对于一个 LTI 系统, 其传递函数模型可以转换为等效的状态空间模型, 对应的状态空间模型称为传递函数的实现 (realization)。这两种模型在描述系统输入输出特性上是等效的, 只是状态空间模型中引入了状态变量来表示系统内部的信息。

设一个单输入单输出 LTI 系统的传递函数为

$$G(s)=\frac{Y(s)}{U(s)}=\frac{b_m s^m+b_{m-1}s^{m-1}+\cdots+b_1 s+b_0}{s^n+a_{n-1}s^{n-1}+\cdots+a_1 s+a_0}, \quad n\geqslant m \tag{5-17}$$

其中, $a_i(i=0,1,\cdots n-1), b_j(j=0,1,\cdots m)$ 是实数。

定义一个 n 维的状态变量 x, 该传递函数可以转换为如下的状态空间模型

$$\dot{x}(t) = Ax(t) + Bu(t)$$
$$y(t) = Cx(t) + Du(t)$$
$$\text{（5-18）}$$

其中，$x \in R^n, u \in R^1, y \in R^1$ 分别为状态变量、输入变量和输出变量，由于式（5-17）是单输入单输出系统，所以输入输出都是标量。$A \in R^{n \times n}, B \in R^{n \times 1}, C \in R^{1 \times n}, D \in R^{1 \times 1}$ 是相应维数的常数矩阵。

根据式（5-17）传递函数中 n 和 m 的大小，有以下的分类。

- 如果 $n > m$，称传递函数是严格正则的（strict proper），对应的状态空间模型中 $D = 0$。
- 如果 $n \geqslant m$，称传递函数是正则的（proper）。
- 如果 $n = m$，称传递函数是双向正则的（biproper），对应的状态空间模型中 $D \neq 0$。

注意，一个传递函数可以有无数多种实现，定义的状态变量不一样，得到的状态空间模型的表达式就不一样。

5.2.3　传递函数无零点时的实现

考虑如下的没有零点的传递函数

$$G(s) = \frac{Y(s)}{U(s)} = \frac{1}{s^n + a_{n-1}s^{n-1} + \cdots + a_1 s + a_0} \tag{5-19}$$

在零初始条件的假设下，该传递函数可以转换为如下的常微分方程

$$y^{(n)} + a_{n-1}y^{(n-1)} + \cdots + a_1\dot{y} + a_0 y = u \tag{5-20}$$

1. 能控标准型实现

针对系统（5-20），定义如下的状态变量

$$x = \begin{pmatrix} x_1 \\ x_2 \\ \vdots \\ x_n \end{pmatrix} = \begin{pmatrix} y \\ \dot{y} \\ \vdots \\ y^{(n-1)} \end{pmatrix} \tag{5-21}$$

那么，我们可以写出如下的状态空间模型

$$\begin{cases} \dot{x}_1 = x_2 \\ \dot{x}_2 = x_3 \\ \vdots \\ \dot{x}_{n-1} = x_n \\ \dot{x}_n = -a_0 x_1 - a_1 x_2 - \cdots - a_{n-1}x_n + u \\ y = x_1 \end{cases} \tag{5-22}$$

写成矩阵形式就是

$$\dot{x} = Ax + Bu = \begin{pmatrix} 0 & 1 & 0 & \cdots & 0 \\ 0 & 0 & 1 & \cdots & 0 \\ \vdots & \vdots & \vdots & \ddots & \vdots \\ 0 & 0 & 0 & \cdots & 1 \\ -a_0 & -a_1 & -a_2 & \cdots & -a_{n-1} \end{pmatrix} x + \begin{pmatrix} 0 \\ 0 \\ \vdots \\ 0 \\ 1 \end{pmatrix} u \tag{5-23}$$

$$y = Cx = \begin{pmatrix} 1 & 0 & \cdots & 0 \end{pmatrix} x$$

可以证明，式（5-23）所表示的状态空间模型是完全能控的（证明过程可借鉴参考文献[40]3.7节），所以称式（5-23）是传递函数（5-19）的一种能控标准型实现。能控性（controllability）又被称为能达性（reachability），所以能控标准型也称为能达标准型。

2. 能观标准型实现

将式（5-20）改写为下式

$$y^{(n)} = -a_{n-1}y^{(n-1)} - a_{n-2}y^{(n-2)} \cdots - a_1\dot{y} + (u - a_0 y) \tag{5-24}$$

将上式两边求 n 次积分，得

$$y = \int(-a_{n-1}y) + \iint(-a_{n-2}y) + \cdots + \underset{n-1}{\int \cdots \int}(-a_1 y) + \underset{n}{\int \cdots \int}(u - a_0 y) \tag{5-25}$$

根据该表达式，可以画出图 5-2 所示的结构图。图中使用了积分器环节，每个积分器的输出定义为一个状态变量。例如最右端的积分器的输出定义为 x_1，该积分器的输入就是 $\dot{x}_1$。

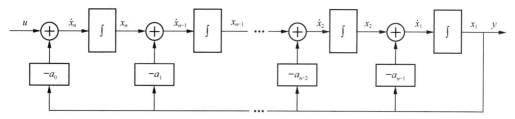

图 5-2　能观标准型实现结构图

根据图 5-2 的结构图可以写出如下的状态空间模型。

$$\begin{cases} \dot{x}_1 = -a_{n-1}x_1 + x_2 \\ \dot{x}_2 = -a_{n-2}x_1 + x_3 \\ \vdots \\ \dot{x}_{n-1} = -a_1 x_1 + x_n \\ \dot{x}_n = -a_0 x_1 + u \end{cases} \tag{5-26}$$

$$y = x_1$$

写成矩阵形式就是

$$\dot{x} = Ax + Bu = \begin{pmatrix} -a_{n-1} & 1 & 0 & \cdots & 0 \\ -a_{n-2} & 0 & 1 & \cdots & 0 \\ \vdots & \vdots & \vdots & \ddots & \vdots \\ -a_1 & 0 & 0 & \cdots & 1 \\ -a_0 & 0 & 0 & \cdots & 0 \end{pmatrix} x + \begin{pmatrix} 0 \\ 0 \\ \vdots \\ 0 \\ 1 \end{pmatrix} u \tag{5-27}$$

$$y = Cx = \begin{pmatrix} 1 & 0 & \cdots & 0 \end{pmatrix} x$$

可以证明式（5-27）所表示的状态空间模型是完全能观的（证明过程可借鉴参考文献[40]3.7 节），所以称式（5-27）是传递函数（5-19）的一种能观标准型实现。直观地说，能观性（observability）表示任何一个状态变量的变化是否会影响到系统的输出，也就是从输出的变化是否可以观察到状态变量的变化。从图 5-2 可以看出，所有状态变量到输出 y 之间是一条不可能有断开的前向通道，也就是状态变量的变化必然会影响到输出，所以这个系统是完全能观的。

5.2.4　传递函数有零点时的实现

1. 基本原理

传递函数有零点时的表达式如式（5-17）。因为 $n \geqslant m$，令 $n = m$，则

$$G(s) = \frac{Y(s)}{U(s)} = \frac{b_n s^n + b_{n-1} s^{n-1} + \cdots + b_1 s + b_0}{s^n + a_{n-1} s^{n-1} + \cdots + a_1 s + a_0} \tag{5-28}$$

对其做多项式约分，写成如下的形式。

$$G(s) = b_n + \frac{(b_{n-1} - a_{n-1} b_n) s^{n-1} + (b_{n-2} - a_{n-2} b_n) s^{n-2} \cdots + (b_1 - a_1 b_n) s + (b_0 - a_0 b_n)}{s^n + a_{n-1} s^{n-1} + \cdots + a_1 s + a_0}$$

如果令

$$G_1(s) = \frac{Y_1(s)}{U(s)} = b_n \tag{5-29}$$

$$G_2(s) = \frac{Y_2(s)}{U(s)} = \frac{(b_{n-1} - a_{n-1} b_n) s^{n-1} + (b_{n-2} - a_{n-2} b_n) s^{n-2} \cdots + (b_1 - a_1 b_n) s + (b_0 - a_0 b_n)}{s^n + a_{n-1} s^{n-1} + \cdots + a_1 s + a_0} \tag{5-30}$$

那么，$G(s) = G_1(s) + G_2(s)$。$G_1(s)$ 是一个纯比例环节，它没有状态方程，只有输出方程，即

$$y_1 = b_n u \tag{5-31}$$

$G_2(s)$ 是一个严格正则传递函数，其实现中 $D = 0$，所以 $G_2(s)$ 的实现是

$$\begin{cases} \dot{x} = Ax + Bu \\ y_2 = Cx \end{cases} \tag{5-32}$$

那么，$G(s)$ 的实现就是

$$\begin{cases} \dot{x} = Ax + Bu \\ y = Cx + b_n u \end{cases} \tag{5-33}$$

双正则传递函数并联分解与状态空间模型实现可以用图 5-3 解释。所以，对具有零点的传递函数 $G(s)$ 来说，可以分以下两种情况处理。

（1）当 $n > m$ 时，$G(s)$ 是严格正则传递函数，其实现是 $\left(\begin{array}{c|c} A & B \\ \hline C & 0 \end{array}\right)$。

（2）当 $n = m$ 时，$G(s)$ 是双正则传递函数，先将其分解为比例环节 $G_1(s)$ 和正则传递函数 $G_2(s)$，那么 $D = b_n = \lim\limits_{s \to \infty} G(s)$，$G_2(s)$ 的实现是 $\left(\begin{array}{c|c} A & B \\ \hline C & 0 \end{array}\right)$，则 $G(s)$ 的实现为 $\left(\begin{array}{c|c} A & B \\ \hline C & b_n \end{array}\right)$。

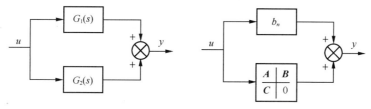

图 5-3　双正则传递函数 $G(s)$ 的并联分解

所以，有零点传递函数的实现的关键问题是正则传递函数 $G_2(s)$ 的实现。为不失一般性，重新定义如下的正则传递函数，并考虑其实现问题。

$$H(s) = \frac{c_{n-1}s^{n-1} + c_{n-2}s^{n-2} \cdots + c_1 s + c_0}{s^n + a_{n-1}s^{n-1} + \cdots + a_1 s + a_0} \tag{5-34}$$

2. 能控标准型实现

将式（5-34）改写为

$$H(s) = \frac{Y(s)}{U(s)} = \frac{1}{s^n + a_{n-1}s^{n-1} + \cdots + a_1 s + a_0}\left(c_{n-1}s^{n-1} + c_{n-2}s^{n-2} \cdots + c_1 s + c_0\right)$$

定义

$$H_1(s) = \frac{Z(s)}{U(s)} = \frac{1}{s^n + a_{n-1}s^{n-1} + \cdots + a_1 s + a_0} \tag{5-35}$$

$$H_2(s) = \frac{Y(s)}{Z(s)} = c_{n-1}s^{n-1} + c_{n-2}s^{n-2} \cdots + c_1 s + c_0 \tag{5-36}$$

那么，$H(s)$ 是 $H_1(s)$ 和 $H_2(s)$ 的串联，可以用图 5-4 表示。

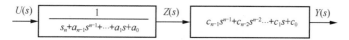

图 5-4　正则传递函数 $H(s)$ 的串联分解

由 5.2.3 小节的无零点传递函数的实现可知，如果对 $H_1(s)$ 定义如下的状态变量

$$x = \begin{pmatrix} x_1 \\ x_2 \\ \vdots \\ x_n \end{pmatrix} = \begin{pmatrix} z \\ \dot{z} \\ \vdots \\ z^{(n-1)} \end{pmatrix} \tag{5-37}$$

其能控标准型实现为

$$\dot{x} = Ax + Bu = \begin{pmatrix} 0 & 1 & 0 & \cdots & 0 \\ 0 & 0 & 1 & \cdots & 0 \\ \vdots & \vdots & \vdots & & \vdots \\ 0 & 0 & 0 & \cdots & 1 \\ -a_0 & -a_1 & -a_2 & \cdots & -a_{n-1} \end{pmatrix} x + \begin{pmatrix} 0 \\ 0 \\ \vdots \\ 0 \\ 1 \end{pmatrix} u \tag{5-38}$$

$$z = \tilde{C}x = \begin{pmatrix} 1 & 0 & \cdots & 0 \end{pmatrix} x$$

将式（5-36）改写为如下的常微分方程

$$y = c_{n-1} z^{(n-1)} + c_{n-2} z^{(n-2)} \cdots + c_1 \dot{z} + c_0 z \tag{5-39}$$

将式（5-37）定义的状态变量代入上式，得

$$y = c_{n-1} x_n + c_{n-2} x_{n-1} \cdots + c_1 x_2 + c_0 x_1 = \begin{pmatrix} c_0 & c_1 & \cdots & c_{n-1} \end{pmatrix} x \tag{5-40}$$

所以式（5-34）的正则传递函数 $H(s)$ 的能控标准型实现是

$$\dot{x} = Ax + Bu = \begin{pmatrix} 0 & 1 & 0 & \cdots & 0 \\ 0 & 0 & 1 & \cdots & 0 \\ \vdots & \vdots & \vdots & & \vdots \\ 0 & 0 & 0 & \cdots & 1 \\ -a_0 & -a_1 & -a_2 & \cdots & -a_{n-1} \end{pmatrix} x + \begin{pmatrix} 0 \\ 0 \\ \vdots \\ 0 \\ 1 \end{pmatrix} u \tag{5-41}$$

$$y = Cx = \begin{pmatrix} c_0 & c_1 & \cdots & c_{n-1} \end{pmatrix} x$$

可以证明式（5-41）所表示的状态空间模型是完全能控的，所以是一种能控标准型。参考文献[40]将其称为能控标准 I 型，参考文献[42]将其就称为能控标准型。根据传递函数写能控标准型时一般使用这种形式。

该状态空间模型对应的结构图如图 5-5 所示。如果在图 5-5 中将状态变量的定义顺序改变一下，即左端积分器的输出是状态 x_1、右端积分器的输出是状态 x_n，那么根据结构图可以直接写出如下状态空间模型。

$$\dot{x} = Ax + Bu = \begin{pmatrix} -a_{n-1} & -a_{n-2} & \cdots & -a_1 & -a_0 \\ 1 & 0 & \cdots & 0 & 0 \\ 0 & 1 & & 0 & 0 \\ \vdots & \vdots & \cdots & \vdots & \vdots \\ 0 & 0 & \cdots & 1 & 0 \end{pmatrix} x + \begin{pmatrix} 1 \\ 0 \\ \vdots \\ 0 \\ 0 \end{pmatrix} u$$

$$y = \boldsymbol{C}x = \begin{pmatrix} c_{n-1} & \cdots & c_1 & c_0 \end{pmatrix} x \tag{5-42}$$

式（5-42）所表示的状态空间模型也是一种能控标准型，在使用函数 control.reachable_form() 获取一个传递函数的能控标准型时，得到的就是式（5-42）所表示的状态空间模型。

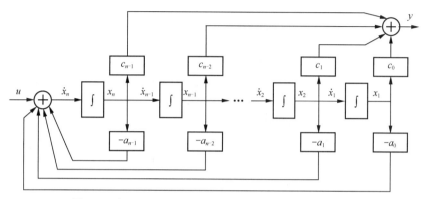

图 5-5 式（5-41）所表示的状态空间模型对应的结构图

3. 能观标准型实现

将式（5-34）式转换为如下常微分方程。

$$y^{(n)} = \left(c_{n-1}u^{(n-1)} - a_{n-1}y^{(n-1)}\right) + \left(c_{n-2}u^{(n-2)} - a_{n-2}y^{(n-2)}\right) + \cdots + \left(c_1\dot{u} - a_1\dot{y}\right) + \left(c_0 u - a_0 y\right)$$

将上式两边求 n 次积分，得

$$y = \int \left(c_{n-1}u - a_{n-1}y\right) + \iint \left(c_{n-2}u - a_{n-2}y\right) + \cdots + \underbrace{\int\cdots\int}_{n-1}\left(c_1 u - a_1 y\right) + \underbrace{\int\cdots\int}_{n}\left(c_0 u - a_0 y\right)$$

根据该表达式可以画出图 5-6 所示结构图，根据该图可以写出如下状态方程和输出方程。

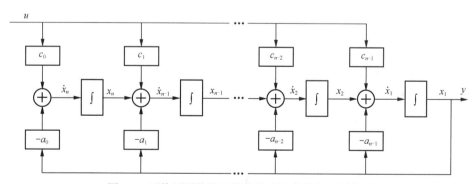

图 5-6 严格正则传递函数的能观标准型实现结构图

$$\begin{cases} \dot{x}_1 = -a_{n-1}x_1 + x_2 + c_{n-1}u \\ \dot{x}_2 = -a_{n-2}x_1 + x_3 + c_{n-2}u \\ \vdots \\ \dot{x}_{n-1} = -a_1 x_1 + x_n + c_1 u \\ \dot{x}_n = -a_0 x_1 + c_0 u \end{cases} \tag{5-43}$$
$$y = x_1$$

写成矩阵形式就是

$$\dot{x} = Ax + Bu = \begin{pmatrix} -a_{n-1} & 1 & 0 & \cdots & 0 \\ -a_{n-2} & 0 & 1 & \cdots & 0 \\ \vdots & \vdots & \vdots & \ddots & \vdots \\ -a_1 & 0 & 0 & \cdots & 1 \\ -a_0 & 0 & 0 & \cdots & 0 \end{pmatrix} x + \begin{pmatrix} c_{n-1} \\ c_{n-2} \\ \vdots \\ c_1 \\ c_0 \end{pmatrix} u \tag{5-44}$$
$$y = Cx = \begin{pmatrix} 1 & 0 & \cdots & 0 \end{pmatrix} x$$

如果将图 5-6 中状态变量的定义顺序反过来,即左端积分器的输出是状态 x_1、右端积分器的输出是状态 x_n,那么状态空间模型表达式如下。

$$\dot{x} = Ax + Bu = \begin{pmatrix} 0 & 0 & \cdots & 0 & -a_0 \\ 1 & 0 & \cdots & 0 & -a_1 \\ \vdots & \vdots & \ddots & \vdots & \vdots \\ 0 & 0 & \cdots & 0 & -a_{n-2} \\ 0 & 0 & \cdots & 1 & -a_{n-1} \end{pmatrix} x + \begin{pmatrix} c_0 \\ c_1 \\ \vdots \\ c_{n-2} \\ c_{n-1} \end{pmatrix} u \tag{5-45}$$
$$y = Cx = \begin{pmatrix} 0 & \cdots & 0 & 1 \end{pmatrix} x$$

参考文献[40]和参考文献[42]中的能观标准型都是式(5-45)所表示的形式,参考文献[2]中的能观标准型是式(5-44)所表示的形式。在使用函数 control.observable_form()获取一个传递函数的能观标准型时,得到的是式(5-44)所表示的状态空间模型。

5.2.5　状态变量的线性变换

将一个传递函数转换为状态空间模型时,定义不同的状态变量就可以得到不同的状态空间模型。例如针对一个传递函数,可以得到其能控标准型实现和能观标准型实现。实际上,一个传递函数对应的状态空间模型有无穷多种,因为状态变量还可以进行线性变换。

对于一个 n 维 LTI 系统

$$\begin{cases} \dot{x} = Ax + Bu, \ x(0) = x_0 \\ y = Cx + Du \end{cases} \tag{5-46}$$

其中,$u \in R^r, y \in R^m, x \in R^n, A \in R^{n \times n}, B \in R^{n \times r}, C \in R^{m \times n}, D \in R^{m \times r}$。状态变量的初值为 $x(0) = x_0$。

如果重新定义状态变量 z，并且存在一个非奇异矩阵 T，使得

$$x = Tz \quad 或者 \quad z = T^{-1}x \tag{5-47}$$

那么，可以使式（5-46）变为

$$\begin{cases} \dot{z} = T^{-1}ATz + T^{-1}Bu, \ z(0) = T^{-1}x_0 \\ y = CTz + Du \end{cases} \tag{5-48}$$

很显然，非奇异矩阵 T 可以任意选取。因而，对一个传递函数来说，其实现的状态变量的定义不是唯一的，状态空间模型的表达式也不是唯一的。

5.2.6 状态空间模型的若尔当标准型

1. 关于矩阵 A 的一些定义

对于一个矩阵 $A \in R^{n \times n}$，其特征多项式就是 $\det(sI - A)$ 的展开式，即

$$\alpha(s) = \det(sI - A) = s^n + \alpha_{n-1}s^{n-1} + \cdots + \alpha_1 s + \alpha_0 \tag{5-49}$$

特征方程就是由特征多项式等于零导出的方程，即

$$\alpha(s) = s^n + \alpha_{n-1}s^{n-1} + \cdots + \alpha_1 s + \alpha_0 = 0 \tag{5-50}$$

矩阵 A 的特征值就是满足 $\det(sI - A) = 0$ 的解，记特征值的集合为

$$\Lambda = \left\{ \lambda \middle| \det(\lambda I - A) = 0 \right\} = \left\{ \lambda_1 \quad \lambda_2 \quad \cdots \quad \lambda_n \right\} \tag{5-51}$$

矩阵 A 的一个特征向量就是满足以下方程的向量 p_i

$$Ap_i = \lambda_i p_i \tag{5-52}$$

其中，$\lambda_i \in \Lambda$ 是矩阵 A 的一个特征值。

注意，一个矩阵的特征值不可能是 0，一个特征值对应的特征向量可能不是唯一的。

2. 矩阵 A 特征值互异时的若尔当标准型

当矩阵 A 的 n 个特征值互异时，其相应的 n 个特征向量是线性无关的。因而式（5-52）可以扩展写成矩阵形式。

$$A\begin{pmatrix} p_1 & p_2 & \cdots & p_n \end{pmatrix} = \begin{pmatrix} p_1 & p_2 & \cdots & p_n \end{pmatrix} \begin{pmatrix} \lambda_1 & & & \\ & \lambda_2 & & \\ & & \ddots & \\ & & & \lambda_n \end{pmatrix} \tag{5-53}$$

若令

$$T = \begin{pmatrix} p_1 & p_2 & \cdots & p_n \end{pmatrix}, \quad J = \text{diag}\begin{pmatrix} \lambda_1 & \lambda_2 & \cdots & \lambda_n \end{pmatrix} \tag{5-54}$$

则式（5-53）表示为矩阵形式就是

$$AT = TJ$$

因为 T 是矩阵 A 的 n 个线性无关的特征向量构成的矩阵，T 是非奇异的，存在逆矩阵 T^{-1}，所以

$$J = T^{-1}AT$$

对照式（5-48），如果对系统（5-46）定义状态变量的线性变换为

$$z = T^{-1}x \quad 或者 \quad x = Tz \tag{5-55}$$

其中，T 由式（5-54）定义，那么就可以得到

$$\begin{cases} \dot{z} = Jz + T^{-1}Bu, \ z(0) = T^{-1}x_0 \\ y = CTz + Du \end{cases} \tag{5-56}$$

系统（5-56）的突出特点是状态方程中的系统矩阵 J 是对角矩阵，这种状态空间表达式称为若尔当（Jordan）标准型。若尔当标准型的每个状态变量的动态方程只与自身状态和控制有关，是一种解耦的系统。这种解耦的系统在设计控制器时特别方便，可以实现解耦控制，也可以比较容易地从若尔当标准型求系统的解析解。

3. 矩阵 A 有重特征值的若尔当标准型

如果矩阵 A 具有多重特征值，则处理起来稍微复杂一点。详细的介绍可借鉴参考文献[42]的 2.6 节，此处只给出基本的结论。

设 A 有 l 个特征根，且 λ_i 为 σ_i 重的，则有

$$\sigma_1 + \sigma_2 + \cdots + \sigma_l = n$$

由广义特征向量组成变换矩阵 T，令 $z = T^{-1}x$，则有

$$\begin{cases} \dot{z} = Jz + T^{-1}Bu, \quad z(0) = T^{-1}x_0 \\ y = CTz + Du \end{cases}$$

其中，矩阵 J 是块对角矩阵，

$$J = \begin{pmatrix} J_1 & 0 & 0 \\ 0 & \ddots & 0 \\ 0 & 0 & J_l \end{pmatrix}$$

其中，$J_i \in \mathbf{R}^{\sigma_i \times \sigma_i}$，具体形式如下

$$J_i = \begin{pmatrix} \lambda_i & 1 & 0 & 0 \\ 0 & \lambda_i & \ddots & 0 \\ 0 & 0 & \ddots & 1 \\ 0 & 0 & 0 & \lambda_i \end{pmatrix}$$

对应于 σ_i 重的特征根 λ_i 有 σ_i 个广义特征向量，即 $p_{i,1}, p_{i,2}, \cdots p_{i,\sigma_i}$，它们由下式确定。

$$\lambda_i \boldsymbol{p}_{i,1} - \boldsymbol{A} \boldsymbol{p}_{i,1} = 0$$
$$\lambda_i \boldsymbol{p}_{i,2} - \boldsymbol{A} \boldsymbol{p}_{i,2} = -\boldsymbol{p}_{i,1}$$
$$\vdots$$
$$\lambda_i \boldsymbol{p}_{i,\sigma_i} - \boldsymbol{A} \boldsymbol{p}_{i,\sigma_i} = -\boldsymbol{p}_{i,\sigma_i-1}$$

而变换矩阵 $\boldsymbol{T}$ 定义为

$$\boldsymbol{T} = \begin{pmatrix} \boldsymbol{p}_{1,1} & \boldsymbol{p}_{1,2} & \cdots & \boldsymbol{p}_{1,\sigma_1} & \cdots & \boldsymbol{p}_{i,1} & \boldsymbol{p}_{i,2} & \cdots & \boldsymbol{p}_{i,\sigma_i} & \cdots & \boldsymbol{p}_{l,1} & \boldsymbol{p}_{l,2} & \cdots & \boldsymbol{p}_{l,\sigma_l} \end{pmatrix}$$

5.2.7　传递函数到状态空间模型转换的相关函数

python-control 中有一些函数用于实现传递函数到状态空间模型的转换,这些函数的基本描述见表 5-6。

表 5-6　将传递函数转换为状态空间模型的相关函数

函数	功能
tf2ss(sys)	将模型 sys 转换为状态空间模型,参数 sys 是 TransferFunction 或 StateSpace 对象。即使 sys 是 StateSpace 对象,函数也会返回一个新的状态空间模型
tf2ss(num, den)	将 num 和 den 表示的传递函数转换为状态空间模型
canonical_form(xsys, form='reachable')	将状态空间模型 xsys 转换为某一种标准型,参数 form 表示要得到的标准型的类型,'reachable'是能达标准型;'observable'是能观标准型;'modal'是模态标准型
observable_form(xsys)	将状态空间模型 xsys 转换为能观标准型,相当于函数 canonical_form()中的参数 form='observable'
reachable_form(xsys)	将状态空间模型 xsys 转换为能达标准型,相当于函数 canonical_form()中的参数 form='reachable'
modal_form(xsys, condmax=None, sort=False)	将状态空间模型 xsys 转换为模态标准型,相当于函数 canonical_form()中的参数 form='modal'
similarity_transform(xsys, T, timescale=1, inverse=False)	对系统 xsys 进行相似变换,得到变换后的状态空间模型

 能达标准型就是能控标准型,模态标准型就是若尔当标准型。

函数 tf2ss()用于将一个传递函数转换为状态空间模型,但要注意,它得到的状态空间模型不是某种标准型。

函数 canonical_form()可以将一个状态空间模型转换为 3 种标准型,并且可以返回相应的状态变换矩阵。函数 canonical_form()的原型定义如下:

```
control.canonical_form(xsys, form='reachable')  ->  (sysz, T)
```

其中,sysz 是返回的状态空间模型,T 是状态变换矩阵,也就是式(5-47)中的变换矩阵 $\boldsymbol{T}$。

函数 similarity_transform()用于对一个状态空间模型进行相似变换,也就是进行状态变量的坐标变换，得到另外一个状态空间模型。该函数的原型定义如下：

```
control.similarity_transform(xsys, T, timescale=1, inverse=False)  -> zsys
```

几个参数的意义如下。

- xsys 是 StateSpace 类型的原始的状态空间模型，假设其状态变量为 x；zsys 是变换后的状态空间模型，假设其状态变量为 z。
- 参数 T 是可逆的状态变换矩阵，若参数 inverse= True，表示 $x = Tz$；若 inverse=False，表示 $z = Tx$。
- 参数 timescale 表示时间缩放系数，是一个浮点数。若设置了参数 timescale 的值，则新系统的时间单位是 $\tau = \text{timescale} \cdot t$。

【例 5.11】求如下的传递函数的状态空间模型

$$G(s) = \frac{2s+4}{s^3 + 12s^2 + 47s + 60}$$

解：该传递函数是一个严格正则系统，根据能控标准型的实现公式（5-41），可以直接写出如下的状态空间模型

$$\begin{pmatrix} \dot{x}_1 \\ \dot{x}_2 \\ \dot{x}_3 \end{pmatrix} = \begin{pmatrix} 0 & 1 & 0 \\ 0 & 0 & 1 \\ -60 & -47 & -12 \end{pmatrix} \begin{pmatrix} x_1 \\ x_2 \\ x_3 \end{pmatrix} + \begin{pmatrix} 0 \\ 0 \\ 1 \end{pmatrix} u$$

$$y = \begin{pmatrix} 4 & 2 & 0 \end{pmatrix} u$$

如果按式（5-44）写成能观标准型，则是

$$\begin{pmatrix} \dot{x}_1 \\ \dot{x}_2 \\ \dot{x}_3 \end{pmatrix} = \begin{pmatrix} -12 & 1 & 0 \\ -47 & 0 & 1 \\ -60 & 0 & 0 \end{pmatrix} \begin{pmatrix} x_1 \\ x_2 \\ x_3 \end{pmatrix} + \begin{pmatrix} 0 \\ 2 \\ 4 \end{pmatrix} u$$

$$y = \begin{pmatrix} 1 & 0 & 0 \end{pmatrix} u$$

编写程序，测试 python-control 中将传递函数转换为状态空间模型的一些函数的使用。

```
[1]:    ''' 程序文件：note5_11.ipynb
        【例 5.11】 传递函数转换为状态空间模型
        '''
        import control as ctr
        import numpy as np
        num= [2, 4]
        den= [1, 12, 47, 60]
        xsys0= ctr.tf2ss(num,den)          #传递函数转换为状态空间模型
        xsys0
```

$$[1]: \begin{pmatrix} -12 & 4.7 & 6 & -1 \\ -10 & -1.04 \cdot 10^{-15} & -1.02 \cdot 10^{-15} & 0 \\ 0 & 1 & 9.99 \cdot 10^{-16} & 0 \\ \hline 0 & 0.2 & 0.4 & 0 \end{pmatrix}$$

[2]:
```
sys_reach, T1= ctr.reachable_form(xsys0)        #转换为能控标准型
#sys_reach, T1= ctr.canonical_form(xsys0,'reachable')
sys_reach
```

[2]:
$$\left(\begin{array}{ccc|c} -12 & -47 & -60 & 1 \\ 1 & 0 & 0 & 0 \\ 0 & 1 & 0 & 0 \\ \hline -2.42 \cdot 10^{-17} & 2 & 4 & 0 \end{array}\right)$$

[3]:
```
sys_obs, T2= ctr.observable_form(xsys0)          #转换为能观标准型
#sys_obs, T2= ctr.canonical_form(xsys0,'observable')
sys_obs
```

[3]:
$$\left(\begin{array}{ccc|c} -12 & 1 & 0 & 0 \\ -47 & 0 & 1 & 2 \\ -60 & 0 & 0 & 4 \\ \hline 1 & 0 & 0 & 0 \end{array}\right)$$

[4]: `T2`

[4]:
```
array([[ 0. ,  0.2,  0.4],
       [-2. ,  2.8,  4.8],
       [-4. ,  4.8,  6.8]])
```

输入[1]中使用函数 tf2ss() 将传递函数转换为状态空间模型 xsys0，输出[1]中显示了状态空间模型 xsys0 的表达式，它不是任何标准型。

输入[2]中使用函数 reachable_form() 将状态空间模型 xsys0 转换为能控标准型，从输出[2]显示的状态空间模型表达式可以看出，函数 reachable_form() 得到的是式（5-42）形式的能控标准型。

输入[3]中使用函数 observable_form() 将状态空间模型 xsys0 转换为能观标准型，得到的是式（5-44）形式的能观标准型。

【例 5.12】写出如下的传递函数的状态空间模型

$$G(s) = \frac{B(s)}{A(s)} = \frac{4s^3 + 16s + 25}{s^3 + 2s^2 + 9s + 10}$$

解：这是一个双正则传递函数，所以首先将传递函数并联分解，即

$$G(s) = 4 + \frac{(4s^3 + 16s + 25) - 4(s^3 + 2s^2 + 9s + 10)}{s^3 + 2s^2 + 9s + 10}$$

$$= 4 + \frac{-8s^2 - 20s - 15}{s^3 + 2s^2 + 9s + 10}$$

所以，该系统的能控标准型实现为

$$\begin{pmatrix} \dot{x}_1 \\ \dot{x}_2 \\ \dot{x}_3 \end{pmatrix} = \begin{pmatrix} 0 & 1 & 0 \\ 0 & 0 & 1 \\ -10 & -9 & -2 \end{pmatrix} \begin{pmatrix} x_1 \\ x_2 \\ x_3 \end{pmatrix} + \begin{pmatrix} 0 \\ 0 \\ 1 \end{pmatrix} u$$

$$y = \begin{pmatrix} -15 & -20 & -8 \end{pmatrix} x + 4u$$

如果按式（5-44）写成能观标准型，则是

$$\begin{pmatrix} \dot{x}_1 \\ \dot{x}_2 \\ \dot{x}_3 \end{pmatrix} = \begin{pmatrix} -2 & 1 & 0 \\ -9 & 0 & 1 \\ -10 & 0 & 0 \end{pmatrix} \begin{pmatrix} x_1 \\ x_2 \\ x_3 \end{pmatrix} + \begin{pmatrix} -8 \\ -20 \\ -15 \end{pmatrix} u$$

$$y = \begin{pmatrix} 1 & 0 & 0 \end{pmatrix} x + 4u$$

编写程序，使用 python-control 中相关函数实现传递函数到状态空间模型的转换。

```
''' 程序文件: note5_12.ipynb
【例5.12】 传递函数转换为状态空间模型，一个双正则传递函数
'''
import control as ctr
import numpy as np
num= [4,0,16,25]
den= [1,2,9,10]
xsys0= ctr.tf2ss(num,den)          #传递函数转换为状态空间模型
xsys0
```

[1]:
$$\left(\begin{array}{ccc|c} -2 & -0.9 & 1 & 1 \\ 10 & 3.77 \cdot 10^{-16} & -1.34 \cdot 10^{-16} & 0 \\ 0 & -1 & 4.44 \cdot 10^{-16} & 0 \\ \hline -8 & -2 & 1.5 & 4 \end{array} \right)$$

```
[2]: sys_reach, T1= ctr.reachable_form(xsys0)      #转换为能控标准型
     sys_reach
```

[2]:
$$\left(\begin{array}{ccc|c} -2 & -9 & -10 & 1 \\ 1 & 0 & 0 & 0 \\ 0 & 1 & 0 & 0 \\ \hline -8 & -20 & -15 & 4 \end{array} \right)$$

```
[3]: sys_obs, T2= ctr.observable_form(xsys0)       #转换为能观标准型
     sys_obs
```

[3]:
$$\left(\begin{array}{ccc|c} -2 & 1 & 0 & -8 \\ -9 & 0 & 1 & -20 \\ -10 & 0 & 0 & -15 \\ \hline 1 & 0 & 0 & 4 \end{array} \right)$$

【例5.13】求下面状态空间模型的若尔当标准型

$$\dot{x} = \begin{pmatrix} 2 & -1 & -1 \\ 0 & -1 & 0 \\ 0 & 2 & 1 \end{pmatrix} x + \begin{pmatrix} 7 \\ 2 \\ 3 \end{pmatrix} u$$

$$y = \begin{pmatrix} 1 & 0 & 0 \end{pmatrix} x$$

解：（1）求矩阵 A 的特征值

$$\det(\lambda I - A) = \begin{vmatrix} \lambda-2 & 1 & 1 \\ 0 & \lambda+1 & 0 \\ 0 & -2 & \lambda-1 \end{vmatrix} = (\lambda-2) \begin{vmatrix} \lambda+1 & 0 \\ -2 & \lambda-1 \end{vmatrix} = (\lambda-2)(\lambda-1)(\lambda+1) = 0$$

所以，$\lambda_1 = 2, \lambda_2 = 1, \lambda_3 = -1$，特征值互异。经过计算，对应的特征向量分别是

$$p_1 = \begin{pmatrix} 1 \\ 0 \\ 0 \end{pmatrix}, \quad p_2 = \begin{pmatrix} 1 \\ 0 \\ 1 \end{pmatrix}, \quad p_3 = \begin{pmatrix} 0 \\ -1 \\ 1 \end{pmatrix}$$

（2）构造变换矩阵

$$T = \begin{pmatrix} p_1 & p_2 & p_3 \end{pmatrix} = \begin{pmatrix} 1 & 1 & 0 \\ 0 & 0 & -1 \\ 0 & 1 & 1 \end{pmatrix}, \qquad T^{-1} = \begin{pmatrix} 1 & -1 & -1 \\ 0 & 1 & 1 \\ 0 & -1 & 0 \end{pmatrix}$$

（3）令 $z = T^{-1}x$，则可得

$$J = \begin{pmatrix} 2 & 0 & 0 \\ 0 & 1 & 0 \\ 0 & 0 & -1 \end{pmatrix}, \qquad T^{-1}B = \begin{pmatrix} 2 \\ 5 \\ -2 \end{pmatrix}, \qquad CT = \begin{pmatrix} 1 & 1 & 0 \end{pmatrix}$$

所以若尔当标准型为

$$\dot{z} = \begin{pmatrix} 2 & 0 & 0 \\ 0 & 1 & 0 \\ 0 & 0 & -1 \end{pmatrix} z + \begin{pmatrix} 2 \\ 5 \\ -2 \end{pmatrix} u$$
$$y = \begin{pmatrix} 1 & 1 & 0 \end{pmatrix} z$$

编写程序实现本示例的转换功能。

```
[1]: ''' 程序文件: note5_13.ipynb
     【例5.13】将一个状态空间模型转换为若尔当标准型
     '''
     import control as ctr
     import numpy as np
     from scipy import linalg
     A= np.array([[2, -1, -1],[0,-1, 0],[0,2,1]])
     B= np.array([[7],[2],[3]])
     C= np.array([1,0,0])
     D= np.array([0])
     xsys0= ctr.StateSpace(A,B,C,D)     #定义状态空间模型
     xsys0
```

$$[1]: \begin{pmatrix} 2 & -1 & -1 & | & 7 \\ 0 & -1 & 0 & | & 2 \\ 0 & 2 & 1 & | & 3 \\ \hline 1 & 0 & 0 & | & 0 \end{pmatrix}$$

```
[2]: sys1, T= ctr.modal_form(xsys0)      #转换为模态标准型，即若尔当标准型
     #sys1, T= ctr.canonical_form(xsys0,'modal')
     sys1
```

$$[2]: \begin{pmatrix} 2 & 0 & 0 & | & 2 \\ 0 & 1 & 0 & | & 7.07 \\ 0 & 0 & -1 & | & 2.83 \\ \hline 1 & 0.707 & 0 & | & 0 \end{pmatrix}$$

```
[3]:    T           #相似变换矩阵 T
[3]:    array([[ 1.        ,  0.70710678,  0.         ],
               [ 0.        ,  0.        ,  0.70710678],
               [ 0.        ,  0.70710678, -0.70710678]])
[4]:    A= sys1.A
        A
[4]:    array([[ 2.,  0.,  0.],
               [ 0.,  1.,  0.],
               [ 0.,  0., -1.]])
[5]:    A0= T @ A @ linalg.inv(T)          #反向计算得到原来系统的矩阵 A
        A0
[5]:    array([[ 2., -1., -1.],
               [ 0., -1.,  0.],
               [ 0.,  2.,  1.]])
[6]:    T= np.array([[1,1,0],[0,0,-1],[0,1,1]])               #定义变换矩阵 T
        zsys= ctr.similarity_transform(xsys0, T,inverse=True)  #相似变换， x=T @ z
        zsys
```

$$
[6]: \quad \left(\begin{array}{ccc|c} 2 & 0 & 0 & 2 \\ 0 & 1 & 0 & 5 \\ 0 & 0 & -1 & -2 \\ \hline 1 & 1 & 0 & 0 \end{array}\right)
$$

输入[1]中定义了原始的状态空间模型 xsys0。输入[2]中用函数 modal_form()将模型 xsys0 转换为若尔当标准型 sys1，输出[2]中显示的 sys1 的表达式与理论计算的模型表达式有些差异，这是因为矩阵 xsys0.A 的特征值对应的特征向量不是唯一的。函数 modal_form()返回的状态变量变换矩阵 T 与我们计算的变换矩阵有差异，但是矩阵 sys1.A 也是特征值组成的对角矩阵。

假设模型 xsys0 的状态变量是 x，模型 sys1 的状态变量是 z，函数 modal_form()返回的变换矩阵是 $\boldsymbol{T}$，则有

$$z = \boldsymbol{T}^{-1}x \quad \text{或者} \quad x = \boldsymbol{T}z$$

那么，两个模型的矩阵 $\boldsymbol{A}$ 之间存在如下的关系。

$$xsys0.\boldsymbol{A} = \boldsymbol{T} \cdot sys1.\boldsymbol{A} \cdot \boldsymbol{T}^{-1}$$

我们在输入[5]中计算了 $\boldsymbol{T} \cdot sys1.\boldsymbol{A} \cdot \boldsymbol{T}^{-1}$，并在输出[5]中显示了这个矩阵，计算结果验证了上式的关系。

输入[6]中根据理论计算的矩阵 xsys0.A 的特征向量直接定义了变换矩阵 $\boldsymbol{T}$，然后用函数 similarity_transform()对原系统 xsys0 进行相似变换，输出[6]中显示的变换后的系统 zsys 与理论计算的若尔当标准型一致。

5.2.8 最小实现

从传递函数到状态空间模型的实现不是唯一的，所取的状态变量的定义不同，得到的状态空间模型的表达式也不同。所谓最小实现就是用最少的状态变量来实现一个传递函数模型。最小实现的状态空间模型没有多余的状态变量，因而系统是能控且能观的。

最小实现的判断：当且仅当状态空间模型是能控且能观的，这个状态空间模型就是最小实现，等价于传递函数没有相同的零点和极点。

【例5.14】 求如下传递函数的最小实现

$$G(s) = \frac{s+2}{s^3 + 7s^2 + 14s + 8}$$

解：对该系统直接采用能控标准型实现，得到的状态空间模型表达式为

$$A = \begin{pmatrix} 0 & 1 & 0 \\ 0 & 0 & 1 \\ -8 & -14 & -7 \end{pmatrix},\ B = \begin{pmatrix} 0 \\ 0 \\ 1 \end{pmatrix},\ C = \begin{pmatrix} 2 & 1 & 0 \end{pmatrix}$$

可以验证，该系统是能控的，但不是能观的。将传递函数的分母进行因式分解，发现分子分母有一个同类项 $s+2$，即

$$G(s) = \frac{s+2}{(s+1)(s+2)(s+4)}$$

约掉同类项后，传递函数为

$$G(s) = \frac{1}{(s+1)(s+4)} = \frac{1}{s^2 + 5s + 4}$$

其状态空间模型表达式为

$$A = \begin{pmatrix} 0 & 1 \\ -4 & -5 \end{pmatrix},\ B = \begin{pmatrix} 0 \\ 1 \end{pmatrix},\ C = \begin{pmatrix} 1 & 0 \end{pmatrix}$$

可以验证，这个状态空间模型是能控且能观的，因而是最小实现。

python-control 中有一个函数 minreal() 可以求一个模型的最小实现，其定义如下：

```
control.minreal(sys, tol=None, verbose=True)  -> sys_min
```

其中，参数 sys 是 StateSpace 或 TransferFunction 对象；tol 是 float 类型，是容差；verbose 默认为 True，表示输出结果。函数的返回值是最小化实现的 StateSpace 或 TransferFunction 对象。

```
[1]:    ''' 程序文件: note5_14.ipynb
        【例5.14】系统的最小实现
        '''
        import control as ctr
        import numpy as np
        num= [1,2]
        den= [1,7,14,8]
        sys_tf= ctr.tf(num,den)        #定义传递函数模型
        sys_tf
```

$$[1]:\quad \frac{s+2}{s^3 + 7s^2 + 14s + 8}$$

```
[2]:    sys1= ctr.minreal(sys_tf)      #获取传递函数的最小实现，会自动消除分子、分母的同类项
```

[2]:
$$\frac{1}{s^2 + 5s + 4}$$

```
[3]: A= [[0,1,0],[0,0,1],[-8,-14,-7]]
     B= [[0],[0],[1]]
     C= [2,1,0]
     D= [0]
     sys_ss= ctr.ss(A,B,C,D)        #定义状态空间模型
     sys_ss
```

[3]:
$$\left(\begin{array}{ccc|c} 0 & 1 & 0 & 0 \\ 0 & 0 & 1 & 0 \\ -8 & -14 & -7 & 1 \\ \hline 2 & 1 & 0 & 0 \end{array}\right)$$

```
[4]: sys2= ctr.minreal(sys_ss)      #获取状态空间模型的最小实现
     sys2
```

[4]:
$$\left(\begin{array}{cc|c} -5.4 & -1.36 & -0.984 \\ 4.54 & 0.4 & 0 \\ \hline 0 & -0.224 & 0 \end{array}\right)$$

```
[5]: sys3= ctr.tf2ss(num,den)       #函数 tf2ss()会自动获取最小实现的状态空间模型
     sys3
```

[5]:
$$\left(\begin{array}{cc|c} -5 & -4 & -1 \\ 1 & 0 & 0 \\ \hline 0 & -1 & 0 \end{array}\right)$$

我们在输入[1]中定义了原始的传递函数模型 sys_tf，在输入[2]中用 minreal(sys_tf)得到其最小实现，输出[2]中显示的是约分后的传递函数，与理论计算结果是一致的。

我们在输入[3]中定义了原始的状态空间模型 sys_ss，在输入[4]中用 minreal(sys_ss)得到其最小实现。输出[4]中显示了最小实现的状态空间模型，但是输出[4]显示的模型与我们理论计算的结果不一样，只是因为状态变量的定义不同而已。

输入[5]中用 tf2ss(num,den)将原始的三阶传递函数转换为状态空间模型，得到的是一个二阶状态空间模型，它自动消除了相同的零点和极点，得到的状态空间模型是最小实现。

5.2.9　从状态空间模型求传递函数

n 维 LTI 状态空间模型可以转换为对应的传递函数模型。假设零初始条件，对式（5-46）进行拉普拉斯变换，则有

$$sX(s) = AX(s) + BU(s)$$
$$Y(S) = CX(s) + DU(s)$$

经过整理，可以得到输入与输出之间的传递函数为

$$G(s) = \frac{Y(s)}{U(s)} = C(sI - A)^{-1}B + D \tag{5-57}$$

当式（5-46）所示系统是一个 SISO 系统时，$G(s)$ 是一个传递函数；当式（5-46）所示系统

是一个 MIMO 系统时，$G(s)$ 是一个传递函数矩阵，矩阵的每一个元素是一个传递函数。

式（5-57）还可以表示为

$$G(s) = \frac{C(sI - A)_{\text{adj}}B}{|sI - A|} + D \qquad (5\text{-}58)$$

其中，$(sI - A)_{\text{adj}}$ 表示 $(sI - A)$ 的伴随矩阵，$|sI - A|$ 表示 $(sI - A)$ 的行列式。

对于一个传递函数，其状态空间模型不是唯一的，一个状态空间模型可以通过线性坐标变换得到另一个状态空间模型。但对于一个系统，其各种实现的状态空间模型对应的传递函数是唯一的。

例如，对式（5-46）取坐标变换 $z = T^{-1}x$，得到另外一个状态空间模型表达式为

$$\begin{aligned} \dot{z} &= T^{-1}ATz + T^{-1}Bu \\ y &= CTz + Du \end{aligned} \qquad (5\text{-}59)$$

那么，式（5-59）对应的传递函数为

$$\begin{aligned} \tilde{G}(s) &= CT(sI - T^{-1}AT)^{-1}T^{-1}B + D \\ &= CT\left[T^{-1}(sI - A)T\right]^{-1}T^{-1}B + D \\ &= CTT^{-1}(sI - A)^{-1}TT^{-1}B + D \\ &= C(sI - A)^{-1}B + D \\ &= G(s) \end{aligned}$$

python-control 中有一个函数 ss2tf() 可以将状态空间模型转换为传递函数，它有两种参数形式，返回值都是 TransferFunction 类型的传递函数模型。

```
control.ss2tf(sys)      -> tf        #将 StateSpace 类型的模型 sys 转换为传递函数
control.ss2tf(A, B, C, D)    -> tf   #将 A、B、C、D 表示的状态空间模型转换为传递函数
```

【例 5.15】已知状态空间模型表达式为

$$\begin{aligned} \dot{x} &= \begin{pmatrix} 0 & 1 \\ -2 & -5 \end{pmatrix}x + \begin{pmatrix} 1 \\ 1 \end{pmatrix}u \\ y &= \begin{pmatrix} 1 & 0 \end{pmatrix}x \end{aligned}$$

求该系统对应的传递函数模型。

解：根据 $G(s) = C(sI - A)^{-1}B + D$ 计算系统的传递函数。

$$(sI - A) = \begin{pmatrix} s & -1 \\ 2 & s+5 \end{pmatrix}$$

$$(sI - A)^{-1} = \frac{1}{s^2 + 5s + 2}\begin{pmatrix} s+5 & 1 \\ -2 & s \end{pmatrix}$$

$$G(s) = C(sI - A)^{-1}B = \frac{1}{s^2 + 5s + 2}\begin{pmatrix}1 & 0\end{pmatrix}\begin{pmatrix}s+5 & 1 \\ -2 & s\end{pmatrix}\begin{pmatrix}1 \\ 1\end{pmatrix} = \frac{s+6}{s^2 + 5s + 2}$$

编写程序求本示例状态空间模型对应的传递函数。

```
[1]:    '''  程序文件: note5_15.ipynb
        【例 5.15】将状态空间模型转换为传递函数
        '''
        import control as ctr
        import numpy as np
        A= [[0, 1],[-2,-5]]
        B= [[1],[1]]
        C= [1,0]
        D= [0]
        sys_ss= ctr.ss(A,B,C,D)              #定义状态空间模型
        sys_ss
```

$$
[1]:\quad \begin{pmatrix}0 & 1 & 1 \\ -2 & -5 & 1 \\ 1 & 0 & 0\end{pmatrix}
$$

```
[2]:    sys_tf1= ctr.ss2tf(A,B,C,D)     #状态空间模型转换为传递函数
        sys_tf1
```

$$
[2]:\quad \frac{s+6}{s^2 + 5s + 2}
$$

```
[3]:    sys_tf2= ctr.ss2tf(sys_ss)      #状态空间模型转换为传递函数
        sys_tf2
```

$$
[3]:\quad \frac{s+6}{s^2 + 5s + 2}
$$

程序中使用函数 ss2tf()计算状态空间模型对应的传递函数,输出[2]和输出[3]显示的计算结果与我们理论计算的结果一致。

5.3　非线性状态空间模型的线性化

实际系统的数学模型通常是非线性的,非线性系统的分析和控制器设计比较复杂,没有通用和统一的方法,而线性系统的理论和方法都非常成熟。因而,在很多情况下需要将非线性模型转换为线性模型,从而便于对系统进行分析和控制器设计。

5.3.1　线性化原理

一个非线性状态空间模型表达式为

$$\begin{cases}\dot{x}(t) = f\big(t, x(t), u(t)\big) \\ y(t) = g\big(t, x(t), u(t)\big)\end{cases} \tag{5-60}$$

其中 $x \in R^n, u \in R^m, y \in R^p$。

定义系统的工作点 $w(t) = [x(t), u(t), y(t)]$，那么 $w(t)$ 在整个有定义的时间轴上（通常是正半时间轴）都是满足式（5-60）的。特别地，如果有一个工作点 $\overline{w}(t) = [\overline{x}(t), \overline{u}(t), \overline{y}(t)]$ 使模型的动态部分为零，即满足

$$\begin{cases} 0 = f(t, \overline{x}(t), \overline{u}(t)) \\ \overline{y}(t) = g(t, \overline{x}(t), \overline{u}(t)) \end{cases} \tag{5-61}$$

那么，$\overline{w}(t) = [\overline{x}(t), \overline{u}(t), \overline{y}(t)]$ 被称为式（5-60）所示系统的一个平衡点。

非线性模型的线性化一般在一个特定的工作点处进行，这个工作点可以是平衡点，也可以不是平衡点。设 $w_o(t) = [x_o(t), u_o(t), y_o(t)]$ 是式（5-60）所示非线性模型的一个工作点，那么它满足

$$\begin{cases} \dot{x}_o(t) = f(t, x_o(t), u_o(t)) \\ y_o(t) = g(t, x_o(t), u_o(t)) \end{cases} \tag{5-62}$$

工作点 $w_o(t)$ 附近的任意其他工作点 $w(t)$ 可以表示为 $w(t) = w_o(t) + \delta w(t)$，其中 $\delta w(t) = [\delta x(t), \delta u(t), \delta y(t)]$，那么 $w(t)$ 可以表示为

$$w(t) = [x(t), u(t), y(t)] = [x_o(t) + \delta x(t), u_o(t) + \delta u(t), y_o(t) + \delta y(t)] \tag{5-63}$$

将上式定义的工作点代入式（5-60），并将右边项在工作点附近做泰勒级数展开，取前两项得

$$\begin{cases} \dot{x}_o(t) + \delta\dot{x}(t) \approx f(t, x_o(t), u_o(t)) + \dfrac{\partial f}{\partial x}\bigg|_{w_o(t)} \delta x(t) + \dfrac{\partial f}{\partial u}\bigg|_{w_o(t)} \delta u(t) \\[3mm] y_o(t) + \delta y(t) \approx g(t, x_o(t), u_o(t)) + \dfrac{\partial g}{\partial x}\bigg|_{w_o(t)} \delta x(t) + \dfrac{\partial g}{\partial u}\bigg|_{w_o(t)} \delta u(t) \end{cases} \tag{5-64}$$

由于工作点 $w_o(t)$ 满足式（5-62），因而式（5-64）可以写为

$$\begin{cases} \delta\dot{x}(t) \approx \dfrac{\partial f}{\partial x}\bigg|_{w_o(t)} \delta x(t) + \dfrac{\partial f}{\partial u}\bigg|_{w_o(t)} \delta u(t) \\[3mm] \delta y(t) \approx \dfrac{\partial g}{\partial x}\bigg|_{w_o(t)} \delta x(t) + \dfrac{\partial g}{\partial u}\bigg|_{w_o(t)} \delta u(t) \end{cases} \tag{5-65}$$

写成线性状态空间模型表达式为

$$\begin{cases} \delta\dot{x}(t) = \boldsymbol{A}(t)\delta x(t) + \boldsymbol{B}(t)\delta u(t) \\ \delta y(t) = \boldsymbol{C}(t)\delta x(t) + \boldsymbol{D}(t)\delta u(t) \end{cases} \tag{5-66}$$

其中，$\boldsymbol{A}(t)$、$\boldsymbol{B}(t)$、$\boldsymbol{C}(t)$ 和 $\boldsymbol{D}(t)$ 是在工作点 $w_o(t)$ 处按下面的公式计算的值。

$$A(t) \in \pmb{R}^{n \times n} = \begin{pmatrix} \dfrac{\partial f_1}{\partial x_1} & \dfrac{\partial f_1}{\partial x_2} & \cdots & \dfrac{\partial f_1}{\partial x_n} \\[2mm] \dfrac{\partial f_2}{\partial x_1} & \dfrac{\partial f_2}{\partial x_2} & \cdots & \dfrac{\partial f_2}{\partial x_n} \\[1mm] \vdots & \vdots & & \vdots \\[1mm] \dfrac{\partial f_n}{\partial x_1} & \dfrac{\partial f_n}{\partial x_2} & \cdots & \dfrac{\partial f_n}{\partial x_n} \end{pmatrix}_{w_o(t)}, \quad B(t) \in \pmb{R}^{n \times m} = \begin{pmatrix} \dfrac{\partial f_1}{\partial u_1} & \dfrac{\partial f_1}{\partial u_2} & \cdots & \dfrac{\partial f_1}{\partial u_m} \\[2mm] \dfrac{\partial f_2}{\partial u_1} & \dfrac{\partial f_2}{\partial u_2} & \cdots & \dfrac{\partial f_2}{\partial u_m} \\[1mm] \vdots & \vdots & & \vdots \\[1mm] \dfrac{\partial f_n}{\partial u_1} & \dfrac{\partial f_n}{\partial u_2} & \cdots & \dfrac{\partial f_n}{\partial u_m} \end{pmatrix}_{w_o(t)}$$

$$C(t) = \pmb{R}^{p \times n} = \begin{pmatrix} \dfrac{\partial g_1}{\partial x_1} & \dfrac{\partial g_1}{\partial x_2} & \cdots & \dfrac{\partial g_1}{\partial x_n} \\[2mm] \dfrac{\partial g_2}{\partial x_1} & \dfrac{\partial g_2}{\partial x_2} & \cdots & \dfrac{\partial g_2}{\partial x_n} \\[1mm] \vdots & \vdots & & \vdots \\[1mm] \dfrac{\partial g_p}{\partial x_1} & \dfrac{\partial g_p}{\partial x_2} & \cdots & \dfrac{\partial g_p}{\partial x_n} \end{pmatrix}_{w_o(t)}, \quad D(t) \in \pmb{R}^{p \times m} = \begin{pmatrix} \dfrac{\partial g_1}{\partial u_1} & \dfrac{\partial g_1}{\partial u_2} & \cdots & \dfrac{\partial g_1}{\partial u_m} \\[2mm] \dfrac{\partial g_2}{\partial u_1} & \dfrac{\partial g_2}{\partial u_2} & \cdots & \dfrac{\partial g_2}{\partial u_m} \\[1mm] \vdots & \vdots & & \vdots \\[1mm] \dfrac{\partial g_p}{\partial u_1} & \dfrac{\partial g_p}{\partial u_2} & \cdots & \dfrac{\partial g_p}{\partial u_m} \end{pmatrix}_{w_o(t)}$$

注意，满足式（5-66）的工作点是 $\delta w(t)$，而不是 $w(t)$ 或 $w_o(t)$。

$\delta w(t) = 0$ 一定是式（5-66）所示线性状态空间模型的一个平衡点。当 $\delta w(t)$ 较小，即工作点离 $w_o(t)$ 较近时，式（5-64）的公式截断误差较小，式（5-66）所示线性状态空间模型能近似反映式（5-60）所示非线性模型的特性。当 $\delta w(t)$ 较大，即工作点离 $w_o(t)$ 较远时，式（5-64）的公式截断误差会比较大，那么式（5-66）所示线性状态空间模型可能就不再能反映式（5-60）所示非线性模型的特性了。

5.3.2　模型线性化的相关函数

python-control 中有两个函数与非线性模型线性化有关。函数 find_eqpt()用于计算一个 I/O 模型在某个工作点附近的平衡点，该函数的原型定义如下：

```
control.find_eqpt(sys, x0, u0=None, y0=None, t=0, params=None, iu=None, iy=None, ix=None, idx=None, dx0=None, return_y=False, return_result=False) -> (xeq, ueq, [yeq,result])
```

该函数的输入参数比较多，几个主要参数的意义如下，其他参数的意义见 python-control 官方文档。

- sys：InputOutputSystem 类或其子类的对象，表示待查找平衡点的系统（可以是线性系统，也可以是非线性系统）。
- x0：在平衡点附近的一个初始状态值，函数的功能就是查找此初始状态附近的平衡点。
- u0：在平衡点附近的初始输入值。如果系统没有输入变量，可以忽略 u0。
- y0：在平衡点附近的初始输出值。一般情况下，不要同时设置 u0 和 y0。
- t：时间变量的值，对于时变系统才需要设置这个值。

- params：字典类型的模型参数。
- return_y：是否返回平衡点的输出值，默认为 False，也就是不返回。
- return_result：是否返回用函数 scipy.optimize.root()计算平衡点时的计算结果。

几个输出参数的意义如下。

- xeq：平衡点的状态变量值。如果未找到平衡点，其值为 None。
- ueq：平衡点的输入变量值。如果未找到平衡点，其值为 None。
- yeq：平衡点的输出变量值。如果输入参数 return_y 为 False 或未找到平衡点，其值为 None。
- result：scipy.optimize.OptimizeResult 类型的变量，表示优化计算结果。若输入参数 return_result 设置为 True，将返回函数 scipy.optimize.root()的计算结果。

函数 linearize()用于将一个 I/O 模型在某个工作点附近线性化，得到线性化的 I/O 模型。函数 linearize()的原型定义如下：

```
control.linearize(sys, xeq, ueq=None, t=0, params=None, **kw)   -> sys_io
```

其中，输入参数 sys 是 InputOutputSystem 类型的模型；xeq 是模型线性化处的状态值，可以是非平衡点的状态值；ueq 是线性化处的输入值；t 是线性化处的时间值，只对时变系统有意义；params 是字典类型的数据，表示模型的自定义参数；kw 是其他可选关键字参数。

函数 linearize()的返回值是 LinearIOSystem 类型对象，是用状态空间模型表示的线性系统。

【例 5.16】 一个非线性系统模型表达式为

$$\begin{cases} \dot{x}_1 = -x_2 - x_1^2 \\ \dot{x}_2 = 2x_1^3 + u \\ y = x_1 \end{cases}$$

（1）若输入 $u = 16$，求系统平衡点的状态值。

（2）若输入 $u_o = 1$，将该系统在 x_o 分别为 $(-2 \quad -4)^{\mathrm{T}}$ 和 $(1 \quad 1)^{\mathrm{T}}$ 处线性化。

解：（1）若输入 $u = 16$，系统处于平衡状态时有

$$\begin{cases} 0 = -x_2 - x_1^2 \\ 0 = 2x_1^3 + 16 \end{cases}$$

解此方程组，得平衡状态为 $\bar{x} = (-2 \quad -4)^{\mathrm{T}}$

（2）根据线性化公式，得

$$A = \begin{pmatrix} \dfrac{\partial f_1}{\partial x_1} & \dfrac{\partial f_1}{\partial x_2} \\ \dfrac{\partial f_2}{\partial x_1} & \dfrac{\partial f_2}{\partial x_2} \end{pmatrix} = \begin{pmatrix} -2x_1 & -1 \\ 6x_1^2 & 0 \end{pmatrix}\bigg|_{x_o}, \quad B = \begin{pmatrix} \dfrac{\partial f_1}{\partial u} \\ \dfrac{\partial f_2}{\partial u} \end{pmatrix} = \begin{pmatrix} 0 \\ 1 \end{pmatrix}, \quad C = \begin{pmatrix} 1 & 0 \end{pmatrix}$$

可见矩阵 A 只与状态变量 x_o 有关，与输入 u_o 无关，而矩阵 B 和 C 都是常数矩阵。

当 $x_o = \begin{pmatrix} -2 & -4 \end{pmatrix}^{\mathrm{T}}$ 时，$A = \begin{pmatrix} 4 & -1 \\ 24 & 0 \end{pmatrix}$

当 $x_o = \begin{pmatrix} 1 & 1 \end{pmatrix}^{\mathrm{T}}$ 时，$A = \begin{pmatrix} -2 & -1 \\ 6 & 0 \end{pmatrix}$

由计算结果可见，对一个非线性模型在不同的工作点进行线性化，得到的线性模型的表达式是不一样的。线性化之后的模型只能在工作点附近近似表示非线性模型的特性，而不能表示非线性模型的全局特性。

下面是针对本示例问题求解编写的程序。

```python
[1]: ''' 程序文件: note5_16.ipynb
     【例 5.16】非线性模型的线性化
     '''
     import numpy as np
     import control as ctr
     from control import InputOutputSystem

     class NL_Model516(InputOutputSystem):      #定义一个非线性状态空间模型类
         def __init__(self):
             InputOutputSystem.__init__(self)
             self.set_inputs(1, prefix='u')
             self.set_outputs(1,prefix='y')
             self.set_states(2, prefix='x')

         def _rhs(self, t, x, u):                #定义状态方程
             x1= x[0]
             x2= x[1]
             dx1= -x2-x1*x1
             dx2= 2*x1**3+u[0]
             dx= np.array([dx1,dx2])
             return dx

         def _out(self, t, x, u):                #定义输出方程
             y= np.array([x[0]])
             return y
```

```python
[2]: NL_sys= NL_Model516()                      #定义非线性系统 I/O 模型
     x0= [1,0]
     u0= 16
     xeq, ueq= ctr.find_eqpt(NL_sys, x0, u0)    #计算系统的平衡点
     (xeq, ueq)
[2]: (array([-2., -4.]), array([16.]))
```

```python
[3]: x0= [-2,-4]
     u0= 1
     LIN_sys1= ctr.linearize(NL_sys,x0,u0)      #在一个工作点处线性化
     LIN_sys1
```

$$[3]: \left[\begin{array}{cc|c} 4 & -1 & 0 \\ 24 & 0 & 1 \\ \hline 1 & 0 & 0 \end{array}\right]$$

```python
[4]: ps1= LIN_sys1.poles()                      #计算线性模型的极点
     ps1
```

```
[4]:    array([1.9999995+4.47213484j, 1.9999995-4.47213484j])
[5]:    x0= [1,1]
        u0= 0
        LIN_sys2= ctr.linearize(NL_sys,x0,u0)    #在另一个工作点处线性化
        LIN_sys2
```

$$
[5]: \quad \begin{pmatrix} -2 & -1 & 0 \\ 6 & 0 & 1 \\ 1 & 0 & 0 \end{pmatrix}
$$

```
[6]:    ps2= LIN_sys2.poles()                     #计算线性模型的极点
        ps2
[6]:    array([-1.0000005+2.2360691j, -1.0000005-2.2360691j])
```

输入[1]中从 InputOutputSystem 类继承，定义了一个 I/O 模型类 NL_Model516，用于表示本示例中的非线性模型。自定义 I/O 模型类的方法参见 5.1.7 小节。

输入[2]中创建了一个 NL_Model516 类型的模型 NL_sys，然后设置初始值 $x_0 = \begin{pmatrix} 1 & 0 \end{pmatrix}^T$，$u_0 = 16$，用函数 find_eqpt() 在此初始工作点附近计算模型 NL_sys 平衡点的状态值和输出值。输出[2]中显示计算的平衡点状态值为 $\bar{x} = \begin{pmatrix} -2 & -4 \end{pmatrix}^T$，这与示例中解析计算的结果一致。

输入[3]中设置工作点 $x_o = \begin{pmatrix} -2 & -4 \end{pmatrix}^T$，$u_o = 1$，用函数 linearize() 对非线性模型 NL_sys 在此工作点进行线性化，得到线性化模型 LIN_sys1。输出[3]中显示的线性模型 LIN_sys1 的状态空间模型表达式与示例中理论计算的结果是一致的。输入[4]中计算了模型 LIN_sys1 的极点，它的极点都具有正实部，表明非线性模型在此工作点附近是局部不稳定的。

同样，输入[5]中设置了工作点 $x_o = \begin{pmatrix} 1 & 1 \end{pmatrix}^T$，$u_o = 0$，对模型 NL_sys 进行了线性化，得到线性模型 LIN_sys2，其状态空间模型表达式与示例中理论计算的结果是一致的。输入[6]中计算了模型 LIN_sys2 的极点，它的极点都具有负实部，表明非线性模型在此工作点附近是局部稳定的。

5.4　结构图模型

结构图也是表示系统模型的一种形式，使用结构图可以将系统模块化，并且清晰地表示模块之间的连接关系。针对结构图表示的系统，我们可以通过结构图化简得到系统整体的传递函数模型或状态空间模型。使用 python-control 还可以直接对结构图建立互联系统模型，无须对结构图进行化简，甚至还可以处理带有非线性环节的结构图。本节介绍如何针对结构图表示的系统建立模型，结构图模型在第 6 章和第 7 章可用于仿真计算。

5.4.1　一阶环节的状态空间模型

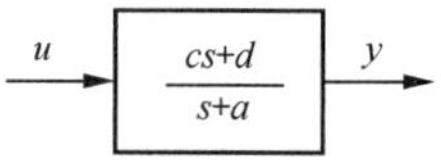

图 5-7　一阶环节

图 5-7 所示为一个一阶环节，其输入输出之间的关系为

$$
\frac{Y(s)}{U(s)} = \frac{cs+d}{s+a} \tag{5-67}
$$

其中，a、c、d 是实数。将其转换为微分方程，得

$$\dot{y} + ay = c\dot{u} + du \tag{5-68}$$

当 $c = 0$ 时，系统是一阶惯性环节，定义状态变量 $x = y$，则状态空间模型表达式为

$$\begin{cases} \dot{x} = -ax + du \\ y = x \end{cases} \tag{5-69}$$

当 $c \neq 0$ 时，

$$\frac{Y(s)}{U(s)} = \frac{c(s+a) - ca + d}{s + a} = c + \frac{d - ca}{s + a} \tag{5-70}$$

其状态空间模型表达式为

$$\begin{cases} \dot{x} = -ax + (d - ca)u \\ y = x + cu \end{cases} \tag{5-71}$$

注意，纯比例环节没有状态方程，纯微分环节是非因果系统，所以纯比例环节和纯微分环节不能作为独立的环节来处理。

5.4.2　二阶环节的分解

二阶环节传递函数为

$$\frac{Z(s)}{R(s)} = \frac{\omega_n^2}{s^2 + 2\xi\omega_n s + \omega_n^2} \tag{5-72}$$

如果它有两个实数极点 p_1 和 p_2，那么它可以分解为两个一阶环节的串联，即

$$\frac{Z(s)}{R(s)} = \frac{p_1 p_2}{(s - p_1)(s - p_2)} \tag{5-73}$$

如果式（5-72）的极点是共轭复数极点，还可以将式（5-72）所示的二阶系统分解为图 5-8 所示的两个一阶环节串联再加一个单位反馈的形式。图 5-8 中的两个一阶环节都可以按照式（5-69）写出环节的状态空间模型。

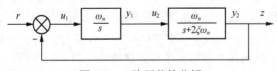

图 5-8　二阶环节的分解

5.4.3　结构图的状态空间模型

1. 环节内部的模型

将整个系统的结构图分解为典型的一阶环节的组合后，不管环节之间的联系，每个一阶环节都可以按照式（5-69）或式（5-71）写出其状态空间模型。将式（5-69）和式（5-71）统一为如

下的形式。

$$\begin{cases} \dot{x} = \tilde{a}x + \tilde{b}u \\ y = \tilde{c}x + \tilde{d}u \end{cases} \tag{5-74}$$

假设一个结构图表示的系统有 n 个一阶环节（可对照图 5-8 理解后面介绍的原理和公式），并且没有纯比例和纯微分环节。那么，将每个环节的状态变量、输入变量和输出变量组合起来，定义为向量形式。

$$x = \begin{pmatrix} x_1 \\ x_2 \\ \vdots \\ x_n \end{pmatrix} \qquad u = \begin{pmatrix} u_1 \\ u_2 \\ \vdots \\ u_n \end{pmatrix} \qquad y = \begin{pmatrix} y_1 \\ y_2 \\ \vdots \\ y_n \end{pmatrix} \tag{5-75}$$

将每个环节的式（5-74）的状态空间模型拼接起来，表示为矩阵形式，得到如下的模型。

$$\dot{x} = \mathrm{diag}\left(\tilde{a}_1, \tilde{a}_2, \cdots, \tilde{a}_n\right)x + \mathrm{diag}\left(\tilde{b}_1, \tilde{b}_2, \cdots, \tilde{b}_n\right)u = Ax + Bu$$
$$y = \mathrm{diag}\left(\tilde{c}_1, \tilde{c}_2, \cdots, \tilde{c}_n\right)x + \mathrm{diag}\left(\tilde{d}_1, \tilde{d}_2, \cdots, d_n\right)u = Cx + Du \tag{5-76}$$

其中，A、B、C、D 是 4 个对角矩阵。把式（5-76）所示模型称为整个结构图的各一阶环节的拼接模型。

2. 整个结构图的状态空间模型

设整个系统的输入为 r，根据环节之间的连接情况，写出环节输入变量 u 与环节输出变量 y 和系统输入 r 之间的关系，称之为环节之间的连接方程。

$$u = Wy + W_0 r \tag{5-77}$$

如果式（5-76）中矩阵 D 是零矩阵，即整个结构图中只有积分环节和一阶惯性环节，此时式（5-76）可以简化为

$$\dot{x} = Ax + Bu$$
$$y = Cx \tag{5-78}$$

将式（5-77）代入式（5-78），得到的状态方程为

$$\dot{x} = Ax + B\left(Wy + W_0 r\right) = \left(A + BWC\right)x + BW_0 r \tag{5-79}$$

整个结构图的输出用 z 表示，可以根据环节之间的连接情况直接写出输出方程为

$$z = Py + Qr \tag{5-80}$$

再将式（5-78）中的输出方程代入上式，得到系统的输出方程为

$$z = PCx + Qr \tag{5-81}$$

这样，就得到了整个结构图的状态空间模型，即

$$\begin{cases} \dot{x} = (A + BWC)x + BW_0 r \\ z = PCx + Qr \end{cases} \tag{5-82}$$

当式（5-76）中的矩阵 D 不是零矩阵时，也就是系统存在比例微分环节或超前滞后环节时，也可以得到系统的状态空间模型，只是公式稍微复杂一些，我们就不具体推导了。

【例 5.17】 一个系统的结构图如图 5-9 所示，各环节的传递函数为

$$G_1(s) = \frac{1}{s+2}, \quad G_2(s) = \frac{3}{s}, \quad G_3(s) = \frac{6}{s+5}, \quad G_4(s) = \frac{1}{s}$$

写出系统各环节内部状态空间模型、环节之间连接方程和整个系统的状态空间模型。

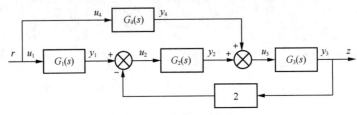

图 5-9　系统的结构图

解：（1）先根据各环节的传递函数写出环节的状态方程和输出方程

$$G_1(s) = \frac{1}{s+2} \quad \Rightarrow \quad \begin{cases} \dot{x}_1 = -2x_1 + u_1 \\ y_1 = x_1 \end{cases}$$

$$G_2(s) = \frac{3}{s} \quad \Rightarrow \quad \begin{cases} \dot{x}_2 = 3u_2 \\ y_2 = x_2 \end{cases}$$

$$G_3(s) = \frac{6}{s+5} \quad \Rightarrow \quad \begin{cases} \dot{x}_3 = -5x_3 + 6u_3 \\ y_3 = x_3 \end{cases}$$

$$G_4(s) = \frac{1}{s} \quad \Rightarrow \quad \begin{cases} \dot{x}_4 = u_4 \\ y_4 = x_4 \end{cases}$$

整理为矩阵形式就是

$$\begin{pmatrix} \dot{x}_1 \\ \dot{x}_2 \\ \dot{x}_3 \\ \dot{x}_4 \end{pmatrix} = \begin{pmatrix} -2 & 0 & 0 & 0 \\ 0 & 0 & 0 & 0 \\ 0 & 0 & -5 & 0 \\ 0 & 0 & 0 & 0 \end{pmatrix} \begin{pmatrix} x_1 \\ x_2 \\ x_3 \\ x_4 \end{pmatrix} + \begin{pmatrix} 1 & 0 & 0 & 0 \\ 0 & 3 & 0 & 0 \\ 0 & 0 & 6 & 0 \\ 0 & 0 & 0 & 1 \end{pmatrix} \begin{pmatrix} u_1 \\ u_2 \\ u_3 \\ u_4 \end{pmatrix} = Ax + Bu$$

$$\begin{pmatrix} y_1 \\ y_2 \\ y_3 \\ y_4 \end{pmatrix} = \begin{pmatrix} 1 & 0 & 0 & 0 \\ 0 & 1 & 0 & 0 \\ 0 & 0 & 1 & 0 \\ 0 & 0 & 0 & 1 \end{pmatrix} \begin{pmatrix} x_1 \\ x_2 \\ x_3 \\ x_4 \end{pmatrix} = Cx$$

（2）各环节之间的连接方程为

$$\begin{cases} u_1 = r \\ u_2 = y_1 - 2y_3 \\ u_3 = y_2 + y_4 \\ u_4 = r \end{cases} \Rightarrow \begin{pmatrix} u_1 \\ u_2 \\ u_3 \\ u_4 \end{pmatrix} = \begin{pmatrix} 0 & 0 & 0 & 0 \\ 1 & 0 & -2 & 0 \\ 0 & 1 & 0 & 1 \\ 0 & 0 & 0 & 0 \end{pmatrix} \begin{pmatrix} y_1 \\ y_2 \\ y_3 \\ y_4 \end{pmatrix} + \begin{pmatrix} 1 \\ 0 \\ 0 \\ 1 \end{pmatrix} r = Wy + W_0 r$$

（3）将环节之间的连接方程代入环节内部状态方程，得

$$\dot{x} = Ax + Bu = Ax + B(WCx + W_0 r) = (A + BWC)x + BW_0 r$$

代入各矩阵的具体值，计算得到

$$\dot{x} = \begin{pmatrix} -2 & 0 & 0 & 0 \\ 3 & 0 & -6 & 0 \\ 0 & 6 & -5 & 6 \\ 0 & 0 & 0 & 0 \end{pmatrix} x + \begin{pmatrix} 1 \\ 0 \\ 0 \\ 1 \end{pmatrix} r$$

而整个系统输出是 $z = y_3 = x_3$，写成矩阵形式就是

$$z = \begin{pmatrix} 0 & 0 & 1 & 0 \end{pmatrix} x$$

针对这个示例编写一个程序，可以看到程序计算的结果与手动计算的结果是一致的。

```
[1]:    ''' 程序文件：note5_17.ipynb
        【例5.17】 面向结构图的状态空间模型建模
        '''
        import control as ctr
        import numpy as np
        A= np.diag([-2,0,-5,0])    #各环节内部状态方程的矩阵 A, dx= A*x +B*u
        B= np.diag([1,3,6,1])      #各环节内部状态方程的矩阵 B
        C= np.eye(4,4)             #4×4的单位矩阵，各环节内部输出方程的矩阵 C, y= C*x+D*u
[2]:    W= np.array([[0,0,0,0],[1,0,-2,0],[0,1,0,1],[0,0,0,0]])    #环节之间的连接方程
        W0= np.array([1,0,0,1]).reshape(4,1)    # u= W*y +W0*r
[3]:    A2= A + B @ W @ C          #整个系统状态方程中的矩阵 A2 = A+ B*W*C
        A2
[3]:    array([[-2.,  0.,  0.,  0.],
               [ 3.,  0., -6.,  0.],
               [ 0.,  6., -5.,  6.],
               [ 0.,  0.,  0.,  0.]])
[4]:    B2= B @ W0                 #整个系统状态方程中的矩阵 B2 = B*W0
        B2
[4]:    array([[1],
               [0],
               [0],
               [1]])
[5]:    C2= np.array([0,0,1,0])    #整个系统输出方程中的矩阵 C2, 根据连接直接写出的, z= y3
        sys= ctr.ss(A2,B2,C2,0)    #整个系统的状态空间模型
        sys
```

$$
[5]: \quad \begin{pmatrix} -2 & 0 & 0 & 0 & | & 1 \\ 3 & 0 & -6 & 0 & | & 0 \\ 0 & 6 & -5 & 6 & | & 0 \\ 0 & 0 & 0 & 0 & | & 1 \\ \hline 0 & 0 & 1 & 0 & | & 0 \end{pmatrix}
$$

5.4.4　结构图的程序化建模方法

当一个结构图的各环节都是 LTI 系统时，我们可以通过结构图化简得到其整体传递函数模型，也可以用 5.4.3 小节介绍的方法建立整体的状态空间模型。python-control 中有一些函数可以实现结构图模型的化简，从而建立结构图整体的传递函数模型或状态空间模型。

1.　环节合并处理的相关函数

在对一个结构图进行模型简化时，也就是求结构图的整体传递函数时，需要用到环节的并联、串联、反馈、拼接、互联等处理。python-control 中有一些进行环节合并处理的函数，这些函数的功能见表 5-7。

表 5-7　进行环节合并处理的相关函数

函数	功能
parallel(sys1, sys2, [..., sysn])	返回多个系统并联后的系统，返回的系统是 sys1 + sys2 (+ ⋯ + sysn) 参数 sys1、sys2 等可以是标量、StateSpace 对象或 TransferFunction 对象
series(sys1, sys2, [..., sysn])	返回多个系统串联后的系统，返回的系统是 (sysn ⋯ ⋯) sys2 · sys1 参数 sys1、sys2 等可以是标量、StateSpace 对象或 TransferFunction 对象
negate(sys)	返回一个系统的负的系统
feedback(sys1[, sys2, sign])	返回两个环节的反馈系统。sys1 是前向通道环节；sys2 是反馈通道的环节（如果存在）；sign 是反馈的符号，1 表示正反馈，−1 表示负反馈

【例 5.18】一个结构图表示的系统如图 5-10 所示，求其闭环传递函数。

解：根据控制理论的处理方法，该系统的闭环传递函数为

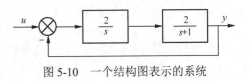

图 5-10　一个结构图表示的系统

$$
G(s) = \frac{\dfrac{2 \times 2}{s(s+1)}}{1 + \dfrac{2 \times 2}{s(s+1)}} = \frac{4}{s^2 + s + 4}
$$

使用 python-control 中的一些函数，我们可以通过编程求这个系统的闭环传递函数。

```
[1]:    ''' 程序文件：note5_18.ipynb
        【例 5.18】使用环节合并处理的一些函数，求闭环系统传递函数
        '''
        import control as ctr
```

```
import numpy as np
sys1= ctr.tf(2,[1,0])                    #定义环节1: 2/s
sys1
```

[1]: $\dfrac{2}{s}$

[2]:
```
sys2= ctr.tf(2,[1,1])                    #定义环节2: 2/(s+1)
sys2
```

[2]: $\dfrac{2}{s+1}$

[3]:
```
sys_for= ctr.series(sys1,sys2)           #两个环节串联
sys_for
```

[3]: $\dfrac{4}{s^2+s}$

[4]:
```
sys_back= 1                              #反馈环节
sign= -1                                 #反馈符号，-1表示负反馈
Gs= ctr.feedback(sys_for,sys_back,sign)  #反馈连接
Gs
```

[4]: $\dfrac{4}{s^2+s+4}$

注意，在输入[4]中使用函数 feedback()时，不能写成 feedback(sys_for, −1)，这样得到的结果是 $\dfrac{4}{s^2+s-4}$。这是因为 feedback(sys_for, −1)中的−1 是定义反馈环节为−1，默认负反馈，相当于执行的是 feedback(sys_for,−1,−1)，而我们要执行的是 feedback(sys_for,1, −1)。

2. 结构图整体模型的建立

如果一个结构图的各个环节都是 LTI 系统，那么我们可以使用 5.4.3 小节介绍的方法建立整个系统的状态空间模型，而不需要使用面向结构图的传递函数简化方法。

python-control 中提供了两个函数用于实现全 LTI 环节的结构图的状态空间模型的建立。第一个函数是 append()，它用于建立各个子系统的拼接系统，其定义如下：

```
control.append(sys1, sys2[, ..., sysn])    -> sys_ss
```

其中，sys1、sys2、…、sysn 是各环节的模型，都是 StateSpace 或 TransferFunction 类对象。各环节可以是一维的，也可以是多维的。

函数 append()的返回值是 StateSpace 对象，是各个子系统的扩维拼接模型。如果各子系统是一阶环节状态空间模型，那么返回的就是式（5-76）表示的状态空间模型。

另外一个函数是 connect()，它根据拼接的系统，以及环节之间的连接关系建立总的状态空间模型。函数 connect()可以对 SISO 或 MIMO 的结构图建模，其定义如下：

```
control.connect(sys, Q, inputv, outputv)    -> sys_ss
```

下面详细介绍各参数的意义。

（1）sys 是通过 append()函数创建的各环节的拼接系统。

（2）Q 是一个二维数组，称为互联矩阵。矩阵 Q 的第一列是需要设置输入信号的环节编号，第二列是某个环节的编号，此环节的输出作为此输入的全部或一部分，若还有环节的输出与此输

入信号相关，就再增加一列写入环节的编号。环节的编号若为负就表示负反馈，若为 0 就表示无关。环节的编号是从 1 开始的。

Q 矩阵中的值都表示环节的编号，所以结构图中的某个环节如果是个比例系数，例如图 5-9 中反馈回路上的比例系数 2，那么这个比例环节需要单独作为环节建立模型，而不能像 5.4.3 小节介绍的那样作为一个连接系数处理。当然也可以把反馈回路上的这个系数融合到其他环节里，使反馈回路上的系数为 1，那么就不需要多定义一个环节了。

如果把图 5-9 中的反馈系数当作一个环节处理，那么系统结构图如图 5-11 所示。

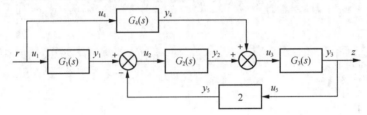

图 5-11　系统结构图（比例环节作为单独的环节）

各环节的输入与其他环节的输出以及系统输入之间的关系如下

$$\begin{cases} u_1 = r \\ u_2 = y_1 - y_5 \\ u_3 = y_2 + y_4 \\ u_4 = r \\ u_5 = y_3 \end{cases}$$

有 3 个环节的输入与其他环节的输出有关，那么矩阵 $\boldsymbol{Q}$ 的定义如下

$$\boldsymbol{Q} = \begin{pmatrix} 2 & 1 & -5 \\ 3 & 2 & 4 \\ 5 & 3 & 0 \end{pmatrix}$$

其中，第一列的数表示需要定义输入的环节的编号，第一列的数字表示 u_2、u_3、u_5。第二列和第三列表示与环节输入相关的环节的编号，例如第一行的数字表示的是 $u_2 = y_1 - y_5$，第二行的数字表示的是 $u_3 = y_2 + y_4$，而第三行表示的是 $u_5 = y_3$。

（3）inputv 是一个一维数组，是与系统输入相关的环节的编号，环节编号从 1 开始。

注意，数组 inputv 有几个元素，就相当于有几个系统输入。例如，对于图 5-11，u_1 和 u_4 与系统输入有关，如果定义 inputv $= \begin{bmatrix} 1 & 4 \end{bmatrix}$，那么相当于系统有两个系统输入 r_1 和 r_2，那么最后得到的系统状态空间模型的输入变量长度为 2，而不是 1。

要解决这个问题，可以在系统输入 r 之后加一个纯比例环节 $G_6(s) = 1$。这样，系统输入只与环节 6 有关，定义 inputv $= \begin{bmatrix} 6 \end{bmatrix}$ 即可。当然，增加一个环节后，各环节之间的连接矩阵 $\boldsymbol{Q}$ 需要重新定义。

（4）outputv 是一个一维数组，是与系统输出相关的环节的编号，环节编号从 1 开始。

对图 5-11 所示的系统来说，系统输出是 $z = y_3$，所以定义 outputv $=[3]$。

注意，outputv 也存在与 inputv 一样的问题。如果系统输出是多个环节的输出的组合，那么需要在系统输出端增加一个系数为 1 的纯比例环节。

函数 connect() 的返回值是一个 StateSpace 对象，表示整个结构图的状态空间模型。

【例 5.19】对于图 5-11 所示的系统结构图，在系统输入端增加一个系数为 1 的纯比例环节，如图 5-12 所示。结构图中各环节的传递函数为

$$G_1(s) = \frac{1}{s+2}, \quad G_2(s) = \frac{3}{s}, \quad G_3(s) = \frac{6}{s+5}, \quad G_4(s) = \frac{1}{s}$$

编写程序建立整个系统的模型。

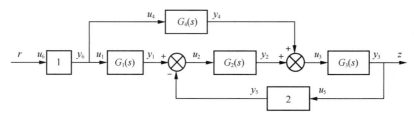

图 5-12　增加 2 个纯比例环节后的系统结构图

解：图 5-12 中 4 个动态环节的状态空间模型在【例 5.17】中已经写出，故不再列出。

各环节的输入与其他环节的输出以及系统输入之间的关系如下

$$\begin{cases} u_1 = y_6 \\ u_2 = y_1 - y_5 \\ u_3 = y_2 + y_4 \\ u_4 = y_6 \\ u_5 = y_3 \\ u_6 = r \end{cases}$$

那么互联矩阵 Q 就定义为

$$Q = \begin{pmatrix} 1 & 6 & 0 \\ 2 & 1 & -5 \\ 3 & 2 & 4 \\ 4 & 6 & 0 \\ 5 & 3 & 0 \end{pmatrix}$$

环节输入与系统输入之间关系只有 $u_6 = r$，所以定义 inputv $=[6]$。

系统输出与环节输出之间的关系只有 $z = y_3$，所以定义 outputv $=[3]$。

根据这些数据编程，就可以求出系统整体的模型。

```
[1]:    ''' 程序文件：note5_19.ipynb
        【例 5.19】用 append() 函数和 connect() 函数创建结构图的整体模型
        '''
        import control as ctr
        import numpy as np
        sys1= ctr.ss(-2,1,1,0)      #定义 6 个环节的状态空间模型
        sys2= ctr.ss(0,3,1,0)
        sys3= ctr.ss(-5,6,1,0)
        sys4= ctr.ss(0,1,1,0)
        sys5= ctr.ss(0,0,0,2)       #第 5 个环节是反馈回路上的纯比例环节，G5(s)=2
        sys6= ctr.ss(0,0,0,1)       #第 6 个环节是系统输入通道上的纯比例环节，G6(s)=1
        sys_append1= ctr.append(sys1,sys2,sys3,sys4,sys5,sys6)   #建立 6 个环节的拼接模型
        sys_append1
```

```
[1]:    StateSpace(array([[-2.,  0.,  0.,  0.,  0.,  0.],
               [ 0.,  0.,  0.,  0.,  0.,  0.],
               [ 0.,  0., -5.,  0.,  0.,  0.],
               [ 0.,  0.,  0.,  0.,  0.,  0.],
               [ 0.,  0.,  0.,  0.,  0.,  0.],
               [ 0.,  0.,  0.,  0.,  0.,  0.]]), array([[1., 0., 0., 0., 0., 0.],
               [0., 3., 0., 0., 0., 0.],
               [0., 0., 6., 0., 0., 0.],
               [0., 0., 0., 1., 0., 0.],
               [0., 0., 0., 0., 0., 0.]]), array([[1., 0., 0., 0., 0., 0.],
               [0., 1., 0., 0., 0., 0.],
               [0., 0., 1., 0., 0., 0.],
               [0., 0., 0., 1., 0., 0.],
               [0., 0., 0., 0., 0., 0.]]), array([[0., 0., 0., 0., 0., 0.],
               [0., 0., 0., 0., 0., 0.],
               [0., 0., 0., 0., 0., 0.],
               [0., 0., 0., 0., 0., 0.],
               [0., 0., 0., 0., 2., 0.],
               [0., 0., 0., 0., 0., 1.]]))
```

```
[2]:    #显示模型的输入变量、输出变量、状态变量个数
        sys_append1.ninputs, sys_append1.noutputs, sys_append1.nstates
[2]:    (6, 6, 6)
```

```
[3]:    Q= np.array([[1,6,0],[2,1,-5],[3,2,4],[4,6,0],[5,3,0]])   #6 个环节的互联关系矩阵
        inputv = [6]      #与系统输入连接的环节编号
        outputv= [3]      #与系统输出连接的环节编号
        sys_whole1= ctr.connect(sys_append1, Q, inputv, outputv)  #创建 6 个环节的互联系统
        sys_whole1
```

$$
[3]: \quad
\left(
\begin{array}{cccc|cc|c}
-2 & 0 & 0 & 0 & 0 & 0 & 1 \\
3 & 0 & -6 & 0 & 0 & 0 & 0 \\
0 & 6 & -5 & 6 & 0 & 0 & 0 \\
0 & 0 & 0 & 0 & 0 & 0 & 1 \\
0 & 0 & 0 & 0 & 0 & 0 & 0 \\
0 & 0 & 0 & 0 & 0 & 0 & 0 \\
\hline
0 & 0 & 1 & 0 & 0 & 0 & 0
\end{array}
\right)
$$

```
[4]:    tf_whole1= ctr.ss2tf(sys_whole1)        #转为传递函数模型
```

```
tf_whole1
```

[4]:
$$\frac{6s+30}{s^3+7s^2+46s+72}$$

[5]:
```
tf1= ctr.tf([1],[1,2])          #定义 6 个环节的传递函数
tf2= ctr.tf([3],[1,0])
tf3= ctr.tf([6],[1,5])
tf4= ctr.tf([1],[1,0])
tf5= ctr.tf([2],[1])            #第 5 个环节是反馈回路上的纯比例环节, G5(s)=2
tf6= ctr.tf([1],[1])            #第 6 个环节是系统输入通道上的纯比例环节, G6(s)=1
sys_append2= ctr.append(tf1,tf2,tf3,tf4,tf5,tf6)   #创建 6 个环节的拼接模型
sys_append2
```

[5]:
$$\left(\begin{array}{cccc|cccccc}
-2 & 0 & 0 & 0 & 1 & 0 & 0 & 0 & 0 \\
0 & -0 & 0 & 0 & 0 & 1 & 0 & 0 & 0 \\
0 & 0 & -5 & 0 & 0 & 0 & 1 & 0 & 0 \\
0 & 0 & 0 & -0 & 0 & 0 & 0 & 1 & 0 \\
\hline
1 & 0 & 0 & 0 & 0 & 0 & 0 & 0 & 0 \\
0 & 3 & 0 & 0 & 0 & 0 & 0 & 0 & 0 \\
0 & 0 & 6 & 0 & 0 & 0 & 0 & 0 & 0 \\
0 & 0 & 0 & 1 & 0 & 0 & 0 & 0 & 0 \\
0 & 0 & 0 & 0 & 0 & 0 & 0 & 2 & 0 \\
0 & 0 & 0 & 0 & 0 & 0 & 0 & 0 & 1
\end{array}\right)$$

[6]:
```
#显示模型的输入变量、输出变量、状态变量个数
sys_append2.ninputs, sys_append2.noutputs, sys_append2.nstates
```

[6]: (6, 6, 4)

[7]:
```
sys_whole2= ctr.connect(sys_append2, Q, inputv, outputv)   #创建 6 个环节的互联系统
sys_whole2
```

[7]:
$$\left(\begin{array}{cccc|c}
-2 & 0 & 0 & 0 & 1 \\
1 & 0 & -12 & 0 & 0 \\
0 & 3 & -5 & 1 & 0 \\
0 & 0 & 0 & 0 & 1 \\
0 & 0 & 6 & 0 & 0
\end{array}\right)$$

[8]:
```
tf_whole2= ctr.ss2tf(sys_whole2)                        #转换为传递函数模型
tf_whole2
```

[8]:
$$\frac{6s+30}{s^3+7s^2+46s+72}$$

　　输入[1]中定义了 6 个环节的状态空间模型,然后用函数 append()将 6 个状态空间模型拼接为模型 sys_append1。输出[1]没有直观地显示模型的各个矩阵,因为模型阶数高于 5 就不再以矩阵形式直观显示。输出[2]中显示了模型 sys_append1 的输入变量、输出变量和状态变量的个数,都是 6。

　　输入[3]中定义了各环节的互联矩阵 Q,与系统输入连接的环节编号向量 inputv,以及与系统输出连接的环节编号向量 outputv,然后用函数 connect()创建了这个结构图的互联系统模型 sys_whole1。输出[3]中显示了 sys_whole1 的状态空间模型,它有 6 个状态变量,但是只有 4 个是有效的,因为 2 个纯比例环节的状态方程总是零。所以,输出[3]中的状态空间模型的有效阶数是 4,状态方程的有效部分取图中虚线框里的内容,也就是总体的状态空间模型是

$$\begin{pmatrix} \dot{x}_1 \\ \dot{x}_2 \\ \dot{x}_3 \\ \dot{x}_4 \end{pmatrix} = \begin{pmatrix} -2 & 0 & 0 & 0 \\ 3 & 0 & -6 & 0 \\ 0 & 6 & -5 & 6 \\ 0 & 0 & 0 & 0 \end{pmatrix} \begin{pmatrix} x_1 \\ x_2 \\ x_3 \\ x_4 \end{pmatrix} + \begin{pmatrix} 1 \\ 0 \\ 0 \\ 1 \end{pmatrix} r$$

$$z = \begin{pmatrix} 0 & 0 & 1 & 0 \end{pmatrix} x$$

这与【例 5.17】中得到的结果是相同的。

输入[4]中将状态空间模型 sys_whole1 转换成传递函数模型 tf_whole1，这是整个系统的传递函数。

输入[5]中定义了 6 个环节的传递函数模型，然后用 append()函数得到 6 个环节的拼接模型 sys_append2。输出[5]中显示的拼接模型 sys_append2 只有 4 个状态变量，函数 append()自动去除了两个纯比例环节引入的无效状态变量。

输入[7]中使用 connect()函数从拼接模型 sys_append2，以及模型互联参数 Q、inputv 和 outputv 创建了互联系统模型 sys_whole2，输出[7]中显示的状态空间模型 sys_whole2 是 4 阶的，自动去除了两个无效状态。模型 sys_whole1 和 sys_whole2 的表达式不同，即使只取 sys_whole1 中有效的 4 阶状态空间模型，简化的模型也与模型 sys_whole2 是不一样的。

输入[8]中将状态空间模型 sys_whole2 转换为传递函数模型 tf_whole2，它与前面得到的传递函数模型 tf_whole1 的表达式是完全一样的。这是因为一个系统可以有多种状态空间模型，但是等效的传递函数是相同的。

由此可见，使用 python-control 中的 append()和 connect()函数可以比较方便地对结构图建立整体的状态空间模型，但是在使用中要注意如下的一些问题。

（1）环节不必是一阶的，也可以是高阶的。

（2）纯比例环节需要作为单独的环节，所以尽量不要出现纯比例环节。可以通过结构图等效变换的方法将比例系数融合到其他环节里。

（3）在列写与系统输入连接的环节编号向量 inputv 时，一个环节对应一个系统输入，所以如果一个系统输入传给多个环节（如图 5-11 所示），就需要在其前向通道上引入一个系数为 1 的比例环节（如图 5-12 所示）。当然，也可以用结构图等效变换的方法，将某个环节的输入后移，使其与系统输入无关，例如在图 5-11 中，可以将 u_4 移动到环节 $G_1(s)$ 的后面，而第 4 个环节的传递函数变为 $\dfrac{G_4(s)}{G_1(s)}$。

（4）在列写与系统输出连接的环节编号向量 outputv 时，一个环节对应一个系统输出。所以如果一个系统输出是多个环节的组合，就需要在系统输出通道上引入一个系数为 1 的比例环节。

5.4.5　面向结构图的互联系统建模方法

当一个结构图中各个环节都是 LTI 系统时，可以采用 5.4.4 小节的方法建立结构图的模型，但是只要有一个环节不是 LTI 系统，就不能采用 5.4.4 小节的方法。实际上结构图也可以看作一种模型，无须对其进行化简求整体的传递函数模型或状态空间模型，例如 Simulink 的仿真模型就是结构图，Simulink 可以直接对结构图进行仿真。

目前还没有基于 Python 的包或软件能实现类似于 Simulink 的图形化建模和仿真功能。但是针对一般性的结构图，python-control 中定义了互联系统模型类 InterconnectedSystem，它可以对含有非线性环节、时变系统环节等非 LTI 系统环节的结构图建立互联系统模型。这种互联系统模型不会对结构图进行化简，无须求结构图整体的传递函数模型或状态空间模型，但是这种互联系统模型可以用程序进行仿真计算。所以，使用 python-control 虽然不能实现 Simulink 那样的图形化建模与仿真，但是针对结构图是完全可以用程序建立其互联系统模型，然后进行仿真的。

1. 表示互联 I/O 模型的类

5.1.7 小节介绍了 python-control 中表示 I/O 模型的 3 个类：InputOutputSystem 类用于表示一般的状态空间模型，LinearIOSystem 类用于表示 LTI 系统的状态空间模型，NonlinearIOSystem 用于表示非线性系统状态空间模型。这 3 个模型类都用于表示单一系统整体的模型，如果要用一个 LinearIOSystem 模型表示图 5-9 所示的结构图，需要先将结构图化简得到其闭环传递函数，然后再根据闭环传递函数创建 LinearIOSystem 模型。

python-control 中还有另外两个 I/O 模型类，它们用于对多个 I/O 模型的互联系统建模，特别适合于对结构图表示的系统建模。

- InterconnectedSystem 类，用于定义一组 I/O 系统的互联系统，其父类是 InputOutputSystem。
- LinearICSystem 类，用于定义一组线性 I/O 系统的互联系统，其父类是 InterconnectedSystem 和 LinearIOSystem，所以 LinearICSystem 类有 A、B、C、D 这 4 个属性用于表示互联系统的状态空间模型。

几个 I/O 模型类和互联系统模型类的继承关系见图 4-1。互联系统就是包含多个子系统及其连接关系的系统，例如图 5-9 所示的整个系统是一个互联系统，而各个环节是子系统。子系统不必是一阶模型，也可以是高阶模型；子系统可以是线性的，也可以是非线性的。

InterconnectedSystem 用于表示一般的 I/O 系统的互联系统，子系统可以是非线性的。如果子系统全部是 LTI 系统，就可以用 LinearICSystem 类来表示互联系统，它用 A、B、C、D 这 4 个矩阵表示互联系统的状态空间模型。这两个类都有 dynamics() 方法用于计算状态方程的值，有 output() 方法计算输出方程的值。

2. 创建互联 I/O 模型

一般不要直接使用 InterconnectedSystem 和 LinearICSystem 类创建对象，而是要用 python-control 中的函数 interconnect() 创建互联系统模型。

函数 interconnect() 与 5.4.4 小节介绍的函数 control.connect() 的主要参数相似，系统输入和系统输出尽量只连接一个环节，否则要增加单位比例环节。但是 interconnect() 函数在描述系统各环节的连接关系时可以将比例环节的系数作为增益，所以纯比例环节无须单独作为环节。

为了说明函数 interconnect() 的用法，同时为了使系统输入只与一个环节连接，我们将图 5-9 所示结构图变换为图 5-13 所示等效结构图。

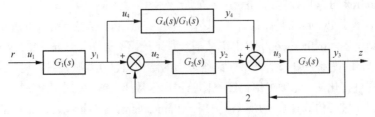

图 5-13　等效变换后的结构图

图 5-13 所示结构图中只有 4 个环节，定义新的环节

$$H_1(s) = G_1(s), \quad H_2(s) = G_2(s), \quad H_3(s) = G_3(s), \quad H_4(s) = \frac{G_4(s)}{G_1(s)}$$

这 4 个环节都是线性环节，可以为每个环节创建一个 StateSpace 模型，各环节的名称依次命名为 H1、H2、H3 和 H4。各环节的输入、输出、状态信号的默认名称是 u、y 和 x。

函数 interconnect() 的定义如下：

```
control.interconnect(syslist, connections=None, inplist=None, outlist=None, params=
None, check_unused=True, add_unused=False, ignore_inputs=None, ignore_outputs=None,
warn_duplicate=None, **kwargs)    -> sys_whole
```

我们以图 5-13 为例，说明函数 interconnect() 的各参数的意义。

- syslist 是一组 I/O 模型列表，是需要互联的子系统的模型列表，子系统可以是 InputOutputSystem 的任何子类对象。如果 syslist 中的模型都是 LinearIOSystem 模型，那么函数 interconnect() 返回的模型就是 LinearICSystem 类型对象，否则返回的模型是 InterconnectedSystem 类对象。

- connections 是一组表示子系统之间连接关系的连接的列表，其形式是

```
[connection1, connection2, …]
```

每个连接又是一个列表，它描述了一个子系统的一个输入与其他环节的输出之间的关系。每个连接的形式是

```
[input-spec, output-spec1, output-spec2, …]
```

其中，input-spec 是对一个子系统输入信号的描述，可以使用元组形式 (subsys_i, inp_j) 表示输入信号，其中 subsys_i 是子系统序号，inp_j 是输入信号的序号，序号都从 0 开始。另一种简单的方法是用子系统名称和信号名称表示，可以表示为 'sys.sig' 或元组 ('sys', 'sig')，例如 H1 环节的输入信号可以表示为 'H1.u[0]' 或 ('H1', 'u[0]')。

output-spec1 是与 input-spec 表示的输入信号相关的某个子系统的输出信号，如果 input-spec 与多个环节的输出相关，就有 output-spec1、output-spec2 等多个输出信号描

述。output-spec1 可以用元组数据（subsys_i, out_j, gain）表示，其中 subsys_i 是子系统序号，out_j 是输出信号序号，gain 是增益（可以为负数）。output-spec1 也可以用子系统名称和输出信号名称表示，可以表示为'sys.sig'、('sys', 'sig') 或('sys', 'sig', gain)等形式，其中 sys 是子系统名称，sig 是信号名称，gain 是增益。

对于图 5-13 所示的系统，各环节的输入与其他环节的输出和系统输入之间的关系是

$$\begin{cases} u_1 = r \\ u_2 = y_1 - 2y_3 \\ u_3 = y_2 + y_4 \\ u_4 = y_1 \end{cases}$$

那么表示连接关系的参数 connections 可以定义为

```
connections=[['H2.u[0]', 'H1.y[0]', ('H3','y[0]',-2)],   # u2= y1-2*y3
             ['H3.u[0]', 'H2.y[0]', 'H4.y[0]'],          # u3= y2+y4
             ['H4.u[0]', 'H1.y[0]']]                     # u4= y1
```

- inplist 是与系统输入连接的子系统信号列表，列表的形式为

```
[input-spec1, input-spec2, …]
```

列表的每一项表示与一个子系统输入信号连接的系统输入信号，所以如果这个列表有多项，就有多个系统输入。input-spec1 也可以用信号名称表示，例如图 5-13 中与系统输入连接的是 $u_1 = r$，所以 inplist 可以定义为

```
inplist = ['H1.u[0]']       # u1= r
```

- outlist 是与系统输出信号连接的子系统信号列表，列表的形式为

```
[onput-spec1, onput-spec2, …]
```

列表的每一项表示作为系统一个输出的子系统输出信号，所以如果这个列表有多项，就有多个系统输出。onput-spec1 也可以用信号名称和增益表示，例如图 5-13 中与系统输出连接的是 $z = y_3$，所以 outlist 可以定义为

```
outlist = ['H3.y[0]']        # z= y3
```

- params 是字典型数据，是传递给模型的参数。
- check_unused 表示是否检查未使用的子系统的信号。
- add_unused 是布尔型数据，如果设置为 True，孤立的子系统的输入和输出信号会添加作为互联系统的输入和输出信号。
- ignore_inputs 是一组输入信号的列表，这些输入信号不会与其他子系统连接，只在 check_unused 被设置为 True 时有用。
- ignore_outputs 是一组输出信号的列表，这些输出信号不与其他子系统连接，只在 check_unused 被设置为 True 时有用。
- warn_duplicate 取值为 None、True 或 False，如果有重复的对象或名称时，该参数决定了

如何产生警告信息。

函数 interconnect() 中，指定前面 4 个参数就可以确定互联系统的模型，后面的参数一般使用默认值就可以。

【例 5.20】对于图 5-13 所示的结构图，设

$$G_1(s) = \frac{1}{s+2}, \quad G_2(s) = \frac{3}{s}, \quad G_3(s) = \frac{6}{s+5}, \quad G_4(s) = \frac{1}{s}$$

编程创建该结构图的互联系统模型。

解：根据图 5-13 中的环节定义

$$H_1(s) = G_1(s), \quad H_2(s) = G_2(s), \quad H_3(s) = G_3(s), \quad H_4(s) = \frac{G_4(s)}{G_1(s)}$$

写出各环节的状态空间模型

$$H_1(s) = \frac{1}{s+2} \quad \Rightarrow \quad \begin{cases} \dot{x}_1 = -2x_1 + u_1 \\ y_1 = x_1 \end{cases}$$

$$H_2(s) = \frac{3}{s} \quad \Rightarrow \quad \begin{cases} \dot{x}_2 = 3u_2 \\ y_2 = x_2 \end{cases}$$

$$H_3(s) = \frac{6}{s+5} \quad \Rightarrow \quad \begin{cases} \dot{x}_3 = -5x_3 + 6u_3 \\ y_3 = x_3 \end{cases}$$

$$H_4(s) = \frac{s+2}{s} \quad \Rightarrow \quad \begin{cases} \dot{x}_4 = 2u_4 \\ y_4 = x_4 + u_4 \end{cases}$$

各环节的输入与其他环节的输出和系统输入之间的关系为

$$\begin{cases} u_1 = r \\ u_2 = y_1 - 2y_3 \\ u_3 = y_2 + y_4 \\ u_4 = y_1 \end{cases}$$

系统输出定义为 $z = y_3$。

根据这些信息编程，就可以建立该结构图的互联系统模型。

```
[1]:    ''' 文件: note5_20.ipynb
        【例 5.20】为结构图建立互联系统模型
        '''
        import control as ctr
        import numpy as np
        sys1= ctr.ss(-2,1,1,0, name='H1')          #定义 4 个环节的状态空间模型
        sys2= ctr.ss(0, 3,1,0, name='H2')
        sys3= ctr.ss(-5,6,1,0, name='H3')
        sys4= ctr.ss(0, 2,1,1, name='H4')
        sys_list= [sys1,sys2,sys3,sys4]            #模型列表
```

```
[2]:    connections=[['H2.u[0]', 'H1.y[0]', ('H3','y[0]',-2)],   # u2= y1-2*y3
                     ['H3.u[0]', 'H2.y[0]', 'H4.y[0]'],          # u3= y2+y4
                     ['H4.u[0]', 'H1.y[0]']]                     # u4= y1
        inplist = ['H1.u[0]']     # u1= r
        outlist = ['H3.y[0]']     # z= y3
        sys_whole= ctr.interconnect(sys_list, connections, inplist, outlist)
        sys_whole
```

$$[2]: \begin{pmatrix} -2 & 0 & 0 & 0 & 1 \\ 3 & 0 & -6 & 0 & 0 \\ 6 & 6 & -5 & 6 & 0 \\ 2 & 0 & 0 & 0 & 0 \\ \hline 0 & 0 & 1 & 0 & 0 \end{pmatrix}$$

```
[3]:    type(sys_whole)                #互联系统的类型
[3]:    control.iosys.LinearICSystem
[4]:    tf_whole= ctr.ss2tf(sys_whole)   #转换为传递函数模型
        tf_whole
```

$$[4]: \quad \frac{6s+30}{s^3+7s^2+46s+72}$$

输入[1]中为 4 个环节都创建了状态空间模型，并且设置了环节的模型名称。

输入[2]中定义了环节连接参数 connections、系统输入连接参数 inplist 和系统输出连接参数 outlist，然后用 interconnect()函数创建了互联系统模型 sys_whole，它是 LinearICSystem 类的对象。

输出[2]中的状态空间模型表达式与前面几个示例中求得的状态空间模型表达式稍有不同，因为对结构图做了一些变换。输出[4]中的整个系统的传递函数的表达式与前面几个示例的传递函数是相同的。

在本示例中，所有的子系统都是 LTI 系统，所以 interconnect()函数创建的互联系统是 LinearICSystem 类对象。结构图中含有非线性子系统时也可以使用 interconnect()创建互联系统模型，得到的是 InterconnectedSystem 类型的对象。6.6.2 小节会对带有非线性环节的结构图使用 interconnect()函数创建 InterconnectedSystem 类型的模型，然后对模型进行仿真。

使用 interconnect()和 connect()函数都可以对全 LTI 环节的结构图建模。interconnect()函数在表示环节之间的连接关系时更灵活，可以使用子系统名称和信号名称表示信号，还可以对信号使用增益，纯比例环节无须单独作为环节。而在使用 connect()函数时，纯比例环节需要作为单独的环节，这样会引入多余的状态变量。

练习题

5-1. 对于题图 5-1 所示的单摆，其动态数学模型表达式为

$$mL^2\frac{\mathrm{d}^2\varphi}{\mathrm{d}t^2} + \mu\frac{\mathrm{d}\varphi}{\mathrm{d}t} + mLg\sin(\varphi) = 0$$

（1）通过定义状态变量求出该系统的状态空间模型。

（2）在 $\varphi = 0$、$\dot{\varphi} = 0$ 处，求系统的线性状态空间模型。

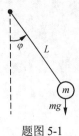

题图 5-1

5-2．一个系统的传递函数为

$$G(s) = \frac{s+2}{s^3 + 10s^2 + 27s + 18}$$

求该传递函数的零极点增益形式和部分分式展开形式。

5-3．一个系统的传递函数为

$$G(s) = \frac{2(s+2)}{s(s+4)(5s+1)}$$

将该传递函数转换为状态空间模型。

5-4．一个系统的状态方程为

$$\dot{x} = \begin{pmatrix} 8 & -8 & -2 \\ 4 & -3 & -2 \\ 3 & -4 & 1 \end{pmatrix} x + \begin{pmatrix} 2 \\ 1 \\ 4 \end{pmatrix} u$$

将其转换为若尔当标准型。

5-5．求下面的状态空间模型对应的传递函数

$$\dot{x} = \begin{pmatrix} -5 & -1 \\ 3 & -1 \end{pmatrix} x + \begin{pmatrix} 2 \\ 5 \end{pmatrix} u$$

$$y = \begin{pmatrix} 1 & 2 \end{pmatrix} x + 4u$$

5-6．一个系统的非线性状态方程为

$$\begin{cases} \dot{x}_1 = -x_1 + 2x_1^3 + x_2 \\ \dot{x}_2 = -x_1 - x_2 \end{cases}$$

求该系统的平衡点，并将模型在平衡点处线性化。

5-7．一个系统的结构图如题图 5-2 所示，其中各环节的传递函数为

$$G_1(s) = \frac{1}{s+1}, \quad G_2(s) = \frac{3}{s+2}, \quad G_3(s) = \frac{3s+1}{s+4}, \quad G_4(s) = \frac{1}{s+5}$$

（1）通过结构图化简方法求整个系统的闭环传递函数。

（2）使用 python-control 中的环节合并处理的函数，编程求系统的闭环传递函数。

（3）采用面向结构图的建模方法，求这个系统整体的状态空间模型。

（4）使用 python-control 中的 interconnect() 函数建立该结构图的互联系统模型。

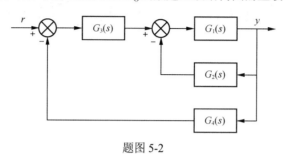

题图 5-2

第6章 连续时间系统数值积分法仿真

对连续时间系统仿真主要就是针对连续时间系统的数学模型进行数值求解，计算出模型在不同初值、不同外部输入或干扰下的时域响应数据。连续时间系统数学模型的数值求解就是针对常微分方程进行数值积分计算，以获取系统的状态变量和输出变量随时间变化的过程。本章介绍系统时域响应的基本概念、常微分方程数值积分计算的基本原理，以及几种常用的数值积分算法。

6.1 系统的时域响应

当一个系统的数学模型被建立后，我们可以通过其数学模型研究系统的时域响应，也就是获得系统的状态变量和输出变量随时间变化的数据，从而研究系统的响应特性，例如响应的快速性、稳定性等。在自动控制原理中，我们学习过一阶和二阶线性系统在脉冲输入或阶跃输入下的时域响应，本节简单回顾一下系统时域响应的原理，并介绍如何用 python-control 求解系统的时域响应。

6.1.1 典型输入信号

为了研究系统的时域响应特性，通常需要对系统施加某种典型输入信号，常用的是脉冲输入和阶跃输入。单位脉冲信号 $\delta(t)$ 的时域定义是

$$\begin{cases} \displaystyle\int_{-\infty}^{+\infty} \delta(t)\mathrm{d}t = 1 \\ \delta(t) = 0, \ t \neq 0 \end{cases} \tag{6-1}$$

其拉普拉斯变换为

$$F(s) = L\big[\delta(t)\big] = 1$$

单位阶跃输入信号的时域表达式是

$$u(t) = 1(t), \ t \geqslant 0 \tag{6-2}$$

其拉普拉斯变换为

$$F(s) = L\big[u(t)\big] = \frac{1}{s}$$

6.1.2 系统响应的解析解

对于一个用传递函数表示的 LTI 系统

$$G(s) = \frac{Y(s)}{U(s)}$$

在输入作用下，系统的输出为

$$Y(s) = G(s)U(s)$$

若系统输出的初值为零，对上式进行拉普拉斯逆变换就可以得到系统输出的时域信号，即

$$y(t) = L^{-1}\big[Y(s)\big] = L^{-1}\big[G(s)U(s)\big] \tag{6-3}$$

特别地，如果输入信号为单位脉冲信号，即 $u(t) = \delta(t)$，因为 $U(s) = 1$，所以输出为

$$y(t) = L^{-1}\big[G(s)\big] \tag{6-4}$$

1. 一阶系统的单位阶跃响应

一阶系统的传递函数为

$$G(s) = \frac{Y(s)}{U(s)} = \frac{K}{Ts+1} \tag{6-5}$$

当输入为单位阶跃信号时，系统的输出为

$$Y(s) = \frac{K}{Ts+1} \cdot \frac{1}{s} = \frac{K}{s} - \frac{K}{s + \dfrac{1}{T}}$$

对上式进行拉普拉斯逆变换，得

$$y(t) = K\left[1 - \mathrm{e}^{-\frac{t}{T}}\right], \; t \geqslant 0 \tag{6-6}$$

【例 6.1】对于一阶系统 $G(s) = \dfrac{K}{Ts+1}$，设 $K=1$，作出 $T=2$ 和 $T=1$ 时系统在单位阶跃输入作用下的输出曲线。

解：一阶系统在单位阶跃输入作用下的输出由式（6-6）确定，根据这个式子可以编程作出系统的响应曲线，如图 6-1 所示。

```
[1]:    ''' 程序文件：note6_01.ipynb
        【例 6.1】   通过解析解计算一阶惯性系统的阶跃响应
        '''
import numpy as np
import matplotlib.pyplot as plt
```

```
import matplotlib as mpl
mpl.rcParams['font.sans-serif']= ['KaiTi','SimHei']
mpl.rcParams['font.size']= 11
mpl.rcParams['axes.unicode_minus']= False
```

```
[2]:    def fun_ord1(t, T):            #定义解析解的函数表达式
            K= 1
            t1= -t/T;
            y1= np.exp(t1)
            y= K*(1-y1)
            return y
```

```
[3]:    t= np.linspace(0,10,100)      #时间 t 在[0,10] 内线性取 100 个点
        y1= fun_ord1(t, 1)            #T=1 时，计算解析解
        y2= fun_ord1(t, 2)            #T=2 时，计算解析解

        fig,ax= plt.subplots(figsize=(4.5,3), layout='constrained')
        ax.plot(t,y1,'r',  label="T=1")
        ax.plot(t,y2,'b--',label="T=2")
        ax.set_xlabel("时间(秒)")
        ax.set_ylabel("输出")
        ax.set_title("一阶系统单位阶跃响应")
        ax.set_xlim(0,10)
        ax.set_ylim(0,1.2)
        ax.yaxis.set_major_formatter('{x:1.1f}')
        ax.legend(loc="lower right")
```

```
[3]:    <matplotlib.legend.Legend at 0x1947d4da810>
```

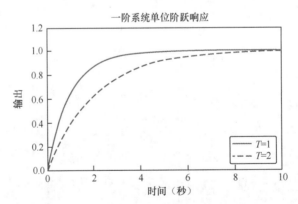

图 6-1　一阶系统的阶跃响应（解析解）

　　输入[2]中定义了一个函数 fun_ord1()，用于根据式（6-6）计算一阶系统的单位阶跃响应。输入[3]中分别计算了 $T=1$ 和 $T=2$ 时的系统输出数据并绘制了曲线。从图 6-1 可以明显地看到参数 T 对输出的影响，T 越小，输出响应越快。

2．二阶系统的单位阶跃响应

二阶系统的传递函数为

$$G(s) = \frac{Y(s)}{U(s)} = \frac{\omega_n^2}{s^2 + 2\zeta\omega_n s + \omega_n^2} \tag{6-7}$$

其中，参数 ζ 是系统的阻尼比，ω_n 是系统的自然频率。

当输入为单位阶跃信号时，可以推导出二阶系统输出的解析解。单位阶跃输入作用下二阶系统输出的解析解比较复杂，分为欠阻尼（$0 < \zeta < 1$）、临界阻尼（$\zeta = 1$）、过阻尼（$\zeta > 1$）等几种情况。解析解的推导过程见参考文献[43]的第 3 章，本书直接给出计算公式。

在欠阻尼情况下，二阶系统有两个共轭复数极点，且实部为负数。

$$s_{1,2} = -\zeta\omega_n \pm \omega_n\sqrt{\zeta^2 - 1} \tag{6-8}$$

欠阻尼二阶系统在单位阶跃输入下的输出解析解是

$$y(t) = 1 - \frac{1}{\sqrt{1-\zeta^2}} e^{-\zeta\omega_n t} \sin(\omega_d t + \beta) \tag{6-9}$$

其中，β 被称为阻尼角，ω_d 被称为阻尼振荡频率，定义如下。

$$\beta = \mathrm{arctg}\frac{\sqrt{1-\zeta^2}}{\zeta} = \arccos\zeta \tag{6-10}$$

$$\omega_d = \omega_n\sqrt{1-\zeta^2} \tag{6-11}$$

【例 6.2】对于二阶系统 $G(s) = \dfrac{\omega_n^2}{s^2 + 2\zeta\omega_n s + \omega_n^2}$，设 $\omega_n = 4$，作出 $\zeta = 0.3$、$\zeta = 0.5$ 和 $\zeta = 0.8$ 时系统在单位阶跃输入下的输出曲线。

解：所设置的 3 个阻尼比都是欠阻尼，所以可以根据式（6-9）计算二阶系统的单位阶跃响应，绘制的响应曲线如图 6-2 所示。

```
[1]:    ''' 程序文件: note6_02.ipynb
        【例 6.2】 通过解析解计算二阶欠阻尼系统的阶跃响应
        '''
        import numpy as np
        import matplotlib.pyplot as plt
        import matplotlib as mpl
        mpl.rcParams['font.sans-serif']= ['KaiTi','SimHei']
        mpl.rcParams['font.size']= 11
        mpl.rcParams['axes.unicode_minus']= False

[2]:    def fun_ord2(t, zta, wn):      #欠阻尼二阶系统在单位阶跃输入下的解析解
            wd= wn*np.sqrt(1-zta*zta)
            bta= np.arccos(zta)
            p1= np.exp(-zta*wn*t)
            p2= np.sin(wd*t+bta)
            y= 1-p1*p2/np.sqrt(1-zta*zta)
            return y

[3]:    t= np.linspace(0,5,100)        #在[0,5]范围内线性取100个点
        wn= 4
        y1= fun_ord2(t, 0.3, wn)       #zta=0.3
        y2= fun_ord2(t, 0.5, wn)       #zta=0.5
```

```
y3= fun_ord2(t, 0.8, wn)          #zta=0.8

fig,ax= plt.subplots(figsize=(4.5,3),layout='constrained')
ax.plot(t,y1,'r',  label=r"$\zeta = 0.3$")
ax.plot(t,y2,'b--',label=r"$\zeta = 0.5$")
ax.plot(t,y3,'g-.',label=r"$\zeta = 0.8$")
ax.set_xlabel("时间(秒)")
ax.set_ylabel("输出")
ax.set_title("二阶欠阻尼系统单位阶跃响应("+r"$\omega_n = 4)$")
ax.set_xlim(0,5)
ax.set_ylim(0,1.5)
ax.yaxis.set_major_formatter('{x:1.2f}')
ax.legend(loc="lower right")
```

[3]:　　 `<matplotlib.legend.Legend at 0x1cb22dd4d90>`

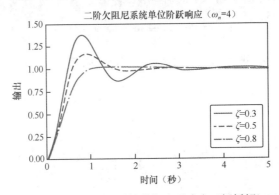

图 6-2　二阶欠阻尼系统单位阶跃响应（解析解）

　　输入[2]中定义了一个函数 fun_ord2()，用于计算欠阻尼二阶系统在单位阶跃输入下的输出。输入[3]中分别计算了 3 种阻尼比情况下二阶系统的单位阶跃响应数据并绘制了曲线。二阶系统的单位阶跃响应有一些量化指标，如上升时间、峰值时间、调节时间、超调量等。从图 6-2 的曲线可以直观地看到阻尼比对输出的影响，例如阻尼比越小，超调量越大。

　　在上面的程序中，若固定阻尼比，也可以作出不同自然频率下的单位阶跃响应曲线。但是要注意，上面的程序只能研究欠阻尼系统的单位阶跃响应，过阻尼二阶系统的单位阶跃响应的解析解不是式（6-9），所以该程序不能用于过阻尼二阶系统的单位阶跃响应数据计算。

6.1.3　一般系统的输入响应仿真计算

1. python-control 中的时域仿真计算函数

　　6.1.2 小节对一阶和二阶系统的单位阶跃响应进行了仿真研究，使用的方法是求解出系统输出的解析解表达式，然后根据解析解表达式计算输出的时间序列并绘制曲线。对于简单的系统，我们可以通过数学方法求解出系统响应的解析解表达式，然后根据解析解表达式进行仿真计算，但是对于复杂一些的系统，其解析解的表达式可能非常复杂，或根本无法得到解析解，例如一些非线性微分方程可能就无法得到其解析解。

要研究一个系统对某种输入的时域响应，我们可以采用数值计算方法进行微分方程求解，得到响应的时间序列。数值计算有一些标准的算法，对线性系统和非线性系统都可以求解。

python-control 中有一些函数可以计算系统在典型输入下的响应，如脉冲响应和阶跃响应。还有函数可以计算系统在任意输入下的响应。python-control 中用于时域仿真计算的主要函数见表 6-1。其中，函数 input_output_response()中的参数 sys 是 InputOutputSystem 对象，表示一般的线性或非线性系统；其他函数中的参数 sys 都是 StateSpace 或 TransferFunction 类对象，表示 LTI 系统。

表 6-1　python-control 中用于时域仿真计算的主要函数

函数	功能
impulse_response(sys[, T, X0, input,...])	计算 LTI 系统的单位脉冲响应
step_response(sys[, T, X0, input, output,...])	计算 LTI 系统的单位阶跃响应
initial_response(sys[, T, X0, input, ...])	计算 LTI 系统在某种初始条件下的响应
forced_response(sys[, T, U, X0, transpose, ...])	计算 LTI 系统在某种输入下的响应
input_output_response(sys, T[, U, X0, ...])	计算 I/O 系统在某种输入下的响应，sys 是 InputOutputSystem 对象，可以是非线性系统

2. LTI 系统的脉冲响应和阶跃响应

根据式（6-4）可知，LTI 系统的单位脉冲响应就是其传递函数 $G(s)$ 的拉普拉斯逆变换，所以，系统的单位脉冲响应也被当作系统的一种数学模型，在信号处理中比较有用。python-control 中的函数 impulse_response()用于计算 LTI 系统的单位脉冲响应，其完整函数定义如下。

```
control.impulse_response(sys, T=None, X0=0.0, input=None, output=None, T_num=None,
transpose=False, return_x=False, squeeze=None)  -> response
```

其中，sys 是必需的参数，其他都是可选参数。各输入参数的意义如下。

- sys：StateSpace 或 TransferFunction 类对象，用于表示 LTI 系统，可以是 MIMO 系统。
- T：数组或 float 类型标量。若 T 是数组，表示要计算的时间点；若 T 是标量，表示计算的延续时间是从 0 到 T；若不给定 T，函数将根据 sys 的特性自动确定时间点，以便反映模型最快的模态特性。
- X0：数组或 float 类型标量，表示状态的初始值，默认值是 0。
- input：int 类型，表示需要计算的输入变量的编号，如果不指定就计算所有输入变量。
- output：int 类型，表示需要计算的输出变量的编号，如果不指定就计算所有输出变量。
- T_num：int 类型。如果参数 T 是标量，此参数表示需要计算的仿真步数；如果 sys 是离散时间模型，此参数无意义。
- transpose：bool 类型。如果设置为 True，对输入和输出数组求转置。
- return_x：bool 类型。如果设置为 True，当结果以元组形式返回时，返回状态变量的值。
- squeeze：bool 类型。若 sys 是 SISO 系统，其输出响应是 1D（一维）数组；如果 sys 是 MIMO 系统，其输出是 2D（二维）数组。若 squeeze 的值为 True，MIMO 系统的输出响应二维数组会以一维数组表示。参数的默认值由全局参数 config.defaults['control.squeeze_time_response']配置。

函数 impulse_response()的返回值是一个 TimeResponseData 对象，它表示系统的时域响应数据。可以通过 t、y、x、u 属性或 time、outputs、states、inputs 属性获取时域响应的原始数据。TimeResponseData 类主要的属性见表 6-2。

表 6-2　TimeResponseData 类主要的属性

属性	数据类型	功能
t 或 time	一维数组	对应 I/O 数据的时间序列
y 或 outputs	二维或三维数组	输出响应数据
x 或 states	二维或三维数组，或 None	系统响应的状态变量的数据。如果时域响应函数中的参数 return_x 的值为 False，就不会返回状态的值
u 或 inputs	二维或三维数组，或 None	输入信号数据
squeeze	bool	响应数据是不是被压缩的
transpose	bool	输入和输出数据数组是不是被转置的
issiso	bool	系统是不是一个 SISO 系统
ninputs	int	系统输入变量的个数
noutputs	int	系统输出变量的个数
nstates	int	系统状态变量的个数
ntraces	int	系统响应中的独立道数。如果 ntraces 是 0，表示单道

LTI 系统的单位阶跃响应可以用函数 step_response()获取，这个函数的定义如下：

```
control.step_response(sys, T=None, X0=0.0, input=None, output=None, T_num=None,
transpose=False, return_x=False, squeeze=None)   -> response
```

这个函数中各参数的意义与函数 impulse_response()中的同名参数意义相同，其返回数据也是 TimeResponseData 对象。

我们经常通过系统的阶跃响应研究系统的时域响应动态特性，例如对式（6-7）所表示的二阶系统，可以研究该系统在不同自然频率和不同阻尼比情况下的阶跃响应。【例 6.2】中只研究了欠阻尼情况下的二阶系统阶跃响应，没有研究临界阻尼和过阻尼情况下的二阶系统单位阶跃响应，因为【例 6.2】是通过解析解来计算输出的，它只能计算欠阻尼的情况。使用函数 step_response()就可以非常方便地研究不同自然频率和不同阻尼比情况下二阶系统的单位阶跃响应，而且无须推导系统的解析解表达式。

【例 6.3】对于二阶系统

$$G(s) = \frac{Y(s)}{U(s)} = \frac{\omega_n^2}{s^2 + 2\zeta\omega_n s + \omega_n^2}$$

设置 $\omega_n = 4$，作出 $\zeta = 0.3$、$\zeta = 0.6$、$\zeta = 1.0$ 和 $\zeta = 1.5$ 时系统在单位阶跃输入下的响应曲线。

对于这个示例的问题，我们可以通过 python-control 中的 step_response()函数计算二阶系统在不同阻尼比情况下的单位阶跃响应，绘制的响应曲线如图 6-3 所示。

[1]:
```
''' 程序文件：note6_03A.ipynb
【例6.3】二阶系统的单位阶跃响应，使用函数 control.step_response() 进行仿真计算
'''
import numpy as np
import matplotlib.pyplot as plt
import matplotlib as mpl
import control as ctr
mpl.rcParams['font.sans-serif']= ['KaiTi','SimHei']
mpl.rcParams['font.size']= 11
mpl.rcParams['axes.unicode_minus']= False
```

[2]:
```
def tf_ord2(zta, wn):       #定义二阶系统传递函数模型
    num= wn*wn
    den= [1, 2*zta*wn, wn*wn]
    sys= ctr.tf(num, den)
    return sys
```

[3]:
```
wn= 4          #二阶系统的自然频率
sys1= tf_ord2(0.3, wn)     # 定义二阶系统模型, zta=0.3
sys2= tf_ord2(0.6, wn)     # 定义二阶系统模型, zta=0.6
sys3= tf_ord2(1.0, wn)     # 定义二阶系统模型, zta=1.0
sys4= tf_ord2(1.5, wn)     # 定义二阶系统模型, zta=1.5
```

[4]:
```
durance= 5    #仿真计算的时间长度
res1= ctr.step_response(sys1, durance)     #计算二阶系统的单位阶跃响应
res2= ctr.step_response(sys2, durance)
res3= ctr.step_response(sys3, durance)
res4= ctr.step_response(sys4, durance)
```

[5]:
```
fig,ax= plt.subplots(figsize=(4.5,3), layout='constrained')
ax.plot(res1.time,res1.outputs,'r',     label=r"$\zeta = 0.3$")
ax.plot(res2.time,res2.outputs,'b--',   label=r"$\zeta = 0.6$")
ax.plot(res3.time,res3.outputs,'g-.',   label=r"$\zeta = 1.0$")
ax.plot(res4.time,res4.outputs,'k:',    label=r"$\zeta = 1.5$")

ax.set_xlabel("时间(秒)")
ax.set_ylabel("输出")
ax.set_title("二阶系统单位阶跃响应("+r"$\omega_n = 4)$")
ax.set_xlim(0,5)
ax.set_ylim(0,1.5)
ax.yaxis.set_major_formatter('{x:1.2f}')
ax.legend(loc="lower right")
```

[5]: <matplotlib.legend.Legend at 0x1cc4e15dc90>

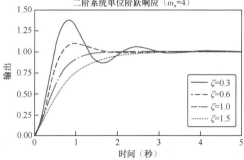

图 6-3　二阶系统的单位阶跃响应

在程序文件 note6_03A.ipynb 中，如果将函数 step_response()替换为 impulse_response()，就可以计算二阶系统的单位脉冲响应，绘图结果见图 6-4，具体程序见文件 note6_03B.ipynb。

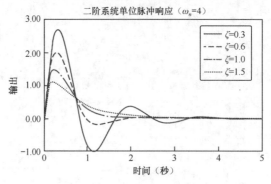

图 6-4　二阶系统的单位脉冲响应

输入[2]中定义了一个函数 tf_ord2()，通过自然频率和阻尼比生成二阶系统的传递函数模型。输入[3]中设置 $\omega_n = 4$，定义了 $\zeta = 0.3$、$\zeta = 0.6$、$\zeta = 1.0$ 和 $\zeta = 1.5$ 的 4 个二阶系统的传递函数模型。输入[4]中固定仿真时间长度为 5，计算了 4 个模型的单位阶跃响应。

由于二阶系统是一个 SISO 系统，函数 step_response()返回的 TimeResponseData 对象的 time 和 outputs 属性都是一维数组。图 6-3 展示了 4 个系统的单位阶跃响应曲线，从曲线可以明显地看出不同阻尼比的系统的响应特性。

3. LTI 系统在任意输入下的响应

函数 forced_response()用于计算一个 LTI 系统在某个输入序列下的时域响应，该函数定义如下：

```
control.forced_response(sys, T=None, U=0.0, X0=0.0, transpose=False, interpolate=
False, return_x=None, squeeze=None)  -> response
```

其中，参数 sys 是 StateSpace 或 TransferFunction 类对象；参数 X0、transpose、return_x、squeeze 与函数 impulse_response()中的同名参数意义相同。其他几个参数的意义如下。

- T：数组形式的时间序列，且时间点必须是均匀分布的，函数在这些时间点计算系统的输出。如果 T 为 None，就必须给定输入序列 U。如果 sys.dt 为 None 或 True，也就是没有给出具体的采样周期，则假设计算步长为 1。
- U：输入，可以是浮点数，或数组形式的输入序列。如果 U 是 None 或 0，那么必须给定输入时间序列参数 T。
- interpolate：bool 类型。如果该参数为 True 且系统是离散时间 LTI 系统，那么输入会在给定的时间点之间进行插值计算，函数根据系统的采样率计算输出。该参数对连续时间系统无效。

函数 forced_response()的返回值是 TimeResponseData 类型的数据。使用函数 forced_response()可以计算系统在任意输入序列下的输出。

【例 6.4】一个二阶系统自然频率为 $\omega_n = 4$，阻尼比为 $\zeta = 0.3$，初始状态为零。在时刻 t=1 开始，系统受到幅度为 2 的阶跃输入作用，作出时间从 0 到 8 的输出数据曲线。

　　函数 step_response()只能计算二阶系统在单位阶跃输入下的响应，且假设阶跃输入是在时刻 t=0 时发生的。本示例的输入是幅度为 2 的阶跃信号，而且是在时刻 t=1 开始作用的，所以对本示例需要使用函数 forced_response()进行计算，将输入信号构建成一个输入数据序列，求系统在此输入序列下的响应。绘制的响应曲线如图 6-5 所示。

```
[1]:    ''' 程序文件：note6_04.ipynb
        【例 6.4】 使用函数 control.forced_response() 计算任意输入序列下系统的输出
        '''
        import numpy as np
        import matplotlib.pyplot as plt
        import matplotlib as mpl
        import control as ctr
        mpl.rcParams['font.sans-serif']= ['KaiTi','SimHei']
        mpl.rcParams['font.size']= 11
        mpl.rcParams['axes.unicode_minus']= False
```

```
[2]:    def tf_ord2(zta, wn):            #定义二阶系统传递函数模型
            num= wn*wn
            den= [1, 2*zta*wn, wn*wn]
            sys= ctr.tf(num, den)
            return sys
```

```
[3]:    t= np.arange(0,8.1,0.1)         #时间序列，步长为 0.1
        u= np.zeros_like(t)             #输入序列
        u[t>=1] = 2                     #输入序列是 t=1 开始的幅度为 2 的阶跃输入
```

```
[4]:    sys= tf_ord2(zta=0.3, wn=4)     #定义二阶系统模型
        res1= ctr.forced_response(sys, t, u)        #计算输入序列下的系统响应
```

```
[5]:    fig,ax= plt.subplots(figsize=(4.5,3), layout='constrained')
        ax.plot(res1.time,res1.outputs,'r',label="系统输出")
        ax.plot(t,u,'b:',label="输入信号")

        ax.set_xlabel("时间(秒)")
        ax.set_ylabel("输出")
        ax.set_title("二阶系统在输入序列下的响应")
        ax.set_xlim(0,8)
        ax.set_ylim(-0.5,3)
        ax.yaxis.set_major_formatter('{x:1.1f}')
        ax.legend(loc="lower right")
```

```
[5]:    <matplotlib.legend.Legend at 0x17e59b13390>
```

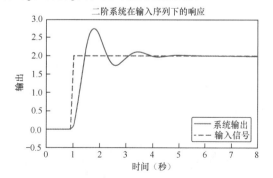

图 6-5　二阶系统在一个输入序列作用下的响应

输入[3]中定义了时间序列 t，它是 0 到 8 之间的线性序列，步长为 0.1；还定义了输入序列 u，它是在 t=1 时刻开始的幅度为 2 的阶跃信号。

输入[4]中创建了自然频率 $\omega_n = 4$，阻尼比 $\zeta = 0.3$ 的二阶系统模型 sys，并用 forced_response() 函数计算了模型 sys 在输入序列 u 作用下的输出。从图 6-5 可以看到，系统在 t=1 时受到外部输入的作用开始变化，系统输出最后稳定在 2.0，因为阶跃输入（而不是单位阶跃输入）的幅度为 2。

4. 任意 I/O 模型的响应

python-control 中的函数 input_output_response() 可以对 InputOutputSystem 类型的模型进行时域响应仿真计算，模型可以是线性系统，也可以是非线性系统。该函数的定义如下：

```
control.input_output_response(sys, T, U=0.0, X0=0, params=None, transpose=False,
return_x=False, squeeze=None, solve_ivp_kwargs=None, t_eval='T', **kwargs)  -> response
```

其中，sys 是 InputOutputSystem 类对象，所以 sys 可以是一般的非线性系统。参数 transpose、return_x、squeeze 的意义无须再解释，其他参数的意义如下。

- T：数组表示的时间序列，必须是等步长的，表示输入定义的时间点。参数 T 是必需的。
- U：数组或浮点数，输入数组应该与时间序列 T 的时间点是对应的。
- X0：数组、列表或数，表示状态的初始值。
- t_eval：数组，表示需要计算输出的时间点，它默认等于参数 T。
- params：给模型的参数。
- solve_ivp_kwargs：字典类型的参数，是使用的数值积分算法的参数。input_output_response() 使用 scipy.integrate.solve_ivp() 函数进行常微分方程数值计算，默认使用 RK45 方法。

函数 input_output_response() 的返回值是 TimeResponseData 对象。

使用函数 input_output_response() 可以对任意线性或非线性系统进行仿真计算，且该函数默认使用 RK45 方法进行微分方程数值求解，计算精度比较高。

【例 6.5】一个二阶非线性系统状态方程为

$$\begin{cases} \dot{x}_1 = x_1\left(1-x_2^2\right)-x_2 \\ \dot{x}_2 = x_1 \end{cases}$$

系统的状态初值为 $x_1(0) = 3, x_2(0) = 2$，求系统的两个状态变量在时间 $t \in [0,30)$ 的变化过程，并且绘制系统的相平面图。

这个系统是一个非线性系统，不是 LTI 系统，所以只能使用 input_output_response() 函数进行仿真。针对本示例编写如下的程序进行仿真。图 6-6 所示为两个状态随时间变化的曲线，图 6-7 所示为根据两个状态变量的数据绘制的相平面图。

```
[1]:    ''' 程序文件：note6_05.ipynb
        【例6.5】使用函数 control.input_output_response() 对非线性模型进行仿真计算
        '''
        import numpy as np
        import matplotlib.pyplot as plt
```

```
import matplotlib as mpl
import control as ctr
mpl.rcParams['font.sans-serif']= ['KaiTi','SimHei']
mpl.rcParams['font.size']= 11
mpl.rcParams['axes.unicode_minus']= False
```

[2]:
```
def dx_fun(t, x, u, params={}):          #定义状态空间模型的状态方程
    x1= x[0]
    x2= x[1]
    dx1= x1*(1-x2*x2)-x2
    dx2= x1
    dx= [dx1,dx2]                         #用列表即可
    return dx
```

[3]:
```
def out_fun(t, x, u, params={}):         #定义状态空间模型的输出方程
    y= [x[0], x[1]]                      # 取两个状态作为输出
    return y
```

[4]:
```
sys= ctr.NonlinearIOSystem(dx_fun, out_fun, inputs=1, outputs=2, states=2)
t= np.arange(0, 30.1, 0.2)               #时间序列，步长为0.2
x_ini= [3,2]                             #状态变量初值
u= 0                                     #输入值
res1= ctr.input_output_response(sys, t, u, x_ini)     #计算模型的响应
np.shape(res1.outputs)                   #仿真结果数组 res1.outputs 的形状
```

[4]:
```
(2, 151)
```

[5]:
```
fig,ax= plt.subplots(figsize=(4.5,3), layout='constrained')
ax.plot(res1.time,res1.outputs[0,:], 'r',  label=r"$x_1$")
ax.plot(res1.time,res1.outputs[1,:], 'b:', label=r"$x_2$")
ax.set_xlabel("时间(秒)")
ax.set_ylabel("状态值")
ax.set_title("非线性系统响应")
ax.set_xlim(0,30)
ax.set_ylim(-4,4)
ax.yaxis.set_major_formatter('{x:1.1f}')
ax.legend(loc="lower right")
```

[5]:
```
<matplotlib.legend.Legend at 0x2914b849a10>
```

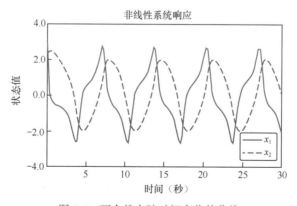

图 6-6 两个状态随时间变化的曲线

[6]:
```
fig,ax= plt.subplots(figsize=(4.5,3), layout='constrained')
ax.plot(res1.outputs[0,:],res1.outputs[1,:], 'r')        #绘制相轨迹
```

```
ax.scatter(x_ini[0], x_ini[1],s=40,c='b')          #绘制初始点
ax.set_xlabel("状态"+r"$x_1$")
ax.set_ylabel("状态"+r"$x_2$")
ax.set_title("相平面图")
ax.set_xlim(-4,4)
ax.xaxis.set_major_formatter('{x:1.1f}')
ax.set_ylim(-4,4)
ax.yaxis.set_major_formatter('{x:1.1f}')
ax.grid(True)
```

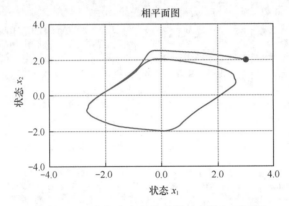

图 6-7　由两个状态变量的数据绘制的相平面图

为了用 NonlinearIOSystem 类创建一个非线性状态空间模型，我们在输入[2]中定义了模型的状态方程，在输入[3]中定义了模型的输出方程，将两个状态变量都定义为输出。

输入[4]中创建了一个 NonlinearIOSystem 类型的非线性模型 sys，还定义了仿真计算的时间序列 t 和状态变量的初值 x_ini。这个模型中没有输入，所以设置输入 u=0。然后，用 input_output_response()函数对这个模型进行了仿真计算，得到 TimeResponseData 类型的返回值 res1。

输出[4]中显示了 res1.outpus 属性的数组形状，这个数组有 2 行 151 列。2 行对应两个输出变量，也就是两个状态变量。

输入[5]中在一个图上显示了两个输出（也就是两个状态）的数据曲线，从图 6-6 可以看到两个状态并不稳定在某个值，而有规律地变化。

输入[6]中以 x_1 为横坐标、以 x_2 为纵坐标绘制了一个图（这实际上是系统的相平面图），还在图中标示了状态变量初始值的点。从图 6-7 可以看出，这个系统从某个初始值开始，最后会落入一个极限环。相平面图和极限环的原理可查阅参考文献[43]第 8 章。

在这个示例中，我们可以给两个状态变量设置不同的初始值，以观察相平面曲线的变化规律。例如，当状态初值为[-1,0]时，仿真绘制的相平面图如图 6-8 所示。通过仿真可以发现从不同的初始值（除了初值[0,0]）开始，系统都会落入相同的极限环。如果对系统进行相平面的理论分析，会发现理论分析结果与仿真结果是一致的，仿真能直观地验证理论分析的结果。

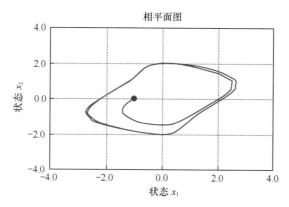

图 6-8 状态初值为[−1,0]时的相轨迹

6.2 数值积分法基本原理

在 6.1 节中，我们使用 python-control 中的一些函数实现了 LTI 系统和非线性系统的仿真。对连续时间系统的仿真主要是用算法进行微分方程的数值求解，使用函数 input_output_response() 对一般的状态空间模型进行仿真，实际上是使用 scipy.integrate.solve_ivp() 函数进行微分方程数值计算。

用 python-control 中的这些函数对动态系统进行仿真比较方便，但是它们只能对系统在某种输入序列或初始状态下进行仿真计算。在某些情况下，我们需要对多个动态系统进行交互式仿真、实时仿真，这就需要我们控制仿真的每一步计算，需要了解仿真计算的底层算法，并自己编程实现仿真。本节开始介绍连续时间系统数值积分法仿真的计算原理，以及微分方程数值积分计算的稳定性和精度。

6.2.1 数值积分法基本原理

连续时间状态空间模型的状态方程是一阶常微分方程组,对连续时间系统的仿真主要就是对一阶常微分方程组进行数值求解。

考虑下面这样一个具有初值的一阶常微分方程组

$$\frac{\mathrm{d}x}{\mathrm{d}t} = f(t, x), \quad x(t_0) = x_0 \qquad (6\text{-}12)$$

其中，$x \in \mathbf{R}^n$，时间范围是 $[t_0, t_f]$，通常令初始时间 $t_0 = 0$。

常微分方程组（6-12）的解析解 $x(t)$ 是时间 t 的连续函数。但在计算时，一般是对 $x(t)$ 取离散时间点进行计算，即取 $x(t_k)$，也可以写成 $x_{(k)} = x(t_k)$。注意，$x_{(k)}$ 表示向量 x 在第 k 步的值，

而 x_k 表示向量 $\boldsymbol{x}$ 的第 k 个元素。$t_k (k \geqslant 0)$ 表示离散的时间点，相邻两个离散时间点之间的时间差称为步长，定义为

$$h = t_{k+1} - t_k, \quad k \geqslant 0 \tag{6-13}$$

步长通常取等长度的。

对式（6-12）的两边在时间区间 $[t_k, t_{k+1}]$ 上求积分，得

$$\int_{t_k}^{t_{k+1}} \frac{\mathrm{d}x}{\mathrm{d}t} \mathrm{d}t = \int_{t_k}^{t_{k+1}} f(t, x) \mathrm{d}t \tag{6-14}$$

经过处理，得

$$x_{(k+1)} = x_{(k)} + \int_{t_k}^{t_{k+1}} f(t, x) \mathrm{d}t \tag{6-15}$$

式（6-15）右边的积分项表示函数 $f(t, x)$ 在区间 $[t_k, t_{k+1}]$ 上的积分，积分的意义如图 6-9 所示。定义 $Q_{(k)}$ 如下

$$Q_{(k)} = \int_{t_k}^{t_{k+1}} f(t, x) \mathrm{d}t \tag{6-16}$$

那么，式（6-15）可写为

$$x_{(k+1)} = x_{(k)} + Q_{(k)} \tag{6-17}$$

$Q_{(k)}$ 表示对函数 $f(t, x)$ 在 t_k 至 t_{k+1} 的一个步长内的积分，也就是图 6-9 中的阴影区域的面积。采用不同的算法计算图 6-9 中一个步长内的阴影面积，就可以得到不同的数值积分计算方法，如欧拉法和梯形法。

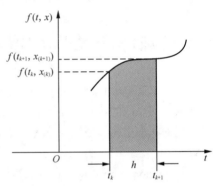

图 6-9　阴影区域的面积是 $Q_{(k)}$

6.2.2　欧拉法

欧拉法（Euler method）是最简单、最直观的数值积分法，欧拉法的基本原理是用矩形面积近似表示图 6-9 中阴影区域的面积，如图 6-10 所示。

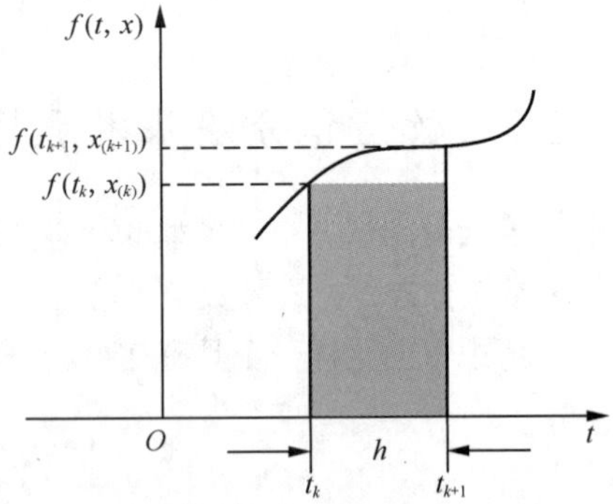

采用矩形面积近似时，图 6-10 中的阴影面积为

$$Q_{(k)} = (t_{k+1} - t_k) f(t_k, x_{(k)}) = h \cdot f(t_k, x_{(k)}) \tag{6-18}$$

所以，欧拉法公式为

图 6-10　欧拉法的矩形面积近似

$$x_{(k+1)} = x_{(k)} + h \cdot f(t_k, x_{(k)}) \tag{6-19}$$

欧拉法比较简单，但计算误差比较大，只有当步长比较小时，计算误差才会比较小。实际上，

欧拉法相当于对解析解 $x(t)$ 在 t_k 处近似展开，然后取 t_{k+1} 处的值，即

$$x(t_{k+1}) = x(t_k) + x^{(1)}(t_k)h + \frac{x^{(2)}(\xi)h^2}{2} \qquad (6\text{-}20)$$

其中，$x^{(i)} = \dfrac{\mathrm{d}^i x}{\mathrm{d}t^i}$，而 $x^{(1)}(t_k) = f(t_k, x(t_k))$。将式（6-20）与式（6-19）相比，欧拉法是 $x(t)$ 进行泰勒级数展开后取前两项的结果，因而欧拉法的局部（单步）截断误差是 $O(h^2)$。在时间范围 $[t_0, t_f]$ 内总共需要计算的步数是 $m = \dfrac{t_f - t_0}{h}$，累计截断误差是 $m \cdot O(h^2) = O(h)$。因而，欧拉法是一种一阶方法，精度比较低。

最终计算的总误差是截断误差和舍入误差的和，两种误差的原理见附录 A。为了减少截断误差，需要将步长取得比较小。但如果步长取得比较小，那么在既定的仿真时间内需要计算的步数就会增多，会导致舍入误差累积增大，计算时间也更长。两种误差与步长的关系如图 6-11 所示，需要在保证精度的情况下选择合适的步长。因为舍入误差一般较小，所以主要考虑的是截断误差的问题。

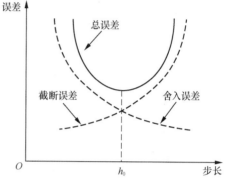

图 6-11　步长与误差之间的关系

【例 6.6】对于欠阻尼二阶系统

$$G(s) = \frac{Y(s)}{U(s)} = \frac{\omega_n^2}{s^2 + 2\zeta\omega_n s + \omega_n^2}$$

假设状态初值为零，在单位阶跃输入作用下，其输出的解析解为

$$y(t) = 1 - \frac{1}{\sqrt{1 - \zeta^2}}\,\mathrm{e}^{-\zeta\omega_n t}\sin(\omega_d t + \beta)$$

其中

$$\beta = \mathrm{arctg}\,\frac{\sqrt{1 - \zeta^2}}{\zeta} = \arccos\zeta$$

$$\omega_d = \omega_n\sqrt{1 - \zeta^2}$$

取 $\omega_n = 4$，$\zeta = 0.3$。用欧拉法编程仿真，并与解析解对比。仿真步长 h 分别取 0.01、0.05 和 0.1，仿真总时长取 5s。

解：要对传递函数表示的二阶系统进行数值积分法仿真，需要先将传递函数转换为状态空间模型。当 $\omega_n = 4$、$\zeta = 0.3$ 时，二阶系统传递函数为

$$G(s) = \frac{Y(s)}{U(s)} = \frac{16}{s^2 + 2.4s + 16}$$

可将其转换为如下的状态空间模型

$$\dot{x} = Ax + Bu = \begin{pmatrix} 0 & 1 \\ -16 & -2.4 \end{pmatrix} x + \begin{pmatrix} 0 \\ 1 \end{pmatrix} u$$

$$y = Cx = (16 \quad 0) x$$

针对该状态空间模型，就可以编程用欧拉法进行仿真。

（1）本章仿真算法程序文件 simu_ode.py。

为了重复使用一些程序，我们创建一个 Python 程序文件 simu_ode.py，将本章用到的一些算法写成函数保存在此文件里。本示例需要在文件 simu_ode.py 中编写两个函数。第一个函数是 analytical_ord2()，它用于求欠阻尼二阶系统在单位阶跃输入下的输出解析解；第二个函数是 euler_solve()，它用于对一个状态空间模型表示的系统用欧拉法进行仿真计算。

文件 simu_ode.py 的开头导入模块的代码，以及函数 analytical_ord2() 的代码如下。

```
'''   程序文件: simu_ode.py
      功能：第5章连续时间系统数值积分法仿真，本章一些算法的实现函数
'''
import numpy as np
import control as ctr

def analytical_ord2(t, zta, wn):      #计算欠阻尼二阶系统在单位阶跃输入下的解析解
    wd= wn*np.sqrt(1-zta*zta)
    bta= np.arccos(zta)
    p1= np.exp(-zta*wn*t)
    p2= np.sin(wd*t+bta)
    y= 1-p1*p2/np.sqrt(1-zta*zta)
    return y
```

函数 analytical_ord2() 各输入参数的意义如下：t 是数组或列表，表示需要计算输出值的时间点；zta 是二阶系统的阻尼比，因为这个函数只能计算欠阻尼二阶系统的解析解，其值必须小于 1；wn 是二阶系统的自然频率。这个函数的返回值是二阶系统的输出序列，与输入的时间序列 t 对应。

函数 euler_solve() 用于对状态空间模型用欧拉法进行仿真计算，代码如下。

```
def euler_solve(sys,tstop,h,x0,u0):           #用欧拉法对系统进行仿真计算
    t= np.arange(0,tstop,h)                   #时间序列
    Nt= t.size                                #时间序列的长度
    Ny= sys.noutputs                          #输出变量个数
    Nx= sys.nstates                           #状态变量个数
    Nu= sys.ninputs                           #输入变量个数
    y= np.zeros(Ny*Nt).reshape(Ny,Nt)         #为输出数组分配空间

    curx= x0
    curu= u0
    for k in range(Nt):
        cury= sys.output(t[k], curx, curu).reshape(Ny,1)      #计算模型的输出
        y[:,k]= cury[:,0]
        # curu= u0   #控制并未更新，若有控制（例如 PID 控制）算法，在此更新 curu
        dx= sys.dynamics(t[k], curx, curu).reshape(Nx,1)      #计算模型的动态部分，即 dx
        curx= curx + h*dx            #欧拉法更新状态变量
```

```
SISO=  (Ny==1) and (Nu==1)        #是否是 SISO 系统，必须设置此参数
res= ctr.TimeResponseData(t, y, issiso=SISO)
return res
```

这个函数各输入参数的意义如下。

- sys：系统模型，可以是 StateSpace、InputOutputSystem、NonlinearIOSystem 等用状态空间模型表示的系统。
- tstop：仿真截止时间，标量。默认仿真起始时间是 0，仿真计算的时间段是[0, tstop)。
- h：仿真步长，标量。
- x0 和 u0：状态变量和输入变量的初值，必须是确定维数的二维数组。

该函数的返回值是一个 TimeResponseData 对象，它存储了系统仿真的时间和输出序列数据，也就是只有 t、y 数据（或 time、output 数据）有效，状态的过程数据没有被存储。

函数 euler_solve()中只处理了输入 u 是一个常数（例如阶跃输入）的情况，没有处理输入序列的情况。在程序的 for 循环里只更新了状态变量和输出变量，其实也可以更新输入变量（例如输入是由一个 PID 控制器计算的），那么就可以在每一步计算里更新输入 curu 的值。这也体现了自己从底层实现仿真算法的灵活之处。

（2）使用欧拉法仿真函数对本示例进行仿真。

利用文件 simu_ode.py 中定义的两个函数编写程序对本示例进行仿真。图 6-12 展示了欠阻尼二阶系统的解析解与欧拉法仿真解的对比。

```
[1]:   '''程序文件: note6_06.ipynb
       【例 6.6】用欧拉法对欠阻尼二阶系统进行仿真，并与解析解进行对比
       '''
       import numpy as np
       import control as ctr
       import matplotlib.pyplot as plt
       import matplotlib as mpl
       import simu_ode as simu        #导入本章自建文件 simu_ode.py 中的内容
       mpl.rcParams['font.sans-serif']= ['KaiTi','SimHei']
       mpl.rcParams['font.size']= 11
       mpl.rcParams['axes.unicode_minus']= False
```

```
[2]:   step= 0.2                       #解析解计算步长
       tstop= 5                        #计算总时长
       t= np.arange(0,tstop,step)      #时间序列，不包括右端点
       y0= simu.analytical_ord2(t, zta=0.3, wn=4)    #zta=0.3, wn=4, 计算解析解
```

```
[3]:   A= np.array([[0,1],[-16,-2.4]])
       B= np.array([[0],[1]])
       C= np.array([16,0])
       D= np.array([0])
       sys2= ctr.ss(A,B,C,D)           #定义二阶系统的状态空间模型
       sys2
```

$$[3]: \begin{pmatrix} 0 & 1 & 0 \\ -16 & -2.4 & 1 \\ \hline 16 & 0 & 0 \end{pmatrix}$$

```
[4]:   x0= np.array([0,0]).reshape(2,1)    #必须确定为二维数组
       u0= np.array([1]).reshape(1,1)      #必须确定数组为二维的
```

```
          h= 0.01
          simu_h001= simu.euler_solve(sys2, tstop, h, x0, u0)      #欧拉法仿真，h=0.01
          h= 0.05
          simu_h005= simu.euler_solve(sys2, tstop, h, x0, u0)      #欧拉法仿真，h=0.05
          h= 0.1
          simu_h010= simu.euler_solve(sys2, tstop, h, x0, u0)      #欧拉法仿真，h=0.1
```

```
[5]:   fig,ax= plt.subplots(figsize=(4.5,3),layout='constrained')
       ax.plot(t,y0,'r:',  label="解析解")
       ax.plot(simu_h001.t, simu_h001.y[0,:],'b',    label="h=0.01")
       ax.plot(simu_h005.t, simu_h005.y[0,:],'m-.',  label="h=0.05")
       ax.plot(simu_h010.t, simu_h010.y[0,:],'g--',  label="h=0.1")

       ax.set_xlabel("时间(秒)")
       ax.set_ylabel("输出")
       ax.set_title("欧拉法仿真")
       ax.set_xlim(0,5)
       ax.set_ylim(-0.5,2)
       ax.yaxis.set_major_formatter('{x:1.2f}')
       ax.legend(loc="lower right")
```

```
[5]:   <matplotlib.legend.Legend at 0x2060af5b7d0>
```

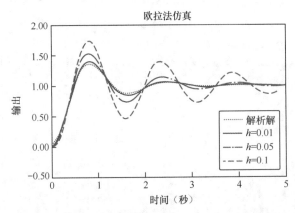

图 6-12　欠阻尼二阶系统的解析解与欧拉法仿真的对比

　　输入[2]中通过自定义函数 analytical_ord2()计算了二阶系统的解析解，使用的计算步长是0.2。输入[3]中定义了二阶系统的状态空间模型 sys2。输入[4]中给定了状态初值 x0 和输入初值 u0 后，使用自定义函数 euler_solve()计算了二阶系统在不同步长下的仿真解。输入[5]中将解析解与 3 种步长下的仿真解绘制在一个图上用于对比分析。

　　解析解总是精确的，不管其计算步长是多少，它只是取了精确解中的一些数据点。欧拉法仿真的计算精度与仿真步长有很大关系，步长越小，精度越高。从图 6-12 中可以看出，当仿真步长 h=0.01 时，欧拉法的结果曲线与解析解的曲线基本重合，说明误差很小。当仿真步长 h=0.1 时，仿真解已经严重偏离了解析解，误差很大。

　　欧拉法是最简单的常微分方程数值求解方法，也是精度最低的一种方法，但是对于理解常微分方程数值计算的原理是非常有用的。

6.2.3 预估-校正法

对欧拉法的一个改进就是用梯形面积近似计算图 6-9 中的阴影区域的面积，如图 6-13 所示。梯形面积为

$$Q_{(k)} = \frac{1}{2}h\left[f\left(t_k, x_{(k)}\right) + f\left(t_{k+1}, x_{(k+1)}\right)\right] \qquad (6\text{-}21)$$

那么应用梯形法的迭代求解公式为

$$x_{(k+1)} = x_{(k)} + \frac{1}{2}h\left[f\left(t_k, x_{(k)}\right) + f\left(t_{k+1}, x_{(k+1)}\right)\right] \qquad (6\text{-}22)$$

在式（6-22）中，计算 $x_{(k+1)}$ 时公式右边需要用到 $x_{(k+1)}$，

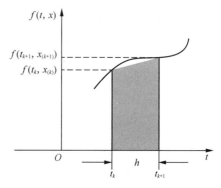

图 6-13　梯形面积近似原理

因而式（6-22）是一个隐函数，不便于直接计算。为此，采用如下的预估-校正公式。

$$\begin{cases} x^0_{(k+1)} = x_{(k)} + hf\left(t_k, x_{(k)}\right) \\ x_{(k+1)} = x_{(k)} + \frac{1}{2}h\left[f\left(t_k, x_{(k)}\right) + f\left(t_{k+1}, x^0_{(k+1)}\right)\right] \end{cases} \qquad (6\text{-}23)$$

式（6-23）中的第一个式子是预报公式，是用欧拉法预报下一步的状态；第二个式子是校正公式，即用预报的下一个状态代入梯形法公式计算下一步状态。

预估-校正法的局部截断误差是 $O\left(h^3\right)$ 阶的，全局截断误差是 $O\left(h^2\right)$ 阶的。

6.3　龙格-库塔法

欧拉法和预估-校正法是从近似计算积分面积的角度推导出来的，还有一组龙格-库塔（Runge-Kutta）法是数值积分的常用算法，在算法精度和复杂性方面比较均衡。

6.3.1　二阶龙格-库塔法（RK2 法）

假设微分方程组（6-12）的解是 $x(t)$，在 t_k 处展开，并用展开式计算 $t_{k+1} = t_k + h$ 处的状态，截取到 h^2 项，得

$$x_{(k+1)} = x_{(k)} + f\left(t_k, x_{(k)}\right)h + \frac{1}{2}\left(\frac{\partial f}{\partial t} + \frac{\partial f}{\partial x}\frac{\partial x}{\partial t}\right)h^2\bigg|_{t_k} + O\left(h^3\right) \qquad (6\text{-}24)$$

上式的截断误差是 $O\left(h^3\right)$。假设得到的迭代表达式为

$$\begin{cases} x_{(k+1)} = x_{(k)} + \left(a_1 K_1 + a_2 K_2\right)h \\ K_1 = f\left(t_k, x_{(k)}\right) \\ K_2 = f\left(t_k + b_1 h, x_{(k)} + b_2 K_1 h\right) \end{cases} \qquad (6\text{-}25)$$

将 K_2 在 $t_k, x(k)$ 处展开，保留到 h 项，得

$$K_2 \approx f\left(t_k, x_{(k)}\right) + \left.\left(\frac{\partial f}{\partial t}b_1 + \frac{\partial f}{\partial x}b_2 K_1\right)\right|_{t_k} h \qquad (6\text{-}26)$$

将 K_1, K_2 的表达式代入 $x_{(k+1)}$ 的迭代表达式，得

$$
\begin{aligned}
x_{(k+1)} &= x_{(k)} + a_1 h f\left(t_k, x_{(k)}\right) + a_2 h\left[f\left(t_k, x_{(k)}\right) + \left.\left(b_1\frac{\partial f}{\partial t} + b_2 K_1\frac{\partial f}{\partial x}\right)h\right|_{t_k}\right] \\
&= x_{(k)} + \left(a_1 + a_2\right)h f\left(t_k, x_{(k)}\right) + a_2\left.\left(b_1\frac{\partial f}{\partial t} + b_2 K_1\frac{\partial f}{\partial x}\right)h^2\right|_{t_k}
\end{aligned}
\qquad (6\text{-}27)
$$

将式（6-27）与式（6-24）对比，根据同类项系数相等，得

$$a_1 + a_2 = 1, \quad a_2 b_1 = \frac{1}{2}, \quad a_2 b_2 = \frac{1}{2} \qquad (6\text{-}28)$$

上式有 3 个方程，4 个变量，因而解不是唯一的。假设 $a_1 = a_2$，就可以得到一组解。

$$a_1 = a_2 = \frac{1}{2}, \quad b_1 = b_2 = 1 \qquad (6\text{-}29)$$

由此得到二阶龙格-库塔法（RK2 法）的计算公式为

$$
\begin{cases}
x_{(k+1)} = x_{(k)} + \dfrac{h}{2}\left(K_1 + K_2\right) \\
K_1 = f\left(t_k, x_{(k)}\right) \\
K_2 = f\left(t_k + h, x_{(k)} + K_1 h\right)
\end{cases}
\qquad (6\text{-}30)
$$

RK2 法的局部截断误差是 $O\left(h^3\right)$ 阶的，全局截断误差是 $O\left(h^2\right)$ 阶的。所以，RK2 法的误差级别与预估-校正法是一样的。

【例 6.7】对于二阶系统

$$G(s) = \frac{Y(s)}{U(s)} = \frac{\omega_n^2}{s^2 + 2\zeta\omega_n s + \omega_n^2}$$

取 $\omega_n = 4$，$\zeta = 0.3$。用 RK2 法编程进行仿真，并与解析解、欧拉法仿真结果进行比较，仿真步长分别取 $h = 0.01, 0.05, 0.1$，仿真总时长取 5s。

解：当 $\omega_n = 4$、$\zeta = 0.3$ 时，二阶系统传递函数转换为状态空间模型是

$$\dot{x} = Ax + Bu = \begin{pmatrix} 0 & 1 \\ -16 & -2.4 \end{pmatrix}x + \begin{pmatrix} 0 \\ 1 \end{pmatrix}u$$

$$y = Cx = \begin{pmatrix} 16 & 0 \end{pmatrix}x$$

针对该状态空间模型就可以用欧拉法和 RK2 法编程进行仿真。

为了用 RK2 法进行仿真计算，我们在本章的自建文件 simu_ode.py 中编写一个函数 RK2_solve()，用于对状态空间模型采用 RK2 法进行仿真计算。该函数代码如下：

```
def RK2_solve(sys,tstop,h,x0,u0):        #用二阶龙格-库塔法（RK2）对一个系统进行仿真计算
    t= np.arange(0,tstop,h)              #时间序列
    Nt= t.size                           #时间序列的长度
    Ny= sys.noutputs                     #输出变量个数
    Nx= sys.nstates                      #状态变量个数
    Nu= sys.ninputs                      #输入变量个数
    y= np.zeros(Ny*Nt).reshape(Ny,Nt)    #为输出数组分配空间

    curx= x0
    curu= u0
    for k in range(Nt):
        cury= sys.output(t[k], curx, curu).reshape(Ny,1)      #计算模型的输出
        y[:,k]= cury[:,0]
        # curu= u0      #控制并未更新，若有控制（例如 PID 控制）算法，在此更新 curu
        k1= sys.dynamics(t[k], curx, curu).reshape(Nx,1)
        newx= curx + h*k1
        k2= sys.dynamics(h+t[k], newx, curu).reshape(Nx,1)
        curx= curx + (k1+k2)*h/2         #更新状态变量

    SISO=  (Ny==1) and (Nu==1)           #是否是 SISO 系统，必须设置此参数
    res= ctr.TimeResponseData(t, y, issiso=SISO)
    return res
```

这个函数的输入输出参数与函数 euler_solve()中的完全一样，不再解释。该函数的代码与函数 euler_solve()的代码相似，只是在 for 循环中使用 RK2 法的公式更新状态变量的值。

再创建一个 Notebook 文件，对这个二阶系统进行仿真对比。

程序中计算了解析解，在步长 h=0.1 时计算了欧拉法仿真解和 RK2 法仿真解。从图 6-14 中可以看出，在步长 h=0.1 时，RK2 法仿真计算结果曲线与解析解曲线基本重合，而欧拉法的仿真曲线误差很大。因为 RK2 法的全局截断误差是 $O(h^2)$ 阶的，而欧拉法的全局截断误差是 $O(h)$ 阶的，RK2 法的误差更小。

```
[1]:    '''   程序文件：Note6_07.ipynb
        【例 6.7】对欠阻尼二阶系统用 RK2 法仿真，并与解析解、欧拉法仿真结果进行对比
        '''
        import numpy as np
        import control as ctr
        import matplotlib.pyplot as plt
        import matplotlib as mpl
        import simu_ode as simu         #导入本章自建文件 simu_ode.py 中的内容
        mpl.rcParams['font.sans-serif']= ['KaiTi','SimHei']
        mpl.rcParams['font.size']= 11
        mpl.rcParams['axes.unicode_minus']= False
```

```
[2]:    step= 0.2                        #解析解计算步长
        tstop= 5                         #计算总时长
```

```
         t= np.arange(0,tstop,step)      #时间序列，不包括右端点
         y0= simu.analytical_ord2(t, zta=0.3, wn=4)    #计算解析解
[3]:     A= np.array([[0,1],[-16,-2.4]])
         B= np.array([[0],[1]])
         C= np.array([16,0])
         D= np.array([0])
         sys2= ctr.ss(A,B,C,D)           #定义二阶系统的状态空间模型
         sys2
```

$$[3]: \quad \left(\begin{array}{cc|c} 0 & 1 & 0 \\ -16 & -2.4 & 1 \\ \hline 16 & 0 & 0 \end{array} \right)$$

```
[4]:     x0= np.array([0,0]).reshape(2,1)        #必须确定为二维数组
         u0= np.array([[1]]).reshape(1,1)        #必须确定数组为二维的
         h= 0.1          #取不同步长，h=0.01，0.05，0.1
         simu_eu= simu.euler_solve(sys2, tstop, h, x0, u0)    #欧拉法仿真
         simu_rk2= simu.RK2_solve(sys2, tstop, h, x0, u0)     #RK2 法仿真
[5]:     fig,ax= plt.subplots(figsize=(4.5,3),layout='constrained')
         ax.plot(t,y0,'k:', label="解析解")
         ax.plot(simu_rk2.t, simu_rk2.y[0,:],'m', label="RK2 法")
         ax.plot(simu_eu.t, simu_eu.y[0,:],'b--', label="欧拉法")

         ax.set_xlabel("时间(秒)")
         ax.set_ylabel("输出")
         ax.set_title("二阶系统仿真对比（h=0.1）")
         ax.set_xlim(0,5)
         ax.set_ylim(-0.5,2)
         ax.yaxis.set_major_formatter('{x:1.2f}')
         ax.legend(loc="lower right")
[5]:     <matplotlib.legend.Legend at 0x28ff9a4d450>
```

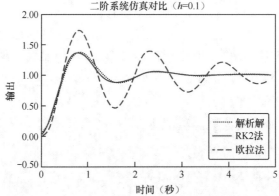

图 6-14　步长 h=0.1 时两种仿真解与解析解的曲线

　　如果取步长 h=0.05 进行仿真，欧拉法的误差会明显减小；如果取步长 h=0.01 进行仿真，欧拉法的结果曲线与解析解基本能重合。在步长 h=0.05 和 h=0.01 时，RK2 法的仿真结果精度提高不大，而计算步数成倍增加。步长越小，在相同的仿真时长内计算的步数越多，舍入误差越大，计算时间越长。所以，仿真计算中应该选择较高精度的算法，并选择合适的仿真步长。

6.3.2　四阶龙格-库塔法（RK4 法）

采用与推导 RK2 算法公式相似的方法，只是在采用泰勒级数展开 $x(t)$ 时保留到 h^4 项，就可以得到四阶龙格-库塔法（RK4 法）计算公式（推导过程见参考文献[3]第 3 章）。RK4 法的计算公式如式（6-31）所示。

$$\begin{cases} x_{(k+1)} = x_{(k)} + \dfrac{h}{6}\left(K_1 + 2K_2 + 2K_3 + K_4\right) \\ K_1 = f\left(t_k, x_{(k)}\right) \\ K_2 = f\left(t_k + \dfrac{h}{2}, x_{(k)} + \dfrac{h}{2}K_1\right) \\ K_3 = f\left(t_k + \dfrac{h}{2}, x_{(k)} + \dfrac{h}{2}K_2\right) \\ K_4 = f\left(t_k + h, x_{(k)} + hK_3\right) \end{cases} \tag{6-31}$$

RK4 法是数值积分计算中常用的一种方法，它的局部截断误差为 $O\left(h^5\right)$ 阶，全局截断误差是 $O\left(h^4\right)$ 阶的。RK4 法具有较高的计算精度，同时计算量也不是很大，在精度和计算量之间达到一个比较好的平衡。再增大算法阶数，例如采用 5 阶龙格-库塔法，计算精度与 RK4 法相差不大，但计算量大大增加。

6.3.3　几种数值积分算法的总结

前面介绍的几种数值积分算法都可以看作采用泰勒级数展开后截取到某级时的结果，几种算法截取的阶数和截断误差阶数如表 6-3 所示。

表 6-3　几种数值积分算法的基本情况

算法	展开保留阶次	局部截断误差	全局截断误差
欧拉法	h	$O\left(h^2\right)$	$O(h)$
预估-校正法	h^2	$O\left(h^3\right)$	$O\left(h^2\right)$
RK2 法	h^2	$O\left(h^3\right)$	$O\left(h^2\right)$
RK4 法	h^4	$O\left(h^5\right)$	$O\left(h^4\right)$

关于数值积分法的几点讨论如下。

（1）单步法和多步法：数值积分法都是迭代表达式，计算第 $k+1$ 步的值时，如果只需要用到第 k 步的值，就是单步法；如果用到 $k, k-1, \cdots$ 步的值，就是多步法。本节介绍的几种算法都是单步法，也有一些多步法，多步法的详细介绍见参考文献[3]的第 3 章和参考文献[44]的第 8 章。

（2）显式和隐式：计算 $x_{(k+1)}$ 时，若公式右边项均已知就是显式法，否则就是隐式法。前面所介绍的几种方法中，除了梯形法是隐式的之外，其他几种都是显式的。

（3）计算误差：计算误差包括截断误差和舍入误差。截断误差是由公式的阶次决定的，采用相同步长时，高阶次的算法截断误差更小。

【例 6.8】对下面的微分方程采用欧拉法、RK4 法计算 $t=0.4$ 时的 y，并与解析解比较。设 $t=0$ 时 $y_0=1$，取步长 $h=0.1$。

$$\dot{y}=-2y$$

解：（1）解析解。对方程两边求积分，得

$$\frac{\mathrm{d}y}{\mathrm{d}t}=-2y \Rightarrow \frac{\mathrm{d}y}{y}=-2\mathrm{d}t \Rightarrow \int_{y_0}^{y}\frac{1}{y}\mathrm{d}y=\int_{0}^{t}-2\mathrm{d}t$$

$$\ln y-\ln y_0=-2(t-0) \Rightarrow \ln\frac{y}{y_0}=-2t$$

因而得到该系统的解析解为

$$y=y_0\mathrm{e}^{-2t}=\mathrm{e}^{-2t}$$

（2）欧拉法。根据欧拉法的公式，有

$$y_{(k+1)}=y_{(k)}+hf\left(t_k,y_{(k)}\right)=y_{(k)}+0.1\times\left(-2y_{(k)}\right)=0.8y_{(k)}$$

（3）RK4 法。根据 RK4 的公式，有

$$K_1=f\left(t_k,y_{(k)}\right)=-2y_{(k)}$$

$$K_2=f\left(t_k+\frac{h}{2},y_{(k)}+\frac{h}{2}K_1\right)=-2\left[y_{(k)}+\frac{h}{2}\left(-2y_{(k)}\right)\right]=-1.8y_{(k)}$$

$$K_3=f\left(t_k+\frac{h}{2},y_{(k)}+\frac{h}{2}K_2\right)=-2\left[y_{(k)}+\frac{h}{2}\left(-1.8y_{(k)}\right)\right]=-1.82y_{(k)}$$

$$K_4=f\left(t_k+h,y_{(k)}+hK_3\right)=-2\left[y_{(k)}+h\left(-1.82y_{(k)}\right)\right]=-1.636y_{(k)}$$

迭代计算公式为

$$\begin{aligned}y_{(k+1)}&=y_{(k)}+\frac{h}{6}\left(K_1+2K_2+2K_3+K_4\right)\\&=y_{(k)}+\frac{h}{6}\left(-2y_{(k)}-3.6y_{(k)}-3.64y_{(k)}-1.636y_{(k)}\right)\\&=0.8187y_{(k)}\end{aligned}$$

为本示例编写一个 Notebook 程序文件，程序中直接根据本示例推导的迭代表达式进行计算，代码如下。可以在程序中设置计算步长和步数，得到更多计算结果。

```
[1]:    '''文件: note6_08.ipynb
        例【6.8】 对微分方程 dy=-2y 用解析解、欧拉法、RK4 法计算
        '''
```

```
import numpy as np
h= 0.1                           #计算步长
N= 5                             #需要计算的步数
t= np.arange(0,N) * h            #时间序列
```

```
[2]:  y0= 1                          #初始值
      y_ana= y0*np.exp(-2*t)         #解析解

      y_eu= np.zeros_like(t)
      y_eu[0]= y0
      for k in range(1,N):           #欧拉法
          y_eu[k] = 0.8*y_eu[k-1]

      y_rk4= np.zeros_like(t)
      y_rk4[0]= y0
      for k in range(1,N):           #RK4 方法
          y_rk4[k] = 0.8187*y_rk4[k-1]
```

```
[3]:  data=np.array([t, y_ana ,y_eu, y_rk4])        #组合成一个数组
      data.T                         #转置后显示
[3]:  array([[0.      , 1.        , 1.    , 1.        ],
             [0.1     , 0.81873075, 0.8   , 0.8187    ],
             [0.2     , 0.67032005, 0.64  , 0.67026969],
             [0.3     , 0.54881164, 0.512 , 0.5487498 ],
             [0.4     , 0.44932896, 0.4096, 0.44926146]])
```

6.3.4 RK4 法仿真编程

下面通过一个示例介绍如何编写 RK4 法仿真的通用函数，并对一个实际系统进行仿真。

【例 6.9】卫星发射后的运动方程为

$$
\begin{cases}
\dfrac{\mathrm{d}^2 r}{\mathrm{d}t^2} = -\dfrac{G}{r^2} + r\left(\dfrac{\mathrm{d}\theta}{\mathrm{d}t}\right)^2 \\[3mm]
\dfrac{\mathrm{d}^2 \theta}{\mathrm{d}t^2} = -\dfrac{2}{r}\dfrac{\mathrm{d}r}{\mathrm{d}t}\dfrac{\mathrm{d}\theta}{\mathrm{d}t}
\end{cases}
$$

其中，$r = 6400\text{km}$ 是地球半径，G 为重力系数，$G = 401408\text{km}^3/\text{s}$。运动方程用极坐标表示，需要用直角坐标输出。系统是高阶微分方程，不能直接用于仿真计算，需要转换为状态方程。定义如下的状态变量

$$x_1 = r, x_2 = \theta, x_3 = \dot{r}, x_4 = \dot{\theta}$$

则系统状态方程为

$$
\begin{cases}
\dot{x}_1 = x_3 \\[2mm]
\dot{x}_2 = x_4 \\[2mm]
\dot{x}_3 = -\dfrac{G}{x_1^2} + x_1 x_4^2 \\[2mm]
\dot{x}_4 = \dfrac{-2x_3 x_4}{x_1}
\end{cases}
$$

207

取极坐标和 x-y 平面坐标作为输出

$$\begin{cases} y_1 = x_1 = r \\ y_2 = x_2 = \theta \\ y_3 = r \cdot \cos(\theta) \\ y_4 = r \cdot \sin(\theta) \end{cases}$$

状态初值为

$$x_1(0) = 6400\text{km}$$
$$x_2(0) = 0$$
$$x_3(0) = 0$$
$$x_4(0) = \frac{v}{x_1(0)}$$

其中 v 是初始发射速度，v 可分别取 8km/s、9km/s 和 10km/s。对该模型仿真的目的是在不同初始速度 v 的情况下，绘制出卫星运行的轨迹曲线。很显然，该系统是一个非线性系统，而且状态空间模型是 4 阶的，很难用手动计算的方法计算轨迹。图 6-15 展示的是卫星轨迹仿真效果。

要对这个系统用 RK4 法进行仿真计算，我们先在文件 simu_ode.py 中编写一个函数 RK4_solve()，用于对系统使用 RK4 法进行仿真计算。该函数代码如下：

```
def RK4_solve(sys,tstop,h,x0,u0):         #用四阶龙格-库塔法（RK4）对系统进行仿真计算
    t= np.arange(0,tstop,h)               #时间序列
    Nt= t.size                            #时间序列的长度
    Ny= sys.noutputs                      #输出变量个数
    Nx= sys.nstates                       #状态变量个数
    Nu= sys.ninputs                       #输入变量个数
    y= np.zeros(Ny*Nt).reshape(Ny,Nt)     #为输出数组分配空间

    curx= x0
    curu= u0
    for k in range(Nt):
        cury= sys.output(t[k], curx, curu).reshape(Ny,1)       #计算模型的输出
        y[:,k]= cury[:,0]
        # curu= u0    #控制并未更新，若有控制（例如 PID 控制）算法，在此更新 curu
        k1= sys.dynamics(t[k], curx, curu).reshape(Nx,1)
        newx= curx + 0.5*h*k1
        k2= sys.dynamics(t[k]+h/2, newx, curu).reshape(Nx,1)
        newx= curx + 0.5*h*k2
        k3= sys.dynamics(t[k]+h/2, newx, curu).reshape(Nx,1)
        newx= curx + h*k3
        k4= sys.dynamics(t[k]+h, newx, curu).reshape(Nx,1)
        curx= curx + (k1 + 2*k2 + 2*k3 +k4)*h/6        #更新状态变量

    SISO=  (Ny==1) and (Nu==1)                         #是否是 SISO 系统，必须设置此参数
    res= ctr.TimeResponseData(t, y, issiso=SISO)
    return res
```

这个函数的输入参数与前面介绍过的 RK2 法仿真函数 RK2_solve() 的参数是一样的，实现代码的差别之处在于 for 循环中更新状态的计算公式不同。函数 RK4_solve() 中使用 RK4 法的计算公式更新计算每一步的状态值。

编写了函数 RK4_solve() 后，再创建一个 Notebook 文件对本示例进行仿真。

```
[1]:    '''    程序文件: note6_09.ipynb
        【例 6.9】 卫星轨迹 RK4 法仿真
        '''
        import numpy as np
        import control as ctr
        import matplotlib.pyplot as plt
        import matplotlib as mpl
        import simu_ode as simu              #导入本章自建文件 simu_ode.py 中的内容
        mpl.rcParams['font.sans-serif']= ['KaiTi','SimHei']
        mpl.rcParams['font.size']= 11
        mpl.rcParams['axes.unicode_minus']= False
```

```
[2]:    def dx_fun(t, x, u, params={}):    #定义非线性模型的状态方程
            x1,x2,x3,x4= (x[0], x[1], x[2], x[3])
            G= 401408                         # 常数
            dx1= x3
            dx2= x4
            dx3= -G/(x1*x1) + x1*x4*x4
            dx4= -2*x3*x4/x1
            dx= np.array([dx1,dx2,dx3,dx4]).reshape(4,1)
            return dx
```

```
[3]:    def out_fun(t, x, u, params={}):    #定义非线性模型的输出方程
            r, thi = (x[0], x[1])
            y= np.array([r, thi, r*np.cos(thi), r*np.sin(thi)]).reshape(4,1)
            return y
```

```
[4]:    sat_mod= ctr.NonlinearIOSystem(dx_fun, out_fun, inputs=0, outputs=4, states=4,
        name="satellite")
```

```
[5]:    step= 200      #仿真步长
        u0= [0]
```

```
[6]:    iniv= 8        #初始化速度
        x0= np.array([6400.0, 0, 0, iniv/6400.0]).reshape(4,1)
        simu_v8= simu.RK4_solve(sat_mod, 30*step, step, x0, u0)    #RK4 法仿真
```

```
[7]:    iniv= 9        #初始化速度
        x0= np.array([6400.0, 0, 0, iniv/6400.0]).reshape(4,1)
        simu_v9= simu.RK4_solve(sat_mod, 50*step, step, x0, u0)    #RK4 法仿真
```

```
[8]:    iniv= 10       #初始化速度
        x0=np.array([6400.0, 0, 0, iniv/6400.0]).reshape(4,1)
        simu_v10= simu.RK4_solve(sat_mod, 100*step, step, x0, u0)   #RK4 法仿真
```

```
[9]:    fig,ax= plt.subplots(figsize=(5,3.5),layout='constrained')
        ax.plot(simu_v8.y[2,:],  simu_v8.y[3,:], 'r',     label="v0=8",  linewidth=1)
        ax.plot(simu_v9.y[2,:],  simu_v9.y[3,:], 'b:',    label="v0=9",  linewidth=1)
        ax.plot(simu_v10.y[2,:], simu_v10.y[3,:],'g--',   label="v0=10", linewidth=1)

        ax.set_xlabel("平面 X(km)")
        ax.set_ylabel("平面 Y(km)")
```

```
ax.set_title("卫星轨迹仿真")
ax.set_xlim(-30000,20000)
ax.set_ylim(-20000, 20000)
ax.legend(loc="lower right")
```

[9]:　<matplotlib.legend.Legend at 0x18c54353490>

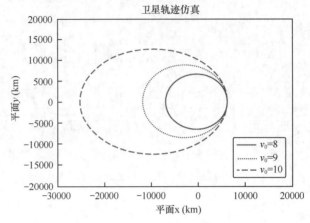

图 6-15　卫星轨迹仿真

根据本示例对象的状态空间模型表达式，我们在输入[2]中定义了模型的状态方程，在输入[3]中定义了模型的输出方程，然后在输入[4]中创建了一个 NonlinearIOSystem 类型的模型 sat_mod。

输入[5]中定义了仿真的步长。本示例系统的状态空间模型中没有输入变量，但是在不同的初始速度下状态变量具有不同的初始值，从而导致卫星轨迹不同。输入[6]中设置速度初值为 8，计算了状态变量初始值 x0，然后用函数 RK4_solve() 计算了系统的仿真结果 simu_v8。同样，程序还计算了速度初值为 9 和 10 的仿真结果。

输入[9]中绘制了 3 种初始速度下的卫星轨迹。从图 6-15 中可以明显地看出：初始速度越大，轨迹椭圆越大。3 个轨迹都是椭圆，也就是卫星还未脱离环绕地球的轨道，因为绕地球轨道的第一宇宙速度是 7.8km/s，脱离地球轨道的第二宇宙速度是 11.2km/s，测试中所用的 3 个初始速度都小于第二宇宙速度。本示例中系统的数学模型是非线性模型，且状态变量较多，计算步数多，手动计算是难以完成的，而用计算机仿真程序就可以很方便地计算出数据并绘制图形，这样就便于对系统进行研究。

6.4　龙格-库塔法的误差估计与步长控制

进行数值积分计算时，步长对误差和计算量的影响很大。在保证精度的情况下，应该使步长尽量大，以减少计算量。对一个系统进行仿真时，在系统变化剧烈时应该采用比较小的步长，以便比较精确地反映系统的局部动态特性；而当系统变化缓慢时可以采用较大的步长，以减少计算量。使用变步长数值积分算法可以达到这样的目的。

变步长算法的基本原理如图 6-16 所示，实现步长控制主要包括误差估计和步长控制策略。在每一个计算步，由误差估计算法估计本步的截断误差并与允许误差相比，根据比较结果和步长控制策略相应地改变步长。

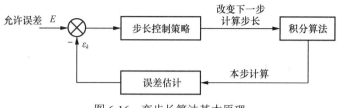

图 6-16 变步长算法基本原理

6.4.1 龙格-库塔法的误差估计

实现变步长的一个关键步骤是要估计当前步仿真计算的局部截断误差。变步长龙格-库塔法一般是使用一个高阶龙格-库塔法公式计算实际的仿真结果，再找一个低阶的龙格-库塔法公式计算一个用于对比的仿真结果，两个公式的计算结果之差当作估计的截断误差。

本节的算法涉及 ODE 方程组数值计算，假设 ODE 方程组是

$$\dot{x} = f(t, x) \tag{6-32}$$

1. RKM-34 法（4 阶精度 3 阶误差估计）

RKM-34 法是一种 4 阶精度 3 阶误差估计的算法。它用一个 4 阶精度的公式进行正常的仿真计算，另外用一个 3 阶精度的公式进行仿真对比计算，将两个公式的计算结果之差作为当前步的误差估计。

RKM-34 法中用于正常仿真计算的高阶算法是龙格-库塔-默森（Runge-Kutta-Merson）法，它具有 4 阶精度，其计算公式是

$$x_{(k+1)} = x_{(k)} + \frac{h}{6} \left(K_1 + 4K_4 + K_5 \right) \tag{6-33}$$

其中

$$\begin{cases} K_1 = f\left(t_k, x_{(k)}\right) \\ K_2 = f\left(t_k + \dfrac{h}{3}, x_{(k)} + \dfrac{h}{3} K_1\right) \\ K_3 = f\left(t_k + \dfrac{h}{3}, x_{(k)} + \dfrac{h}{6}\left(K_1 + K_2\right)\right) \\ K_4 = f\left(t_k + \dfrac{h}{2}, x_{(k)} + \dfrac{h}{8}\left(K_1 + 3K_3\right)\right) \\ K_5 = f\left(t_k + h, x_{(k)} + \dfrac{h}{2}\left(K_1 - 3K_3 + 4K_4\right)\right) \end{cases} \tag{6-34}$$

211

另外还有一个 3 阶精度的公式，它计算时采用 $x_{(k)}$，计算结果 $\hat{x}_{(k+1)}$ 不存储，只用于当前步的误差估计。

$$\hat{x}_{(k+1)} = x_{(k)} + \frac{h}{6}\left(3K_1 - 9K_3 + 12K_4\right) \tag{6-35}$$

其中的 K_1，K_3，K_4 来源于式（6-34）。

当前步的误差估计为

$$E_{(k)} = \hat{x}_{(k+1)} - x_{(k+1)} = \frac{h}{6}\left(2K_1 - 9K_3 + 8K_4 - K_5\right) \tag{6-36}$$

RKM-34 法是 4 阶精度 3 阶误差估计的算法，也就是正常仿真计算的精度是 4 阶，用于对比做误差估计的低阶算法的精度是 3 阶。

2. RKS-34 法（4 阶精度 3 阶误差估计）

龙格-库塔-夏普勒（Runge-Kutta-Shampine）法简称为 RKS-34 法，RKS-34 法是 4 阶精度 3 阶误差估计算法。RKS-34 法的高阶算法是 4 阶精度的，计算公式为

$$x_{(k+1)} = x_{(k)} + \frac{h}{8}\left(K_1 + 3K_2 + 3K_3 + K_4\right) \tag{6-37}$$

其中

$$\begin{cases} K_1 = f\left(t_k, x_{(k)}\right) \\ K_2 = f\left(t_k + \dfrac{h}{3}, x_{(k)} + \dfrac{h}{3}K_1\right) \\ K_3 = f\left(t_k + \dfrac{2h}{3}, x_{(k)} + \dfrac{h}{3}\left(-K_1 + 3K_2\right)\right) \\ K_4 = f\left(t_k + h, x_{(k)} + h\left(K_1 - K_2 + K_3\right)\right) \end{cases} \tag{6-38}$$

RKS-34 法的低阶算法是 3 阶精度的，计算公式为

$$\hat{x}_{(k+1)} = x_{(k)} + \frac{h}{32}\left(3K_1 + 15K_2 + 9K_3 + K_4 + 4K_5\right) \tag{6-39}$$

其中的 K_1、K_2、K_3、K_4 来源于式（6-38），K_5 计算公式如下

$$K_5 = f\left(t_k + h, x_{(k)} + \frac{h}{8}\left(K_1 + 3K_2 + 3K_3 + K_4\right)\right) \tag{6-40}$$

观察式（6-40）、式（6-37）和式（6-38），可以发现 K_5 正好是下一步计算 $x_{(k+1)}$ 时用到的 K_1，所以只需在第一步计算 5 次 $f(t,x)$ 函数的值，后面每步就只需计算 4 次 $f(t,x)$ 函数的值。所以，RKS-34 的精度与 RMK-34 相当，但计算量稍微少一点。

3. RKF-45 法（5 阶精度 4 阶误差估计）

龙格-库塔-费尔贝格（Runge-Kutta-Fehlberg）法简称为 RKF-45 法，它是 5 阶精度 4 阶误差估计算法，其精度比 RKM-34 和 RKS-34 高。RKF-45 是非病态系统仿真计算的最有效方法之一，MATLAB 中的函数 ode45() 使用的就是此算法，scipy.integrate.solve_ivp() 函数使用的也是此算法。

RKF-45 法的高阶计算公式（参考文献[44]第 8 章）为

$$x_{(k+1)} = x_{(k)} + h\left(\frac{16}{135}K_1 + \frac{6656}{12825}K_3 + \frac{28561}{56430}K_4 - \frac{9}{50}K_5 + \frac{2}{55}K_6\right) \tag{6-41}$$

其中

$$\begin{cases} K_1 = f\left(t_k, x_{(k)}\right) \\ K_2 = f\left(t_k + \frac{h}{4}, x_{(k)} + \frac{h}{4}K_1\right) \\ K_3 = f\left(t_k + \frac{3h}{8}, x_{(k)} + \frac{h}{32}\left(3K_1 + 9K_2\right)\right) \\ K_4 = f\left(t_k + \frac{12h}{13}, x_{(k)} + \frac{h}{2197}\left(1932K_1 - 7200K_1 + 7296K_3\right)\right) \\ K_5 = f\left(t_k + h, x_{(k)} + h\left(\frac{439}{216}K_1 - 8K_2 + \frac{3680}{513}K_3 - \frac{845}{4104}K_4\right)\right) \\ K_6 = f\left(t_k + \frac{h}{2}, x_{(k)} + h\left(-\frac{8}{27}K_1 + 2K_2 - \frac{3544}{2565}K_3 + \frac{1859}{4104}K_4 - \frac{11}{40}K_5\right)\right) \end{cases} \tag{6-42}$$

再取一个低阶公式用于误差估计，得当前步的误差估计为

$$E_{(k)} = h\left(\frac{1}{360}K_1 - \frac{128}{4275}K_3 - \frac{2197}{75240}K_4 + \frac{1}{50}K_5 + \frac{2}{55}K_6\right) \tag{6-43}$$

6.4.2 步长控制

进行步长控制的一种简单的方法是加倍-减半法，其基本思想是：设定一个最小误差限和最大误差限，当估计的局部误差大于最大误差时将步长减半，并且重新计算这一步；当误差在最大误差与最小误差之间时步长不变；当误差小于最小误差时将步长加倍。

每一步的局部误差定义为

$$e_{(k)} = \frac{E_{(k)}}{\left(\left|x_{(k)}\right| + 1\right)} \tag{6-44}$$

由此定义可知，当 $x_{(k)}$ 较大时，表示的是相对误差；当 $x_{(k)}$ 较小时，表示的是绝对误差。

设定误差上限 $\varepsilon_{\max}$ 和误差下限 $\varepsilon_{\min}$，加倍-减半法的误差控制策略为

$$\begin{cases} e_{(k)} \geqslant \varepsilon_{\max} & \Rightarrow h_{k+1} = \dfrac{1}{2} h_k \\ \varepsilon_{\min} < e_{(k)} < \varepsilon_{\max} & \Rightarrow h_{k+1} = h_k \\ e_{(k)} \leqslant \varepsilon_{\min} & \Rightarrow h_{k+1} = 2 h_k \end{cases} \qquad (6\text{-}45)$$

6.4.3 变步长仿真示例

python-control 中用于计算 LTI 系统时域响应的一些函数，例如 forced_response()、step_response() 等都只能计算固定步长的响应。scipy.integrate 模块中的 solve_ivp()函数可以采用变步长方法求解 ODE 方程组的初值问题，其默认的数值积分算法就是本节介绍的 RKF-45 法。

python-control 中计算 I/O 模型响应的函数 input_output_response()虽然使用 scipy.integrate.solve_ivp()函数进行 ODE 方程组数值求解，但它只能使用定步长的时间序列，详见 6.1.3 小节对 input_output_response()函数参数的说明和使用示例。

变步长仿真算法比较复杂，自己编程实现起来有些困难，但是我们可以直接使用 scipy.integrate 模块中的 solve_ivp()函数实现变步长仿真计算。函数 solve_ivp()的完整定义如下：

```
scipy.integrate.solve_ivp(fun, t_span, y0, method='RK45', t_eval=None, dense_output=False, events=None, vectorized=False, args=None, **options)
```

其中几个主要参数的意义如下。

- fun：要计算的一阶 ODE 方程组的函数，具有初值的 ODE 方程组形式如下

$$\dot{y} = f(t, y), \quad y(t_0) = y_0$$

- t_span：计算的时间区间，用含两个元素的元组或列表表示，如 t_span=[0, 10]。
- y0：ODE 方程组中状态变量的初值，用一维数组或列表表示，如 y0=[0,0]。
- method：数值计算方法，默认是'RK45'，也就是本节介绍的 RKF-45 方法。
- t_eval：数组，需要存储结果的时间点。若 t_eval 是等间隔时间序列，那么相当于是等步长计算。如果不设置这个参数，函数就会自动确定需要存储的数据点。
- dense_output：布尔型数据，默认值为 False，表示不需要计算连续的解。
- args：元组数据，需要传递给模型方程 fun()的参数。

可选关键字参数**options 中可以设置算法相关的一些参数，主要的关键字参数如下。

- first_step：浮点数，表示初始的步长，默认由算法自己确定初始步长。
- max_step：浮点数，表示最大允许步长，默认值为 numpy.inf。
- min_step：浮点数，表示最小步长，默认值为 0。

函数 solve_ivp()的返回值是一个对象，其主要属性描述如下。

- t：一维数组，保存数据的时间点。
- y：二维数组，是与时间序列对应的状态数据序列，y 的行数等于状态变量的个数。
- success：布尔型数据，表示计算是否成功。

下面通过一个示例介绍 solve_ivp()函数的使用。

【例 6.10】对于二阶系统

$$G(s) = \frac{Y(s)}{U(s)} = \frac{\omega_n^2}{s^2 + 2\zeta\omega_n s + \omega_n^2}$$

设置 $\omega_n = 2$，$\zeta = 0.2$，使用 scipy.integrate 模块中的 solve_ivp()函数对该系统进行单位阶跃响应仿真，并与 python-control 中的 step_response()函数的仿真结果进行对比。

解：二阶系统状态空间模型表达式为

$$\dot{x} = \begin{pmatrix} 0 & 1 \\ -\omega_n^2 & -2\zeta\omega_n \end{pmatrix} x + \begin{pmatrix} 0 \\ 1 \end{pmatrix} u$$

$$y = \begin{pmatrix} \omega_n^2 & 0 \end{pmatrix} x$$

使用 solve_ivp()函数只能对 ODE 方程组进行计算，也就是只能对状态空间模型中的状态方程进行计算，可以在计算出状态变量的数据序列后再一次性计算输出变量的数据序列。图 6-17 为程序输出，展示了用不同算法计算的二阶系统单位阶跃响应。

编写一个 Notebook 文件对该示例进行仿真。

```
[1]:    ''' 程序文件：note6_10.ipynb
        【例 6.10】变步长仿真示例
        '''
        import numpy as np
        import matplotlib.pyplot as plt
        import matplotlib as mpl
        import control as ctr
        from  scipy.integrate import solve_ivp
        mpl.rcParams['font.sans-serif']= ['KaiTi','SimHei']
        mpl.rcParams['font.size']= 11
        mpl.rcParams['axes.unicode_minus']= False
```

```
[2]:    wn= 2            #自然频率
        zta= 0.2         #阻尼比
        durance= 10      #仿真计算的时间长度
        sys_tf= ctr.tf([wn*wn], [1, 2*zta*wn, wn*wn])
        res1= ctr.step_response(sys_tf, durance)         #计算二阶系统的阶跃输入响应
```

```
[3]:    def dx_fun(t,x,wn,zta):                           #二阶系统状态方程
            x1,x2= x[0], x[1]
            u= 1                                          #单位阶跃输入
            dx1= x2
            dx2= -wn*wn*x1 - 2*zta*wn*x2 + u
            return [dx1,dx2]
```

```
[4]:    sol= solve_ivp(dx_fun, t_span=[0,durance], y0=[0,0],
                       args=(wn, zta), first_step=0.02)
        y= wn*wn*sol.y[0,:]                               #计算输出
```

```
[5]:    fig,ax= plt.subplots(figsize=(4.5,3), layout='constrained')
        ax.plot(res1.time,res1.outputs,'r.',  label="step_response()")
        ax.plot(sol.t, y, 'bd',  label="solve_ivp()")
        ax.set_xlabel("时间(秒)")
        ax.set_ylabel("输出")
```

```
ax.set_title("二阶系统单位阶跃响应")
ax.set_xlim(0, durance)
ax.set_ylim(0, 1.6)
ax.yaxis.set_major_formatter('{x:1.2f}')
ax.legend(loc="lower right")
```
[5]:   <matplotlib.legend.Legend at 0x1c233f13850>

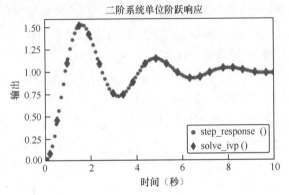

图 6-17　用不同算法计算的二阶系统单位阶跃响应

```
[6]:   print('solve_ivp()计算数据点个数=',sol.t.size)
       sol.t[1:-1] - sol.t[0:-2]
       solve_ivp()计算数据点个数= 24
```
```
[6]:   array([0.02      , 0.18420502, 0.32861646, 0.44344077, 0.52126991,
              0.44892722, 0.4434278 , 0.59221666, 0.42474319, 0.42042171,
              0.54212517, 0.46919358, 0.46919358, 0.48521595, 0.51327356,
              0.45278969, 0.44747463, 0.5676372 , 0.43001227, 0.43001227,
              0.54870399, 0.47605016])
```
```
[7]:   print('step_response()计算数据点个数=',res1.time.size)
       res1.time[1:-1] -res1.time[0:-2]
       step_response()计算数据点个数= 100
```
```
[7]:   array([0.1010101, 0.1010101, 0.1010101, 0.1010101, 0.1010101, 0.1010101,
              0.1010101, 0.1010101, 0.1010101, 0.1010101, 0.1010101, 0.1010101,
              0.1010101, 0.1010101, 0.1010101, 0.1010101, 0.1010101, 0.1010101,
              0.1010101, 0.1010101, 0.1010101, 0.1010101, 0.1010101, 0.1010101,
              0.1010101, 0.1010101, 0.1010101, 0.1010101, 0.1010101, 0.1010101,
              0.1010101, 0.1010101, 0.1010101, 0.1010101, 0.1010101, 0.1010101,
              0.1010101, 0.1010101, 0.1010101, 0.1010101, 0.1010101, 0.1010101,
              0.1010101, 0.1010101, 0.1010101, 0.1010101, 0.1010101, 0.1010101,
              0.1010101, 0.1010101, 0.1010101, 0.1010101, 0.1010101, 0.1010101,
              0.1010101, 0.1010101, 0.1010101, 0.1010101, 0.1010101, 0.1010101,
              0.1010101, 0.1010101, 0.1010101, 0.1010101, 0.1010101, 0.1010101,
              0.1010101, 0.1010101, 0.1010101, 0.1010101, 0.1010101, 0.1010101,
              0.1010101, 0.1010101, 0.1010101, 0.1010101, 0.1010101, 0.1010101,
              0.1010101, 0.1010101, 0.1010101, 0.1010101, 0.1010101, 0.1010101,
              0.1010101, 0.1010101, 0.1010101, 0.1010101, 0.1010101, 0.1010101,
              0.1010101, 0.1010101, 0.1010101, 0.1010101, 0.1010101, 0.1010101,
              0.1010101, 0.1010101])
```

　　输入[2]中定义了二阶系统的传递函数模型，并用 control.step_response()函数计算了模型的单位阶跃响应。

　　输入[3]中定义了一个函数 dx_fun()用于表示二阶系统的状态方程。函数中的前两个参数 t 和

216

x 是必需的，用于表示时间和状态变量。后面两个参数 wn 和 zta 是模型的参数，在 solve_ivp() 函数中可以通过参数 args 给函数 dx_fun() 传递模型参数。函数 dx_fun() 的返回值是状态变量的导数值。

输入[4]中使用函数 solve_ivp() 对函数 dx_fun() 表示的 ODE 方程组进行数值求解。函数中的前 3 个参数是必需的，args=(wn, zta) 是传递给函数 dx_fun() 的模型参数，first_step=0.02 设置了初始的步长。

注意，函数 solve_ivp() 只是对二阶系统的状态方程进行数值计算，返回值 sol.y 是一个行数为 2 的二维数组，存储的是状态变量的历史数据。要得到二阶系统的输出数据还需要用输出方程进行计算，输入[4]中计算了二阶系统的输出数据 y。

输入[5]中将 step_response() 和 solve_ivp() 的仿真结果绘制在了一个图上，图 6-17 的数据曲线上只有数据点。由图 6-17 可见，step_response() 计算的数据点比较密，solve_ivp() 计算的数据点比较稀疏，但是两个函数的计算结果是完全重合的。

输入[6]中显示了 solve_ivp() 函数计算结果的数据点数，只有 24 个数据点。输出[6]中显示了相邻时间点之间的间隔，可见时间间隔是变化的，所以 solve_ivp() 函数使用了变步长计算方法。

输入[7]中显示了 step_response() 函数计算结果的数据点数，有 100 个数据点。输出[7]显示了相邻时间点之间的间隔，都是 0.1010101，所以 step_response() 函数使用的是固定步长的计算方法。

6.5　算法稳定性分析

对一个系统采用数值积分算法进行仿真计算，首先要保证数值积分算法是稳定的。如果数值积分算法是不稳定的，仿真计算的结果就是错误的，不能真实反映系统的特性。本节介绍仿真算法稳定性的意义，并通过示例进行仿真算法稳定性分析。

6.5.1　算法稳定性分析原理

数值积分计算过程的误差来源主要有两个：截断误差和舍入误差（见附录 A）。其中截断误差的阶数由公式的性质决定，对于一个数值积分算法，步长影响截断误差的大小。

对于一个稳定的系统，其数值积分解也应该是稳定的，如果出现不稳定，则一定是由于步长过大，导致每一步的截断误差不断增大，从而导致数值解发散。当然，对于一个本来就发散的系统（不稳定系统），其数值解也一定是发散的，但这不是由算法不稳定引起的。

数值积分算法的稳定性问题指的是数值计算误差的累积是否受到控制，即误差是否发散。如果误差是逐步衰减的，则算法稳定；如果误差是逐步增大的，则算法不稳定。

要解析地分析每个系统数值求解时的算法稳定性是比较困难的，因为系统可能是高维的或非线性的。我们以一个简单的系统为例，说明算法稳定性与步长之间的关系。

考虑如下的一阶动态系统

$$\dot{x} = \lambda x, \quad x(0) = x_0 \tag{6-46}$$

由微分方程解的方法，可以得到该系统的解析解为

$$x(t) = x_0 e^{\lambda t} \tag{6-47}$$

当 $x_0 \neq 0$ 时，解析解是随时间变化的。当 $\lambda < 0$ 时，解是衰减的；当 $\lambda > 0$ 时，解是发散的。

考虑用欧拉法求解该系统，则数值解的迭代表达式为

$$x_{(k+1)} = x_{(k)} + h\dot{x}_{(k)} = (1 + h\lambda)x_{(k)} \tag{6-48}$$

假设第 k 步的误差为 $\varepsilon_{(k)}$，则有

$$x_{(k+1)} + \varepsilon_{(k+1)} = (1 + h\lambda)\left(x_{(k)} + \varepsilon_{(k)}\right) \tag{6-49}$$

与前式相减，得

$$\varepsilon_{(k+1)} = (1 + h\lambda)\varepsilon_{(k)} \tag{6-50}$$

很显然，要使每一步的误差是稳定的或逐渐减小的，就要求

$$\left|(1 + h\lambda)\right| \leqslant 1 \tag{6-51}$$

解此不等式，可得

$$-1 \leqslant 1 + \lambda h \leqslant 1 \Rightarrow -2 \leqslant \lambda h \leqslant 0 \Rightarrow h \leqslant \frac{-2}{\lambda} \tag{6-52}$$

注意，在式（6-51）中，如果 $\lambda > 0$，那么不等式（6-51）是不可能满足的，因为步长总是一个正数。这说明，对一个不稳定的系统进行数值求解时，误差累积是增大的，即算法是不稳定的。

如果采用 RK4 法求解该模型，则有

$$\begin{cases} x_{(k+1)} = x_{(k)} + \dfrac{h}{6}\left(K_1 + 2K_2 + 2K_3 + K_4\right) \\[2mm] K_1 = f\left(t_k, x_{(k)}\right) & \Rightarrow K_1 = \lambda x_{(k)} \\[2mm] K_2 = f\left(t_k + \dfrac{h}{2}, x_{(k)} + \dfrac{h}{2}K_1\right) & \Rightarrow K_2 = \left(\lambda + \dfrac{h}{2}\lambda^2\right)x_{(k)} \\[2mm] K_3 = f\left(t_k + \dfrac{h}{2}, x_{(k)} + \dfrac{h}{2}K_2\right) & \Rightarrow K_3 = \left(\lambda + \dfrac{h}{2}\lambda^2 + \dfrac{h^2}{4}\lambda^3\right)x_{(k)} \\[2mm] K_4 = f\left(t_k + h, x_{(k)} + hK_3\right) & \Rightarrow K_4 = \left(\lambda + h\lambda^2 + \dfrac{h^2}{2}\lambda^3 + \dfrac{h^3}{4}\lambda^4\right)x_{(k)} \end{cases} \tag{6-53}$$

进一步整理可以得到

$$x_{(k+1)} = x_{(k)} + \frac{h}{6}\left[\lambda + \left(\lambda + \frac{h}{2}\lambda^2\right) + \left(\lambda + \frac{h}{2}\lambda^2 + \frac{h^2}{4}\lambda^3\right) + \left(\lambda + h\lambda^2 + \frac{h^2}{2}\lambda^3 + \frac{h^3}{4}\lambda^4\right)\right]x_{(k)}$$

$$= x_{(k)}\left(1 + h\lambda + \frac{h^2\lambda^2}{2} + \frac{h^3\lambda^3}{6} + \frac{h^4\lambda^4}{24}\right)$$

由此可以得到前后两步的误差之间的关系为

$$\varepsilon_{(k+1)} = \varepsilon_{(k)}\left(1 + h\lambda + \frac{h^2\lambda^2}{2} + \frac{h^3\lambda^3}{6} + \frac{h^4\lambda^4}{24}\right) \tag{6-54}$$

因此，RK4 法计算稳定的条件是

$$\left|1 + h\lambda + \frac{h^2\lambda^2}{2} + \frac{h^3\lambda^3}{6} + \frac{h^4\lambda^4}{24}\right| \leqslant 1 \tag{6-55}$$

这个不等式比较复杂，对于一个给定的参数 λ，我们很难解析地计算出满足条件的步长 h 的范围，但是可以通过仿真计算测试 h 的极限值。

6.5.2　算法稳定性仿真示例

【例 6.11】针对下面的系统计算其解析解，并用欧拉法和 RK4 法进行仿真计算。计算欧拉法最大允许步长，将步长从 0.2 逐渐增大，比较 3 种解的效果。

$$\begin{cases} \dot{x} = -4x \\ x(0) = 1 \end{cases}$$

解：（1）该系统是稳定的，其解析解为

$$x(t) = e^{-4t}$$

（2）用欧拉法计算本例时，其步长应该满足式（6-51），其中 $\lambda = -4$，得

$$|1 - 4h| \leqslant 1 \Rightarrow h \leqslant 0.5$$

（3）RK4 法稳定的步长条件式（6-55）是一个高阶不等式，无法直接求解，只能用试探法测试 RK4 法的步长上限。

创建一个 Notebook 文件对本示例进行仿真分析，代码如下。当初始步长 $h = 0.2$ 时，3 种算法的仿真典线如图 6-18 所示。

```
[1]:    '''   程序文件: note6_11.ipynb
        【例 6.11】步长与稳定性的关系，测试 RK4 法的极限步长
        '''
        import numpy as np
        import control as ctr
        import matplotlib.pyplot as plt
        import matplotlib as mpl
        import simu_ode as simu
        mpl.rcParams['font.sans-serif']= ['KaiTi','SimHei']
        mpl.rcParams['font.size']= 11
        mpl.rcParams['axes.unicode_minus']= False
```

```
[2]:    lamda= -4
        A= np.array([lamda])
        B= np.array([0])
        C= np.array([1])
        D= np.array([0])
        sys= ctr.ss(A,B,C,D)              #创建状态空间模型
        sys
```

[2]:　$\left(\begin{array}{c|c} -4 & 0 \\ \hline 1 & 0 \end{array}\right)$

```
[3]:    h= 0.2
        tstop= 2+h
        t= np.arange(0,tstop,h)           #时间序列,不包括右端点
        y0=  np.exp(lamda*t)              #解析解
```

```
[4]:    x0= np.array([1]).reshape(1,1)    #必须确定为二维数组
        u0= np.array([0]).reshape(1,1)    #必须确定数组为二维的
        simu_eu= simu.euler_solve(sys, tstop, h, x0, u0)      #欧拉法仿真
        simu_rk4= simu.RK4_solve(sys, tstop, h, x0, u0)       #RK4 法仿真
```

```
[5]:    fig,ax= plt.subplots(figsize=(4,3),layout='constrained')
        ax.plot(t,y0,'r:*',  label="解析解")
        ax.plot(simu_eu.t,  simu_eu.y[0,:], 'b--^', label="欧拉法")
        ax.plot(simu_rk4.t, simu_rk4.y[0,:],'g-+',  label="RK4 法")

        ax.set_xlabel("时间(秒)")
        ax.set_ylabel("输出")
        ax.set_title("算法稳定性仿真测试（h=0.2)")
        ax.legend(loc="upper right")
```

[5]:　<matplotlib.legend.Legend at 0x16321092210>

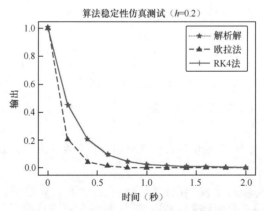

图 6-18　步长 $h = 0.2$ 时的仿真曲线

　　本示例中的系统是个一阶微分方程,所以我们在输入[2]中创建一个 StateSpace 对象 sys 表示这个系统的模型。输入[3]中计算了系统的解析解序列 y0,输入[4]中分别用欧拉法和 RK4 法进行了仿真计算。

　　图 6-18 所示为步长 $h = 0.2$ 时的仿真曲线,解析解与 RK4 法的结果曲线基本重叠,而欧拉法的误差较大,但是欧拉法的计算还是稳定的。

　　稍微修改程序,设置步长为 0.4 及以上进行仿真。图 6-19 所示为步长为 0.4 时的仿真曲线。

从图中可以看出，欧拉法的误差很大了，但是计算还是稳定的，在解析解趋于稳定时欧拉法的计算结果也趋于稳定。RK4法的计算结果与解析解已经有了一些偏差。

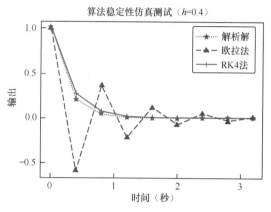

图 6-19 步长 h=0.4 时的仿真曲线

　　步长为 0.5 时的仿真曲线如图 6-20 所示。欧拉法的仿真曲线呈现等幅振荡的形状，无法收敛到与解析解相同。因为对这个模型来说，欧拉法仿真稳定的极限步长是 0.5，当仿真步长达到 0.5 时，欧拉法的计算误差已经无法收敛到零了。

　　步长为 0.6 时的仿真曲线如图 6-21 所示。欧拉法的仿真曲线出现发散，说明欧拉法的计算误差是不断扩大的，欧拉法的算法已经不稳定了。图 6-22 是步长为 0.6 时 RK4 法仿真结果与解析解的对比曲线，RK4 法的计算结果在初始阶段有较大误差，但误差是收敛的，RK4 法还是稳定的。

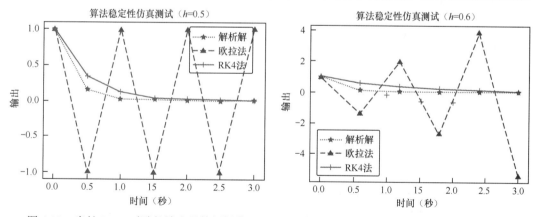

图 6-20 步长 h=0.5 时欧拉法出现等幅振荡　　　　图 6-21 步长 h=0.6 时欧拉法计算不再稳定

　　再增大步长，例如设置步长为 0.65 或 0.69 时，会发现 RK4 法仿真计算的结果还是收敛的，虽然与解析解相比误差比较大了。当设置步长为 0.7 时，RK4 法仿真结果与解析解的对比曲线如图 6-23 所示。从图中可以看到 RK4 法的计算结果出现了发散，与解析解之间的误差越来越大，说明 RK4 法的计算不再稳定。

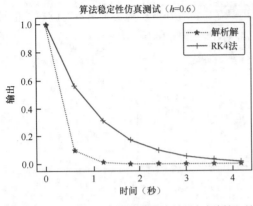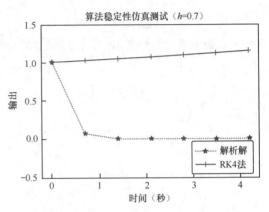

图 6-22　步长 h=0.6 时 RK4 法仿真结果与解析解对比　图 6-23　步长 h=0.7 时 RK4 法的计算不再稳定

将 $\lambda = -4, h = 0.69$ 代入式（6-55）左侧的公式，计算结果是 0.9625，还是小于 1 的，所以 RK4 算法稳定。将 $\lambda = -4, h = 0.7$ 代入式（6-55）左侧的公式，计算结果是 1.0224，大于 1 了，所以 RK4 算法不稳定了。

通过理论分析和仿真测试可知，仿真步长对于仿真算法的稳定性是有影响的。在实际的仿真中，我们一般无法把仿真结果与解析解进行对比，也就是并不知道实际的正确解是什么样子的。为保证仿真计算的正确性一般应选取精度较高的仿真算法（例如 RK4 法），并且把初始的仿真步长设置得小一些。但是步长不是越小越好，因为步长越小计算量会越大，所以应该在确保仿真精度的情况下适当加大步长，通过多次仿真确定合适的步长。或者采用加倍-减半法等步长控制算法，在仿真中使用动态步长。

6.6　面向结构图的连续时间系统仿真

结构图也是模型的一种表示形式，如果要对一个结构图表示的系统用数值积分法仿真，不必对结构图进行化简得到闭环系统传递函数后再进行仿真。5.4 节介绍了针对结构图的互联系统建模方法，我们可以针对结构图直接建立互联系统模型，然后用数值积分法进行仿真。

6.6.1　全 LTI 环节的结构图的建模与仿真

1.　使用 control.connect()函数建模

当一个结构图的所有环节都是 LTI 系统时，通过 python-control 中的 connect()函数或 interconnect()函数就可以建立结构图的互联系统模型，也就是整个结构图的闭环系统模型。函数 connect()建立的互联系统模型是 StateSpace 类对象，函数 interconnect()建立的互联系统模型是 LinearICSystem 类对象，但实际也是状态空间模型。StateSpace 和 LinearICSystem 类对象都可以作为 control.step_response()等时域仿真函数的模型参数，所以能用数值积分法进行仿真计算。

在使用函数 connect()对结构图建模并用于仿真时要注意以下规则。

（1）结构图的环节不必是一阶环节，可以是高阶环节。

（2）不能将纯微分传递函数作为单独的环节，应该对结构图做适当变换，将纯微分环节并入其他环节。

（3）尽量不要出现纯比例环节，纯比例环节是没有动态特性的。如果每个环节都用 TransferFunction 模型表示，connect()函数建立的互联系统模型中会剔除无效的状态。但如果每个环节用 StateSpace 模型表示，connect()函数建立的互联系统模型中会出现无效的状态，也就是没有动态特性的状态。

在使用函数 interconnect()对结构图建模时需遵守上述第（1）条和第（2）条，但无须遵守第（3）条，因为可以将比例系数写入环节之间的关系矩阵里，详见 5.4.4 小节的介绍。

下面通过一个示例演示如何针对结构图建立互联系统模型，并进行数值积分法仿真。

【例 6.12】图 6-24 是一个结构图表示的系统，其中各环节的传递函数是

$$G_1(s) = \frac{1}{s+2}, \quad G_2(s) = \frac{3}{s}, \quad G_3(s) = \frac{6}{s+5}, \quad G_4(s) = \frac{1}{s}$$

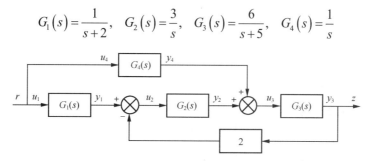

图 6-24　一个结构图表示的系统

建立该结构图的互联系统模型，并对系统进行单位阶跃输入仿真，绘制系统输出曲线。

解：这个结构图就是【例 5.19】中使用的模型，【例 5.19】中为了用 connect()函数建立此结构图的互联系统模型，将反馈回路上的比例系数 2 定义为第 4 个环节，又在输入端引入了一个比例系数为 1 的比例环节。这样虽然也可以建立结构图的互联系统模型，但是可能会引入无效的状态。

对图 6-24 的结构图做一些等效变换。第一是将环节 4 的输入端移动到环节 1 的后面，也就是使系统输入只与一个环节有关，这样避免引入一个比例环节。第二是将反馈回路上的比例系数 2 融合到环节 2 和环节 1 中。变换后的等效结构图如图 6-25 所示。

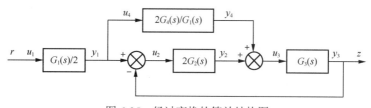

图 6-25　经过变换的等效结构图

图 6-25 的结构图中不再有纯比例环节，系统输入只连接到了一个环节上。重新计算各环节的传递函数，定义

$$H_1(s) = \frac{G_1(s)}{2} = \frac{1}{2s+4}$$

$$H_2(s) = 2G_2(s) = \frac{6}{s}$$

$$H_3(s) = G_3(s) = \frac{6}{s+5}$$

$$H_4(s) = \frac{2G_4(s)}{G_1(s)} = \frac{2s+4}{s}$$

各环节的输入与各环节的输出、系统输入之间的关系是

$$\begin{cases} u_1 = r \\ u_2 = y_1 - y_3 \\ u_3 = y_2 + y_4 \\ u_4 = y_1 \end{cases}$$

对此系统编写程序，创建结构图的互联系统模型并进行仿真计算。图 6-26 为程序输出，展示了互联系统模型的单位阶跃响应曲线。

```
[1]:    '''   程序文件：note6_12A.ipynb
        【例6.12】用函数connect()创建结构图的互联系统模型,并用数值积分法进行仿真
        '''
        import numpy as np
        import matplotlib.pyplot as plt
        import matplotlib as mpl
        import control as ctr
        mpl.rcParams['font.sans-serif']= ['KaiTi','SimHei']
        mpl.rcParams['font.size']= 11
        mpl.rcParams['axes.unicode_minus']= False
```

```
[2]:    tf1= ctr.tf([1], [2,4],  name='H1')        #定义各环节的传递函数
        tf2= ctr.tf([6], [1,0],  name='H2')
        tf3= ctr.tf([6], [1,5],  name='H3')
        tf4= ctr.tf([2,4],[1,0], name='H4')
        sys_append= ctr.append(tf1,tf2,tf3,tf4)    #创建多个环节的拼接模型
        sys_append
```

[2]:

$$\left[\begin{array}{cccc|cccc} -2 & 0 & 0 & 0 & 1 & 0 & 0 & 0 \\ 0 & -0 & 0 & 0 & 0 & 1 & 0 & 0 \\ 0 & 0 & -5 & 0 & 0 & 0 & 1 & 0 \\ 0 & 0 & 0 & -0 & 0 & 0 & 0 & 1 \\ \hline 0.5 & 0 & 0 & 0 & 0 & 0 & 0 & 0 \\ 0 & 6 & 0 & 0 & 0 & 0 & 0 & 0 \\ 0 & 0 & 6 & 0 & 0 & 0 & 0 & 0 \\ 0 & 0 & 0 & 4 & 0 & 0 & 0 & 2 \end{array}\right]$$

```
[3]:    Q= np.array([[2,1,-3],[3,2,4],[4,1,0]])    #环节之间的互联关系矩阵
        inputv = [1]                               #与系统输入连接的环节编号
```

```
outputv= [3]                                          #与系统输出连接的环节编号
sys_whole= ctr.connect(sys_append, Q, inputv, outputv)  #创建结构图的互联系统模型
sys_whole
```

[3]:
$$\begin{pmatrix} -2 & 0 & 0 & 0 & 1 \\ 0.5 & 0 & -6 & 0 & 0 \\ 1 & 6 & -5 & 4 & 0 \\ 0.5 & 0 & 0 & 0 & 0 \\ \hline 0 & 0 & 6 & 0 & 0 \end{pmatrix}$$

[4]:
```
tf_whole= ctr.ss2tf(sys_whole)                        #转换为传递函数模型
tf_whole
```

[4]:
$$\frac{6s+30}{s^3+7s^2+46s+72}$$

[5]:
```
durance= 3                                            #仿真计算的时间长度
res1= ctr.step_response(sys_whole, durance)           #计算系统的单位阶跃输入响应
```

[6]:
```
fig,ax= plt.subplots(figsize=(4.5,3), layout='constrained')
ax.plot(res1.time,res1.outputs,'r',      label="互联系统模型")
ax.set_xlabel("时间(秒)")
ax.set_ylabel("输出")
ax.set_title("系统的单位阶跃响应")
ax.set_xlim(0,durance)
ax.set_ylim(0,0.5)
ax.yaxis.set_major_formatter('{x:1.1f}')
ax.legend(loc="lower right")
ax.grid(True)
```

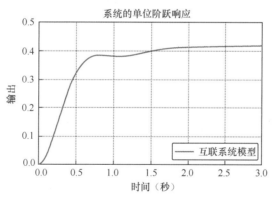

图 6-26　互联系统模型的单位阶跃响应曲线

　　输入[2]中首先定义了各环节的传递函数模型，然后用 control.append()函数创建了各环节的拼接模型 sys_append。

　　输入[3]中定义了环节之间的连接关系矩阵 Q、与系统输入连接的环节编号数组 inputv、与系统输出连接的环节编号数组 outputv，然后用 control.connect()函数创建了结构图的互联系统模型 sys_whole。sys_whole 是 StateSpace 类型的对象，输出[3]中显示了模型 sys_whole 的状态空间模型的各个矩阵。

输入[4]中使用 control.ss2tf()函数将状态空间模型 sys_whole 转换为传递函数模型 tf_whole，输出[4]中显示了传递函数 tf_whole。输出[4]中显示的传递函数与【例 5.19】中得到的闭环传递函数是相同的，说明从图 6-24 到图 6-25 的结构图等效变换是正确的。

输入[5]中使用 control.step_response()函数对状态空间模型 sys_whole 进行了单位阶跃输入的仿真计算，因为模型 sys_whole 是连续时间状态空间模型，所以函数 step_response()会自动使用数值积分法进行仿真计算。

图 6-26 所示为系统的单位阶跃响应曲线，曲线最后段稳态值约为 0.416。根据程序中计算出的系统闭环传递函数，利用拉普拉斯变换的终值定理可以计算系统在单位阶跃输入下的稳态值。

$$z_\infty = \lim_{s \to 0} s \cdot R(s) \cdot G(s) = \lim_{s \to 0} s \cdot \frac{1}{s} \cdot \frac{6s+30}{s^3+7s^2+46s+72} = \frac{30}{72} = 0.42$$

所以，仿真曲线的稳态值与理论计算的稳态值是吻合的。

2. 使用 control.interconnect()函数建模

对于图 6-25 所示的结构图还可以使用 control.interconnect()函数建立互联系统模型，得到的模型是 LinearICSystem 类型的。LinearICSystem 类型的模型可以直接使用 control.step_response()等时域仿真函数进行仿真计算，也可以用我们在文件 simu_ode.py 中编写的 RK4 法仿真函数 RK4_solve()进行仿真计算。

创建一个 Notebook 程序文件，使用 interconnect()函数创建互联系统模型，并用 RK4 法进行仿真，代码清单如下。

```
[1]:    ''' 程序文件：note6_12B.ipynb
        【例 6.12】用 interconnect()函数创建结构图的互联系统模型,并用 RK4 法进行仿真
        '''
        import numpy as np
        import matplotlib.pyplot as plt
        import matplotlib as mpl
        import control as ctr
        import simu_ode as simu              #导入本章自建文件 simu_ode.py 中的内容
        mpl.rcParams['font.sans-serif']=['KaiTi','SimHei']
        mpl.rcParams['font.size']=11
        mpl.rcParams['axes.unicode_minus']=False

[2]:    tf1= ctr.tf([1], [2,4],  name='H1')      #定义各环节的传递函数
        tf2= ctr.tf([6], [1,0],  name='H2')
        tf3= ctr.tf([6], [1,5],  name='H3')
        tf4= ctr.tf([2,4],[1,0], name='H4')
        sys_list= [tf1,tf2,tf3,tf4]              #模型列表

[3]:    connections=[['H2.u[0]', 'H1.y[0]', ('H3','y[0]',-1)],      #u2= y1-y3
                     ['H3.u[0]', 'H2.y[0]', 'H4.y[0]'],            #u3= y2+y4
                     ['H4.u[0]', 'H1.y[0]']]                       #u4= y1
        inplist = ['H1.u[0]']    #u1= r
        outlist = ['H3.y[0]']    #z= y3
        sys_whole= ctr.interconnect(sys_list, connections, inplist, outlist) #互联系统模型
        sys_whole
```

[3]:
$$\begin{pmatrix} -2 & 0 & 0 & 0 & | & 1 \\ 0.5 & 0 & -6 & 0 & | & 0 \\ 1 & 6 & -5 & 4 & | & 0 \\ 0.5 & 0 & 0 & 0 & | & 0 \\ 0 & 0 & 6 & 0 & | & 0 \end{pmatrix}$$

```
[4]:  type(sys_whole)
[4]:  control.iosys.LinearICSystem
[5]:  tf_whole= ctr.ss2tf(sys_whole)        #转换为传递函数模型
      tf_whole
```

[5]:
$$\frac{6s+30}{s^3+7s^2+46s+72}$$

```
[6]:  h= 0.05
      durance= 3                              #仿真计算的时间长度
      x0=np.array([0.0, 0, 0, 0]).reshape(4,1)
      u0=[1]
      res1= simu.RK4_solve(sys_whole, durance, h, x0, u0)   #RK4 法仿真
      # res1=ctr.step_response(sys_whole, durance)          #计算系统的单位阶跃响应
[7]:  fig,ax= plt.subplots(figsize=(4.5,3), layout='constrained')
      ax.plot(res1.time,res1.outputs,'r',      label="互联系统模型")
      ax.set_xlabel("时间(秒)")
      ax.set_ylabel("输出")
      ax.set_title("系统的单位阶跃响应")
      ax.set_xlim(0,durance)
      ax.set_ylim(0,0.5)
      ax.yaxis.set_major_formatter('{x:1.1f}')
      ax.legend(loc="lower right")
```

输入[2]中为每个环节创建了传递函数模型并且设置了名称，4 个环节被组合成模型列表 sys_list。输入[3]中使用环节名称和信号名称定义了环节之间的互联关系列表 connections，还定义了系统输入与环节信号的关系列表 inplist，以及系统输出与环节输出的关系列表 outlist。函数 interconnect()使用环节模型列表 sys_list 以及 3 个关系列表创建了结构图的互联系统模型 sys_whole，这个模型是一个状态空间模型，但它是 LinearICSystem 类型的对象。

输入[6]中使用本章自定义的 RK4 法仿真函数 RK4_solve()对模型 sys_whole 进行了仿真计算，这个模型也可以使用 control.step_response()函数进行仿真计算。本示例程序的仿真结果曲线与图 6-26 所示曲线相同，这里不再重复显示。

6.6.2 带有非线性环节的结构图模型仿真

如果结构图中含有非线性环节，且非线性环节可以用 InputOutputSystem 的子类模型或 NonlinearIOSystem 类模型来表示，就可以通过 control.interconnect()函数建立结构图的互联系统模型。所得的互联系统模型是 InterconnectedSystem 类，这种模型不能作为 control.step_response()等时域仿真函数的模型，但是可以作为 control.input_output_response()函数的仿真模型。因为 InterconnectedSystem 类有 dynamics()和 output()方法，所以也可以作为本章自定义的 RK4 法仿真函数 RK4_solve()的仿真模型。

【例 6.13】 一个系统的结构图如图 6-27 所示，它有两个环节。两个环节的状态空间模型是

$$G_1 : \begin{cases} \dot{x}_1 = x_1\left(1-u_1^2\right)-u_1 \\ y_1 = x_1 \end{cases} \qquad G_2 : \begin{cases} \dot{x}_2 = u_2 \\ y_2 = x_2 \end{cases}$$

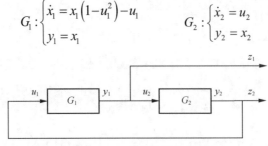

图 6-27　一个系统的结构图

系统状态初值为 $x_1(0)=3, x_2(0)=2$。编程建立该结构图的互联系统模型，求系统的两个状态变量在时间 $t \in [0,30)$ 的变化过程。

解：结构图中的两个环节的模型是用状态方程表示的，且第一个环节是非线性的。只要结构图中存在一个非线性环节，就不能用 control.connect() 函数创建互联系统模型，只能用 control.interconnect() 函数创建互联系统模型，且得到的互联系统模型是 InterconnectedSystem 类型的。

针对本示例编写程序 note6_13A.ipynb，用 python-control 中的 interconnect() 函数创建互联系统模型，然后用 control.input_output_response() 函数进行仿真。图 6-28 为程序输出，展示了两个环节的输出曲线。

```python
[1]:    ''' 程序文件: note6_13A.ipynb
        【例 6.13】用 interconnect() 函数创建带非线性环节的结构图的互联系统模型,
        并用 control.input_output_response() 函数进行仿真计算
        '''
        import numpy as np
        import matplotlib.pyplot as plt
        import matplotlib as mpl
        import control as ctr
        import simu_ode as simu                     #导入本章自建文件 simu_ode.py 中的内容
        mpl.rcParams['font.sans-serif']= ['KaiTi','SimHei']
        mpl.rcParams['font.size']= 11
        mpl.rcParams['axes.unicode_minus']= False
```

```python
[2]:    def dx_fun1(t, x, u, params={}):        #定义状态方程
            dx= x*(1-u*u)-u
            return dx

        def out_fun1(t, x, u, params={}):        #定义输出方程
            return x

        sys1= ctr.NonlinearIOSystem(dx_fun1, out_fun1, inputs=1,
                    outputs=1, states=1, name='G1')        #环节 1 的 I/O 模型
```

```python
[3]:    sys2= ctr.ss([0], [1], [1], [0], name='G2')        #环节 2 用 StateSpace 模型表示
```

```python
[4]:    sys_list= [sys1,sys2]                                #模型列表
        connections= [['G1.u[0]', 'G2.y[0]' ],              #u1= y2
                      ['G2.u[0]', 'G1.y[0]']]               #u2= y1
        inplist = []                                        #无系统输入
```

```
       outlist = ['G1.y[0]', 'G2.y[0]']                    #z1= y1, z2=y2
       sys_whole= ctr.interconnect(sys_list, connections, inplist, outlist) #互联系统模型
       type(sys_whole)
```
[4]: control.iosys.InterconnectedSystem
[5]:
```
       h= 0.1                                  #仿真计算步长
       durance= 30                             #计算截止时间
       t= np.arange(0, durance+h, h)           #生成时间序列
       u0= 0                                   #输入初值，无系统输入也需要指定一个值 0
       x0= [3.0, 2.0]                          #状态初值
       res1= ctr.input_output_response(sys_whole, t, u0,x0)    #I/O 模型仿真计算
```
[6]:
```
       fig,ax= plt.subplots(figsize=(4.5,3), layout='constrained')
       ax.plot(res1.time,res1.outputs[0,:], 'r',  label=r"$y_1$")
       ax.plot(res1.time,res1.outputs[1,:], 'b:', label=r"$y_2$")
       ax.set_xlabel("时间(秒)")
       ax.set_ylabel("环节的输出")
       ax.set_title("互联系统模型仿真")
       ax.set_xlim(0,durance)
       ax.set_ylim(-4,4)
       ax.yaxis.set_major_formatter('{x:1.1f}')
       ax.legend(loc="lower right")
```
[6]: <matplotlib.legend.Legend at 0x230fe1811e0>

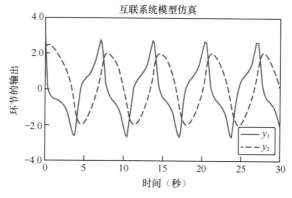

图 6-28　两个环节的输出曲线

　　第一个环节是一个非线性状态空间模型，可以用 NonlinearIOSystem 类对象表示这个环节的模型。输入[2]中首先定义了环节的状态方程函数 dx_fun1()和输出方程函数 out_fun1()，然后创建了一个 NonlinearIOSystem 类对象 sys1 作为环节 1 的 I/O 模型。

　　环节 2 是一个线性环节，所以输入[3]中创建了一个 StateSpace 对象 sys2 作为环节 2 的模型。

　　输入[4]中定义了模型列表、模型的互联关系等参数。图 6-27 中没有系统输入，所以与系统输入连接的信号参数 inplist 被设置为一个空的列表。输入[4]中使用 control.interconnect()函数创建了结构图的互联系统模型 sys_whole，它是一个 InterconnectedSystem 类型的对象。

　　输入[5]中设置了状态初值 x0 和系统输入初值 u0。虽然这个结构图中没有系统输入，参数 inplist 被设置为一个空的列表，但是这里的 u0 需要被设置为 0。输入[5]中使用函数 control.input_output_response()对互联系统模型 sys_whole 进行了仿真计算。

其实我们也可以使用在文件 simu_ode.py 中自定义的 RK4 法仿真函数 RK4_solve()对这个模型进行仿真计算，只需对输入[4]中的参数 inplist 随便设置一个连接信号，例如 inplist = ['G1.u[0]']，然后将输入[5]改成如下的代码即可。使用 RK4_solve()函数仿真的完整程序见文件 note6_13B.ipynb。

```
[5]:   h= 0.1                    #仿真计算步长
       durance= 30+h             #仿真计算的时间长度
       x0= np.array([3.0, 2.0]).reshape(2,1)          #状态初值
       u0=[0]                    #输入初值，无系统输入也需要指定一个值 0
       res1= simu.RK4_solve(sys_whole, durance, h, x0, u0)   #RK4 法仿真
```

输入[6]中绘制了两个环节的输出曲线，如图 6-28 所示。本示例使用的模型其实就是【例 6.5】中的非线性状态空间模型，图 6-28 和图 6-6 是一样的，说明用 interconnect()函数创建的互联系统模型是正确的，仿真计算也是正确的。

从本节的示例可以看出，针对结构图表示的系统，不管是全 LTI 环节的结构图还是含有非线性环节的结构图，使用 python-control 中的 connect()或 interconnect()函数都可以建立互联系统模型，然后用于仿真计算，并不需要通过结构图化简得到整体的传递函数或状态空间模型后再进行仿真。使用 python-control 提供的这些功能，我们就可以对复杂的结构图进行仿真。

练习题

6-1. 已知微分方程 $\dot{x} = -2x - t$，初值 $x(0) = 1$，取步长 $h = 0.2$，用 RK2 法编程计算 $t = 1.0$ 时的 x。

6-2. 一个连续时间的猎食（Predator-prey）模型表达式为

$$\begin{cases} \dot{x}_1 = b_1 x_1 - c_1 x_2 x_1 \\ \dot{x}_2 = -b_2 x_2 + c_2 x_1 x_2 \end{cases}$$

其中，x_1 为被捕食者的数量（以千只为单位），x_2 为捕食者的数量（以千只为单位）。假设 $b_1 = b_2 = c_1 = c_2 = 1$，状态初值 $x(0) = (0.5, 0.5)^{\mathrm{T}}$，取步长 $h = \dfrac{1}{25}$（单位：年），用 RK4 法编程计算出时间范围 $[0, 20]$ 内捕食者与被捕食者的数量变化曲线。

6-3. 典型二阶系统的传递函数为

$$G(s) = \frac{y(s)}{u(s)} = \frac{\omega_n^2}{s^2 + 2\xi\omega_n s + \omega_n^2}$$

取 $\omega_n = 1$，$\xi = 0.5$，$u = 1$，$h = 0.2$，设 $t = 0$ 时系统状态初值为 0。

（1）用 RK4 法计算 $t = 0.2$ 时的状态变量 x 和输出变量 y 的值。

（2）用 RK4 法编程求解该模型，仿真 20s，并分别取 $\zeta = 0.1, 0.5, 1.0, 1.5$，作出输出的叠加对比曲线。

6-4. 一个一阶系统动态方程如下，状态初始化值不为零

$$\dot{x} = \lambda x, \quad x(0) = x_0$$

根据 RK2 法的计算公式，推导用 RK2 法计算此模型时，步长与稳定性的关系。

6-5. 一个系统的结构图如题图 6-1 所示，其中各环节的传递函数是

$$G_1(s) = \frac{1}{s+1} \quad G_2(s) = \frac{3}{s+2} \quad G_3(s) = \frac{3s+1}{s+4} \quad G_4(s) = \frac{1}{s+5}$$

使用 python-control 中的 interconnect()函数编程建立该结构图的互联系统模型，并作出系统的单位阶跃响应曲线。

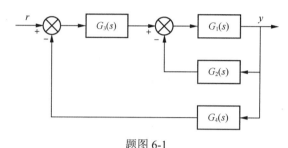

题图 6-1

6-6. 假设一个系统由下面的隐式微分方程表示

$$\begin{cases} \dot{x}_1 \sin x_1 + \dot{x}_2 \cos x_2 + x_1 = 1 \\ -\dot{x}_1 \cos x_2 + \dot{x}_2 \sin x_1 + x_2 = 0 \end{cases}$$

令 $x = \begin{pmatrix} x_1 & x_2 \end{pmatrix}^T$，写出该系统的状态空间模型。设置状态初值 $x_0 = \begin{pmatrix} 0 & 0 \end{pmatrix}^T$，使用变步长数值积分算法对该系统进行仿真，作出状态变量在 $t \in [0,10]$ 的变化曲线。

6-7. 考虑如下的微分方程

$$y^{(4)} + 3y^{(3)} + 3\ddot{y} + 4\dot{y} + 5y = e^{-3t} + e^{-5t} \sin\left(4t + \frac{\pi}{3}\right)$$

y 及其各阶导数初值为 $y(0) = 1, \dot{y}(0) = \ddot{y}(0) = 0.5, y^{(3)}(0) = 0.2$。写出该系统的状态空间模型，并编程对系统进行仿真，作出 y 的变化曲线。

6-8. 一个系统的传递函数为

$$G(s) = \frac{s^2 + 5s + 2}{(s+4)^4 + 4s + 4}$$

编程实现如下的功能。

（1）获取传递函数的分子分母多项式形式。

（2）获取传递函数的所有极点和零点，判断系统是否稳定。

（3）作出系统的单位阶跃响应曲线和单位脉冲响应曲线。

第7章 时域模型的离散化和仿真

一个连续时间系统可以通过数值积分法进行仿真计算，数值积分法计算的是连续时间系统在各离散时间点的值。连续时间系统还可以转换为离散时间模型，根据离散时间模型可以直接计算各离散时间点的值。本章首先介绍离散时间模型的表示方法，然后介绍如何采用离散相似法将连续时间模型转换为离散时间模型，再介绍面向结构图的模型离散化和仿真。

7.1 离散时间系统的模型

离散时间系统是指系统的各种信号只在离散时间点取值的系统，也就是系统的各种信号是离散时间信号。离散时间系统一般是对连续时间系统经过采样得到的，通常是用计算机对离散时间系统进行处理。计算机处理的是数字信号，数字信号具有舍入误差，但是一般假设数字信号的舍入误差是可以忽略的。

7.1.1 差分方程

一个离散时间 LTI 系统可以用高阶差分方程表示。

$$y_{(n+k)} + a_{n-1}y_{(n+k-1)} + \cdots + a_0 y_{(k)} = b_{n-1}u_{(n+k-1)} + \cdots + b_0 u_{(k)} \tag{7-1}$$

其中， $a_i, b_i (i = 0,1,\cdots,n-1)$ 是实系数， n 为模型的阶次。离散时间信号 $y_{(k)}, u_{(k)}$ 分别表示连续时间信号 $y(t), u(t)$ 在时间点 $t = kT$ 处的取值，即 $y_{(k)} = y(kT)$， $u_{(k)} = u(kT)$，其中 T 是采样周期。

式（7-1）是一个线性时不变因果系统，非因果系统在物理上是不可实现的。

差分方程也可以表示非线性系统，例如

$$y_{(k)} = u_{(k)}u_{(k-1)}u_{(k-2)}$$

引入后移算子 q^{-1}

$$q^{-1}y_{(k)} = y_{(k-1)} \tag{7-2}$$

那么，式（7-1）可以改写为

$$y_{(n+k)} + a_{n-1}q^{-1}y_{(n+k)} + \cdots + a_0 q^{-n}y_{(n+k)} = b_{n-1}q^{-1}u_{(n+k)} + \cdots + b_0 q^{-n}u_{(n+k)} \tag{7-3}$$

或引入前移算子 q

$$q \cdot y_{(k)} = y_{(k+1)} \tag{7-4}$$

那么，式（7-1）可以改写为

$$q^n y_{(k)} + a_{n-1} q^{n-1} y_{(k)} + \cdots + a_0 y_{(k)} = b_{n-1} q^{n-1} u_{(k)} + \cdots + b_0 u_{(k)} \tag{7-5}$$

差分方程（7-1）可以直接迭代计算，但是需要给出前 $n-1$ 个输入和输出的初值才可以根据当前的输入启动迭代计算。

7.1.2 脉冲传递函数

Z 变换是对离散时间信号进行分析常用的一种信号变换方法，离散时间信号 $\left\{ x_{(k)} \right\}$ 的双边 Z 变换为

$$X(z) = \sum_{k=-\infty}^{+\infty} x_{(k)} z^{-k}$$

如果 $x_{(k)} = 0, k < 0$，其单边 Z 变换为

$$X(z) = \sum_{k=0}^{+\infty} x_{(k)} z^{-k} \text{。}$$

其中的 z 是一个复数域变量，z 变量所在的复数域平面称为 Z 平面。

Z 变换的主要特性有以下两条。

（1）卷积特性：如果两个离散时间信号的 Z 变换分别是 $Z\left\{ x_{1(k)} \right\} = X_1(z), Z\left\{ x_{2(k)} \right\} = X_2(z)$，那么这两个信号的卷积的 Z 变换为 $Z\left\{ x_{1(k)} * x_{2(k)} \right\} = X_1(z) X_2(z)$。

（2）延迟特性：如果 $Z\left\{ x_{1(k)} \right\} = X_1(z)$，那么 $Z\left\{ x_{1(k-p)} \right\} = z^{-p} X_1(z)$。

若系统（7-1）初始条件为零，即 $y_{(k)} = u_{(k)} = 0, (k < 0)$，对（7-1）式两边取 Z 变换，得

$$\left(1 + a_{n-1} z^{-1} + \cdots + a_0 z^{-n} \right) Y(z) = \left(b_{n-1} z^{-1} + \cdots + b_0 z^{-n} \right) U(z)$$

整理得

$$G(z) = \frac{Y(z)}{U(z)} = \frac{b_{n-1} z^{-1} + \cdots + b_0 z^{-n}}{1 + a_{n-1} z^{-1} + \cdots + a_0 z^{-n}} \tag{7-6}$$

式（7-6）通常用来表示数字滤波器。将式（7-6）分子分母同乘以 z^n，得

$$G(z) = \frac{Y(z)}{U(z)} = \frac{b_{n-1} z^{n-1} + \cdots + b_0}{z^n + a_{n-1} z^{n-1} + \cdots + a_0} \tag{7-7}$$

式（7-7）称为系统的脉冲传递函数，在具体的语境里有时也简称为传递函数。

python-control 中的 TransferFunction 类除了可以表示连续时间系统的传递函数模型，还可以

表示离散时间系统的脉冲传递函数模型。TransferFunction 类的定义如下：

```
class control.TransferFunction(num, den[, dt=None])
```

其中，num 是分子多项式系数，den 是分母多项式系数。第三个参数 dt 是可选参数，表示系统的时基，也就是离散时间系统的采样周期。若不设置 dt，相当于默认设置 dt=None，创建的对象就是连续时间系统的传递函数模型；若 dt 被设置为 True，表示不设置具体采样周期的离散时间系统；若 dt 被设置为一个具体的数，就是设置了具体采样周期的离散时间系统。

当多个系统模型被组合时（例如串联或并联），各模型的采样周期需要是相容的。例如，一个未设置具体采样周期的离散时间系统 sysA（dt=True）与一个设置了采样周期的离散时间系统 sysB（dt=0.1）组合时，sysA 将具有 sysB 的采样周期。一个未设置采样周期（dt=None）的系统 sysA 与设置了采样周期的系统 sysB 组合时，sysA 将具有 sysB 的采样周期。

TransferFunction 类中有一个属性 z 表示后移算子，使用 z 可以用代数运算方式定义脉冲传递函数。

TransferFunction 类中的其他方法和属性对于离散时间系统同样适用，例如属性 num 表示脉冲传递函数的分子多项式系数，属性 den 表示脉冲传递函数的分母多项式系数。TransferFunction 类的各种属性和方法见 5.1.3 小节的介绍。

函数 control.tf() 可用于创建脉冲传递函数模型，该函数的返回值是一个 TransferFunction 类对象。函数 tf() 用于创建脉冲传递函数的参数形式有以下两种。

```
tf(num, den, dt)    #创建一个脉冲传递函数，dt 是采样周期，可以设置为 True 或一个正数
tf('z')             #创建一个后移算子
```

【例 7.1】一个离散时间系统的差分方程模型表达式为

$$y_{(k+2)} + 0.25 y_{(k+1)} - 0.375 y_{(k)} = 2u_{(k+1)} + u_{(k)}$$

假设零初始条件，求该系统的脉冲传递函数，并判断系统的稳定性。

解：在零初始条件下对此差分方程进行 Z 变换，可得系统的脉冲传递函数模型表达式为

$$G(z) = \frac{2z+1}{z^2 + 0.25z - 0.375}$$

再将该传递函数写成零极点增益形式，可得

$$G(z) = \frac{2(z+0.5)}{(z+0.75)(z-0.5)}$$

对一个用脉冲传递函数表示的离散时间系统来说，当系统的极点都在单位圆内时，系统是稳定的。python-control 中有一个函数 pzmap() 可以作出一个离散时间系统的零极点分布图，从而便于判断该系统的稳定性。

```
control.pzmap(sys, plot=None, grid=None, title='Pole Zero Map', **kwargs) -> poles, zeros
```

其中，sys 是一个 StateSpace 或 TransferFunction 类的离散时间模型；若 plot=True，就绘制零极点分布图；若 grid=True，就在零极点分布图上绘制角度和阻尼比网格；title 是图的标题。函数 pzmap() 的返回值是系统的极点和零点。

创建一个 Notebook 文件，使用 python-control 中的一些类和函数对本示例进行计算。图 7-1
为程序输出，展示了一个离散时间系统的零极点分布。

```
[1]:    ''' 程序文件：note7_01.ipynb
        【例7.1】离散时间系统的脉冲传递函数模型表示
        '''
        import control as ctr
        import numpy as np
        num= [2,1]
        den= [1,0.25,-0.375]
        sysa= ctr.TransferFunction(num,den,dt=True)   #定义一个离散时间系统，未指定采样周期
        sysa
```

$$[1]: \quad \frac{2z+1}{z^2+0.25z-0.375}$$

```
[2]:    (Ps,Zs)= ctr.pzmap(sysa,plot=False)           #只计算零极点，不绘制零极点分布图
        (Ps, Zs)              #显示极点和零点的数据
```

```
[2]:    (array([-0.75+0.j,   0.5 +0.j]), array([-0.5+0.j]))
```

```
[3]:    q=ctr.tf('z')         #得到后移算子
        sysb= (2*q+1)/(q**2+0.25*q-0.375)            #使用后移算子创建脉冲传递函数
        sysb
```

$$[3]: \quad \frac{2z+1}{z^2+0.25z-0.375}$$

```
[4]:    gain= 2
        sysc= ctr.zpk(Zs,Ps,gain,dt=True)            #用函数 zpk() 创建系统模型
        sysc
```

$$[4]: \quad \frac{2z+1}{z^2+0.25z-0.375}$$

```
[5]:    ctr.pzmap(sysc,plot=True,grid=True)          #绘制系统的零极点分布图
```

```
[5]:    (array([-0.75+0.j,   0.5 +0.j]), array([-0.5+0.j]))
```

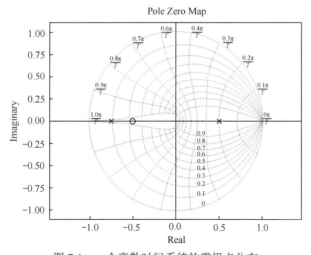

图 7-1　一个离散时间系统的零极点分布

输入[1]中创建了一个 TransferFunction 类对象 sysa，通过设置 dt=True 表示这是一个离散时间系统。输入[2]中使用 control.pzmap() 函数获取了 sysa 的零点和极点。

输入[3]中通过 tf('z') 定义了后移算子 q，通过后移算子 q 可以直接用多项式方式定义离散时间系统的脉冲传递函数，得到模型 sysb。

输入[4]中通过 control.zpk() 函数定义了离散时间系统模型 sysc，输入[5]中绘制了 sysc 的零极点分布图。由图 7-1 可见 sysc 的两个极点都在单位圆内，所以该系统是稳定的。

7.1.3 权序列

若系统初始条件为零，对系统施加一个单位脉冲序列 $\delta_{(k)}$，则其响应称为该系统的权序列 $\left\{h_{(k)}\right\}$。单位脉冲序列 $\delta_{(k)}$ 定义为

$$\delta_{(k)} = \begin{cases} 1, & k = 0 \\ 0, & k \neq 0 \end{cases} \tag{7-8}$$

对于任意输入序列 $\left\{u_{(k)}\right\}$，根据离散卷积公式可以得到系统的响应为

$$y_{(k)} = u * h_{(k)} = \sum_{i=0}^{k} u_{(i)} h_{(k-i)} \tag{7-9}$$

根据离散时间信号卷积与 Z 变换的关系，对式（7-9）求 Z 变换，得

$$Y(z) = U(z)H(z)$$

当 $\left\{u_{(k)}\right\}$ 就是单位脉冲序列 $\delta_{(k)}$ 时，$U(z) = 1$，所以

$$H(z) = \frac{Y(z)}{U(z)} = Y(z) = G(z)$$

即在单位脉冲序列作用下，系统响应序列的 Z 变换 $H(z)$ 就是系统的脉冲传递函数 $G(z)$。

7.1.4 离散时间状态空间模型

前 3 种离散时间模型都是表示输入序列与输出序列之间的关系，另外一种更实用的离散时间模型是离散时间状态空间模型。离散时间 LTI 系统的状态空间模型表达式为

$$\begin{cases} x_{(k+1)} = \boldsymbol{G}x_{(k)} + \boldsymbol{H}u_{(k)} \\ y_{(k)} = \boldsymbol{C}x_{(k)} + \boldsymbol{D}u_{(k)} \end{cases} \tag{7-10}$$

其中，$x \in \mathbf{R}^n, y \in \mathbf{R}^p, u \in \mathbf{R}^m$ 分别表示状态变量、输出变量和输入变量，$\boldsymbol{G}$、$\boldsymbol{H}$、$\boldsymbol{C}$、$\boldsymbol{D}$ 是相应维数的矩阵。离散时间状态空间模型可以很方便地表示多输入多输出系统。

在初值给定的情况下，差分方程模型（7-1）和离散时间状态空间模型（7-10）都可以迭代计算求解，但差分方程的迭代计算显然要比状态空间模型麻烦，因为需要移位存储，而状态空间

模型用状态变量存储以前的数据，状态更新不需要移位运算。

与连续时间系统的实现问题一样，一个差分方程表示的离散时间系统，其离散时间状态空间模型的实现也不是唯一的，与所定义的状态变量有关。

要将差分方程（7-1）转换为离散时间状态空间模型（7-10），首先考虑如下的差分方程。

$$w_{(k+n)} + a_{n-1}w_{(k+n-1)} + \cdots + a_0 w_{(k)} = u_{(k)} \tag{7-11}$$

其中，$u_{(k)}$ 是第 k 步的输入，$w_{(k)}$ 是第 k 步的输出。定义第 k 步的状态变量为

$$x_{(k)} = \begin{pmatrix} w_{(k)} \\ w_{(k+1)} \\ \vdots \\ w_{(k+n-1)} \end{pmatrix} \tag{7-12}$$

那么下一步的状态变量是

$$x_{(k+1)} = \begin{pmatrix} w_{(k+1)} \\ w_{(k+2)} \\ \vdots \\ w_{(k+n)} \end{pmatrix} = \begin{pmatrix} 0 & 1 & 0 & \cdots & 0 \\ 0 & 0 & 1 & \cdots & 0 \\ \vdots & \vdots & \vdots & \ddots & \vdots \\ 0 & 0 & 0 & 0 & 1 \\ -a_0 & -a_1 & -a_2 & \cdots & -a_{n-1} \end{pmatrix} x_{(k)} + \begin{pmatrix} 0 \\ \vdots \\ 0 \\ 1 \end{pmatrix} u_{(k)} \tag{7-13}$$

系统输出方程为

$$w_{(k)} = \begin{pmatrix} 1 & 0 & \cdots & 0 \end{pmatrix} x_{(k)} \tag{7-14}$$

那么对于 LTI 系统（7-1），按式（7-12）定义相同的状态变量，由线性叠加原理可以得到相同的离散时间状态方程（7-13），只是输出方程变为

$$y_{(k)} = \begin{pmatrix} b_0 & b_1 & \cdots & b_{n-1} \end{pmatrix} x_{(k)} \tag{7-15}$$

从差分方程到离散时间状态空间模型的实现不是唯一的，定义不同的状态变量，可以得到不同的离散时间状态空间模型。

【例 7.2】一个离散时间系统的差分方程模型表达式为

$$y_{(k+3)} - 1.05y_{(k+2)} + 0.8y_{(k+1)} - 0.1y_{(k)} = 2.5u_{(k+2)} - 2.5u_{(k+1)} + 0.6u_{(k)}$$

假设零初始条件，将其转换为离散时间状态空间模型。

解：在零初始条件下可得系统的脉冲传递函数模型表达式为

$$G(z) = \frac{2.5z^2 - 2.5z + 0.6}{z^3 - 1.05z^2 + 0.8z - 0.1}$$

根据式（7-12）定义状态变量

$$x_{(k)} = \begin{pmatrix} y_{(k)} \\ y_{(k+1)} \\ y_{(k+2)} \end{pmatrix}$$

得到离散时间状态空间模型表达式为

$$x_{(k+1)} = \begin{pmatrix} 0 & 1 & 0 \\ 0 & 0 & 1 \\ 0.1 & -0.8 & 1.05 \end{pmatrix} x_{(k)} + \begin{pmatrix} 0 \\ 0 \\ 1 \end{pmatrix} u_{(k)}$$

$$y_{(k)} = \begin{pmatrix} 0.6 & -2.5 & 2.5 \end{pmatrix} x_{(k)}$$

编写一个程序文件,使用 python-control 中的类或函数创建离散时间系统模型,并且进行脉冲传递函数模型与离散时间状态空间模型之间的转换。

[1]:
```
'''    程序文件: note7_02.ipynb
【例7.2】 脉冲传递函数模型转换为离散时间状态空间模型
'''
import control as ctr
import numpy as np
num= [2.5, -2.5, 0.6]
den= [1, -1.05, 0.8, -0.1]
sysa= ctr.TransferFunction(num,den,dt=True)     #定义脉冲传递函数模型
sysa
```

[1]:
$$\frac{2.5z^2 - 2.5z + 0.6}{z^3 - 1.05z^2 + 0.8z - 0.1}$$

[2]:
```
A= np.array([[0,1,0],[0,0,1],[0.1, -0.8, 1.05]])
B= np.array([0,0,1]).reshape(3,1)
C= np.array([0.6, -2.5, 2.5])
D= np.array([0])
sysb= ctr.ss(A,B,C,D, dt=True)   #创建离散时间状态空间模型
sysb
```

[2]:
$$\left(\begin{array}{ccc|c} 0 & 1 & 0 & 0 \\ 0 & 0 & 1 & 0 \\ 0.1 & -0.8 & 1.05 & 1 \\ \hline 0.6 & -2.5 & 2.5 & 0 \end{array} \right), dt = \text{Ture}$$

[3]:
```
sysc= ctr.ss2tf(sysb)              #离散时间状态空间模型转换为脉冲传递函数模型
sysc
```

[3]:
$$\frac{2.5z^2 - 2.5z + 0.6}{z^3 - 1.05z^2 + 0.8z - 0.1}$$

[4]:
```
sysd= ctr.tf2ss(sysa)              #脉冲传递函数模型转换为离散时间状态空间模型
sysd
```

[4]:
$$\left(\begin{array}{ccc|c} 1.05 & -0.8 & -0.1 & 1 \\ 1 & -1.21 \cdot 10^{-16} & -1.33 \cdot 10^{-16} & 0 \\ 0 & -1 & -2.78 \cdot 10^{-17} & 0 \\ \hline 2.5 & -2.5 & -0.6 & 0 \end{array} \right), dt = \text{Ture}$$

输入[1]中创建了系统的脉冲传递函数模型 sysa，输入[2]中创建了系统的离散时间状态空间模型 sysb，这两个模型表示的是同一个系统。输入[3]中使用函数 control.ss2tf()将离散时间状态空间模型 sysb 转换为脉冲传递函数模型 sysc，从输出[1]和输出[3]可以看到，sysc 与 sysa 的表达式完全相同。

输入[4]中用函数 control.tf2ss()将脉冲传递函数模型 sysa 转换为离散时间状态空间模型 sysd，对比输出[2]和输出[4]的显示可以看到，sysb 的表达式与 sysd 的表达式不一样，因为从一个脉冲传递函数得到的离散时间状态空间模型不是唯一的。

7.1.5　离散时间模型的仿真计算

离散时间系统的差分方程模型和状态空间模型已经是可以迭代计算的形式，如果知道系统的初值和输入序列，就可以迭代计算各时间点的输出变量和状态变量的值，而无须像求解 ODE 方程组那样使用复杂的计算方法。

python-control 中计算系统时域响应的一些函数也可用于计算离散时间系统的时域响应，例如函数 step_response()可计算系统的单位阶跃响应，函数 forced_response()可计算系统在任意输入下的时域响应。这些函数的详细参数和功能讲解见 6.1 节。

【例 7.3】一个离散时间系统的状态空间模型如下，假设其采样周期为 0.5

$$x(k+1) = \begin{pmatrix} 0 & 1 & 0 \\ 0 & 0 & 1 \\ 0.1 & -0.8 & 1.05 \end{pmatrix} x(k) + \begin{pmatrix} 0 \\ 0 \\ 1 \end{pmatrix} u(k)$$

$$y(k) = \begin{pmatrix} 0.6 & -2.5 & 2.5 \end{pmatrix} x_{(k)}$$

编写程序分析该系统的稳定性。假设系统状态初值都为 0，用 python-control 中的 step_response()函数计算系统的单位阶跃响应。自己编写一个通用函数实现对离散时间状态空间模型的迭代计算，并对此模型计算其单位阶跃响应，与 step_response()的计算结果进行对比。

解：要用程序分析一个离散时间系统的稳定性，可以通过 control.pzmap()函数绘制系统的零极点分布图，若所有极点在单位圆内系统就是稳定的。

离散时间系统的状态空间模型表达式就是一个迭代计算公式，如果知道状态初值和输入序列，就可以迭代计算系统的状态和输出。为实现本章的一些算法，我们编写一个 Python 程序文件 simu_dt.py，首先在这个文件里编写一个函数 dtss_solve()，用于对离散时间状态空间模型进行迭代计算。文件 simu_dt.py 的开头导入部分和函数 dtss_solve()的代码如下。

```
'''  程序文件：dimu_dt.py
     第 7 章的一些自定义函数
'''
import numpy as np
import control as ctr
from control import InputOutputSystem
```

```
def dtss_solve(sys,steps,x0,u0):          #对一个离散时间状态空间模型进行仿真计算
    if (sys.dt == True):
        h= 1
    else:
        h= sys.dt                         #采样周期

    t= h * np.arange(0,steps)             #时间序列
    Nt= steps                             #时间序列的长度
    Ny= sys.noutputs                      #输出变量个数
    Nx= sys.nstates                       #状态变量个数
    Nu= sys.ninputs                       #输入变量个数
    y= np.zeros(Ny*Nt).reshape(Ny,Nt)

    curx= x0
    curu= u0
    for k in range(Nt):
        cury= sys.output(t[k], curx, curu).reshape(Ny,1)          #计算模型的输出
        y[:,k]= cury[:,0]
        # curu= u0                        #控制并未更新，若有控制算法，例如 PID 控制，在此更新 curu
        curx= sys.dynamics(t[k], curx, curu).reshape(Nx,1)        #更新状态变量

    SISO=  (Ny==1) and (Nu==1)            #是否是 SISO 系统，必须设置此参数
    res= ctr.TimeResponseData(t, y, issiso=SISO)
    return res
```

这个函数的几个输入参数的意义如下。

- sys：StateSpace 或 InputOutputSystem 类对象，是线性或非线性的离散时间状态空间模型。
- steps：整数，表示需要仿真迭代计算的步数，例如 100 步。
- x0：二维数组，表示状态变量初值，需要严格表示成向量的维数，如 3 行 1 列。
- u0：二维数组，表示输入变量初值，需要严格表示成向量的维数，如 1 行 1 列。

这个函数的返回值是一个 TimeResponseData 对象，它的属性 t 存储了时间序列，属性 y 是与时间对应的输出序列。

离散时间系统 sys 的参数 sys.dt 表示采样周期，若 sys.dt 不是一个确定的数，就设置计算步长 h=1，否则令 h=sys.dt。离散时间系统的迭代计算就是根据其状态方程更新计算状态变量的值，根据输出方程计算输出变量的值。离散时间系统的状态方程本身就是一个迭代计算公式，所以不像连续时间系统仿真那样涉及别的算法。

再创建一个 Notebook 文件实现本示例要求的功能。图 7-2 和图 7-3 为程序输出，前者展示了离散时间系统的零极点分布，后者展示了离散时间系统的单位阶跃响应。

```
[1]:    ''' 程序文件：note7_03.ipynb
        【例 7.3】 对离散时间系统状态空间模型进行仿真计算
        '''
        import numpy as np
        import matplotlib.pyplot as plt
        import matplotlib as mpl
        import control as ctr
        import simu_dt as simu                #导入自建文件 simu_dt.py 的内容
        mpl.rcParams['font.sans-serif']= ['KaiTi','SimHei']
```

```
mpl.rcParams['font.size']= 11
mpl.rcParams['axes.unicode_minus']= False
```

[2]:
```
A= np.array([[0,1,0],[0,0,1],[0.1, -0.8, 1.05]])
B= np.array([0,0,1]).reshape(3,1)
C= np.array([0.6, -2.5, 2.5])
D= np.array([0])
sysa= ctr.ss(A,B,C,D, dt=0.5)        #创建离散时间系统状态空间模型,指定时基 dt
sysa
```

[2]:
$$\left(\begin{array}{ccc|c} 0 & 1 & 0 & 0 \\ 0 & 0 & 1 & 0 \\ 0.1 & -0.8 & 1.05 & 1 \\ \hline 0.6 & -2.5 & 2.5 & 0 \end{array}\right), dt = 0.5$$

[3]:
```
ctr.pzmap(sysa,plot=True,grid=True)        #绘制系统的零极点分布图
```
[3]:
```
(array([0.15045271+0.j      , 0.44977364+0.67997378j,
        0.44977364-0.67997378j]),
 array([0.6+0.j, 0.4+0.j]))
```

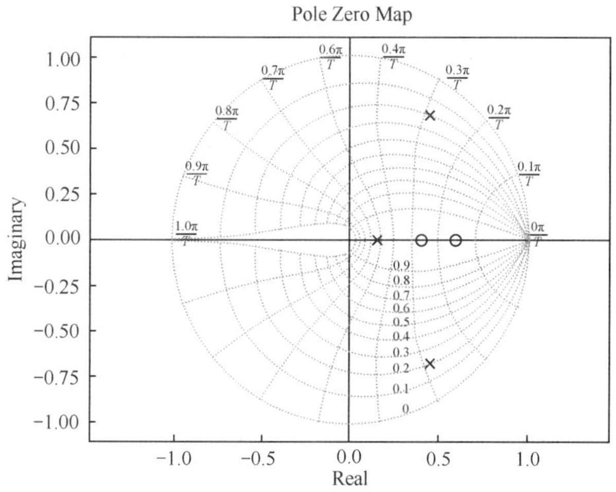

图 7-2　系统的零极点分布

[4]:
```
step_count= 20                        #计算的步数
durance= sysa.dt * step_count         #计算的持续时间长度
res1= ctr.step_response(sysa, durance)  #用 step_response()计算单位阶跃响应
```

[5]:
```
x0= np.array([0,0,0]).reshape(3,1)     #必须确定为二维数组
u0= np.array([1]).reshape(1,1)         #必须确定为二维数组
res2= simu.dtss_solve(sysa, step_count+1, x0, u0)    #用自定义函数进行计算
```

[6]:
```
fig,ax= plt.subplots(figsize=(4.5,3),layout='constrained')
ax.stem(res1.time,res1.outputs, 'g:',    label="step_response()")
ax.plot(res2.time,res2.outputs, 'b--*', label="dtss_solve()")

ax.set_xlabel("时间(秒)")
ax.set_ylabel("输出")
ax.set_title("离散时间系统阶跃响应")
ax.set_xlim(0,durance)
ax.set_ylim(-0.5,3)
```

241

```
ax.legend(loc="upper right")
```
[6]:   <matplotlib.legend.Legend at 0x219350b6da0>

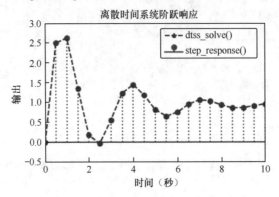

图 7-3　离散时间系统的单位阶跃响应

输入[2]中定义了该离散时间系统的状态空间模型 sysa，并设置其采样周期 dt=0.5。输入[3]中用 pzmap()绘制了系统的零极点分布图，从图 7-2 可以看到极点都在单位圆内，所以该系统是稳定的。

输入[4]中使用 python-control 中的函数 step_response()计算了该系统的单位阶跃响应。输入[5]中设置了状态变量和输入变量的初值，用自定义函数 dtss_solve()计算了该系统的单位阶跃响应。

图 7-3 所示为绘制的两个计算结果的图。step_response()计算的结果用 Axes.stem()函数绘制为火柴杆图，火柴杆图适合于表示离散时间点的数据。为了便于比较两个函数的计算结果，dtss_solve()计算的结果用 Axes.plot()函数绘制为虚线，并显示数据点。从图 7-3 可以看出，两个函数计算的结果数据点是完全重合的，因为这两个函数使用的都是离散时间系统状态方程的迭代公式，所以不存在差异。

7.2　时域离散相似法

从 7.1 节可以看到，对一个离散时间状态空间模型进行仿真是比较简单的，不涉及复杂的算法，因为离散时间系统的状态方程就是一个迭代计算公式。对一个连续时间 LTI 系统，如果能将其转换为一个等效的离散时间 LTI 系统，则利用离散时间 LTI 系统进行仿真就简单得多。

7.2.1　连续时间 LTI 系统的解

所谓离散相似就是将一个连续时间系统进行离散化处理，得到与其等效的离散时间系统。

对连续时间模型的离散化有两种方法：一种是基于状态方程的离散化，得到时域离散相似模型；另一种是对传递函数做离散化处理，得到脉冲传递函数，称为频域离散相似。本节介绍时域离散相似法，8.2 节介绍频域离散相似法。

考虑一个连续时间 LTI 系统状态空间模型

$$\begin{cases} \dot{x} = \boldsymbol{A}x + \boldsymbol{B}u \\ y = \boldsymbol{C}x + \boldsymbol{D}u \end{cases} \tag{7-16}$$

其中，$x \in R^n, y \in R^p, u \in R^m$，设 $t_0 = 0$ 时状态初值为 $x(0)$。

对式（7-16）中的状态方程两边求拉普拉斯变换，得

$$sX(s) - X(0) = \boldsymbol{A}X(s) + \boldsymbol{B}u(s) \tag{7-17}$$

进一步整理，可得

$$X(s) = (s\boldsymbol{I} - \boldsymbol{A})^{-1}X(0) + (s\boldsymbol{I} - \boldsymbol{A})^{-1}\boldsymbol{B}u(s) \tag{7-18}$$

定义状态转移矩阵

$$\Phi(t) = L^{-1}\left[(s\boldsymbol{I} - \boldsymbol{A})^{-1}\right] \tag{7-19}$$

因为

$$L\left[e^{at}\right] = \frac{1}{s-a} = (s-a)^{-1} \Rightarrow L\left[e^{\boldsymbol{A}t}\right] = \frac{1}{s\boldsymbol{I} - \boldsymbol{A}}$$

所以

$$\Phi(t) = e^{\boldsymbol{A}t} \tag{7-20}$$

那么式（7-18）可以表示为

$$X(s) = L\left[\Phi(t)\right]X(0) + L\left[\Phi(t)\right]\boldsymbol{B}u(s) \tag{7-21}$$

两个连续时间函数的卷积与拉普拉斯变换之间存在如下的关系

$$L[f \cdot g] = L\left[\int_0^t f(\tau)g(t-\tau)\mathrm{d}\tau\right] = F(s)G(s) \tag{7-22}$$

对式（7-21）两边求拉普拉斯逆变换，可得

$$x(t) = e^{\boldsymbol{A}t}x(0) + \int_0^t e^{\boldsymbol{A}(t-\tau)}\boldsymbol{B}u(\tau)\mathrm{d}\tau \tag{7-23}$$

式（7-23）表示连续时间 LTI 系统（7-16）状态方程的解。解由两部分组成：第一部分 $e^{\boldsymbol{A}t}x(0)$ 表示零输入情况下状态的响应，称为零输入响应；第二部分 $\int_0^t e^{\boldsymbol{A}(t-\tau)}\boldsymbol{B}u(\tau)\mathrm{d}\tau$ 表示零初始条件下状态的响应，称为零状态响应。

7.2.2 连续时间 LTI 系统解的离散化

对连续时间 LTI 系统的解（7-23）式进行离散化，设

$$t = kT, k = 0, 1, 2, \cdots \tag{7-24}$$

其中，T 称为采样周期。这相当于在系统前面加了一个虚拟的采样开关和信号保持器，开关动作时间间隔是 T。

将 $t_k = kT$ 和 $t_{k+1} = (k+1)T$ 分别代入式（7-23），得

$$x(kT) = \mathrm{e}^{AkT}x(0) + \int_0^{kT} \mathrm{e}^{A(kT-\tau)} B\tilde{u}(\tau)\mathrm{d}\tau \tag{7-25}$$

$$x\big[(k+1)T\big] = \mathrm{e}^{A(k+1)T}x(0) + \int_0^{(k+1)T} \mathrm{e}^{A[(k+1)T-\tau]} B\tilde{u}(\tau)\mathrm{d}\tau \tag{7-26}$$

其中 $\tilde{u}$ 表示等效的离散输入信号。计算式（7-26）—式（7-25）$\times \mathrm{e}^{AT}$，得

$$x\big[(k+1)T\big] = \mathrm{e}^{AT}x(kT) + \int_{kT}^{(k+1)T} \mathrm{e}^{A[(k+1)T-\tau]} B\tilde{u}(\tau)\mathrm{d}\tau \tag{7-27}$$

上式右边的积分项与具体的 k 无关，于是令 $k=0$，并且将 $x(kT)$ 简写为 $x_{(k)}$，得

$$x_{(k+1)} = \mathrm{e}^{AT}x_{(k)} + \int_0^{T} \mathrm{e}^{A(T-\tau)} B\tilde{u}(\tau)\mathrm{d}\tau \tag{7-28}$$

$\tilde{u}$ 是连续时间信号 $u(t)$ 经过虚拟采样开关采样，再经过虚拟的信号保持器后的输出信号，可以采用零阶保持器或一阶保持器。

1. 零阶保持器

零阶保持器（zero-order holder，ZOH）的作用是使得采样信号在一个采样周期内保持不变，如图 7-4 所示。

如果采用零阶保持器，那么

$$\tilde{u}(\tau) = u(kT) \tag{7-29}$$

略写其中的变量 T，代入式（7-28），则有

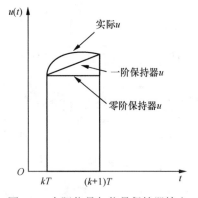

图 7-4　实际信号与信号保持器输出

$$x_{(k+1)} = \mathrm{e}^{AT}x_{(k)} + u_{(k)}\int_0^{T} \mathrm{e}^{A(T-\tau)} B\mathrm{d}\tau \tag{7-30}$$

定义如下两个矩阵

$$\begin{aligned} \Phi(T) &= \mathrm{e}^{AT} \\ \Phi_m(T) &= \int_0^{T} \Phi(T-\tau) B\mathrm{d}\tau \end{aligned} \tag{7-31}$$

$\Phi(T) = \mathrm{e}^{AT}$ 是离散时间 LTI 系统的状态转移矩阵，$\Phi(T)$ 和 $\Phi_m(T)$ 都是采样周期 T 的函数。如果采样周期 T 变化，那么离散时间模型的 $\Phi(T)$ 和 $\Phi_m(T)$ 就需要重新计算。

将式（7-31）的表示代入式（7-30），可以得到采用虚拟的零阶保持器时与连续时间 LTI 模型（7-16）等效的离散时间 LTI 模型。

$$\begin{cases} x_{(k+1)} = \boldsymbol{\Phi}(T)x_{(k)} + \boldsymbol{\Phi}_m(T)u_{(k)} \\ y_{(k)} = \boldsymbol{C}x_{(k)} + \boldsymbol{D}u_{(k)} \end{cases} \qquad (7\text{-}32)$$

2. 数值积分法与时域离散相似法比较

数值积分法求解状态方程的一般表达式为

$$x_{(k+1)} = x_{(k)} + Q_{(k)}$$

将数值积分法与时域离散相似法比较，可以发现它们的特点和区别。

- 两种方法最终得到的都是离散的迭代计算公式，以求解模型在各时间点的值。但数值积分法没有假设原来的系统被离散化，计算出来的数据点是连续时间系统在某些时刻的数据点，各数据点之间可以用连续线连接；时域离散相似法假设系统被虚拟采样，因而计算出来的时间点的数据需要被采样保持（如零阶保持）。
- 数值积分的计算量集中在 $Q_{(k)}$ 的计算上，每一步迭代都需要使用状态方程右侧函数计算 $Q_{(k)}$，不同的方法计算量不同。
- 时域离散相似法中 $\boldsymbol{\Phi}(T)$ 和 $\boldsymbol{\Phi}_m(T)$ 在 T 确定后就可以计算出来，且是常数，在迭代过程中计算量不大。
- 数值积分步长可变，但时域离散相似法的虚拟采样周期一般是固定的。

3. 一阶保持器（或三角形保持器）

一阶保持器的作用是使得两个相邻时间点的采样信号呈现线性变化，如图 7-4 所示。如果虚拟的信号重构器采用一阶保持器，那么两个时刻点之间的输入信号存在差值。

$$\Delta u_k(\tau) = \frac{u[(k+1)T] - u[kT]}{T}\tau \approx \dot{u}(kT)\tau \qquad (7\text{-}33)$$

由此引起的状态量的变化为

$$\Delta x[(k+1)T] = \int_0^T e^{A(T-\tau)}\boldsymbol{B}\Delta u_k(\tau)\mathrm{d}\tau \approx \dot{u}(kT)\int_0^T \tau\, e^{A(T-\tau)}\boldsymbol{B}\mathrm{d}\tau \qquad (7\text{-}34)$$

令

$$\hat{\boldsymbol{\Phi}}_m(T) = \int_0^T \tau e^{A(T-\tau)}\boldsymbol{B}\mathrm{d}\tau \qquad (7\text{-}35)$$

则可以得到采用一阶保持器时的离散时间状态空间模型表达式为

$$\begin{cases} x_{(k+1)} = \boldsymbol{\Phi}(T)x_{(k)} + \boldsymbol{\Phi}_m(T)u_{(k)} + \hat{\boldsymbol{\Phi}}_m(T)\dot{u}_{(k)} \\ y_{(k)} = \boldsymbol{C}x_{(k)} + \boldsymbol{D}u_{(k)} \end{cases} \qquad (7\text{-}36)$$

与使用零阶保持器相比，使用一阶保持器有以下的特点。

- 一阶保持器离散相似模型更精确一些。
- 式（7-36）中增加了输入的导数计算，因而计算量增大。

● 输入的导数不易计算，而且求导会引入高频噪声。

因此，常用的是基于零阶保持器的时域离散相似模型。在某些特殊的情况下可以使用一阶保持器，例如输入的导数是一个常数或一个确定的函数。

7.2.3　状态转移矩阵的计算

在将连续时间 LTI 模型采用时域离散相似法转换为离散时间 LTI 模型时，需要计算如下 3 个矩阵。

$$\Phi(T) = e^{AT}$$

$$\Phi_m(T) = \int_0^T e^{A(T-\tau)}B\mathrm{d}\tau \qquad (7\text{-}37)$$

$$\hat{\Phi}_m(T) = \int_0^T \tau e^{A(T-\tau)}B\mathrm{d}\tau$$

其中关键的是状态转移矩阵 $\Phi(T) = e^{AT}$ 的计算。

1. 解析求法

由状态转移矩阵的定义，有

$$\Phi(T) = e^{AT} = L^{-1}\left[(sI - A)^{-1}\right] \qquad (7\text{-}38)$$

在已知矩阵 A 的情况下，应用拉普拉斯逆变换可以求状态转移矩阵。这种方法一般应用于矩阵 A 维数较小的情况。

2. 泰勒级数展开法

由指数函数的泰勒级数展开式，可以得到

$$e^{AT} = \sum_{i=0}^{\infty} \frac{A^i T^i}{i!}, \qquad A^0 = I \qquad (7\text{-}39)$$

如果该级数是收敛的，在 $i = L$ 处截断，则有

$$e^{AT} = \sum_{i=0}^{L} \frac{A^i T^i}{i!} + \sum_{i=L+1}^{\infty} \frac{A^i T^i}{i!} = M + R \qquad (7\text{-}40)$$

其中，M 作为 e^{AT} 的近似值，R 作为截断误差。对于误差作如下的要求

$$r_{\max} \leqslant E \cdot m_{\min}, E = 10^{-d} \qquad (7\text{-}41)$$

其中，d 是一个整数，$r_{\max}$ 为矩阵 R 中绝对值最大的元素的绝对值，$m_{\min}$ 为矩阵 M 中绝对值最小的元素的绝对值。$r_{\max}$ 无法直接求得，采用估计方法得到。

定义范数

$$\|R\| = \sum_{i,j=1}^{n} |r_{ij}|$$

那么，很显然有

$$r_{max} \leqslant \|\boldsymbol{R}\| \tag{7-42}$$

由此得到

$$\|\boldsymbol{R}\| = \left\| \sum_{i=L+1}^{\infty} \frac{\boldsymbol{A}^i T^i}{i!} \right\| \leqslant \sum_{i=L+1}^{\infty} \frac{\|\boldsymbol{A}\|^i T^i}{i!}$$

$$= \frac{\|\boldsymbol{A}\|^{L+1} T^{L+1}}{(L+1)!} \left(1 + \frac{\|\boldsymbol{A}\| T}{L+2} + \frac{\|\boldsymbol{A}\|^2 T^2}{(L+3)(L+2)} + \cdots \right)$$

$$\leqslant \frac{\|\boldsymbol{A}\|^{L+1} T^{L+1}}{(L+1)!} \left(1 + \frac{\|\boldsymbol{A}\| T}{L+2} + \frac{\|\boldsymbol{A}\|^2 T^2}{(L+2)^2} + \cdots \right)$$

如果令

$$\varepsilon = \frac{\|\boldsymbol{A}\| T}{L+2} \tag{7-43}$$

则有

$$\|\boldsymbol{R}\| \leqslant \frac{\|\boldsymbol{A}\|^{L+1} T^{L+1}}{(L+1)!} \left(1 + \varepsilon + \varepsilon^2 + \cdots \right) \tag{7-44}$$

若 $\varepsilon < 1$，则

$$\|\boldsymbol{R}\| \leqslant \frac{\|\boldsymbol{A}\|^{L+1} T^{L+1}}{(L+1)!} \left(\frac{1}{1-\varepsilon} \right) \tag{7-45}$$

即

$$r_{max} \leqslant \|\boldsymbol{R}\| \leqslant \frac{\|\boldsymbol{A}\|^{L+1} T^{L+1}}{(L+1)!} \left(\frac{1}{1-\varepsilon} \right) \leqslant E \cdot m_{min} \tag{7-46}$$

e^{AT} 迭代计算步骤如下。

（1）选择初始 L。

（2）计算矩阵 $\boldsymbol{M}$ 及 m_{min}。

（3）根据式（7-43）计算 ε，根据式（7-45）计算 $\|\boldsymbol{R}\|$ 作为 r_{max} 的估计值。

（4）判断 r_{max} 是否满足式（7-41）精度要求，若满足，用 $\boldsymbol{M}$ 代替 e^{AT}；若不满足，令 $L = L+1$，转到步骤（2）重新计算。

3. e^{AT} 加速收敛法

e^{AT} 的计算需要大量矩阵运算，泰勒级数展开法收敛性较差。由式（7-43）和式（7-44）可知，T 越小截断误差越小，因而能用较少的级数项获得较高的精度。

设

$$T' = T \times 2^{-m} \tag{7-47}$$

其中，m 为正整数。因而有

$$e^{AT} = \left(e^{AT' \cdot 2^m}\right) = \left(e^{AT'}\right)^{2^m} = \left[\left(e^{AT'}\right)^2\right]^m \tag{7-48}$$

缩方与乘方法的思路是：首先计算 $e^{AT'}$，由于 T' 可以取得很小，因而通过较少的级数项计算 $e^{AT'}$，再进行 2^m 次相乘，就得到 e^{AT}。

首先要确定 $e^{AT'}$ 的泰勒级数展开式中截取的阶次 L。由式（7-41）的定义及收敛要求，有

$$\varepsilon = \frac{\|A\|T'}{L+2} < 1，\quad \|A\| \leqslant n^2 |a_{max}| \tag{7-49}$$

其中，$|a_{max}|$ 表示矩阵 A 中绝对值最大的元素的绝对值。由此，有

$$n^2 |a_{max}| T' < L + 2$$

即

$$L > n^2 |a_{max}| T' - 2$$

经验表明，当 $|a_{max}| < T < 1$，一般初始 L 可取为 n。

e^{AT} 加速收敛法的计算步骤如下。

（1）给定步长 T'、T 及误差限 E，如 $E = 10^{-6}$。

（2）令 $L = n$，计算式（7-40）中的 M，找出 M 中绝对值最小的元素的绝对值 m_{min}，并按式（7-46）估算 r_{max}。

（3）判断是否满足式（7-41）。若满足，进行下一步；若不满足，增大 L，重复步骤（2）（3）。

（4）利用式（7-48）计算 e^{AT}。

　式（7-47）中的 m 也不能太大，一般取 4～8。

4. $\Phi_m(T)$ 的另一种计算公式

由前面的离散相似法推导的 $\Phi_m(T)$ 的计算表达式为

$$\Phi_m(T) = \int_0^T e^{A(T-\tau)} B \mathrm{d}\tau \tag{7-50}$$

如果令 $t = T - \tau$，那么 $\mathrm{d}\tau = -\mathrm{d}t$。积分下限变为 $t = T - \tau = T$，积分上限变为 $t = T - T = 0$。代入式（7-50），得

$$\Phi_m(T) = \int_0^T e^{A(T-\tau)} B \mathrm{d}(\tau) = \int_T^0 e^{At} B \mathrm{d}(-t) = \int_0^T e^{At} B \mathrm{d}t \tag{7-51}$$

相对式（7-50）来说，式（7-51）的计算稍微简单一些。

5. 离散相似法的实现程序

python-control 中的 StateSpace 类有一个 sample()方法，可以将连续时间状态空间模型转换为

离散时间状态空间模型，该方法的定义如下：

```
StateSpace.sample(Ts, method='zoh', alpha=None, prewarp_frequency=None, name=None,
copy_names=True, **kwargs)
```

各参数的意义如下。

- Ts：浮点数，表示离散化采样周期，例如设置 Ts=0.2。
- method：字符串，表示从连续时间 LTI 模型转换为离散时间 LTI 模型采用的算法，有以下几种取值。
    - gbt：通用双线性变换方法。
    - bilinear：Tustin 近似方法，就是参数 alpha=0.5 时的通用双线性变换方法。
    - euler：欧拉法（即前向差分方法），就是 alpha=0 时的通用双线性变换方法。
    - backward_diff：后向差分方法，就是 alpha=1.0 时的通用双线性变换方法。
    - zoh：使用零阶保持器的离散相似法，是默认采用的方法。
- alpha：浮点数，取值区间为[0, 1]，它是 method 参数设置为 gbt 时才需要设置的系数。若 method 设置为其他参数，alpha 值无意义。
- prewarp_frequency：取值区间为 $[0,+\infty)$ 的浮点数，以 rad/s 为单位的角频率，是预畸变频率。只有当 method 参数设置为 bilinear 方法或 alpha=0.5 时的通用双线性变换方法时这个频率才有意义。
- name：字符串，用于设置离散时间模型的名称。
- copy_names：布尔值，若设置为 True（默认值），会将连续时间模型的输入信号、输出信号、状态信号的名称复制给离散时间模型。

StateSpace.sample()方法的返回值是一个 StateSpace 对象，表示转换出来的离散时间状态空间模型。

从输入参数 method 的取值可以看到，sample()方法可以使用多种方法实现 LTI 系统模型离散化。本章所讲的时域离散相似法使用的是零阶保持器方法，也就是 method='zoh'。通用双线性变换、双线性变换、欧拉法等属于频域的变换方法在第 8 章会具体介绍。

实际上，StateSpace.sample()方法的底层使用了 scipy.signal 模块中的函数 cont2discrete()实现模型离散化。函数 cont2discrete()的输入参数更加灵活，离散化方法中还可以使用一阶保持器。函数 cont2discrete()的详细定义见 SciPy 的文档，这里就不介绍了。

另外，scipy.linalg 模块中有一个函数 expm()可以直接计算一个方阵 A 的指数函数 e^A，其定义如下：

```
scipy.linalg.expm(A)
```

其中，A 是一个 n 行 n 列的数组。返回值是方阵 A 的指数函数 e^A。

使用函数 expm()可以计算式（7-31）中的状态转移矩阵 $\Phi(T)=e^{AT}$，但是无法计算矩阵 $\Phi_m(T)$。

【例7.4】一个连续时间 LTI 系统状态空间模型的 4 个矩阵是

$$A = \begin{pmatrix} 0 & 1 \\ -2 & -3 \end{pmatrix}, B = \begin{pmatrix} 0 \\ 1 \end{pmatrix}, C = (2 \quad 0), D = 0$$

（1）用解析法求该系统的离散相似模型，假设采用零阶保持器，采样周期为 $T=0.5$。

（2）编写程序求该系统的离散相似模型。

（3）假设系统初始状态为零，编程计算连续时间系统和离散时间系统的单位阶跃响应，并绘制曲线。

解：（1）解析法求离散时间模型

$$sI - A = \begin{pmatrix} s & -1 \\ 2 & s+3 \end{pmatrix}$$

进而

$$(sI - A)^{-1} = \begin{pmatrix} \dfrac{s+3}{(s+1)(s+2)} & \dfrac{1}{(s+1)(s+2)} \\ \dfrac{-2}{(s+1)(s+2)} & \dfrac{s}{(s+1)(s+2)} \end{pmatrix}$$

进行因式分解，得

$$(sI - A)^{-1} = \begin{pmatrix} \dfrac{2}{s+1} - \dfrac{1}{s+2} & \dfrac{1}{s+1} - \dfrac{1}{s+2} \\ \dfrac{2}{s+2} - \dfrac{2}{s+1} & \dfrac{2}{s+2} - \dfrac{1}{s+1} \end{pmatrix}$$

对上式进行拉普拉斯逆变换，得

$$\Phi(T) = L^{-1}\left((sI - A)^{-1}\right) = \begin{pmatrix} 2e^{-T} - e^{-2T} & e^{-T} - e^{-2T} \\ 2e^{-2T} - 2e^{-T} & 2e^{-2T} - e^{-T} \end{pmatrix}$$

根据式（7-51）计算 $\Phi_m(T)$，有

$$e^{At}B = \begin{pmatrix} 2e^{-t} - e^{-2t} & e^{-t} - e^{-2t} \\ 2e^{-2t} - 2e^{-t} & 2e^{-2t} - e^{-t} \end{pmatrix} \begin{pmatrix} 0 \\ 1 \end{pmatrix} = \begin{pmatrix} e^{-t} - e^{-2t} \\ 2e^{-2t} - e^{-t} \end{pmatrix}$$

$$\Phi_m(T) = \int_0^T e^{At}B\,\mathrm{d}t = \int_0^T \begin{pmatrix} e^{-t} - e^{-2t} \\ 2e^{-2t} - e^{-t} \end{pmatrix}\mathrm{d}t = \begin{pmatrix} -e^{-t} + \dfrac{1}{2}e^{-2t} \\ -e^{-2t} + e^{-t} \end{pmatrix}\Bigg|_0^T = \begin{pmatrix} \dfrac{1}{2} - e^{-T} + \dfrac{1}{2}e^{-2T} \\ -e^{-2T} + e^{-T} \end{pmatrix}$$

当 $T = 0.5$ 时，计算得

$$\Phi(T) = \begin{pmatrix} 0.845 & 0.239 \\ -0.477 & 0.129 \end{pmatrix}, \quad \Phi_m(T) = \begin{pmatrix} 0.077 \\ 0.239 \end{pmatrix}$$

（2）创建一个 Notebook 文件，编程实现连续时间模型到离散时间模型的转换，并进行阶跃输入响应的仿真。图 7-5 为程序输出，展示了连续时间模型和离散时间模型的阶跃响应。

```
[1]:    ''' 程序文件：note7_04.ipynb
        【例 7.4】连续时间 LTI 状态空间模型的离散化，使用 StateSpace 类的 sample()方法
        '''
        import numpy as np
        import matplotlib.pyplot as plt
        import matplotlib as mpl
        import control as ctr
        from scipy.linalg import expm
        mpl.rcParams['font.sans-serif']= ['KaiTi','SimHei']
        mpl.rcParams['font.size']= 11
        mpl.rcParams['axes.unicode_minus']= False
```

```
[2]:    A= np.array([[0,1],[-2,-3]])
        B= np.array([0,1]).reshape(2,1)
        C= np.array([2,0])
        D= np.array([0])
        sysct= ctr.ss(A,B,C,D)          #创建连续时间状态空间模型
        sysct
```

$$[2]: \quad \left(\begin{array}{cc|c} 0 & 1 & 0 \\ -2 & -3 & 1 \\ \hline 2 & 0 & 0 \end{array}\right)$$

```
[3]:    T= 0.5                          #离散化采样周期
        et= np.exp(-T)
        e2t= np.exp(-2*T)
        Adt= np.array([[2*et-e2t, et-e2t],[2*e2t-2*et, 2*e2t-et]])
        Adt                             #离散时间模型解析解中的矩阵 A
```
```
[3]:    array([[ 0.84518188,  0.23865122],
               [-0.47730244,  0.12922822]])
```

```
[4]:    Bdt= np.array([0.5-et+0.5*e2t, -e2t+et]).reshape(2,1)
        Bdt                             #离散时间模型解析解中的矩阵 B
```
```
[4]:    array([[0.07740906],
               [0.23865122]])
```

```
[5]:    AT= A*T                         #矩阵 A 乘以标量 T
        eAT= expm(AT)                   #使用 scipy.linalg.expm()函数计算状态转移矩阵  e^AT
        eAT
```
```
[5]:    array([[ 0.84518188,  0.23865122],
               [-0.47730244,  0.12922822]])
```

```
[6]:    sysdt= sysct.sample(T, method='zoh')          #模型离散化，使用零阶保持器
        sysdt
```

$$[6]: \quad \left(\begin{array}{cc|c} 0.845 & 0.239 & 0.0774 \\ -0.477 & 0.129 & 0.239 \\ \hline 2 & 0 & 0 \end{array}\right), dt = 0.5$$

```
[7]:    step_count= 12          #计算的步数
        durance= sysdt.dt * step_count                #计算的持续时间长度
        res_dt= ctr.step_response(sysdt, durance)     #计算离散时间模型的阶跃响应
        res_ct= ctr.step_response(sysct, durance)     #计算连续时间模型的阶跃响应
        (res_dt.t.size, res_ct.t.size)                #显示两个仿真结果的数据点数
```
```
[7]:    (13, 100)
```

```
[8]:    fig,ax= plt.subplots(figsize=(4.5,3),layout='constrained')
        ax.plot(res_ct.time,res_ct.outputs, 'r:',label="连续时间模型")
        ax.step(res_dt.time,res_dt.outputs, 'g', where="post",label="离散时间模型")
        ax.set_xlabel("时间(秒)")
        ax.set_ylabel("输出")
        ax.set_title("系统的单位阶跃响应")
        ax.set_xlim(0,durance)
        ax.set_ylim(-0.1,1.1)
        ax.legend(loc="lower right")
```

```
[8]:    <matplotlib.legend.Legend at 0x17c6ff2ecb0>
```

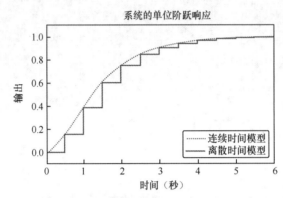

图 7-5　连续时间模型和离散时间模型的阶跃响应

　　输入[2]中创建了连续时间系统的状态空间模型 sysct。根据已经推导出来的解析解表达式，我们在输入[3]中计算了 $T=0.5$ 时的矩阵 Φ 的值，在输入[4]中计算了矩阵 Φ_m 的值。输入[5]中直接用函数 scipy.linalg.expm() 计算了 $T=0.5$ 时的矩阵指数 e^{AT} 。可以看到输出[3]和输出[5]的结果是一样的，所以使用函数 scipy.linalg.expm() 可以数值计算设定采样周期 T 时状态转移矩阵 e^{AT} 的值。

　　输入[6]中使用 StateSpace 类的 sample() 方法将连续时间模型 sysct 转换为离散时间模型 sysdt，使用了零阶保持器方法，离散化采样周期 $T=0.5$。从输出[6]的表达式可见，离散时间模型 sysdt 中的矩阵 A 和 B 与解析解计算的结果是一样的。

　　输入[7]中使用 control.step_response() 函数对离散时间模型 sysdt 和连续时间模型 sysct 分别进行了单位阶跃响应计算，都设置了仿真时间长度 durance = 6。输出[7]中显示了两个仿真结果的数据点数，离散时间模型仿真结果有 13 个数据点，它只在设置的离散时间点有数据；连续时间模型仿真结果有 100 个数据点，因为指定时间长度对连续时间系统进行仿真时，函数将自动确定仿真步长，以尽量反映系统的动态变化过程。

　　输入[8]中绘制了两个模型的阶跃响应曲线。连续时间模型的响应用 Axes.plot() 方法绘制曲线，因为连续时间系统的相邻数据点之间有连续变化的数据，虽然我们并没有无限减小步长来计算这些数据点。离散时间模型的响应用 Axes.step() 方法绘制阶梯曲线，绘图语句如下：

```
ax.step(res_dt.time,res_dt.outputs, 'g', where="post",label="离散时间模型")
```

其中的参数 where 表示阶梯的位置，这里设置为"post"正好表示零阶保持器的性质。因为假设使用了零阶保持器，在一个采样点之后采样输入是不变的，所以模型输出在一个采样周期内也是不变的。

7.2.4 增广矩阵法

对于线性定常系统

$$\dot{x} = Ax + Bu \tag{7-52}$$

采用零阶保持器时的离散化模型表达式为

$$x_{(k+1)} = \Phi(T)x_{(k)} + \Phi_m(T)u_{(k)} \tag{7-53}$$

其中

$$\Phi(T) = \mathrm{e}^{AT}, \quad \Phi_m(T) = \int_0^T \mathrm{e}^{A(T-\tau)}B\mathrm{d}\tau \tag{7-54}$$

在计算式（7-54）中的两个矩阵时，必须首先计算 $\Phi(T)$，再计算 $\Phi_m(T)$。如果采用数值计算，那么存在以下问题。

（1）$\Phi(T)$ 计算的截断误差会被带入 $\Phi_m(T)$ 的计算。

（2）$\Phi_m(T)$ 的计算涉及数值积分运算，比较复杂。

观察式（7-54），一个简单的思路是：如果矩阵 $B = 0$，那么就不需要计算 $\Phi_m(T)$ 了。

一个解决方法就是将输入变量作为一部分状态变量，扩充状态变量的维数，这样就可以将非齐次微分方程变为齐次微分方程，也就是消除了状态方程中的矩阵 B，这就是增广矩阵法。

例如，通过适当的处理后，系统变成一个只有状态和输出，而没有输入的系统，即

$$\begin{cases} \dot{\tilde{x}}(t) = \tilde{A}\tilde{x}(t) \\ y(t) = \tilde{C}\tilde{x}(t) \\ \tilde{x}(t_0) = \tilde{x}_0 \end{cases} \tag{7-55}$$

其离散化模型表达式为

$$\tilde{x}_{(k+1)} = \tilde{\Phi}(T)\tilde{x}_{(k)}, \quad \tilde{\Phi}(T) = \mathrm{e}^{\tilde{A}T} \tag{7-56}$$

这样就只需要计算状态转移矩阵，既可以减少误差来源又可以减少计算量，还可以采用函数 scipy.linalg.expm()直接计算状态转移矩阵的值。

【例 7.5】一个 n 阶连续时间 LTI 系统模型表达式为

$$\dot{x} = Ax + Bu$$
$$y = Cx + Du$$

（1）设系统输入为 $u(t) = U_0 \cdot 1(t)$，状态初值为 $x(t_0) = x_0$，求其增广矩阵模型。

253

（2）设原模型中状态初值为 0，各矩阵是

$$A = \begin{pmatrix} 0 & 1 \\ -2 & -3 \end{pmatrix}, B = \begin{pmatrix} 0 \\ 1 \end{pmatrix}, C = (2 \quad 0), D = 0$$

求增广矩阵模型的具体表达式。

（3）假设采用零阶保持器，采样周期为 $T=0.5$，阶跃输入幅度 $U_0 =1$，编写程序求增广矩阵模型对应的离散时间模型，计算离散时间模型的输出并绘制曲线。

解：（1）增加一个状态变量

$$x_{n+1}(t) = u(t), \quad \Rightarrow \dot{x}_{n+1}(t) = 0$$

增广状态变量定义为 $\tilde{x} = \begin{pmatrix} x \\ u \end{pmatrix}$，初始条件为 $\begin{pmatrix} x(t_0) \\ x_{n+1}(t_0) \end{pmatrix} = \begin{pmatrix} x_0 \\ U_0 \end{pmatrix}$

增广系统状态空间模型表达式为

$$\begin{pmatrix} \dot{x}(t) \\ \dot{x}_{n+1}(t) \end{pmatrix} = \begin{pmatrix} A & B \\ 0 & 0 \end{pmatrix} \begin{pmatrix} x(t) \\ x_{n+1}(t) \end{pmatrix}$$

$$y(t) = (C \quad D) \begin{pmatrix} x(t) \\ x_{n+1}(t) \end{pmatrix}$$

该模型中只有两个矩阵，定义

$$\tilde{A} = \begin{pmatrix} A & B \\ 0 & 0 \end{pmatrix}, \quad \tilde{C} = (C \quad D)$$

（2）对于原始的二阶状态空间模型，对应的增广系统模型表达式为

$$\tilde{A} = \begin{pmatrix} A & B \\ 0 & 0 \end{pmatrix} = \begin{pmatrix} 0 & 1 & 0 \\ -2 & -3 & 1 \\ 0 & 0 & 0 \end{pmatrix}$$

$$\tilde{C} = (C \quad D) = (2 \quad 0 \quad 0)$$

状态初值为

$$x(t_0) = \begin{pmatrix} 0 \\ 0 \\ U_0 \end{pmatrix}$$

（3）增广系统模型中只有矩阵 $\tilde{A}$ 和 $\tilde{C}$，在计算离散相似模型时只需计算状态转移矩阵 $e^{\tilde{A}T}$，用函数 scipy.linalg.expm() 就可以计算。图 7-6 为程序输出，展示了两个模型的单位阶跃响应。

```
[1]:    '''  程序文件: note7_05.ipynb
        【例 7.5】增广矩阵法
        '''
        import numpy as np
```

```
import matplotlib.pyplot as plt
import matplotlib as mpl
import control as ctr
from scipy.linalg import expm
import simu_dt as simu
mpl.rcParams['font.sans-serif']= ['KaiTi','SimHei']
mpl.rcParams['font.size']= 11
mpl.rcParams['axes.unicode_minus']= False
```

[2]:
```
A= np.array([[0,1,0],[-2,-3,1],[0,0,0]])
B= np.array([0,0,0]).reshape(3,1)
C= np.array([2,0,0])
D= np.array([0])
sysct= ctr.ss(A,B,C,D)        #连续时间系统的增广矩阵模型，没有输入变量
sysct
```

[2]: $$\left(\begin{array}{ccc|c} 0 & 1 & 0 & 0 \\ -2 & -3 & 1 & 0 \\ 0 & 0 & 0 & 0 \\ \hline 2 & 0 & 0 & 0 \end{array}\right)$$

[3]:
```
T= 0.5                        #离散化采样周期
AT= A*T                       #矩阵 A 乘以标量 T
A2= expm(AT)                  #使用 scipy.linalg.expm()函数计算状态转移矩阵  e^AT
A2
```

[3]:
```
array([[ 0.84518188,  0.23865122,  0.07740906],
       [-0.47730244,  0.12922822,  0.23865122],
       [ 0.        ,  0.        ,  1.        ]])
```

[4]:
```
sysdt= ctr.ss(A2, B, C, D, T)        #定义离散时间状态空间模型
sysdt
```

[4]: $$\left(\begin{array}{ccc|c} 0.845 & 0.239 & 0.0774 & 0 \\ -0.477 & 0.129 & 0.239 & 0 \\ 0 & 0 & 1 & 0 \\ \hline 2 & 0 & 0 & 0 \end{array}\right), dt = 0.5$$

[5]:
```
step_count= 12                            #计算的步数
x0= np.array([0,0,1]).reshape(3,1)        #增广状态的初值
u0= np.array([0]).reshape(1,1)            #增广系统无输入，但也需要设置为 0
res_dt= simu.dtss_solve(sysdt, step_count+1, x0, u0)    #用自定义函数进行仿真计算
```

[6]:
```
A= np.array([[0,1],[-2,-3]])
B= np.array([0,1]).reshape(2,1)
C= np.array([2,0])
D= np.array([0])
sysct2= ctr.ss(A,B,C,D)                   #创建原始的连续时间状态空间模型
sysct2
```

[6]: $$\left(\begin{array}{cc|c} 0 & 1 & 0 \\ -2 & -3 & 1 \\ \hline 2 & 0 & 0 \end{array}\right)$$

[7]:
```
durance= sysdt.dt * step_count            #计算的持续时间长度
res_ct= ctr.step_response(sysct2, durance)    #计算连续时间模型的阶跃响应
```

[8]:
```
fig,ax= plt.subplots(figsize=(4.5,3),layout='constrained')
ax.plot(res_ct.time,res_ct.outputs, 'r:',label="原始连续时间模型")
ax.step(res_dt.time,res_dt.outputs, 'g', where="post",label="离散时间模型")
ax.set_xlabel("时间(秒)")
```

```
ax.set_ylabel("输出")
ax.set_title("单位阶跃响应")
durance= T*step_count
ax.set_xlim(0,durance)
ax.set_ylim(-0.1,1.1)
ax.legend(loc="lower right")
```

[8]:　　<matplotlib.legend.Legend at 0x23b56dc5710>

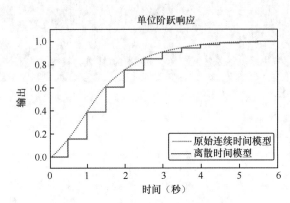

图 7-6　两个模型的单位阶跃响应

　　输入[2]中直接写出了增广系统状态空间模型的 4 个矩阵，增广系统的矩阵 **B** 和 **D** 都是零矩阵。输入[3]中用函数 scipy.linalg.expm() 计算了增广系统矩阵 **A** 的状态转移矩阵，然后输入[4]中定义了与增广矩阵模型对应的离散时间状态空间模型 sysdt。

　　输入[5]中定义了离散时间系统 sysdt 的状态初值 x0，状态 x_3 的初值就是阶跃输入的幅度。离散时间系统 sysdt 的输入 u0 设置为 0。使用文件 simu_dt.py 中的自定义函数 dtss_solve() 对离散时间状态空间模型 sysdt 进行仿真计算，函数 dtss_solve() 的实现代码见 7.1.5 小节。

　　为了进行仿真对比，输入[6]中定义了原始的连续时间状态空间模型 sysct2，然后在输入[7]中用 control.step_response() 函数计算了模型 sysct2 的单位阶跃响应。

　　输入[8]中将两个模型的仿真结果绘制在一个图上，如图 7-6 所示。虚线是原始的连续时间模型的单位阶跃响应曲线，阶梯状曲线是增广模型的离散时间模型的响应曲线。从图 7-6 可以看出，离散时间模型的输出与连续时间模型的输出是匹配的，说明增广模型的处理方法是正确的。

7.3　面向结构图的模型离散化和仿真

　　与面向结构图的连续时间系统模型处理方法相似，我们可以将一个用结构图表示的系统分解为基本的环节，将单个环节离散化，再根据环节之间的连接关系得到整个系统的互联系统模型，然后进行仿真计算。使用离散化模型还可以处理一些典型非线性环节，例如饱和环节、继电特性环节等。

7.3.1 典型线性环节的离散化模型

典型的一阶线性环节用传递函数表示为

$$G(s) = \frac{y(s)}{u(s)} = \frac{c_s + d_s s}{a_s + b_s s} \tag{7-57}$$

通过定义一个状态变量，可以得到此传递函数的连续时间状态空间模型，即

$$\begin{cases} \dot{x} = ax + bu \\ y = cx + du \end{cases} \tag{7-58}$$

该模型的状态方程是一阶的，通过离散相似法进行离散化，可以得到与其等效的离散时间状态空间模型。

$$\begin{cases} x_{(k+1)} = gx_{(k)} + hu_{(k)} \\ y_{(k)} = cx_{(k)} + du_{(k)} \end{cases} \tag{7-59}$$

其中，$g = \mathrm{e}^{aT}, h = \int_0^T \mathrm{e}^{at} b \mathrm{d}t$ 都是标量，T 为离散化采样周期。x, u, y 都是标量，分别为一阶环节的状态、输入和输出。那么，一阶线性环节的离散时间模型由 4 个标量描述，即 g, h, c, d。

在编程时，可以为一阶环节创建一个 StateSpace 模型，然后使用 StateSpace.sample()方法获得其对应的离散时间模型。

1. 积分环节

积分环节传递函数为

$$G(s) = \frac{K}{s}$$

其状态空间模型表达式为

$$\begin{cases} \dot{x} = Ku \\ y = x \end{cases}$$

通过离散相似法进行模型离散化，得

$$g(T) = \mathrm{e}^{AT} = 1$$

$$h(T) = \int_0^T K \mathrm{d}\tau = KT$$

所以，其离散相似模型表达式为

$$\begin{cases} x_{(k+1)} = x_{(k)} + KTu_{(k)} \\ y_{(k)} = x_{(k)} \end{cases} \tag{7-60}$$

2. 比例积分环节

比例积分环节的传递函数为

$$G(s) = \frac{K(bs+1)}{s}$$

其状态空间模型表达式为

$$\begin{cases} \dot{x} = Ku \\ y = x + bKu \end{cases}$$

通过离散相似法进行模型离散化，得

$$g(T) = e^{AT} = 1$$

$$h(T) = \int_0^T K d\tau = KT$$

所以，其离散相似模型表达式为

$$\begin{cases} x_{(k+1)} = x_{(k)} + KTu_{(k)} \\ y_{(k)} = x_{(k)} + bKu_{(k)} \end{cases} \tag{7-61}$$

3. 惯性环节

惯性环节传递函数为

$$G(s) = \frac{K}{s+a}$$

其状态空间模型表达式为

$$\begin{cases} \dot{x} = -ax + Ku \\ y = x \end{cases}$$

通过离散相似法进行模型离散化，得

$$g(T) = e^{AT} = e^{-aT}$$

$$h(T) = \int_0^T e^{-a(T-\tau)} K d\tau = \frac{K}{a}\left(1 - e^{-aT}\right)$$

所以，其离散相似模型表达式为

$$\begin{cases} x_{(k+1)} = e^{-aT} x_{(k)} + \frac{K}{a}\left(1 - e^{-aT}\right)u_{(k)} \\ y_{(k)} = x_{(k)} \end{cases} \tag{7-62}$$

4. 超前-滞后环节

超前-滞后环节的传递函数为

$$G(s) = K\frac{s+b}{s+a}$$

其状态空间模型表达式为

$$\begin{cases} \dot{x} = -ax + Ku \\ y = (b-a)x + Ku \end{cases}$$

这个模型的状态方程与惯性环节的状态方程一样，所以其离散相似模型表达式为

$$\begin{cases} x_{(k+1)} = \mathrm{e}^{-aT}x_{(k)} + \dfrac{K}{a}\left(1 - \mathrm{e}^{-aT}\right)u_{(k)} \\ y_{(k)} = (b-a)x_{(k)} + Ku_{(k)} \end{cases} \qquad (7\text{-}63)$$

7.3.2 典型非线性环节

实际的系统中经常存在一些典型的非线性环节，例如饱和非线性环节、继电非线性环节等。控制理论中有一些方法能对带有非线性环节的系统进行研究，例如描述函数法、相平面法等。一些典型的非线性环节可以直接用离散时间模型来描述，在对系统进行仿真时就可以使用它们的离散时间模型。

1. 饱和非线性环节

饱和非线性环节的输入输出特性如图 7-7 所示，其输入与输出之间的关系用下面的公式表示。

$$u_o = \begin{cases} -c & u_i < -c \\ u_i & |u_i| \leqslant c \\ c & u_i > c \end{cases} \qquad (7\text{-}64)$$

式（7-64）所表示的关系是代数关系，在离散化时用离散时间信号替代连续时间信号即可。

2. 失灵区（死区）非线性环节

失灵区非线性环节的输入输出特性如图 7-8 所示，其输入与输出之间的关系用下面的公式表示，也是代数关系。

$$u_o = \begin{cases} u_i + c & u_i < -c \\ 0 & |u_i| \leqslant c \\ u_i - c & u_i > c \end{cases} \qquad (7\text{-}65)$$

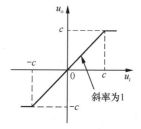

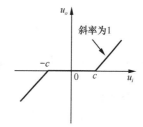

图 7-7　饱和非线性环节的输入输出特性　　图 7-8　失灵区非线性环节的输入输出特性

3. 回环非线性环节

回环非线性环节的输入输出特性如图 7-9 所示，回环非线性一般是由于机械装置的上行和下行存在差异引起的。

回环特性分为上行和下行两段特性。设上一步的输入和输出为 u_i^0, u_o^0。

（1）上行时，即 $u_i > u_i^0$，那么

$$u_o = \begin{cases} u_o^0 & u_o^0 > u_i - c \\ u_i - c \end{cases} \qquad (7\text{-}66)$$

（2）下行时，即 $u_i < u_i^0$，那么

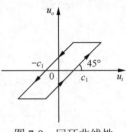

图 7-9　回环非线性
环节的输入输出特性

$$u_o = \begin{cases} u_o^0 & \\ u_i + c & u_o^0 > u_i + c \end{cases} \qquad (7\text{-}67)$$

4. 继电非线性环节

继电非线性环节的输入输出特性如图 7-10 所示，其输入与输出之间的关系用下面的公式表示。

$$u_o = \begin{cases} c_1 & u_i > 0 \\ 0 & u_i = 0 \\ -c_1 & u_i < 0 \end{cases} \qquad (7\text{-}68)$$

5. 具有死区的继电非线性环节

具有死区的继电非线性环节的输入输出特性如图 7-11 所示，其输入与输出之间的关系用下面的公式表示。

$$u_o = \begin{cases} c_1 & u_i > h_1 \\ 0 & |u_i| \leqslant h_1 \\ -c_1 & u_i < h_1 \end{cases} \qquad (7\text{-}69)$$

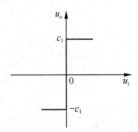
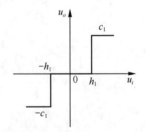

图 7-10　继电非线性环节的输入输出特性　　图 7-11　具有死区的继电非线性环节的输入输出特性

7.3.3　结构图的模型离散化和仿真方法

1. 环节划分原则

当用结构图表示一个系统时，首先要将它划分为典型的一阶环节或非线性环节，然后将每个环节离散化。环节划分应遵循以下的原则。

（1）将线性环节都处理为一阶环节。

（2）将非线性环节也作为单独的环节。

（3）总的环节个数等于线性环节的个数加上非线性环节的个数。

2. 模型描述和仿真模型的建立

（1）环节离散化。

将每个环节进行离散化处理。如果环节是线性动态模型，根据离散相似法得到其离散时间模型；如果环节是典型的非线性环节，将连续时间模型的代数方程离散化即可。

如果系统里只有连续时间 LTI 环节，那么各环节的离散时间模型可以写成矩阵形式。

$$\begin{cases} x_{(k+1)} = \boldsymbol{G}x_{(k)} + \boldsymbol{H}u_{(k)} \\ y_{(k)} = \boldsymbol{C}x_{(k)} + \boldsymbol{D}u_{(k)} \end{cases} \tag{7-70}$$

如果系统包含非线性环节，那么可以写成广义的形式。

$$\begin{cases} x_{(k+1)} = f\left(x_{(k)}, u_{(k)}\right) \\ y_{(k)} = g\left(x_{(k)}, u_{(k)}\right) \end{cases} \tag{7-71}$$

（2）环节之间的连接方程。

根据环节之间的连接情况，写出各环节之间的连接方程。

$$u_{(k)} = W \cdot y_{(k)} + W_0 \cdot r_{(k)} \tag{7-72}$$

其中，r 表示系统的输入。这个方程表示各环节的输入与各环节的输出、系统输入之间的关系。

（3）整个系统的输出方程。

设 p 为整个系统的输出，系统输出一定是各环节输出与系统输入的组合，假设这种组合是线性的，那么可以写为

$$p_{(k)} = Q \cdot y_{(k)} + Q_0 \cdot r_{(k)} \tag{7-73}$$

（4）仿真模型的建立。

5.4 节介绍了针对结构图的互联系统建模方法，该方法同样适用于各环节都是离散时间模型的情况，python-control 中的 append()、connect() 和 interconnect() 等函数都可以应用于离散时间模型。

针对结构图建立其互联系统的离散时间模型后，可以使用 python-control 中的 step_response() 等时域仿真函数对模型进行仿真计算，也可以使用本章自建程序文件 simu_dt.py 中的 dtss_solve() 函数对模型进行仿真计算。

7.3.4 结构图模型离散化与仿真示例

1. 全 LTI 环节的结构图仿真示例

对于只含有连续时间 LTI 环节的结构图，首先为每个环节创建一个 StateSpace 模型，然后使用

StateSpace.sample()方法得到其离散时间模型，使用 control.append()函数得到所有环节离散时间模型的拼接模型。再写出环节之间的连接方程以及系统的输出方程，使用 connect()或 interconnect()函数为结构图创建互联系统离散时间模型。

【例 7.6】一个系统如图 7-12 所示，采用面向结构图的模型离散化方法求该系统的离散时间模型，环节离散化使用采样周期 $T=0.2$。编写程序对系统整体的连续时间模型和离散时间模型进行单位阶跃响应仿真。

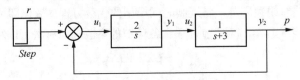

图 7-12　系统结构图

解：（1）写出各环节内部离散时间模型。

第 1 个环节是积分环节，其连续时间状态空间模型可以写成

$$\begin{cases} \dot{x}_1 = 2u_1 \\ y_1 = x_1 \end{cases}$$

其离散时间模型是

$$\begin{cases} x_{1(k+1)} = x_{1(k)} + 2Tu_{1(k)} \\ y_{1(k)} = x_{1(k)} \end{cases}$$

第 2 个环节是惯性环节，其连续时间状态空间模型可以写成

$$\begin{cases} \dot{x}_2 = -3x_2 + 2u_2 \\ y_2 = x_2 \end{cases}$$

其离散时间模型是

$$\begin{cases} x_{2(k+1)} = \mathrm{e}^{-3T} x_{2(k)} + \dfrac{1}{3}\left(1-\mathrm{e}^{-3T}\right) u_{2(k)} \\ y_{2(k)} = x_{2(k)} \end{cases}$$

因而，环节内部状态方程是

$$x_{(k+1)} = \boldsymbol{G} x_{(k)} + \boldsymbol{H} u_{(k)} = \begin{pmatrix} 1 & 0 \\ 0 & \mathrm{e}^{-3T} \end{pmatrix} x_{(k)} + \begin{pmatrix} 2T & 0 \\ 0 & \dfrac{1}{3}\left(1-\mathrm{e}^{-3T}\right) \end{pmatrix} u_{(k)}$$

环节内部的输出方程是

$$y_{(k)} = \boldsymbol{C} \cdot x_{(k)} + \boldsymbol{D} \cdot u_{(k)} = \begin{pmatrix} 1 & 0 \\ 0 & 1 \end{pmatrix} x_{(k)} + \begin{pmatrix} 0 & 0 \\ 0 & 0 \end{pmatrix} u_{(k)}$$

（2）环节之间的连接方程

$$\begin{cases} u_{1(k)} = r_{(k)} - y_{2(k)} \\ u_{2(k)} = y_{1(k)} \end{cases}$$

（3）整个系统的输出方程

$$p(k) = y_2(k)$$

为了使用 control.connect() 函数，互联关系矩阵定义为 $\boldsymbol{Q} = \begin{pmatrix} 1 & -2 \\ 2 & 1 \end{pmatrix}$，与系统输入连接的环节编号列表定义为 inputv $= [1]$，与系统输出连接的环节编号列表定义为 outputv $= [2]$。

为了验证结构图的互联系统离散时间模型的仿真结果是否正确，我们将结构图简化得到这个系统的闭环传递函数为

$$G(s) = \frac{2}{s^2 + 3s + 2}$$

将此连续时间模型的仿真曲线与离散时间模型的仿真曲线画在一起，就可以验证离散时间模型仿真是否正确，从而验证面向结构图的模型离散化方法和程序是否正确。为本示例编写一个 Notebook 文件，代码如下。图 7-13 为程序输出，展示的是仿真结果曲线（采样周期 T=0.2）。

```
[1]:  '''    程序文件: note7_06.ipynb
      【例7.6】只有 LTI 环节的结构图系统模型离散化仿真
            使用 StateSpace.sample() 方法进行单个环节的离散化,
            使用 control.connect() 函数建立互联系统离散时间模型'''
import numpy as np
import matplotlib.pyplot as plt
import matplotlib as mpl
import control as ctr
mpl.rcParams['font.sans-serif']= ['KaiTi','SimHei']
mpl.rcParams['font.size']= 11
mpl.rcParams['axes.unicode_minus']= False
```

```
[2]:  T= 0.2                          #离散化采样周期
ss1_ct= ctr.ss(0,2,1,0)         #环节1的连续时间模型
ss1_dt= ss1_ct.sample(T,'zoh')  #环节1的离散时间模型
ss1_dt
```

$$[2]:\quad \left(\begin{array}{c|c} 1 & 0.4 \\ \hline 1 & 0 \end{array} \right), dt = 0.2$$

```
[3]:  ss2_ct= ctr.ss(-3,1,1,0)        #环节2的连续时间模型
ss2_dt= ss2_ct.sample(T,'zoh')  #环节2的离散时间模型
ss2_dt
```

$$[3]:\quad \left(\begin{array}{c|c} 0.549 & 0.15 \\ \hline 1 & 0 \end{array} \right), dt = 0.2$$

```
[4]:  sys_app_dt= ctr.append(ss1_dt,ss2_dt)  #两个环节的拼接模型
sys_app_dt
```

[4]: $$\left(\begin{array}{cc|cc} 1 & 0 & 0.4 & 0 \\ 0 & 0.549 & 0 & 0.15 \\ \hline 1 & 0 & 0 & 0 \\ 0 & 1 & 0 & 0 \end{array}\right), dt = 0.2$$

[5]:
```
Q= np.array([[1,-2],[2,1]])          #环节的互联关系矩阵, u1=r-y2, u2=y1
inputv=  [1]                          #与系统输入连接的环节编号列表
outputv= [2]                          #与系统输出连接的环节编号列表
sys_dt= ctr.connect(sys_app_dt, Q, inputv, outputv)      #创建互联系统模型
sys_dt
```

[5]: $$\left(\begin{array}{cc|c} 1 & -0.4 & 0.4 \\ 0.15 & 0.549 & 0 \\ \hline 0 & 1 & 0 \end{array}\right), dt = 0.2$$

[6]:
```
steps= 30
durance= T*steps
res_dt= ctr.step_response(sys_dt,durance)    #互联系统离散时间模型的单位阶跃响应
```

[7]:
```
sys_ct= ctr.tf([2],[1,3,2])                  #定义闭环系统传递函数模型
res_ct= ctr.step_response(sys_ct, durance)   #连续时间系统的单位阶跃响应
```

[8]:
```
fig,ax= plt.subplots(figsize=(4.5,3),layout='constrained')
ax.plot(res_ct.time,res_ct.outputs, 'r:',label="连续时间模型")
ax.step(res_dt.time,res_dt.outputs, 'g', where="post",label="离散时间模型")
ax.set_xlabel("时间(秒)")
ax.set_ylabel("输出")
ax.set_title("结构图模型离散化仿真")
ax.set_xlim(0,durance)
ax.set_ylim(-0.1,1.2)
ax.legend(loc="lower right")
```

[8]: <matplotlib.legend.Legend at 0x218e31e6b90>

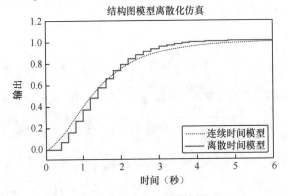

图 7-13 仿真结果曲线（采样周期 T=0.2）

输入[2]中针对第一个环节定义了其连续时间状态空间模型 ss1_ct，然后使用 SatateSpace 类的 sample()方法将其转换为离散时间模型 ss1_dt，离散化方法是基于零阶保持器的离散相似法。

同样，输入[3]中得到了第二个环节的离散时间模型 ss2_dt，然后输入[4]中使用 control.append()函数得到了这两个环节离散时间模型的拼接模型 sys_app_dt。

输入[5]中根据各环节的连接关系给出了 control.connect()函数中 3 个参数的具体取值，然后用

control.connect()函数创建了这个结构图的互联系统离散时间模型 sys_dt。

输入[6]中使用 control.step_response()函数对离散时间模型 sys_dt 进行了单位阶跃响应计算，输入[7]中对闭环系统传递函数进行了单位阶跃响应计算。

图 7-13 中显示了离散时间模型和连续时间模型的仿真结果曲线。从图中曲线可以看到，离散时间模型的曲线与连续时间模型的曲线是比较接近的，最后的稳态值相同。

离散相似模型是采用虚拟的采样开关和零阶保持器对系统进行采样，所以相对于连续时间系统肯定是存在误差的，离散化采样周期越大，误差越大。对于本示例，如果设置离散化采样周期 $T=0.5$，得到的仿真曲线如图 7-14 所示。从图中可以看出，离散时间模型的仿真结果出现了比较明显的偏差，连续时间模型是个过阻尼二阶系统，阶跃响应不可能出现超调，而离散时间模型的响应出现了超调。

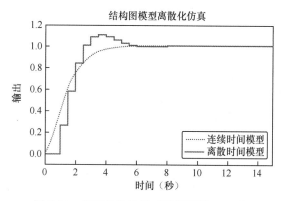

图 7-14　仿真结果曲线（采样周期 $T=0.5$）

2. 含非线性环节的结构图仿真示例

如果结构图中含有非线性环节，就只能使用 control.interconnect()函数为其创建互联系统模型。对于结构图中的线性环节，还是可以创建连续时间 StateSpace 对象后，再用 StateSpace.sample()方法将其转换为离散时间模型。对于结构图中的非线性环节，可以从 InputOutputSystem 类继承一个类对非线性环节进行封装，主要是定义非线性环节的状态方程和输出方程。

【例 7.7】图 7-15 所示的系统结构图中有一个饱和非线性环节，饱和环节上下限为 $[-10, +10]$，积分环节中的参数 $K=1$。设阶跃输入幅度 $r=25$，取离散化采样周期 $T=0.2$，采用面向环节离散化的方法对该系统仿真计算 100 步，绘制 3 个环节的输出曲线。

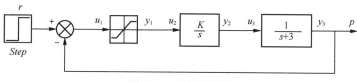

图 7-15　系统结构图

解：（1）系统划分为 3 个环节，写出各环节的离散模型。

1）饱和环节的连续时间模型是代数方程，可以直接写成离散时间模型。

$$y_{1(k)} = \begin{cases} -c & u_{1(k)} < -c \\ u_{1(k)} & \left| u_{1(k)} \right| \leqslant c \\ c & u_{1(k)} > c \end{cases}$$

2）积分环节的连续时间状态空间模型表达式为

$$\begin{cases} \dot{x}_2 = K \cdot u_2 \\ y_2 = x_2 \end{cases}$$

其离散时间模型表达式为

$$x_{2(k+1)} = x_{2(k)} + K \cdot T u_{2(k)}$$
$$y_{2(k)} = x_{2(k)}$$

3）惯性环节的连续时间模型表达式为

$$\begin{cases} \dot{x}_3 = -x_3 + u_3 \\ y_3 = x_3 \end{cases}$$

其离散时间模型表达式为

$$x_{3(k+1)} = \mathrm{e}^{-T} x_{3(k)} + \left(1 - \mathrm{e}^{-T}\right) u_{3(k)}$$
$$y_{3(k)} = x_{3(k)}$$

（2）各环节之间的连接方程如下。

$$u_{1(k)} = r_{(k)} - y_{3(k)}$$
$$u_{2(k)} = y_{1(k)}$$
$$u_{3(k)} = y_{2(k)}$$

（3）系统输出方程如下。

$$p_{(k)} = y_{3(k)}$$

对于两个线性环节，我们可以先建立其连续时间 StateSpace 模型，然后用 StateSpace.sample() 方法将其转换为离散时间模型。对于饱和非线性环节，需要自定义一个类来表示模型的特性。在文件 simu_dt.py 中创建一个类 NLblock_Saturation 用于表示饱和非线性环节。NLblock_Saturation 类的代码如下。

```
from control import InputOutputSystem      #在文件开头部分加入此句

class NLblock_Saturation(InputOutputSystem):
```

```
    def __init__(self,limit=10,name='S1', dt=True):
        InputOutputSystem.__init__(self)      #调用父类初始化函数
        self.set_inputs(1, prefix='u')        #设置输入变量个数和名称前缀
        self.set_outputs(1,prefix='y')        #设置输出变量个数和名称前缀
        self.set_states(1, prefix='x')        #设置状态变量个数和名称前缀
        self.C= limit                         #饱和值
        self.name= name                       #模型名称
        self.dt= dt                           #离散化采样周期

    def _rhs(self, t, x, u):                   #定义状态方程
        if (u < -self.C):
            x1= -self.C
        elif(u > self.C):
            x1= self.C
        else:
            x1= u
        return x1

    def _out(self, t, x, u):                   #定义输出方程
        return x                               #输出 y=x
```

NLblock_Saturation 类的父类是 InputOutputSystem，用于表示一般的非线性系统。NLblock_Saturation 类的初始化函数中有 3 个可设置的参数：limit 是饱和值，name 是模型名称，dt 是离散化采样周期。如果 dt 为 True 或一个具体的浮点数，那么 NLblock_Saturation 模型是一个离散时间模型；如果 dt 为 False 或 None，NLblock_Saturation 模型也可以表示一个连续时间模型。

从 InputOutputSystem 继承的类必须实现两个内部函数：函数_rhs()用于表示模型的动态方程，模型的 dynamics()方法会调用这个内部函数；函数_out()用于表示模型的输出方程，模型的 output() 方法会调用这个内部函数。我们根据饱和环节的特性重新实现了这两个内部函数。

在本示例中，我们可以为饱和环节创建一个 NLblock_Saturation 模型，为两个线性环节创建离散时间 StateSpace 模型，然后这 3 个模型可以作为函数 control.interconnect()中的模型列表。interconnect()函数创建的互联系统模型是 InterconnectedSystem 类对象。

python-control 中的时域仿真函数（例如 step_response()）只能针对 StateSpace 或 TransferFunction 模型进行仿真，不能针对 InterconnectedSystem 模型进行仿真。但是 InterconnectedSystem 类有 dynamics()方法计算互联系统模型的动态方程，有 output()方法计算互联系统模型的输出方程，我们在文件 simu_dt.py 中自定义了一个函数 dt_blocks_solve()，专门对 InterconnectedSystem 类型的离散时间模型进行仿真计算。该函数代码如下。

```
def dt_blocks_solve(sys,steps,x0,r0):
    if (sys.dt == True):
        h= 1
    else:
        h= sys.dt                             #采样周期

    t= h * np.arange(0,steps)                 #时间序列
    Nt= steps                                 #时间序列的长度
    Ny= sys.noutputs                          #输出变量个数
```

```
        Nx= sys.nstates                    #状态变量个数
        Nu= sys.ninputs                    #输入变量个数
        y= np.zeros(Ny*Nt).reshape(Ny,Nt)

        curx= x0
        curu= r0
        for k in range(Nt):
            cury= sys.output(t[k], curx, curu).reshape(Ny,1)     #计算模型的输出
            y[:,k]= cury[:,0]
            curx= sys.dynamics(t[k], curx, curu).reshape(Nx,1)   #更新状态变量

        SISO=   (Ny==1) and (Nu==1)      #是否是 SISO 系统，必须设置此参数
        res= ctr.TimeResponseData(t, y, issiso=SISO)
        return res
```

函数的几个输入参数的意义如下：sys 是 InterconnectedSystem 类型的对象，表示互联系统的离散时间模型；steps 是仿真步数；x0 是整个系统的状态变量的初值；r0 是系统输入的初值。

因为模型 sys 是离散时间模型，所以函数 dt_blocks_solve()的主要功能是使用 sys.dynamics()方法进行状态变量的迭代计算，用 sys.output()方法计算每一步的输出。

函数 dt_blocks_solve()的返回值是一个 TimeResponseData 类对象，它存储了仿真结果的时间序列和输出序列，没有存储状态序列。

在文件 simu_dt.py 中编写好 NLblock_Saturation 类和 dt_blocks_solve()函数的代码后，就可以创建一个 Notebook 文件对本示例进行仿真。图 7-16 为程序输出，展示了 3 个环节的输出曲线。

[1]:
```
''' 程序文件: note7_07.ipynb
    【例 7.7】包含非线性环节的结构图，按环节离散化并创建互联系统模型，然后进行仿真
'''
import numpy as np
import matplotlib.pyplot as plt
import matplotlib as mpl
import control as ctr
import simu_dt as simu
mpl.rcParams['font.sans-serif']= ['KaiTi','SimHei']
mpl.rcParams['font.size']= 11
mpl.rcParams['axes.unicode_minus']= False
```

[2]:
```
T= 0.2        #采样周期
block1= simu.NLblock_Saturation(limit=10, name='G1', dt=T)    #饱和环节的模型
(block1.dt, block1.name, block1.C)                           #显示环节的主要属性
```

[2]:
```
(0.2, 'G1', 10)
```

[3]:
```
K= 1
ss2= ctr.ss(0,K,1,0)                                 #环节 2 的连续时间模型
block2= ss2.sample(T,method='zoh',name='G2')         #环节 2 的离散时间模型
block2
```

[3]:
$$\left(\begin{array}{c|c} 1 & 0.2 \\ \hline 1 & 0 \end{array}\right), dt = 0.2$$

[4]:
```
ss3= ctr.ss(-1,1,1,0)                                #环节 3 的连续时间模型
block3= ss3.sample(T,method='zoh',name='G3')         #环节 3 的离散时间模型
block3
```

[4]: $$\left(\begin{array}{c|c} 0.819 & 0.181 \\ \hline 1 & 0 \end{array}\right), dt = 0.2$$

[5]:
```
sys_list=[block1,block2,block3]              #3 个环节的模型列表
connections=[['G1.u[0]', '-G3.y[0]'],        #u1= r-y3
            ['G2.u[0]', 'G1.y[0]' ],         #u2= y1
            ['G3.u[0]', 'G2.y[0]']]          #u3= y2
inplist = ['G1.u[0]']                        #u1= r-y3, 与系统输入连接的信号
outlist = ['G1.y[0]','G2.y[0]','G3.y[0]']    #为了仿真观察, 将 3 个环节的 y 都输出
sys= ctr.interconnect(sys_list, connections, inplist, outlist)  #创建互联系统模型
type(sys)       #显示模型类型
```

[5]: `control.iosys.InterconnectedSystem`

[6]: `(sys.ninputs, sys.nstates, sys.noutputs, sys.dt)`　#显示模型的主要参数

[6]: `(1, 3, 3, 0.2)`

[7]:
```
steps=100
x0= np.array([0,0,0])                        #状态变量初始值
r0= np.array([25])                           #系统输入初值
res= simu.dt_blocks_solve(sys, steps, x0, r0) #仿真计算
res.y.shape                                  #输出数据数组的大小
```

[7]: `(3, 100)`

[8]:
```
fig,ax= plt.subplots(figsize=(4.5,3),layout='constrained')
ax.step(res.t,res.y[0,:], 'b',  where="post", label="y1")
ax.step(res.t,res.y[1,:], 'r',  where="post", label="y2")
ax.step(res.t,res.y[2,:], 'g',  where="post", label="y3")
ax.annotate("y1",xy=(9, 3),xytext=(11,10),
        arrowprops=dict(facecolor='b', shrink=1))
ax.annotate("y2",xy=(2.5, 27),xytext=(0.5,35),
        arrowprops=dict(facecolor='r', shrink=1))
ax.annotate("y3",xy=(4, 22),xytext=(6,11),
        arrowprops=dict(facecolor='g', shrink=1))

ax.set_xlabel("时间(秒)")
ax.set_ylabel("输出")
ax.set_title("结构图模型离散化仿真")
durance= T *steps
ax.set_xlim(0, durance)
ax.xaxis.set_major_formatter('{x:1.0f}')
ax.set_ylim(-10,40)
```

[8]:

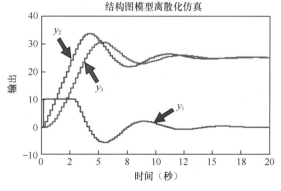

图 7-16　3 个环节的输出曲线

输入[2]中为饱和环节创建了 NLblock_Saturation 类型的模型 block1，并命名为"G1"；输出[2]中显示了模型的主要参数，它已经是一个离散时间模型，因为 dt 等于一个具体的数。

输入[3]中为第二个环节创建了连续时间状态空间模型 ss2，然后使用 StateSpace.sample()方法将其转换为离散时间模型 block2。同样，输入[4]中得到了第三个环节的离散时间模型 block3。

输入[5]中使用 3 个环节的离散时间模型定义了子系统列表[block1,block2,block3]，然后定义了表示环节之间连接关系的列表 connections，定义了系统输入与环节的关系列表 inplist，以及系统输出与环节的关系列表 outlist。这些列表的定义原理见 5.4.5 小节的介绍。根据子系统列表以及环节之间的连接关系，我们用函数 control.interconnect()创建了表示整个结构图的互联系统模型 sys。

图 7-15 中只有 y_3 被定义为系统输出，但是为了观察 3 个环节的仿真输出，特别是为了观察饱和环节的输出是否出现饱和现象，我们在程序中将 3 个环节的输出均定义为系统输出，也就是将 outlist 定义为

```
outlist = ['G1.y[0]','G2.y[0]','G3.y[0]']
```

所以程序中创建的互联系统模型 sys 有 3 个系统输出。

输出[5]显示了变量 sys 的类型，它是 InterconnectedSystem 类型的对象。输出[6]中显示了模型 sys 的参数，可以看到 sys.dt = 0.2，也就是模型 sys 自动使用了子系统模型中的参数 dt 的值。

输入[7]中设置了整个系统的状态初值和系统输入初值后，用自定义函数 dt_blocks_solve()对模型 sys 进行了仿真。输出[7]中显示了 res.y.shape 的值，仿真结果数据数组 res.y 有 3 行，分别对应 3 个环节的输出。

图 7-16 所示为绘制的 3 个环节的输出曲线，可以看到饱和环节的输出有明显的饱和现象。因为系统输入是幅度为 25 的阶跃输入，饱和环节的上限值是 10，所以在初始阶段出现了饱和现象。

练习题

7-1.　一个系统在采样周期 T=0.1s 时的离散时间模型是

$$G(z) = \frac{-0.3354z + 0.3526}{z^2 - 1.724z + 0.7408}$$

（1）计算该模型的零点和极点，判断系统是否稳定。

（2）将此模型改写为离散时间状态空间模型。假设系统状态初值都为 0，编程计算系统的单位阶跃响应，并且与 control.step_response()的计算结果进行比较。

7-2.　一个系统的状态空间模型表达式为

$$\dot{x} = \begin{pmatrix} 0 & 1 \\ -3 & -4 \end{pmatrix} x + \begin{pmatrix} 0 \\ 1 \end{pmatrix} u$$

$$y = \begin{pmatrix} 3 & 0 \end{pmatrix} x$$

（1）用解析法求该模型的离散相似模型，假设采用虚拟的零阶保持器，采样周期 T=0.5。

（2）编程计算所得离散时间模型的单位阶跃响应，并与连续时间模型的单位阶跃响应进行对比。

7-3．一个系统的状态空间模型表达式为

$$\dot{x} = \begin{pmatrix} 0 & 1 \\ -1 & 0 \end{pmatrix} x + \begin{pmatrix} 0 \\ 1 \end{pmatrix} u$$
$$y = \begin{pmatrix} 1 & 0 \end{pmatrix} x$$

（1）用解析法求该模型的离散相似模型，假设采用虚拟的零阶保持器，采样周期 T=0.2。

（2）设初始状态 $x_0 = \begin{pmatrix} 1 & 1 \end{pmatrix}^{\mathrm{T}}$，编程计算所得离散时间模型的单位阶跃响应，并与连续时间模型的单位阶跃响应进行对比。

7-4．对于一个 LTI 系统

$$\dot{x} = Ax + Bu$$
$$y = Cx + Du$$

（1）当输入 $u = t$ 时，推导其增广矩阵模型。

（2）当输入 $u = \sin(t)$ 时，推导其增广矩阵模型。

7-5．一个带有死区非线性环节的结构图如题图 7-1 所示，其中 $G(s) = \dfrac{20}{s(5s+1)}$

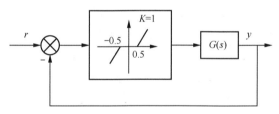

题图 7-1

（1）使用面向环节离散化的方法创建该结构图的离散化模型，取离散化采样周期 $T = 0.02$。

（2）设系统状态初值为 0，作出输入 $r = 1.5$ 时的仿真输出曲线，自行确定仿真时长。

7-6．一个带有非线性环节的系统结构图如题图 7-2 所示。设所有状态初值为 0，采用面向结构图的模型离散化方法建立该系统的互联系统模型。系统输入 $r(t) = 10$，取采样周期 $T = 0.1$，仿真作出饱和环节的输出和系统输出的曲线。

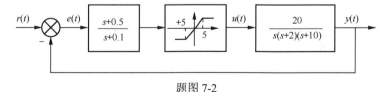

题图 7-2

第8章 传递函数模型的离散化和仿真

一个连续时间 LTI 系统的复数域模型是传递函数 $G(s)$，一个离散时间 LTI 系统的复数域模型是脉冲传递函数 $G(z)$。复数域中的 S 平面和 Z 平面存在关系，即 $z = \mathrm{e}^{sT}$，其中 T 是离散化采样周期。通过一些方法可以将传递函数 $G(s)$ 转换为等效的脉冲传递函数 $G(z)$，再将 $G(z)$ 转换为差分方程或离散时间状态空间模型后就可以直接用于仿真计算。传递函数模型离散化的方法主要有替换法、根匹配法、频域离散相似法等，本章就介绍这些方法的原理和应用。

8.1 替换法

描述系统的模型有时域模型和复数域模型。对连续时间系统来说，常微分方程、权函数和状态空间模型都是时域模型，而传递函数 $G(s)$ 是复数域模型。对离散时间系统来说，差分方程、权序列和状态空间模型是时域模型，而脉冲传递函数 $G(z)$ 是复数域模型。

复数域中的 S 平面和 Z 平面存在固定的关系，即 $z = \mathrm{e}^{sT}$，其中 T 是离散化采样周期。通过一些方法可以将传递函数 $G(s)$ 转换为等效的脉冲传递函数 $G(z)$，离散时间模型 $G(z)$ 与原有的连续时间模型 $G(s)$ 的动态和静态特性应该相似，可以从两个方面来验证模型的相似性。

（1）$G(s)$ 与 $G(z)$ 的幅频特性和相频特性是否相似，也就是频域特性的相似性。

（2）对于相同的一个输入，$G(s)$ 与 $G(z)$ 的动态响应过程是否相似、稳态值是否相同，也就是时域特性的相似性。

8.1.1 替换法的原理和几种形式

1. 通用双线性变换

s 和 z 都是复数域的变量，根据拉普拉斯变换和 Z 变换的定义，它们之间有如下的关系。

$$z = \mathrm{e}^{sT} \Rightarrow s = \frac{1}{T}\ln z \tag{8-1}$$

其中，T 是离散化采样周期。

对于一个连续时间系统传递函数 $G(s)$，用 $s = \dfrac{1}{T}\ln z$ 替换 $G(s)$ 中的变量 s，就可以得到等效的离散时间系统脉冲传递函数 $G(z)$ 。但是因为 $\ln z$ 是非线性函数，这样得到的 $G(z)$ 不是线性的，无法写出对应的差分方程，不便于仿真计算。

将（8-1）式改写为

$$z = \mathrm{e}^{(1-\alpha)sT} \mathrm{e}^{\alpha sT} = \frac{\mathrm{e}^{(1-\alpha)sT}}{\mathrm{e}^{-\alpha sT}} \tag{8-2}$$

其中，参数 $\alpha \in [0,1]$ 是一个可调节的参数。

将上式的分子分母都在 $s=0$ 处做泰勒级数展开，保留前两项，得

$$z = \frac{\mathrm{e}^{(1-\alpha)sT}}{\mathrm{e}^{-\alpha sT}} \approx \frac{1+(1-\alpha)Ts}{1-\alpha Ts} \tag{8-3}$$

对上式进行整理，可得

$$s = \frac{z-1}{T(\alpha z + 1 - \alpha)} \tag{8-4}$$

式（8-4）所表示的变换称为通用双线性变换（generalized bilinear transformation），它有一个可调节的参数 α 。

2. 前向差分法和后向差分法

如果令式（8-4）中的参数 $\alpha = 0$ ，可得

$$s = \frac{z-1}{T} \tag{8-5}$$

这个方法称为前向差分（forward differencing）法，也称为欧拉替换法。

如果令式（8-4）中的参数 $\alpha = 1$ ，可得

$$s = \frac{1-z^{-1}}{T} \tag{8-6}$$

这个方法称为后向差分（backward differencing）法。

3. 双线性变换

如果令式（8-4）中的参数 $\alpha = 0.5$ ，可得

$$s = \frac{2}{T}\left(\frac{z-1}{z+1}\right) \tag{8-7}$$

整理后也可以表示为

$$z = \frac{2+Ts}{2-Ts} \tag{8-8}$$

通常所说的双线性变换就是指的这个方法，这个方法也被称为塔斯廷（Tustin）近似方法。

8.1.2　双线性变换的特性

1. 稳定性

在替换法的这几种形式中，只有双线性变换是比较实用的，因为它可以保证一个稳定的传递函数 $G(s)$ 变换为 $G(z)$ 后也是稳定的，一个不稳定的传递函数 $G(s)$ 变换为 $G(z)$ 后也是不稳定的。S 平面与 Z 平面之间的映射关系如图 8-1 所示。

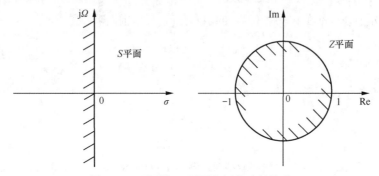

图 8-1　S 平面与 Z 平面之间的映射关系

设 S 平面的复变量是

$$s = \sigma + \Omega \mathrm{j} \tag{8-9}$$

将式（8-9）代入式（8-8），得 Z 平面的复变量为

$$z = \frac{2 + Ts}{2 - Ts} = \frac{2 + \sigma T + \Omega T \mathrm{j}}{2 - \sigma T - \Omega T \mathrm{j}} \tag{8-10}$$

计算复变量 z 的模，有

$$|z|^2 = \frac{\left(1 + \dfrac{\sigma T}{2}\right)^2 + \left(\dfrac{\Omega}{2} T\right)^2}{\left(1 - \dfrac{\sigma T}{2}\right)^2 + \left(\dfrac{\Omega}{2} T\right)^2} \tag{8-11}$$

很显然，由式（8-11），有

$$\begin{cases} \sigma < 0, \Rightarrow |z| < 1 \\ \sigma = 0, \Rightarrow |z| = 1 \\ \sigma > 0, \Rightarrow |z| > 1 \end{cases} \tag{8-12}$$

式（8-12）表明：经过双线性变换，S 平面的左半平面对应 Z 平面的单位圆内部，S 平面的虚轴对应 Z 平面的单位圆的圆周，S 平面的右半平面对应 Z 平面的单位圆外部。所以，双线性变换保证了传递函数的稳定性不变。而前向差分法和后向差分法却不能保证 $G(z)$ 的稳定性与 $G(s)$ 完全一样（证明过程见参考文献[3]第 4 章），所以这两个方法并不实用。

2. 频率畸变问题

双线性变换将 S 平面映射到 Z 平面，S 平面上的虚轴对应于 Z 平面上单位圆的圆周。S 平面上的虚轴是模拟角频率 Ω，其范围是 $(-\infty, +\infty)$，Z 平面上的数字角频率范围是 $\omega \in (-\pi, +\pi)$。

下面推导模拟角频率 Ω 与数字角频率 ω 之间的关系。S 平面虚轴上的点是 $s = j\Omega$，对应于 Z 平面的单位圆周上的点是 $z = \mathrm{e}^{j\omega T}$。将 s 和 z 的表达式代入式（8-7），有

$$j\Omega = \frac{2}{T} \cdot \frac{\mathrm{e}^{j\omega T} - 1}{\mathrm{e}^{j\omega T} + 1} = \frac{2}{T} \cdot \frac{-1 + \cos\omega T + j\sin\omega T}{1 + \cos\omega T + j\sin\omega T} \tag{8-13}$$

根据三角函数公式

$$\cos\omega T = 2\cos^2\left(\frac{\omega T}{2}\right) - 1 = 1 - 2\sin^2\left(\frac{\omega T}{2}\right)$$

$$\sin\omega T = 2\sin\left(\frac{\omega T}{2}\right)\cos\left(\frac{\omega T}{2}\right)$$

式（8-13）可写为

$$\begin{aligned}
j\Omega &= \frac{2}{T} \cdot \frac{-2\sin^2\left(\frac{\omega T}{2}\right) + 2j\sin\left(\frac{\omega T}{2}\right)\cos\left(\frac{\omega T}{2}\right)}{2\cos^2\left(\frac{\omega T}{2}\right) + 2j\sin\left(\frac{\omega T}{2}\right)\cos\left(\frac{\omega T}{2}\right)} \\
&= \frac{2}{T} \cdot \frac{\sin\dfrac{\omega T}{2}}{\cos\dfrac{\omega T}{2}} \cdot \frac{-\sin\left(\dfrac{\omega T}{2}\right) + j\cos\left(\dfrac{\omega T}{2}\right)}{\cos\left(\dfrac{\omega T}{2}\right) + j\sin\left(\dfrac{\omega T}{2}\right)} \\
&= \frac{2}{T} \cdot \frac{\sin\dfrac{\omega T}{2}}{\cos\dfrac{\omega T}{2}} \cdot \frac{j\left[\cos\left(\dfrac{\omega T}{2}\right) + j\sin\left(\dfrac{\omega T}{2}\right)\right]}{\cos\left(\dfrac{\omega T}{2}\right) + j\sin\left(\dfrac{\omega T}{2}\right)}
\end{aligned}$$

上式中分子和分母消掉相同的因式，得

$$j\Omega = j\frac{2}{T}\tan\frac{\omega T}{2}$$

于是有

$$\Omega = \frac{2}{T}\tan\frac{\omega T}{2} \tag{8-14}$$

所以模拟角频率 Ω 到数字角频率 ω 的映射关系是非线性的。在低频段，$G(z)$ 与 $G(s)$ 的频率响应相近，而在高频段，特别是当数字频率接近归一化频率 π 时，$G(z)$ 的频率响应会出现很大的畸变，这就是双线性变换的频率畸变问题。

双线性变换将 S 平面映射到 Z 平面，实质上是经过了两步变换，如图 8-2 所示。第一步是将 S 平面压缩到 S_1 平面的主频带内，第二步是将 S_1 平面通过 $z = \mathrm{e}^{s_1 T}$ 映射到 Z 平面，其值是一一对应的。

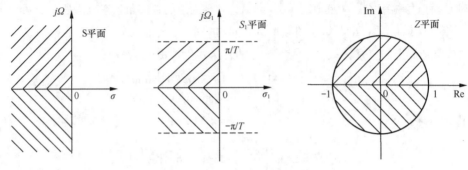

图 8-2　双线性变换的映射过程

针对双线性变换的频率畸变问题，可以通过预畸变（prewrap）方法来补偿。具体原理可查阅参考文献[45]第 7 章，本书就不具体介绍了。

8.1.3　双线性变换和频域分析相关函数

1. TransferFunction 类的 sample()方法

python-control 中的 TransferFunction 类有一个 sample()方法，它可以将连续时间传递函数模型转换为离散时间模型，该方法定义如下：

```
TransferFunction.sample(Ts, method='zoh', alpha=None, prewarp_frequency=None, name=None, copy_names=True, **kwargs)
```

StateSpace 类也有一个 sample()方法，且这两个类的 sample()方法的参数名称和意义完全一样。所以这里不再介绍函数中参数的具体意义，详见 7.2.3 小节的介绍。

使用 StateSpace.sample()方法将一个连续时间状态空间模型离散化时一般选择零阶保持器方法，使用的是时域离散相似法，得到的结果是离散时间状态空间模型。使用 TransferFunction.sample()方法将一个传递函数离散化时一般采用双线性变换方法，属于复数域变换方法，得到的结果是系统的脉冲传递函数。

StateSpace 和 TransferFunction 的 sample()方法都是调用 scipy.signal 模块中的 cont2discrete()函数实现的，两个类的 sample()方法中的 method 参数可以取任何支持的值，例如 StateSpace.sample()方法也可以选用双线性变换进行离散化。

2. 双线性变换函数

scipy.signal 模块中还有一个专门的函数 bilinear()可以实现双线性变换，其定义如下：

```
scipy.signal.bilinear(num, den, fs=1.0) -> (numz, denz)
```

其中，num 和 den 分别是传递函数的分子和分母多项式系数，fs 是离散化采样频率，单位是赫兹（Hz）。函数的返回值是脉冲传递函数的分子和分母多项式系数 numz 和 denz。

3. 频域分析相关函数

对系统进行频域分析的主要方法是根据系统的频率响应数据绘制伯德图，也就是绘制系统的幅频曲线和相频曲线。python-control 中有一个函数 bode_plot() 可以计算系统的频率响应数据并绘制伯德图，该函数定义如下：

```
control.bode_plot(syslist, omega=None, plot=True, omega_limits=None, omega_num=None,
margins=None, method='best', *args, **kwargs)   -> (mag, phase, omega)
```

其中，syslist 是必需的参数，其他为可选参数，某些参数出现在可选关键字参数 **kwargs 中。各参数的意义如下。

- syslist：系统模型。可以是单个 TransferFunction 对象，也可以是 TransferFunction 对象列表；可以是连续时间系统传递函数，也可以是离散时间系统脉冲传递函数。
- omega：数组或列表，表示需要计算频率响应的频率点，以 rad/s（工程上常常写为 rad/sec）为单位。如果不设置 omega，函数将自动确定合适的需要计算的频率点。
- plot：bool 类型。如果 plot=True，函数将自动绘制伯德图，否则只返回计算结果而不绘图。
- dB：bool 类型。如果 dB=True，幅频曲线中的幅度用 dB（分贝）表示。
- Hz：bool 类型。如果 Hz=True，伯德图中的横轴数据以 Hz 为单位，否则以角频率 rad/s 为单位。
- deg：bool 类型。如果 deg=True（默认值），相频曲线的角度单位是度，否则为弧度。
- omega_limits：两个数值的元组数据，表示需要计算的频率响应的频率范围。如果参数 Hz=True，就以 Hz 为单位，否则以 rad/s 为单位。
- omega_num：int 类型。需要计算的频率点的个数，默认值为 1000。
- margins：bool 类型。如果设置为 True，在伯德图中绘制幅值裕度和相位裕度。
- method：str 类型。表示用于计算幅值裕度和相位裕度的方法。
- grid：bool 类型。是否绘制网格线。
- initial_phase：float 类型。设置最低频率点的参考相位，单位由参数 deg 决定。在工程上常将角度（°）记为 deg。
- wrap_phase：bool 或 float 类型。若设置为 True，相位值就是连续递增或递减的；若设置为 False，相位值被限定在[−180, +180)或[−π, +π)之间。若 wrap_phase 被设置为一个具体的数，当相位小于这个数时，将被偏移 360°。wrap_phase 默认值为 False。

函数 bode_plot() 的返回值是一个元组数据(mag, phase, omega)，各参数意义如下：

- mag：ndarray 或 ndarray 的列表，频率响应的幅度原始数据，不是以 dB 为单位的（即使输入参数 dB=True）。
- phase：ndarray 或 ndarray 的列表，频率响应的相位原始数据，单位是弧度（即使输入参数 deg=True）。
- omega：ndarray 或 ndarray 的列表，频率响应计算的频率点，单位是 rad/s（即使输入参数 Hz=True）。

当函数的输入参数 syslist 是一个 SISO 对象时，这 3 个返回数据都是 ndarray 数组；如果 syslist 是多个对象，这 3 个返回数据就是 ndarray 数组的列表。注意，这 3 个返回数据都是原始数据单位，与输入参数中的 dB、deg、Hz 的设置无关。dB、deg、Hz 的设置只在 plot=True 时影响绘制的伯德图。

python-control 中还有一个函数 frequency_response()，它可以计算一个系统的频率响应数据，其定义如下：

```
control.frequency_response(sys, omega, squeeze=None)  ->(mag, phase, omega)
```

其中，sys 是 StateSpace 或 TransferFunction 类对象表示的 LTI 系统，可以是连续时间系统也可以是离散时间系统；omega 是一个浮点数或一维数组，表示要计算频率响应的频率点，单位是 rad/sec；若 squeeze=False，即使系统是一个 SISO 系统也保留输入、输出的索引，否则移除单一维数的数据项。

函数 frequency_response() 的返回值是一个元组数据(mag, phase, omega)，与函数 bode_plot() 返回的数据意义相同。

为了计算方便，python-control 中还提供了几个工具函数，定义如下。

```
control.mag2db(mag)      #将幅度数据 mag 转换为以 dB 为单位
control.db2mag(db)       #将分贝数据转换为幅度
control.unwrap(angle, period=6.283185307179586)
```

分贝与幅度数据之间的计算关系是

$$dB = 20 \times \log_{10}(mag)$$

函数 unwrap() 的作用是将一组角度数据 angle 展开为递增或递减的形式，默认周期为 2π。

在频率特性计算中经常用到弧度与角度之间的转换，它们之间的关系是

$$1\,\text{rad} = \frac{180°}{\pi}$$

numpy 中有两个函数实现弧度与角度之间的计算，其定义如下。

```
numpy.deg2rad(x)      #将角度 x 转换为弧度
numpy.rad2deg(x)      #将弧度 x 转换为角度
```

【例 8.1】一个系统的传递函数为

$$G(s) = \frac{Y(s)}{U(s)} = \frac{s}{(s+1)^2}$$

取离散化采样周期 $T = 0.5$，用双线性变换求其等效的脉冲传递函数 $G(z)$，并对比两个模型的单位阶跃响应和频率特性。

解：将 $s = \dfrac{2}{T}\left(\dfrac{z-1}{z+1}\right)$ 代入模型，得

$$G(z) = \frac{\dfrac{2}{T}\dfrac{z-1}{z+1}}{\left(\dfrac{2}{T}\dfrac{z-1}{z+1}+1\right)^2} = \frac{\dfrac{2T}{(2+T)^2}(z^2-1)}{\left[z-\left(\dfrac{2-T}{2+T}\right)\right]^2}$$

令

$$a = \frac{2T}{(2+T)^2}, \quad b = \frac{2-T}{2+T}$$

那么

$$G(z) = \frac{Y(z)}{U(z)} = \frac{az^2 - a}{z^2 - 2bz + b^2}$$

当采样周期 $T = 0.5$ 时，得 $a = 0.16$、$b = 0.6$，经双线性变换所得离散时间系统脉冲传递函数为

$$G(z) = \frac{0.16z^2 - 0.16}{z^2 - 1.2z + 0.36}$$

在时域响应中，若输入为 $u(t) = 1$，那么 $U(s) = \frac{1}{s}$，$U(z) = \frac{z}{z-1}$，由传递函数的终值定理，有

$$y(\infty) = \lim_{s \to 0} sG(s)U(s) = \lim_{s \to 0} s\frac{s}{(s+1)^2}\frac{1}{s} = 0$$

由 Z 变换的终值定理，有

$$y(\infty) = \lim_{z \to 1} \frac{z-1}{z}G(z)U(z) = \lim_{s \to 0} \frac{z-1}{z}\frac{0.16z^2 - 0.16}{z^2 - 1.2z + 0.36}\frac{z}{z-1} = 0$$

所以，两个模型的终值相等，即静态特性相同。通过仿真，可以比较动态过程是否相似。图 8-3 和图 8-4 为程序输出，前者展示了两个模型的单位阶跃响应曲线，后者展示了两个模型的频率特性曲线。

```
[1]:    ''' 程序文件：note8_01.ipynb
        【例8.1】传递函数离散化，使用双线性变换
        '''
        import numpy as np
        import matplotlib.pyplot as plt
        import matplotlib as mpl
        import control as ctr
        import scipy.signal as sig
        mpl.rcParams['font.sans-serif']= ['Microsoft YaHei','KaiTi','SimHei']
        mpl.rcParams['font.size']= 11
        mpl.rcParams['axes.unicode_minus']= False
```

```
[2]:    num= [1,0]
        den= [1,2,1]
        sys_ct= ctr.tf(num,den)              #连续时间传递函数模型
        sys_ct
```

[2]: $\dfrac{s}{s^2 + 2s + 1}$

```
[3]:    # 使用双线性变换解析计算的脉冲传递函数
        T= 0.5
        a= 2*T/(2+T)**2
        b= (2-T)/(2+T)
        numz1= [a, 0,-a]
        denz1= [1, -2*b, b*b]
        sys_dt= ctr.tf(numz1,denz1,T)        #解析计算的脉冲传递函数
        sys_dt
```

[3]: $\dfrac{0.16z^2-0.16}{z^2-1.2z+0.36},dt=0.5$

[4]:
```
sys_dt2= sys_ct.sample(T, method='bilinear')     #双线性变换
sys_dt2
```

[4]: $\dfrac{0.16z^2-0.16}{z^2-1.2z+0.36},dt=0.5$

[5]:
```
numz3,denz3= sig.bilinear(num,den,1/T)   #使用scipy.signal.bilinear()进行双线性变换
sys_dt3= ctr.tf(numz3,denz3,T)
sys_dt3
```

[5]: $\dfrac{0.16z^2-0.16}{z^2-1.2z+0.36},dt=0.5$

[6]:
```
tstop= 7
res_ct= ctr.step_response(sys_ct,tstop)          #连续时间模型阶跃响应
res_dt= ctr.step_response(sys_dt,tstop)          #离散时间模型阶跃响应
```

[7]:
```
fig,ax= plt.subplots(figsize=(4.5,3),layout='constrained')
ax.plot(res_ct.time,res_ct.outputs, 'r:',label="连续时间模型")
ax.step(res_dt.time,res_dt.outputs, 'g', where="post",label="离散时间模型")
ax.set_xlabel("时间(秒)")
ax.set_ylabel("输出")
ax.set_title("单位阶跃响应")
ax.set_xlim(0,tstop)
ax.set_ylim(-0.1,0.5)
ax.legend(loc="upper right")
```

[7]: <matplotlib.legend.Legend at 0x283e9b972d0>

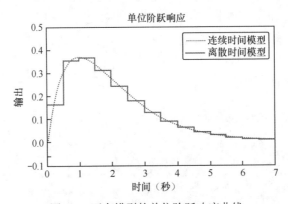

图 8-3　两个模型的单位阶跃响应曲线

[8]:
```
mag1, phase1, omega1= ctr.bode_plot(sys_ct, plot=False, Hz=True, dB=True,
        deg=False, omega_limits=[0.01,10])
mag2, phase2, omega2= ctr.bode_plot(sys_dt, plot=False, Hz=True, dB=True,deg=False)
mag1= ctr.mag2db(mag1)           #转换为dB
mag2= ctr.mag2db(mag2)
phase1= np.rad2deg(phase1)       #转换为degree
phase2= np.rad2deg(phase2)
freq1= omega1/(2*np.pi)          #角频率转换为自然频率
freq2= omega2/(2*np.pi)
```

[9]:
```
fig,ax= plt.subplots(2,1,figsize=(5.5,4.5),layout='constrained')
fig.suptitle("频率特性曲线")
```

```
ax[0].semilogx(freq1, mag1, 'r',   label="连续时间模型")
ax[0].semilogx(freq2, mag2, 'b--',label="离散时间模型")
ax[0].set_ylabel("幅度/dB")
ax[0].grid(True,which="both")
ax[0].set_ylim(-200,0)

ax[1].semilogx(freq1, phase1, 'r',   label="连续时间模型")
ax[1].semilogx(freq2, phase2, 'b--',label="离散时间模型")
ax[1].set_ylabel("相位/deg")
ax[1].set_xlabel("频率/Hz")
ax[1].grid(True,which="both")
ax[1].legend(loc="lower left")
ax[1].set_ylim(-500,-200)
```
[9]:   (-500.0, -200.0)

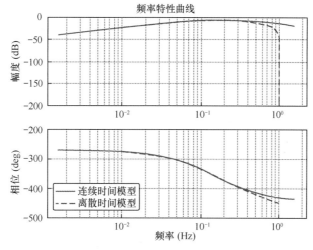

图 8-4　两个模型的频率特性曲线

　　输入[2]中创建了连续时间系统的传递函数模型 sys_ct，输入[3]中根据双线性变换手动计算的结果创建了离散时间系统的模型 sys_dt。

　　输入[4]中使用 TransferFunction.sample()方法将连续时间模型 sys_ct 离散化为模型 sys_dt2，使用了双线性变换方法。输出[4]与输出[3]的模型表达式完全相同，所以使用 TransferFunction. sample()方法就可以使用双线性变换将一个连续时间模型离散化。

　　输入[5]中使用 scipy.signal.bilinear()函数对连续时间系统的传递函数模型进行双线性变换，得到离散模型 sys_dt3。可以看到，输出[5]与输出[3]显示的模型表达式是完全一样的。

　　输入[6]中使用 control.step_response()函数分别计算了连续时间模型 sys_ct 和离散时间模型 sys_dt 的单位阶跃响应。从图 8-3 所示的阶跃响应曲线可以看到，两个模型的动态特性相似，稳态值相同，说明两个模型的时域特性是相似的。

　　输入[8]中使用 control.bode_plot()函数分别计算了连续时间模型 sys_ct 和离散时间模型 sys_dt 的频率响应数据。例如对于连续时间模型 sys_ct 计算频率响应的代码如下：

```
    mag1, phase1, omega1= ctr.bode_plot(sys_ct,plot=False, Hz=True, dB=True, deg=False,
omega_limits=[0.01,10])
```

其中，参数 plot 被设置为 False，所以并不会直接绘制伯德图。当 plot=False 时，参数 Hz、dB、deg 的值并不会影响返回结果数据的单位。omega_limits 是计算的频率范围，但实际返回的频率点 omega1 并不会严格以此为界，只是在这个范围附近自动取值。

返回的 3 个数据 mag1、phase1、omega1 都是一维数组。mag1 是幅度，可以通过 control.mag2db() 函数转换为以分贝为单位的值。phase1 是相位，单位是弧度，可以通过函数 numpy.rad2deg() 转换为角度。omega1 是角频率，单位是 rad/s，若要以 Hz 为单位表示频率，需要进行计算。

输入[9]中绘制了两个系统的幅频曲线和相频曲线，如图 8-4 所示。通过使用 bode_plot() 函数计算得到的频率响应数据自定义绘图，我们可以完全控制图的显示效果，例如控制坐标轴的显示范围和标题、显示图例、控制线条颜色和线型等。

由图 8-4 可以看出连续时间模型与离散时间模型的频率特性相似性。在低频段（约 0.001～0.5Hz），两个模型的幅频曲线和相频曲线几乎是重合的；在接近 1Hz 的时候，G(z)的幅频曲线出现了严重的畸变，这就是双线性变换的频率畸变现象。当频率大于 1Hz 后，G(z)的曲线就没有了，这是因为离散化采样周期 $T = 0.5\,s$，根据采样定理，离散时间系统的频率上限就是 1Hz，对应于角频率为 π rad/s。

如果在 bode_plot()中设置 plot=True，函数可以直接绘制伯德图，只是这样就很难控制伯德图的显示效果，特别是当多个系统的响应曲线绘制在一起时。本示例中，我们可以用 bode_plot() 直接将两个系统的伯德图绘制在一起，只需执行下面的代码，得到的伯德图与图 8-4 所示相似。

```
    mag, phase, omega= ctr.bode_plot([sys_ct, sys_dt],plot=True, Hz=True, dB=True,deg=True)
```

这行代码中，输入的系统是两个模型组成的列表[sys_ct, sys_dt]，返回的 3 个结果数据也是数组的列表。例如 mag 是一个长度为 2 的列表，mag[0]是一个 ndarray 数组，是第一个模型的频率响应数据中的幅度数据；mag[1]是一个 ndarray 数组，是第二个模型的频率响应数据中的幅度数据。

8.2　根匹配法

不管是连续时间系统传递函数 $G(s)$ 还是离散时间系统的脉冲传递函数 $G(z)$，系统的特性都由零点、极点和增益确定。S 平面与 Z 平面的严格对应关系是 $z = e^{sT}$，通过这个关系将 S 平面的零极点转换为 Z 平面的零极点，再根据系统在某种典型输入下响应的非零终值相等确定增益，就可以得到与 $G(s)$ 等效的 $G(z)$，这就是根匹配法。

8.2.1　根匹配法原理

一个零极点增益形式的连续时间系统传递函数为

$$G(s) = \frac{K(s-q_1)(s-q_2)\cdots(s-q_m)}{(s-p_1)(s-p_2)\cdots(s-p_n)}, \qquad (n \geqslant m) \tag{8-15}$$

假设其等效的离散时间系统脉冲传递函数为

$$G(z) = \frac{K_z(z - q_1')(z - q_2')\cdots(z - q_m')}{(z - q_1')(z - q_2')\cdots(z - q_n')} \tag{8-16}$$

那么，Z 平面的零极点与 S 平面的零极点存在对应关系，也就是根匹配。

根匹配的计算步骤如下。

（1）将 $G(s)$ 处理为零极点增益形式，计算出 $K, q_1, \cdots q_m, p_1, \cdots, p_n$，零极点可以是复数。

（2）将零极点映射到 Z 平面上，即 $p_i' = \mathrm{e}^{p_i T}, q_i' = \mathrm{e}^{q_i T}$。

（3）构造脉冲传递函数 $G(z)$。

（4）在典型输入下，由终值定理求出两种传递函数的系统终值，终值必须非零。

（5）根据非零终值相等确定 K_z。

（6）如果 $n > m$，传递函数 $G(s)$ 中相当于有 $n - m$ 个无穷远处的零点，映射到 Z 平面上就是 $n - m$ 个附加零点，一般取 $q' = 0$。

8.2.2 根匹配法计算示例

python-control 和 scipy 中都没有函数直接实现根匹配法。根匹配法的原理比较简单，只需要通过关系 $z = \mathrm{e}^{sT}$ 将 S 平面的零极点转换为 Z 平面的零极点，然后附加 $n - m$ 个零点。根匹配法难以用程序实现整个变换过程，因为需要根据终值定理确定脉冲传递函数 $G(z)$ 中的增益。

【例 8.2】连续时间系统传递函数为

$$G(s) = \frac{s}{s^2 + 2s + 1}$$

用根匹配法求 $T = 0.5$ 时对应的脉冲传递函数 $G(z)$，并且与连续时间模型、双线性变换所得离散时间模型进行时域和频域特性的比较。

解：（1）确定传递函数的零点和极点。传递函数用零极点形式表示为

$$G(s) = \frac{s}{(s + 1)^2}$$

所以，系统的零点、极点和其他参数为

$$p_1 = -1, p_2 = -1, q_1 = 0, n = 2, m = 1$$

（2）通过关系 $z = \mathrm{e}^{sT}$ 得到 Z 平面的零点和极点。

$$p_1' = \mathrm{e}^{-T}, p_2' = \mathrm{e}^{-T}, q_1' = 1$$

（3）根据计算的 Z 平面零极点，构造脉冲传递函数。

$$G(z) = \frac{K_z(z - 1)}{(z - \mathrm{e}^{-T})^2}$$

（4）利用终值定理求增益。为使稳态输出不为零，采用斜坡输入 $u(t) = t$。其拉普拉斯变换

和 Z 变换分别为

$$U(s) = \frac{1}{s^2}, \quad U(z) = \frac{T}{(z-1)^2}$$

传递函数 $G(s)$ 的系统终值为

$$y(\infty) = \lim_{s \to 0} s \frac{s}{(s+1)^2} \frac{1}{s^2} = 1$$

脉冲传递函数 $G(z)$ 的系统终值为

$$y(\infty) = \lim_{z \to 1}\left[\frac{z-1}{z} \frac{K_z(z-1)}{(z-e^{-T})^2} \frac{Tz}{(z-1)^2} \right] = \frac{K_z T}{(1-e^{-T})^2}$$

由系统终值相等，有

$$1 = \frac{K_z T}{(1-e^{-T})^2}$$

因而

$$K_z = \frac{(1-e^{-T})^2}{T}$$

（5）附加一个零点在 $q' = 0$ ，得

$$G(z) = \frac{(1-e^{-T})^2}{T} \frac{z(z-1)}{(z-e^{-T})^2}$$

当 $T = 0.5$ 时，得到的离散时间模型表达式为

$$G(z) = \frac{0.3096(z^2 - z)}{z^2 - 1.213z + 0.3679}$$

本示例中的连续时间系统传递函数 $G(s)$ 与【例 8.1】中的 $G(s)$ 是一样的，但是根匹配法和双线性变换法得到的脉冲传递函数表达式不同。下面通过程序比较它们的时域和频域特性。图 8-5 和图 8-6 为程序输出，前者展示了 3 个模型的阶跃响应曲线，后者展示了 3 个模型的频率特性曲线。

```
[1]:    ''' 程序文件: note8_02.ipynb
        【例8.2】根匹配法进行传递函数模型的离散化
        '''
        import numpy as np
        import matplotlib.pyplot as plt
        import matplotlib as mpl
        import control as ctr
        mpl.rcParams['font.sans-serif']= ['Microsoft YaHei','KaiTi','SimHei']
        mpl.rcParams['font.size']= 10
        mpl.rcParams['axes.unicode_minus']= False

[2]:    zs= np.array([0])
        ps= np.array([-1,-1])
        ks= 1
```

```
sys_ct= ctr.zpk(zs,ps,ks)              #用零极点增益形式定义连续时间系统模型
sys_ct
```

[2]: $$\frac{s}{s^2+2s+1}$$

[3]:
```
#根匹配法解析计算的离散时间系统模型
T= 0.5
zs_equ= np.exp(zs*T)                    # S 平面零点对应到 z 平面零点
zs_add=[0]                              # 附加 n-m 个零点, z=0
zs_dt= np.hstack((zs_equ,zs_add))       # 水平拼接数组
ps_dt= np.exp(ps*T)                             # S 平面极点对应到 z 平面极点
kz= (1-np.exp(-T))**2/T                         # 根据终值相等计算的增益
sys_ma= ctr.zpk(zs_dt, ps_dt, kz, T)            # 用零极点增益形式定义脉冲传递函数
sys_ma
```

[3]: $$\frac{0.3096z^2-0.3096z}{z^2-1.213z+0.3679}, dt=0.5$$

[4]:
```
sys_bi= sys_ct.sample(T, method='bilinear')  #双线性方法离散化
sys_bi
```

[4]: $$\frac{0.16z^2-0.16}{z^2-1.2z+0.36}, dt=0.5$$

[5]:
```
tstop= 7
res_ct= ctr.step_response(sys_ct,tstop)     #连续时间模型单位阶跃响应
res_ma= ctr.step_response(sys_ma,tstop)     #匹配法离散时间模型单位阶跃响应
res_bi= ctr.step_response(sys_bi,tstop)     #双线性离散时间模型单位阶跃响应
```

[6]:
```
fig,ax= plt.subplots(figsize=(4.5,3),layout='constrained')
ax.plot(res_ct.time,res_ct.outputs, 'r:',label="连续模型")
ax.step(res_ma.time,res_ma.outputs, 'g', where="post",label="离散模型 matched")
ax.step(res_bi.time,res_bi.outputs, 'b--', where="post",label="离散模型 bilinear")
ax.set_xlabel("时间(秒)")
ax.set_ylabel("输出")
ax.set_title("单位阶跃响应")
ax.set_xlim(0,tstop)
ax.set_ylim(-0.1,0.5)
ax.legend(loc="upper right")
```

[6]: `<matplotlib.legend.Legend at 0x18840415d10>`

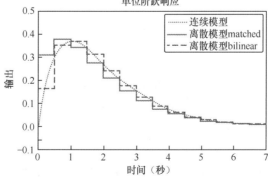

图 8-5 3 个模型的单位阶跃响应曲线

```
[7]:   mag, phase, omega= ctr.bode_plot([sys_ct,sys_ma,sys_bi], plot=False, Hz=True)
       for i in range(3):
           mag[i] = ctr.mag2db(mag[i])          #转换为 dB
           phase[i]= np.rad2deg(phase[i])        #转换为 deg
           omega[i]= omega[i]/(2*np.pi)          #转换为 Hz
```

```
[8]:   fig,ax= plt.subplots(2,1,figsize=(5.5,4.5),layout='constrained')
       fig.suptitle("频率特性曲线")
       ax[0].semilogx(omega[0], mag[0], 'r:',label="连续模型")
       ax[0].semilogx(omega[1], mag[1], 'g',label="离散模型 matched")
       ax[0].semilogx(omega[2], mag[2], 'b--',label="离散模型 bilinear")
       ax[0].set_ylabel("幅度/dB")
       ax[0].grid(True,which="both")
       ax[0].set_ylim(-60,0)

       ax[1].semilogx(omega[0], phase[0], 'r:',label="连续模型")
       ax[1].semilogx(omega[1], phase[1], 'g',label="离散模型 matched")
       ax[1].semilogx(omega[2], phase[2], 'b--',label="离散模型 bilinear")
       ax[1].set_ylabel("相位/deg")
       ax[1].set_xlabel("频率/Hz")
       ax[1].grid(True,which="both")
       ax[1].legend(loc="lower left")
       ax[1].set_ylim(-500,-200)
```

```
[8]:   (-500.0, -200.0)
```

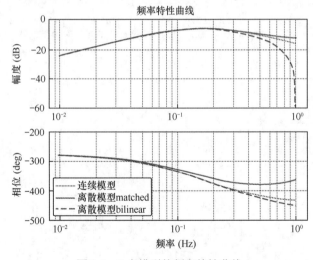

图 8-6 3 个模型的频率特性曲线

输入[2]中使用函数 control.zpk()用零极点增益形式定义了连续时间系统模型 sys_ct，但是输出[2]中还是以分子分母多项式形式显示其传递函数。

输入[3]中以根匹配法手动计算的结果定义了离散时间模型 sys_ma，输入[4]中用双线性变换法将连续时间模型 sys_ct 转换为离散时间模型 sys_bi。从输出[3]和输出[4]显示内容可以看到，这两个离散时间模型的表达式是不同的。

输入[5]中计算了 3 个模型的单位阶跃响应，然后在输入[6]中绘制了响应曲线。从图 8-5 可以看出，3 个模型的初始阶段差异比较大，但是动态过程基本相似，最终的稳态值相同。

输入[7]中用 control.bode_plot()函数计算了 3 个模型的频率响应数据。注意，当 bode_plot()同时计算多个模型的频率响应时，返回的 3 个变量都是 ndarray 数组的列表。

输入[8]中利用计算的频率响应数据绘制了 3 个模型的伯德图，如果以连续时间模型的频率特性为准确的参考曲线，从图 8-6 可以看出以下特性。

（1）在低频段（约 0.1Hz 以下），3 个模型的幅频曲线和相频曲线都很接近。

（2）在接近 1Hz 的频段，根匹配法离散时间模型的幅频曲线误差较小，而双线性变换由于存在频率畸变，在高频段的幅频曲线误差较大。

（3）在约 0.1～1Hz 频段，根匹配法模型的相频曲线误差较大，而双线性变换离散模型的相频曲线误差较小。

8.3 频域离散相似法

在对一个传递函数 $G(s)$ 进行离散化时，可以假设在其输入端引入一个虚拟的信号采样保持器（一般是零阶保持器），设保持器的传递函数为 $G_h(s)$。那么，求出 $G(s)G_h(s)$ 对应的脉冲传递函数 $G(z)$ 就得到了系统的离散相似模型。

8.3.1 频域离散相似法原理

与时域离散相似法类似，频域离散相似法的基本原理也是假设在系统 $G(s)$ 的输入端加一个虚拟的信号采样保持器（见图 8-7）。连续时间信号 $u(t)$ 经过采样后的离散时间信号是 $u^*(t)$，输出端的离散时间信号是 $\tilde{y}^*(t)$。假设保持器的传递函数为 $G_h(s)$，那么与系统 $G(s)$ 等效的离散时间模型表达式为

$$G(z) = Z\{G_h(s)G(s)\} \tag{8-17}$$

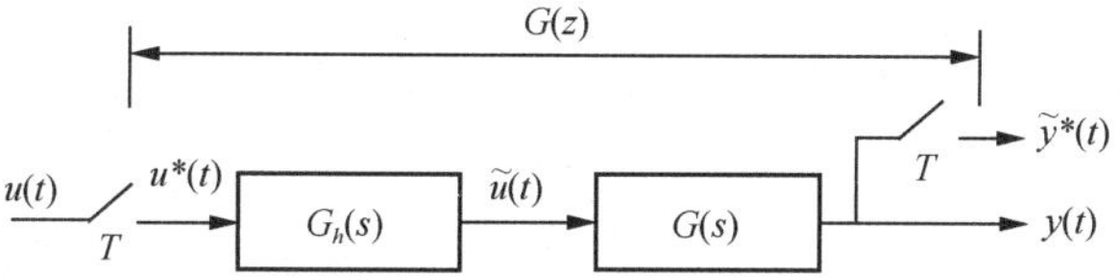

图 8-7 频域离散相似法基本原理

引入的虚拟的信号保持器一般采用零阶保持器，零阶保持器的传递函数为

$$G_h(s) = \frac{1 - e^{-sT}}{s} \tag{8-18}$$

如果已知 $G(s)$ 和 $G_h(s)$，根据式（8-17）以及常用函数的 S 变换与 Z 变换之间的关系，可以求出离散时间系统的脉冲传递函数 $G(z)$。常用函数的 S 变换与 Z 变换见附录 B。

8.3.2 频域离散相似法应用示例

TransferFunction 类的 sample()方法实现对连续时间系统传递函数的离散化，其 method 参数可以取'zoh'，也就是使用零阶保持器对传递函数进行离散化，即本节所介绍的频域离散相似法。

【例 8.3】一个连续时间系统传递函数为 $G(s) = \dfrac{s}{(s+1)^2}$，任务如下。

（1）用离散相似法求其等效的离散时间模型，假设采用零阶保持器，采样周期 $T = 0.5$。

（2）将所得的离散时间模型与连续模型、双线性变换离散时间模型进行时域和频域特性的对比。

解：（1）根据频域离散相似法的原理

$$G(z) = Z\{G(s)G_h(s)\} = Z\left\{\frac{1}{(s+1)^2}\left(1 - \mathrm{e}^{-sT}\right)\right\} = \left(1 - z^{-1}\right)Z\left\{\frac{1}{(s+1)^2}\right\}$$

根据常用函数的 Z 变换，查表可以得到

$$G(z) = \left(1 - z^{-1}\right)\frac{T\mathrm{e}^{-T}z}{(z - \mathrm{e}^{-T})^2} = \frac{T\mathrm{e}^{-T}(z-1)}{(z - \mathrm{e}^{-T})^2}$$

当 $T = 0.5$ 时，计算得

$$G(z) = \frac{0.3033(z-1)}{z^2 - 1.213z + 0.3679}$$

（2）通过 TransferFunction.sample()方法进行模型离散化，设置参数 method='bilinear'可以求双线性变换的离散时间模型，设置参数 method='zoh'可以求使用零阶保持器的离散时间模型。编写一个程序文件对本示例进行仿真研究。图 8-8 和图 8-9 为程序输出，前者展示了 3 个模型的阶跃响应，后者展示了 3 个模型的频率特性曲线。

```
[1]:    ''' 程序文件：note8_03.ipynb
        【例 8.3】频域离散相似法，使用零阶保持器
        '''
        import numpy as np
        import matplotlib.pyplot as plt
        import matplotlib as mpl
        import control as ctr
        mpl.rcParams['font.sans-serif']= ['Microsoft YaHei','KaiTi','SimHei']
        mpl.rcParams['font.size']= 11
        mpl.rcParams['axes.unicode_minus']= False

[2]:    num= [1,0]
        den= [1,2,1]
        sys_ct= ctr.tf(num,den)          #连续时间系统传递函数
```

```
sys_ct
```

[2]: $\dfrac{s}{s^2+2s+1}$

[3]:
```
#用离散相似法解析计算得到的离散时间模型
T= 0.5
num_z= T*np.exp(-T) *np.array([1,-1])
den_z= np.array([1, -2*np.exp(-T), np.exp(-2*T)])
sys_dt= ctr.tf(num_z, den_z, T)
sys_dt
```

[3]: $\dfrac{0.3033z-0.3033}{z^2-1.213z+0.3679}, dt=0.5$

[4]:
```
sys_dt2= sys_ct.sample(T, method='zoh')        #模型离散化，使用零阶保持器
sys_dt2
```

[4]: $\dfrac{0.3033z-0.3033}{z^2-1.213z+0.3679}, dt=0.5$

[5]:
```
sys_bi= sys_ct.sample(T, method='bilinear')    #模型离散化，使用双线性变换
sys_bi
```

[5]: $\dfrac{0.16z^2-0.16}{z^2-1.2z+0.36}, dt=0.5$

[6]:
```
tstop= 8
res_ct= ctr.step_response(sys_ct,tstop)        #连续时间模型单位阶跃响应
res_dt= ctr.step_response(sys_dt,tstop)        #离散相似法模型单位阶跃响应
res_bi= ctr.step_response(sys_bi,tstop)        #双线性变换模型单位阶跃响应

fig,ax= plt.subplots(figsize=(4.5,3),layout='constrained')
ax.plot(res_ct.time,res_ct.outputs, 'r:',label="连续模型")
ax.step(res_dt.time,res_dt.outputs, 'g',   where="post",label="离散模型 zoh")
ax.step(res_bi.time,res_bi.outputs, 'b--', where="post",label="离散模型 bilinear")
ax.set_xlabel("时间(秒)")
ax.set_ylabel("输出")
ax.set_title("单位阶跃响应")
ax.set_xlim(0,tstop)
ax.set_ylim(-0.1,0.5)
ax.legend(loc="upper right")
```

[6]: `<matplotlib.legend.Legend at 0x271762af550>`

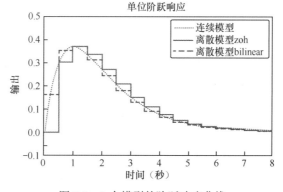

图 8-8　3 个模型的阶跃响应曲线

```
[7]:    mag, phase, omega= ctr.bode_plot([sys_ct,sys_dt,sys_bi], plot=False, Hz=True)
        for i in range(3):
            mag[i] = ctr.mag2db(mag[i])          #转换为 dB
            phase[i]= np.rad2deg(phase[i])       #转换为 deg
            omega[i]= omega[i]/(2*np.pi)         #转换为 Hz
```

```
[8]:    fig,ax= plt.subplots(2,1,figsize=(5.5,4.5),layout='constrained')
        fig.suptitle("频率特性曲线")
        ax[0].semilogx(omega[0], mag[0], 'r:',   label="连续模型")
        ax[0].semilogx(omega[1], mag[1], 'g',    label="离散模型 zoh")
        ax[0].semilogx(omega[2], mag[2], 'b--', label="离散模型 bilinear")
        ax[0].set_ylabel("幅度(dB)")
        ax[0].grid(True,which="both")
        ax[0].set_ylim(-60,0)

        ax[1].semilogx(omega[0], phase[0], 'r:',   label="连续模型")
        ax[1].semilogx(omega[1], phase[1], 'g',    label="离散模型 zoh")
        ax[1].semilogx(omega[2], phase[2], 'b--', label="离散模型 bilinear")
        ax[1].set_ylabel("相位(deg)")
        ax[1].set_xlabel("频率(Hz)")
        ax[1].grid(True,which="both")
        ax[1].legend(loc="lower left")
        ax[1].set_ylim(-600,-200)
```

```
[8]:    (-600.0, -200.0)
```

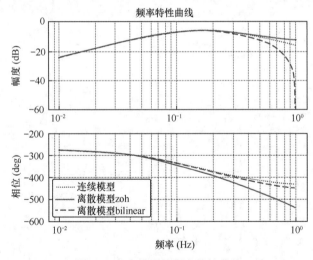

图 8-9 3 个模型的频率特性曲线

输入[2]中创建了连续时间系统的传递函数模型 sys_ct，输入[3]中根据离散相似法手动计算的结果创建了离散时间模型 sys_dt。

输入[4]中使用 TransferFunction.sample()方法将连续时间模型 sys_ct 离散化，设置参数 method='zoh'，也就是基于零阶保持器的方法。输出[4]与输出[3]的模型表达式完全相同。

输入[5]中使用 TransferFunction.sample()方法将连续时间模型 sys_ct 离散化，设置参数 method= 'bilinear'，也就是双线性变换方法。可以看到，输出[5]与输出[4]的模型表达式不同。

图 8-8 所示为 3 个模型的单位阶跃响应曲线，它们的动态过程相似，稳态值相同。

输入[7]中用 control.bode_plot()函数同时计算了 3 个模型的频率响应，然后绘制了 3 个模型的伯德图，如图 8-9 所示。从图中可以看出，基于零阶保持器的离散相似模型的幅频曲线在高频段也还比较准确，不存在频率畸变现象，但是在相频曲线上有比较大的滞后，因为零阶保持器引入了滞后。

8.3.3 带补偿的离散相似法

在采用虚拟的采样保持器进行频域离散相似变换时，由于零阶保持器的引入，会引起幅度变化和相位延迟，从图 8-9 可以看到离散相似模型有明显的相位滞后。为了使离散时间系统与原来的连续时间系统尽量接近，可以加入补偿环节适当调整其相位和幅度。

1. 连续型补偿

在采样保持器后面可以加入一个连续补偿环节，如图 8-10 所示。

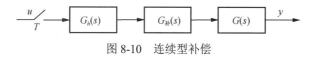

图 8-10 连续型补偿

补偿环节一般采用如下的形式

$$G_{补}\left(s\right) = \lambda \mathrm{e}^{\gamma Ts} \tag{8-19}$$

其中，λ 称为幅度补偿因子，γ 称为相位补偿因子。适当调整两个因子，使补偿器与采样保持器的频率特性相互抵消，可使离散时间模型尽可能接近原来的连续时间模型。

式（8-19）是一个超越函数，为便于使用，通常取近似。

（1）单零点补偿器。

$$G_{补}\left(s\right) = \lambda \mathrm{e}^{\gamma Ts} \approx \lambda\left(1 + \gamma Ts\right) \tag{8-20}$$

（2）单极点补偿器。

$$G_{补}\left(s\right) = \lambda \mathrm{e}^{\gamma Ts} = \frac{\lambda}{\mathrm{e}^{-\gamma Ts}} \approx \frac{1}{1 - \gamma Ts} \tag{8-21}$$

（3）单零极点补偿器。

$$G_{补}\left(s\right) = \lambda \mathrm{e}^{\gamma Ts} = \lambda \frac{\mathrm{e}^{\gamma Ts/2}}{\mathrm{e}^{-\gamma Ts/2}} \approx \frac{2 + \gamma Ts}{2 - \gamma Ts} \tag{8-22}$$

2. 离散型补偿

在实际的采样控制系统中，可以在信号重构器前面加一个补偿器，但补偿器是在计算机内实现的。离散型补偿如图 8-11 所示。

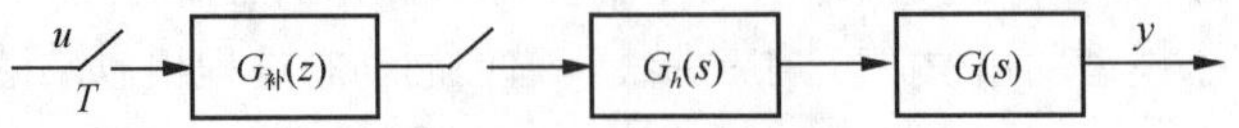

图 8-11　离散型补偿

【例 8.4】一个连续时间系统传递函数为 $G(s) = \dfrac{s}{(s+1)^2}$

（1）求该系统的离散相似模型，假设采用零阶保持器，并且使用单零点连续补偿器，求补偿器的参数。

（2）取采样周期 $T = 0.5$，对连续时间模型和离散相似模型进行仿真研究。

解：在离散相似法中使用单零点型连续补偿器，则加补偿器之后的广义被控对象传递函数为

$$G'(s) = G(s)G_{补}(s) = \frac{s}{(s+1)^2}\lambda(1+\gamma Ts)$$

原来的对象 $G(s)$ 在单位斜坡输入下的稳态值不为零。

$$y(\infty) = \lim_{s \to 0}\left[s\frac{s}{(s+1)^2}\frac{1}{s^2}\right] = 1$$

加补偿器之后的广义对象 $G'(s)$ 在单位斜坡输入下应该具有相同的稳态值。

$$y'(\infty) = \lim_{s \to 0}\left[s\frac{s}{(s+1)^2}\frac{1}{s^2}\lambda(1+\gamma Ts)\right] = 1$$

所以，$\lambda = 1$。

广义对象 $G'(s)$ 在使用零阶保持器时的离散相似模型表达式为

$$G'(z) = Z\{G'(s)G_h(s)\} = Z\left\{\frac{s}{(s+1)^2}(1+\gamma Ts)\frac{(1-\mathrm{e}^{-sT})}{s}\right\}$$

$$= (1-z^{-1})Z\left\{\frac{1+\gamma Ts}{(s+1)^2}\right\}$$

$$= (1-z^{-1})Z\left\{\frac{\gamma T(s+1-1)+1}{(s+1)^2}\right\}$$

$$= (1-z^{-1})Z\left\{\frac{\gamma T}{s+1}+\frac{1-\gamma T}{(s+1)^2}\right\}$$

根据常用函数的 Z 变换，查表可以得到

$$G'(z) = \frac{z-1}{z}\left[\frac{\gamma Tz}{z-\mathrm{e}^{-T}} + \frac{(1-\gamma T)Tz\mathrm{e}^{-T}}{(z-\mathrm{e}^{-T})^2}\right]$$

$$= (z-1)\left[\frac{\gamma T}{z-\mathrm{e}^{-T}} + \frac{(1-\gamma T)T\mathrm{e}^{-T}}{(z-\mathrm{e}^{-T})^2}\right]$$

$$= (z-1)\left[\frac{\gamma Tz - \gamma T\mathrm{e}^{-T} + T\mathrm{e}^{-T} - \gamma T^2\mathrm{e}^{-T}}{(z-\mathrm{e}^{-T})^2}\right]$$

令 $a = -\gamma T\mathrm{e}^{-T} + T\mathrm{e}^{-T} - \gamma T^2\mathrm{e}^{-T}$，则

$$G'(z) = \frac{(z-1)(\gamma Tz+a)}{(z-\mathrm{e}^{-T})^2} = \frac{\gamma Tz^2 + (a-\gamma T)z - a}{z^2 - 2\mathrm{e}^{-T}z + \mathrm{e}^{-2T}}$$

$G(s)$ 与 $G'(z)$ 的极点是对应的，$G(s)$ 只有一个零点 $q=0$，这与 $G'(z)$ 中的零点 $q_1'=1$ 是对应的。$G'(z)$ 中还有一个零点 $q_2' = \dfrac{-a}{\gamma T}$，而 $G(s)$ 中没有零点与其对应，所以无法确定其中的参数 γ。$G'(z)$ 中的这个附加零点可以调整 $G'(z)$ 的幅频特性和相频特性，可以通过仿真研究参数 γ 对系统特性的影响，然后选择一个合适的 γ 值。

编写一个 Notebook 程序文件对这个示例进行仿真研究，代码如下。图 8-12 和图 8-13 为程序输出，分别展示了 3 个模型的单位阶跃响应和频率特性曲线。

```
[1]:    ''' 程序文件：note8_04.ipynb
        【例 8.4】使用连续型补偿器进行频域离散相似变换
        '''
        import numpy as np
        import matplotlib.pyplot as plt
        import matplotlib as mpl
        import control as ctr
        mpl.rcParams['font.sans-serif']= ['Microsoft YaHei','KaiTi','SimHei']
        mpl.rcParams['font.size']= 11
        mpl.rcParams['axes.unicode_minus']= False
```

```
[2]:    num= [1,0]
        den= [1,2,1]
        sys_ct= ctr.tf(num,den)              #连续时间系统传递函数
        sys_ct
```

[2]: $\dfrac{s}{s^2 + 2s + 1}$

```
[3]:    T= 0.5
        sys_dt1= sys_ct.sample(T, method='zoh')   #模型离散化，使用零阶保持器
        sys_dt1
```

[3]: $\dfrac{0.3033z - 0.3033}{z^2 - 1.213z + 0.3679}, dt = 0.5$

```
[4]:    ga= 0.5                              #参数 gamma 的值，参数 lambda=1 是固定的
        et= np.exp(-T)
```

```
a= T*(et-ga*et-ga*T*et)
num_z= np.array([ga*T, a-ga*T, -a])
den_z= np.array([1, -2*et, et*et])
sys_dt2= ctr.tf(num_z, den_z, T)          #带补偿器的离散相似模型
sys_dt2
```

[4]: $\dfrac{0.25z^2-0.1742z-0.07582}{z^2-1.213z+0.3679},\ dt=0.5$

```
[5]: tstop= 8
     res_ct=  ctr.step_response(sys_ct,tstop)   #连续时间模型单位阶跃响应
     res_dt1= ctr.step_response(sys_dt1,tstop)  #离散相似法模型单位阶跃响应
     res_dt2= ctr.step_response(sys_dt2,tstop)  #带补偿器的离散相似模型单位阶跃响应

     fig,ax= plt.subplots(figsize=(4.5,3),layout='constrained')
     ax.plot(res_ct.time,res_ct.outputs, 'r:',label="连续模型")
     ax.step(res_dt1.time,res_dt1.outputs, 'g',   where="post",label="zoh 离散模型")
     ax.step(res_dt2.time,res_dt2.outputs, 'b--', where="post",label="带补偿离散模型")
     ax.set_xlabel("时间(秒)")
     ax.set_ylabel("输出")
     ax.set_title("单位阶跃响应")
     ax.legend(loc="upper right")
```

[5]: <matplotlib.legend.Legend at 0x18bc789a110>

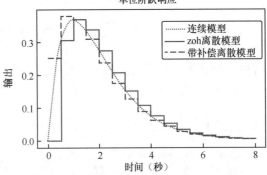

图 8-12　3 个模型的单位阶跃响应曲线

```
[6]: mag, phase, omega= ctr.bode_plot([sys_ct,sys_dt1,sys_dt2], plot=False, Hz=True)
     for i in range(3):
         mag[i] = ctr.mag2db(mag[i])          #转换为 dB
         phase[i]= np.rad2deg(phase[i])       #转换为 deg
         omega[i]= omega[i]/(2*np.pi)         #转换为 Hz
```

```
[7]: fig,ax= plt.subplots(2,1,figsize=(5.5,4.5),layout='constrained')
     fig.suptitle(r"频率特性曲线($\gamma=0.5$)")
     ax[0].semilogx(omega[0], mag[0], 'r:', label="连续模型")
     ax[0].semilogx(omega[1], mag[1], 'g',  label="zoh 离散模型")
     ax[0].semilogx(omega[2], mag[2], 'b--',label="带补偿离散模型")
     ax[0].set_ylabel("幅度/dB")
     ax[0].grid(True,which="both")
     ax[0].set_ylim(-40,0)
     ax[0].set_xlim(0.01,1)
```

```
ax[1].semilogx(omega[0], phase[0], 'r:', label="连续模型")
ax[1].semilogx(omega[1], phase[1], 'g',  label="zoh 离散模型")
ax[1].semilogx(omega[2], phase[2], 'b--',label="带补偿离散模型")
ax[1].set_ylabel("相位/deg")
ax[1].set_xlabel("频率/Hz")
ax[1].grid(True,which="both")
ax[1].legend(loc="lower left")
ax[1].set_ylim(-600,-200)
ax[1].set_xlim(0.01,1)
```

[7]:   (0.01, 1)

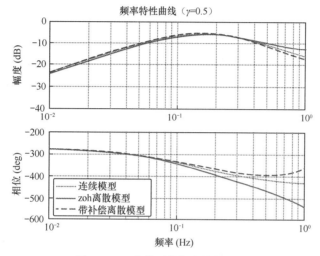

图 8-13 3 个模型的频率特性曲线

这个示例中使用的连续时间模型 $G(s)$ 与【例 8.3】中的完全一样。输入[2]中定义了传递函数模型 sys_ct，输入[3]中使用 TransferFunction.sample()方法直接计算出连续时间模型使用零阶保持器的离散相似模型 sys_dt1。

输入[4]中设置单零点补偿器中的参数 $\gamma = 0.5$（补偿器中的参数 λ 固定为 1），然后根据理论计算的结果创建了带补偿器的离散相似模型 sys_dt2。图 8-12 是 3 个模型的单位阶跃响应曲线，带补偿器的离散相似模型在最初两步有较大偏差，但后面比较准确。

图 8-13 是 3 个系统的频率特性曲线。在幅频曲线上，两个离散模型在 0.5Hz 后都开始出现偏差，但是不带补偿器的离散模型的偏差更大，且两个模型的偏差方向不同。在相频曲线上，不带补偿器的离散模型从约 0.1Hz 开始就开始出现相位偏差，在高频段相位滞后比较严重，而带补偿器的离散模型在约 0.4Hz 以后才开始出现相位偏差，表现为相位超前特性，相位偏差比不带补偿器的离散模型的相位偏差要小得多。所以，使用了补偿器的离散模型在幅频特性和相频特性上更接近于原来的连续时间系统。

可以修改程序输入[4]中的变量 ga 的值，它对应于补偿器中的参数 γ。使用不同的 γ 值进行仿真，观察模型的单位阶跃响应曲线和频率特性曲线。测试中发现，$\gamma = 0.5$ 是比较合适的值，γ 再增大或减小都会导致频率特性变差，例如图 8-14 是 $\gamma = 0.8$ 时的频率特性曲线。带补偿器的离散模型的幅频曲线出现了明显的偏差，甚至还不如不带补偿器的离散模型。带补偿器的离散模型的相频曲线也出现了较大的超前偏差，偏差的大小几乎与不带补偿器的离散模型是相同的。

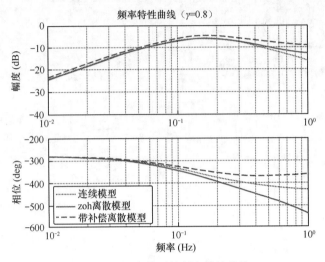

图 8-14 3 个模型的频率特性曲线

练习题

8-1. 用双线性变换法求下列传递函数 $G(s)$ 的脉冲传递函数 $G(z)$，假设离散化采样周期 $T=0.1$，并编程作出 $G(s)$ 和 $G(z)$ 的单位阶跃响应曲线和频率特性曲线。

（1） $G(s) = \dfrac{1}{(s+1)(s+2)}$ （2） $G(s) = \dfrac{s+1}{s^2+3s+4}$

8-2. 用根匹配法求下列传递函数 $G(s)$ 的脉冲传递函数 $G(z)$，假设离散化采样周期 $T=0.2$，并编程作出 $G(s)$ 和 $G(z)$ 的单位阶跃响应曲线和频率特性曲线。

（1） $G(s) = \dfrac{5(s+1)}{s^2+2s+5}$ （2） $G(s) = \dfrac{s}{(s+1)(s+2)}$

8-3. 用频域离散相似法求下列传递函数 $G(s)$ 的脉冲传递函数 $G(z)$，假设采用虚拟采样开关和零阶保持器，采样周期 $T=0.2$。并编程作出两个模型的单位阶跃响应曲线和频率特性曲线。

（1） $G(s) = \dfrac{s}{s+1}$ （2） $G(s) = \dfrac{2}{(s+1)^2}$

第 9 章　采样控制系统仿真

计算机采样控制系统同时存在数字信号和模拟信号。计算机用于实现控制算法，处理的是数字信号，其输入和输出都是数字信号，被控对象的输入和输出一般是模拟信号。采样控制系统具有与模拟控制系统不同的特点，本章介绍采样控制系统的结构、特点及其仿真方法等。

9.1　采样控制系统

采样控制系统是指由计算机实现控制算法，从而对被控对象实现控制的系统。计算机处理的是数字信号，其输入端需要通过 ADC（analog-to-digital converter，模数转换器）将模拟信号采样并数字化，其输出端需要通过 DAC（digital-to-analog converter，数模转换器）将数字信号转换为模拟信号才能作用于被控对象。本节介绍采样控制系统的基本结构，以及对采样控制系统进行仿真的基本方法。

9.1.1　采样控制系统的结构

一个实际的计算机采样控制系统的结构如图 9-1 所示。

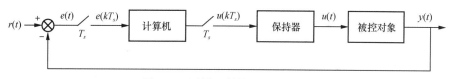

图 9-1　计算机采样控制系统结构

采样控制系统主要由计算机和被控对象组成，计算机可能是通用的工控机、PLC（Programmable logic controller，可编程逻辑控制器）或嵌入式系统等数字计算机。被控对象一般是模拟信号系统，其输入输出信号一般是连续时间信号。不管使用哪种类型的计算机，要实现对被控对象的控制，计算机都需要有 ADC 和 DAC，以实现如下的功能。

- 模拟信号采样。ADC 用来进行模拟信号采样和数字化，将模拟信号转换为计算机能够处理的数字信号。ADC 的位数决定了模拟信号数字化的精度，例如 8 位、12 位、16 位、24 位等。ADC 对模拟信号的采样周期决定了系统的采样频率，为了能反映模拟信号的真实信息，采样频率必须满足采样定理，即采样频率必须大于信号频率的两倍。

- 控制作用计算。计算机能运行控制算法程序，能根据 ADC 采集的信号和其他数据计算控制作用。计算机处理的都是数字信号。
- 控制作用输出。计算机算出的控制作用是数字信号，需要经过 DAC 转换为模拟信号，一般还带有零阶保持器，使得转换后的模拟信号在一个采样周期内保持不变。

图 9-1 中存在模拟信号和数字信号。模拟信号包括以下几个。

- 输出设定值 $r(t)$。这里指设定值由模拟信号给出，如果直接在计算机内给出设定值，那么设定值也可以是数字信号。
- 偏差信号 $e(t)$。
- 保持器的输出 $u(t)$。如果是零阶保持器，就是阶梯状连续时间信号。
- 被控对象的输出 $y(t)$。

计算机处理的是数字信号，图 9-1 中的数字信号包括以下两个。

- 偏差采样的信号 $e(kT_s)$。这是模拟信号 $e(t)$ 经过采样并数字化后的信号，假设采样周期是 T_s。这里的采样开关是实际存在的，采样周期 T_s 也是实际存在的，与第 7 章和第 8 章讲述模型离散化时采用的虚拟采样开关是不一样的。
- 计算机输出信号 $u(kT_s)$。这是计算机根据采样后的偏差信号 $e(kT_s)$ 经过离散化的控制算法（如离散化 PID 控制算法）计算出的输出信号，也是周期为 T_s 的离散时间信号。

9.1.2　采样控制系统的数学模型

图 9-1 所示的采样控制系统可以用图 9-2 所示的结构图表示。

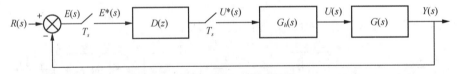

图 9-2　采样控制系统结构

上图中各方框的作用描述如下。

（1）$D(z)$ 是数字控制算法的模型，是 $e(kT_s)$ 到 $u(kT_s)$ 的脉冲传递函数。

（2）$G_h(s)$ 是信号保持器的传递函数，即离散时间信号 $u(kT_s)$ 到连续时间信号 $u(t)$ 之间的关系。如果采用零阶保持器，那么

$$G_h(s) = \frac{1 - e^{-sT_s}}{s} \tag{9-1}$$

（3）$G(s)$ 是被控对象的传递函数，即连续时间信号 $u(t)$ 到 $y(t)$ 之间的关系。

$G_h(s)$ 和 $G(s)$ 是连续时间系统的传递函数，如果定义

$$W(z) = Z\left\{ L^{-1}\left(G_h(s)G(s) \right) \right\} \tag{9-2}$$

那么，系统的闭环脉冲传递函数为

$$\Phi(z) = \frac{D(z)W(z)}{1 + D(z)W(z)} \tag{9-3}$$

9.1.3 采样周期与仿真步长的关系

采样控制系统的采样开关是实际存在的，其采样周期 T_s 是根据实际情况确定的。确定采样周期时，需要考虑的因素包括对象信号频率、计算机的处理速度、ADC 和 DAC 的转换速度。

计算机的采样周期一般不会确定得很小，因为高的采样频率虽然可以更真实地反映系统的特性，从而更及时地对被控对象进行控制，但计算量更大，而且容易引入高频噪声。

在对一个采样控制系统进行仿真时，涉及两种计算。

（1）控制器的计算，即由偏差信号计算控制器的输出信号，其计算周期为 T_s。这部分是数字信号，所以使用离散时间模型进行计算。

（2）被控对象（以下简称模型）的仿真计算，由控制器的输出信号（也就是模型的输入信号）计算模型的输出。模型的仿真计算可以采用离散时间模型，也可以采用数值积分法，统一用 T 表示模型仿真计算的步长。

模型仿真步长 T 应该小于或等于采样周期 T_s，为了计算方便，通常情况下取

$$T_s = N \cdot T \tag{9-4}$$

其中，整数 $N \geq 1$。下面分两种情况讨论采样周期与仿真步长的关系。

1. 采样周期大于仿真步长

这相当于式（9-4）中 $N > 1$ 的情况，在采样控制计算一次后，控制器的输出保持时间为 T_s，在这段时间内，由于模型仿真步长为 T，因而模型需要计算 N 步。在模型进行这 N 步计算时，模型的输入 u 是保持不变的，因为控制器并没有更新计算。

2. 采样周期等于仿真步长

当采样周期与仿真步长相等时，控制器每计算一步，模型就计算一次。如果模型计算采用离散时间模型，那么相当于实际的采样开关与虚拟的采样开关动作周期相同，其仿真与连续系统离散化仿真一样，如图 9-3 所示。由于图 9-3 相当于对一个连续时间模型按环节离散化，在计算反馈回路之前，应该先计算正向回路，因而在反馈回路上引入延迟一步的环节。

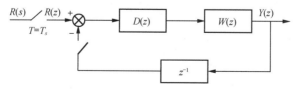

图 9-3 采样周期与仿真步长相同时的仿真模型

在图 9-3 中

$$W(z) = Z\left\{L^{-1}\big(G_h(s)G(s)\big)\right\} \tag{9-5}$$

当 $G(s)$ 比较复杂时,难以通过上式计算 $W(z)$,这时可以利用第 7 章或第 8 章介绍的离散化方法将 $G(s)$ 转换为离散时间状态空间模型,以替代图 9-3 中的 $W(z)$。

9.2 采样控制系统数字控制器设计

在计算机采样控制系统中,控制器是在计算机上实现的,所以是数字控制器。数字控制器的作用就是根据采样得到的数字信号进行计算,得到一个控制输出信号后再通过 DAC 和保持器输出给被控对象。数字控制器用模型 $D(z)$ 表示,使用不同的控制算法,就可以得到不同的 $D(z)$ 表达式。

9.2.1 不同采样周期下的控制器模型转换

用 $D(z)$ 表示数字控制器的脉冲传递函数,它是在一个特定的采样周期下的脉冲传递函数。当采样周期改变时,需要重新计算控制器的表达式 $D'(z)$。

根据根匹配原理,$D(z)$ 与 $D'(z)$ 在 S 平面具有相同的零极点。根据这个原理可以计算 $D(z)$ 更改采样周期后的表达式 $D'(z)$。

【例 9.1】一个数字控制器在 $T_s = 0.2$ 时的脉冲传递函数为

$$D(z) = \frac{2(z-0.2)}{(z-0.7)(z-0.1)}$$

求 $T_s' = 0.1$ 时控制器的脉冲传递函数 $D'(z)$。

解:(1)将 $D(z)$ 的零极点映射到 S 平面

$$z_{p1}^0 = 0.7 \Rightarrow s_{p1} = \frac{1}{T_s}\ln\left(z_{p1}^0\right) = \frac{1}{0.2}\ln(0.7) \approx -1.7834$$

$$z_{p2}^0 = 0.1 \Rightarrow s_{p2} = \frac{1}{T_s}\ln\left(z_{p1}^0\right) = \frac{1}{0.2}\ln(0.1) \approx -11.5129$$

$$z_z^0 = 0.2 \Rightarrow s_z = \frac{1}{T_s}\ln\left(z_z^0\right) = \frac{1}{0.2}\ln(0.2) \approx -8.0472$$

(2)取 $T_s' = 0.1$,将 S 平面的零极点映射到 Z 平面上

$$s_{p1} = -1.7834 \Rightarrow z_{p1}' = \mathrm{e}^{T_s's_{p1}} = \mathrm{e}^{-0.1\times1.7834} \approx 0.8367$$

$$s_{p2} = 0 \Rightarrow z_{p2}' = \mathrm{e}^{T_s's_{p2}} = \mathrm{e}^{-0.1\times11.5129} \approx 0.3162$$

$$s_z = -8.0472 \Rightarrow z_z' = \mathrm{e}^{T_s's_z} = \mathrm{e}^{-0.1 \times 8.0472} \approx 0.4472$$

因而得到

$$D'(z) = k_z' \frac{z - 0.4472}{(z - 0.8367)(z - 0.3162)}$$

（3）根据非零稳态值相等确定 k_z'，采用单位阶跃输入信号，其 Z 变换为 $Z\big[1(t)\big] = \dfrac{z}{z-1}$，在此输入作用下，$D(z)$ 的输出终值为

$$u(\infty) = \lim_{z \to 1}\left(\frac{z-1}{z}D(z)\frac{z}{z-1}\right) = \lim_{z \to 1}\left(\frac{2(z-0.2)}{(z-0.7)(z-0.1)}\right) \approx 5.9259$$

$D'(z)$ 的输出终值为

$$u(\infty) = \lim_{z \to 1}\left(\frac{z-1}{z}D'(z)\frac{z}{z-1}\right) = \lim_{z \to 1}\left(k_z'\frac{z-0.4472}{(z-0.8367)(z-0.3162)}\right) \approx 4.9505k_z'$$

那么根据两个控制器的输出终值相等，有

$$4.9505k_z' = 5.9259 \Rightarrow k_z' \approx 1.197$$

所以，在 $T_s' = 0.1$ 时控制器的脉冲传递函数为

$$D'(z) = \frac{1.197(z - 0.4472)}{(z - 0.8367)(z - 0.3162)}$$

SciPy 和 python-control 中没有函数能直接实现这个示例的计算功能，但是我们可以编写程序辅助计算。本示例的辅助计算程序代码如下。

```
[1]:    ''' 文件: note9_01.ipynb
        【例 9.1】对一个数字控制器脉冲传递函数，重设采样周期后计算新的表达式
        '''
        import numpy as np
        import control as ctr
```

```
[2]:    Z0=[0.2]                    #原来函数的零极点和增益
        P0=[0.7, 0.1]
        K0= 2
        T0=0.2                      #原来函数的采样周期
        Dz0= ctr.zpk(Z0, P0, K0, T0) #构造原始的表达式
        Dz0
```

$$[2]: \quad \frac{2z - 0.4}{z^2 - 0.8z + 0.07}, dt = 0.2$$

```
[3]:    Zs= np.log(Z0)/T0           #函数的零极点映射到 S 平面
        Ps= np.log(P0)/T0
        Zs, Ps
```

```
[3]:    (array([-8.04718956]), array([ -1.78337472, -11.51292546]))
```

```
[4]:    T=0.1
        Z2= np.exp(T*Zs)            #改换采样周期后，再映射回 Z 平面
```

```
P2= np.exp(T*Ps)
Z2, P2
```

[4]: (array([0.4472136]), array([0.83666003, 0.31622777]))

[5]:
```
a=1
f1=2*(a-0.2)/((a-0.7)*(a-0.1))                          #计算原来函数的终值
f1
```

[5]: 5.925925925925925

[6]:
```
f2=(a-0.4472)/((a-0.8367)*(a-0.3162))                   #计算函数终值的一部分
f2
```

[6]: 4.9505420431589116

[7]:
```
k=f1/f2                                                 #计算出函数中的 k
k
```

[7]: 1.197025674009755

[8]:
```
Dz2=ctr.zpk(Z2, P2,k, dt=T)                             #构建的传递函数
Dz2
```

[8]: $\dfrac{1.197z-0.5353}{z^2-1.153z+0.2646}, dt=0.1$

9.2.2　PID 控制算法

比例-积分-微分（proportional-integral-derivative，PID）控制算法是实际中常用的一种控制算法，连续型 PID 控制算法的表达式为

$$u(t)=K_p\left(e(t)+\frac{1}{T_i}\int_0^t e(t)\mathrm{d}t+T_d\frac{\mathrm{d}e(t)}{\mathrm{d}t}\right) \tag{9-6}$$

其中，$u(t)$ 表示计算的输出，$e(t)$ 是偏差，K_p 为比例系数，T_i 为积分时间常数，T_d 为微分时间常数。

设采样周期为 T_s，取离散近似

$$\frac{\mathrm{d}e(t)}{\mathrm{d}t}=\frac{e_{(n)}-e_{(n-1)}}{T_s},\quad \int_0^t e(t)\mathrm{d}t=\sum_{k=0}^n e_{(k)}\cdot T_s \tag{9-7}$$

那么

$$u_{(n)}=K_p\left(e_{(n)}+\frac{1}{T_i}\sum_{k=0}^n e_{(k)}\cdot T_s+T_d\frac{e_{(n)}-e_{(n-1)}}{T_s}\right) \tag{9-8}$$

$$u_{(n-1)}=K_p\left(e_{(n-1)}+\frac{1}{T_i}\sum_{k=0}^{n-1} e_{(k)}\cdot T_s+T_d\frac{e_{(n-1)}-e_{(n-2)}}{T_s}\right) \tag{9-9}$$

两式相减，有

$$u_{(n)}-u_{(n-1)}=K_p\left[e_{(n)}-e_{(n-1)}+\frac{T_s}{T_i}e_{(n)}+\frac{T_d}{T_s}\left(e_{(n)}-2e_{(n-1)}+e_{(n-2)}\right)\right] \tag{9-10}$$

那么，可以得到位置式 PID 控制律为

$$u_{(n)} = u_{(n-1)} + K_p \left[\left(1 + \frac{T_s}{T_i} + \frac{T_d}{T_s} \right) e_{(n)} - \left(1 + 2\frac{T_d}{T_s} \right) e_{(n-1)} + \frac{T_d}{T_s} e_{(n-2)} \right] \tag{9-11}$$

式（9-11）也可以改写为增量式 PID 控制律

$$\Delta u_{(n)} = u_{(n)} - u_{(n-1)} = K_p \left[\left(1 + \frac{T_s}{T_i} + \frac{T_d}{T_s} \right) e_{(n)} - \left(1 + 2\frac{T_d}{T_s} \right) e_{(n-1)} + \frac{T_d}{T_s} e_{(n-2)} \right] \tag{9-12}$$

根据式（9-11），可以写出离散 PID 控制律的脉冲传递函数为

$$D_{\mathrm{PID}}(z) = \frac{u(z)}{e(z)} = \frac{K_p \left[\left(1 + \frac{T_s}{T_i} + \frac{T_d}{T_s} \right) z^2 - \left(1 + 2\frac{T_d}{T_s} \right) z + \frac{T_d}{T_s} \right]}{z^2 - z} \tag{9-13}$$

式（9-11）中 $T_d = 0$ 时是 PI 控制律，PI 控制律的脉冲传递函数为

$$D_{\mathrm{PI}}(z) = \frac{u(z)}{e(z)} = \frac{K_p \left[\left(1 + \frac{T_s}{T_i} \right) z^2 - z \right]}{z^2 - z} = \frac{K_p \left[\left(1 + \frac{T_s}{T_i} \right) z - 1 \right]}{z - 1} \tag{9-14}$$

式（9-11）中 $T_d = 0, T_i = \infty$ 时是 P 控制律，P 控制律的脉冲传递函数为

$$D_{\mathrm{P}}(z) = \frac{u(z)}{e(z)} = \frac{K_p (z^2 - z)}{z^2 - z} = K_p \tag{9-15}$$

9.2.3　无稳态误差最小拍控制器设计

对于图 9-2 所示的采样控制系统，其闭环脉冲传递函数为

$$\Phi(z) = \frac{D(z)W(z)}{1 + D(z)W(z)} \tag{9-16}$$

其中

$$W(z) = Z\left\{ L^{-1}\left(G_h(s)G(s) \right) \right\} \tag{9-17}$$

在式（9-16）中，如果已知 $W(z)$ 和 $\Phi(z)$，就可以计算出 $D(z)$。闭环脉冲传递函数 $\Phi(z)$ 可以通过性能要求来确定。

在图 9-2 中，系统偏差的脉冲传递函数为

$$\Phi_e(z) = \frac{E(z)}{R(z)} = \frac{R(z) - Y(z)}{R(z)} = 1 - \Phi(z) \tag{9-18}$$

即

$$E(z) = R(z)\left[1 - \Phi(z)\right] \tag{9-19}$$

由终值定理（另外一种表达式），可以确定稳态误差为

$$e(\infty) = \lim_{z \to 1}(z-1)E(z) = \lim_{z \to 1}(z-1)R(z)\left[1 - \Phi(z)\right] \tag{9-20}$$

最小拍系统设计的基本思想是：要求系统在某种典型输入下，经过最少采样周期使稳态误差为零。

1. 单位阶跃输入

对于单位阶跃输入信号 $r(t) = 1(t)$，其 Z 变换是

$$R(z) = \frac{1}{1 - z^{-1}} \tag{9-21}$$

要求在此输入下的稳态误差为零，即

$$e(\infty) = \lim_{z \to 1}(z-1)\frac{1}{1 - z^{-1}}\left[1 - \Phi(z)\right] = 0 \tag{9-22}$$

可以令

$$1 - \Phi(z) = 1 - z^{-1} \tag{9-23}$$

从而得到

$$\Phi(z) = z^{-1} \tag{9-24}$$

在式（9-22）中，不能令 $1 - \Phi(z) = 0$，因为这样得到 $\Phi(z) = 1$。而根据式（9-16），$\Phi(z)$ 是不可能等于 1 的。

2. 单位斜坡输入

对于单位斜坡输入信号 $r(t) = t$，其 Z 变换是

$$R(z) = \frac{Tz^{-1}}{(1 - z^{-1})^2} \tag{9-25}$$

系统的稳态误差为

$$e(\infty) = \lim_{z \to 1}(z-1)\frac{Tz^{-1}}{(1 - z^{-1})^2}\left[1 - \Phi(z)\right] = 0 \tag{9-26}$$

可以令

$$1 - \Phi(z) = (1 - z^{-1})^2 \tag{9-27}$$

从而得到

$$\Phi(z) = 2z^{-1} - z^{-2} \tag{9-28}$$

3. 单位加速度输入

对于单位加速度信号 $x(t) = \dfrac{t^2}{2}$，其 Z 变换是

$$X(z) = \frac{T^2 z^{-1}\left(1+z^{-1}\right)}{2(1-z^{-1})^3} \tag{9-29}$$

系统的稳态误差为

$$e(\infty) = \lim_{z \to 1}(z-1)\frac{T^2 z^{-1}\left(1+z^{-1}\right)}{2(1-z^{-1})^3}\left[1-\varPhi(z)\right] = 0 \tag{9-30}$$

可以令

$$1-\varPhi(z) = (1-z^{-1})^3 \tag{9-31}$$

由此可得

$$\varPhi(z) = 3z^{-1} - 3z^{-2} + z^{-3} \tag{9-32}$$

9.2.4 采样控制系统仿真示例

【例 9.2】一个采样控制系统结构如图 9-4 所示，设系统采样周期 $T_s = 1$，仿真步长 $T = 0.1$，要求对该系统采用如下两种控制器进行仿真。

（1）PI 控制器，设计合理的 PI 控制器参数。

（2）单位阶跃输入下的最小拍控制器，计算最小拍控制器的表达式。

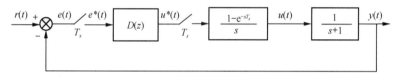

图 9-4　一个采样控制系统结构

1. 使用 PI 控制器

PI 控制器的脉冲传递函数为

$$D_{\text{PI}}(z) = \frac{u^*(z)}{e^*(z)} = \frac{K_p\left(1+\dfrac{T_s}{T_i}\right)z - K_p}{z-1}$$

写成差分方程的形式，就是

$$u^*_{(k)} = u^*_{(k-1)} + K_p\left(1+\frac{T_s}{T_i}\right)e^*_{(k)} - K_p e^*_{(k-1)}$$

控制器的参数 K_p 和 T_i 可以采用参数整定或尝试法得到。令 $K_p = 1, T_i = 2$，则

$$D_{\text{PI}}(z) = \frac{u^*(z)}{e^*(z)} = \frac{1.5z-1}{z-1}$$

写为差分方程的形式，就是

$$u^*_{(k)} = u^*_{(k-1)} + 1.5e^*_{(k)} - e^*_{(k-1)}$$

采用 PI 控制器仿真时，对被控对象模型采用数值积分法计算，模型用微分方程表示。

$$\frac{y(s)}{u(s)} = \frac{1}{s+1} \Rightarrow \dot{y} = -y + u$$

因为使用了零阶保持器，在一个采样周期内 u^* 保持不变，即 $u = u^*_{(k)}$。

创建一个 Notebook 程序文件，对该系统使用所设计的 PI 控制器进行仿真。图 9-5 为程序输出，展示了使用 PI 控制器时系统的仿真输出。

```
[1]:    ''' 文件: note9_02A.ipynb
        【例 9.2】对一个采样控制系统进行仿真，使用 PI 控制器
        '''
        import numpy as np
        import matplotlib.pyplot as plt
        import matplotlib as mpl
        import control as ctr
        mpl.rcParams['font.sans-serif']= ['KaiTi','SimHei']
        mpl.rcParams['font.size']= 11
        mpl.rcParams['axes.unicode_minus']= False
```

```
[2]:    class PIcontroller:                              #PI 控制器类
            def __init__(self, Kp=1, Ti=2, Ts=1, iniu=0):
                self.PIa= Kp*(1+Ts/Ti)
                self.PIb= -Kp
                self.err= np.array([0,0],dtype=float)   #必须定义为浮点数类型
                self.u0= iniu

            def control(self,cur_e):                    #计算 PI 控制器输出
                self.err[1]= self.err[0]                #移位存储
                self.err[0]= cur_e                      #最新的偏差
                self.u0 = self.u0 + self.PIa* cur_e + self.PIb* self.err[1]    #计算控制器输出
                return self.u0                          #返回值是标量
```

```
[3]:    Kp, Ti, Ts= (1.0, 2.0, 1.0)                     #PI 控制器参数,注意用浮点数表示
        PIer= PIcontroller(Kp,Ti,Ts,iniu=0.0)          #创建一个 PI 控制器
```

```
[4]:    h,tstop = (0.1, 6.0)                            #连续系统仿真步长，仿真时间长度
        N= int(Ts/h)                                   #采样步长与仿真步长之间的倍数
        PI_t= np.arange(0,tstop,Ts)                    #控制器的计算时间序列
        steps_PI= PI_t.size                            #控制器计算步数
        uout= np.zeros_like(PI_t)                      #控制器输出序列

        mod_t= np.arange(0,tstop+h,h)                  #模型的计算时间序列
        yout= np.zeros_like(mod_t)                     #模型的输出数据序列
        (uout.size, yout.size)
```

```
[4]:    (6,61)
```

```
[5]:    mod_ct= ctr.ss([-1],[1],[1],[0])               #连续时间系统模型
        mod_ct
```

$$[5]: \quad \left[\begin{array}{c|c} -1 & 1 \\ \hline 1 & 0 \end{array}\right]$$

```
[6]:    R= 1.0                                          #系统输入，单位阶跃
```

```
x,y= (0.0,0.0)                  #连续模型的状态初值和输出初值
pos= 0                          #存储位置
for i in range(steps_PI):
    ek1= R-y                    #当前偏差
    uk1= PIer.control(ek1)
    uout[i]= uk1                #存储控制器的输出
    for j in range(N):          #一个采样周期内对模型计算 N 次
        t= mod_t[pos]           #当前时间
        k1= mod_ct.dynamics(t,y,uk1)             #RK4 数值积分算法
        k2= mod_ct.dynamics(t+h/2,y+0.5*h*k1,uk1)
        k3= mod_ct.dynamics(t+h/2,y+0.5*h*k2,uk1)
        k4= mod_ct.dynamics(t+h,   y+h*k3,     uk1)
        x= x+ h*(k1+2*k2+2*k3+k4)/6              #更新状态
        yout[pos+1]= x[0]       # 存储模型的输出
        y= x[0]                 # y 是标量
        pos= pos+1
```

```
[7]:    fig,ax= plt.subplots(figsize=(4.5,3),layout='constrained')
        ax.step(PI_t,uout, 'r:o', where="post",  label="PI 控制器输出")
        ax.plot(mod_t,yout, 'b-+',linewidth=0.5, label="被控对象输出")
        ax.set_xlabel("时间(秒)")
        ax.set_ylabel("输出")
        ax.set_title("采样控制系统仿真")
        ax.set_ylim(0,1.6)
        ax.legend(loc="lower right")
```

```
[7]:    <matplotlib.legend.Legend at 0x24a9ea07f10>
```

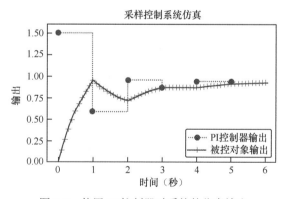

图 9-5 使用 PI 控制器时系统的仿真输出

输入[2]中定义了一个类 PIcontroller，用于实现一个 PI 控制器。它的初始化函数中可以设置
PI 控制器的参数，以及初始的输入作用。类的初始化函数里创建了一个对象属性数组 err，用于
存储 PI 控制器计算过程中用到的偏差历史数据。PIcontroller.control()方法用于进行一次 PI 控制
计算，它根据当前偏差 cur_e 和上一步偏差计算当前输出。control()方法里会自动移位存储偏差
数据，存储当前输出，以便进行下一步计算。

输入[3]中创建了一个 PIcontroller 类型的对象 PIer，并设置了 PI 控制器的参数和初始化数据。

输入[4]中设置了仿真步长 h 和计算时长 tstop。计算的参数 N=10，也就是 PI 控制器计算一

次输出后,模型需要计算 10 次。输入[4]中还创建了用于存储控制器输出数据的数组 uout,以及用于存储模型输出数据的数组 yout。

输入[5]中创建了一个 StateSpace 对象 mod_ct 用于表示被控对象的连续时间状态空间模型。创建 StateSpace 对象是为了在使用 RK4 方法进行仿真计算时利用 StateSpace.dynamics() 方法。

输入[6]中有两层循环。外层循环计算 PI 控制器的输出 uk1,这个输出作用于被控制对象,并且在一个采样周期内保持不变;内层循环用于对被控制对象的连续时间模型进行仿真计算,使用了 RK4 方法。外循环计算一次,内循环需要计算 N 次。

输入[7]中绘制了 PI 控制器的输出曲线和被控对象的输出曲线。从图 9-5 可以清楚地看到,PI 控制器的输出在一个采样周期($T_s = 1$)内是保持不变的。但是被控对象是连续时间系统,它在这 1s 内的状态是连续变化的,我们用数值积分法对模型按照仿真步长 $h = 0.1$ 进行更新计算。

2. 使用最小拍控制器

由最小拍控制器设计的原理,要使该系统在单位阶跃输入下是一个最小拍控制系统,必须使 $\Phi(z) = z^{-1}$。

前向通道的脉冲传递函数为

$$W(z) = Z\left[G_h(s) \cdot G(s)\right] = Z\left[\frac{1 - \mathrm{e}^{-sT_s}}{s} \cdot \frac{1}{s+1}\right] = \frac{1 - \mathrm{e}^{-T_s}}{z - \mathrm{e}^{-T_s}}$$

那么,控制器的脉冲传递函数为

$$D(z) = \frac{\Phi(z)}{W(z)\left[1 - \Phi(z)\right]} = \frac{z - \mathrm{e}^{-T_s}}{\left(1 - \mathrm{e}^{-T_s}\right)(z - 1)}$$

当 $T_s = 1$ 时

$$D(z) \approx \frac{1.5820(z - 0.3679)}{z - 1}$$

写成差分方程就是

$$u^*_{(k)} = u^*_{(k-1)} + 1.582 e^*_{(k)} - 0.582 e^*_{(k-1)}$$

编写一个 Notebook 程序文件,使用所设计的最小拍控制器对系统进行仿真。

```
[1]:     ''' 文件: note9_02B.ipynb
         【例 9.2】对一个采样控制系统进行仿真,使用单位阶跃输入下的最小拍控制器
         '''
         import numpy as np
         import matplotlib.pyplot as plt
         import matplotlib as mpl
         import control as ctr
         mpl.rcParams['font.sans-serif']= ['KaiTi','SimHei']
         mpl.rcParams['font.size']= 11
         mpl.rcParams['axes.unicode_minus']= False
```

```
[2]:   class MinStepController:                    #最小拍控制器
           def __init__(self, Ts=1, iniu=0):
               ets= np.exp(-Ts)
               self.a= 1/(1-ets)                    #控制表达式
               self.b= -ets/(1-ets)
               self.err= np.array([0,0],dtype=float)    #必须定义为浮点数类型
               self.u0= iniu

           def control(self,cur_e):                 #计算控制器输出
               self.err[1]= self.err[0]             #移位存储
               self.err[0]= cur_e                   #最新的 ek
               self.u0 = self.u0 + self.a* cur_e + self.b* self.err[1]
               return self.u0                       #返回值是标量
```

```
[3]:   Ts= 1.0                                      #采样周期
       controller= MinStepController(Ts,iniu=0.0)    #创建一个最小拍控制器
       (controller.a, controller.b)                 #显示控制器参数
```

```
[3]:   (1.5819767068693265, -0.5819767068693265)
```

```
[4]:   h,tstop = (0.1, 6.0)                         #连续系统仿真步长，仿真时间长度
       N= int(Ts/h)                                 #采样步长与仿真步长之间的倍数
       ctr_t= np.arange(0,tstop,Ts)                 #控制器的计算时间序列
       steps_PI= ctr_t.size                         #控制器计算步数
       uout= np.zeros_like(ctr_t)                   #控制器输出序列

       mod_t= np.arange(0,tstop+h,h)                #模型的计算时间序列
       yout= np.zeros_like(mod_t)                   #模型的输出数据序列
       (uout.size, yout.size)
```

```
[4]:   (6,61)
```

```
[5]:   mod_ct= ctr.ss([-1],[1],[1],[0])   #连续时间系统模型
       mod_ct
```

$$[5]: \begin{pmatrix} -1 & 1 \\ \hline 1 & 0 \end{pmatrix}$$

```
[6]:   R= 1.0                                       #系统输入，单位阶跃
       x,y= (0.0,0.0)                               #连续模型的状态初值和输出初值
       pos= 0                                       #存储位置
       for i in range(steps_PI):
           ek1= R-y                                 #当前偏差
           uk1= controller.control(ek1)             #计算控制器的输出
           uout[i]= uk1                             #存储控制器的输出
           for j in range(N):                       #一个采样周期内对模型计算 N 次
               t= mod_t[pos]                        #当前时间
               k1= mod_ct.dynamics(t,y,uk1)         #RK4 数值积分算法
               k2= mod_ct.dynamics(t+h/2,y+0.5*h*k1,uk1)
               k3= mod_ct.dynamics(t+h/2,y+0.5*h*k2,uk1)
               k4= mod_ct.dynamics(t+h,  y+h*k3,    uk1)
               x= x+ h*(k1+2*k2+2*k3+k4)/6          #更新状态
               yout[pos+1]= x[0]                    # 存储模型的输出
               y= x[0]                              # y 是标量
               pos= pos+1
```

```
[7]:   fig,ax= plt.subplots(figsize=(4.5,3),layout='constrained')
       ax.step(ctr_t,uout, 'r:o', where="post",  label="最小拍控制器输出")
       ax.plot(mod_t,yout, 'b-+',linewidth=0.5,  label="被控对象输出")
       ax.set_xlabel("时间(秒)")
```

```
ax.set_ylabel("输出")
ax.set_title("采样控制系统仿真")
ax.set_ylim(0,1.8)
ax.legend(loc="lower right")
```

[7]: <matplotlib.legend.Legend at 0x15886777350>

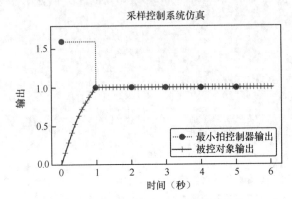

图 9-6　使用最小拍控制器的仿真输出

　　我们在输入[2]中定义了一个类 MinStepController，用来表示最小拍控制器。初始化时根据给定的采样周期计算了控制器的两个参数，并且初始化偏差和输入的历史数据。MinStepController.control()方法根据最小拍控制器差分方程进行一次计算，它会自动移位存储偏差数据。

　　输入[3]中创建了一个 MinStepController 对象 controller。输出[3]中显示了最小拍控制器的两个参数，与理论计算的结果是一致的。

　　输入[6]的外循环中使用最小拍控制器 controller 计算控制作用，内循环中使用 RK4 方法更新被控对象的状态和输出，仿真结果如图 9-6 所示。从图中可看到，只需一个采样控制周期，被控对象的输出就达到了稳态，这也就是最小拍控制器的意义。

9.3　带纯延迟环节的系统的仿真

　　当实际的系统存在比较大的滞后时，例如流体在管道中流动的距离比较长时，在系统的数学模型中就需要引入纯延迟环节来准确表示系统的特性。纯延迟环节可以看作一种非线性环节，本节介绍纯延迟环节的数学模型表示，以及仿真时的处理方法。

9.3.1　纯延迟环节的仿真模型

　　纯延迟环节的传递函数为

$$G(s) = \frac{y(s)}{u(s)} = \mathrm{e}^{-\tau s} \tag{9-33}$$

其中，τ 为延迟时间长度。延迟环节可以看作一种非线性环节，当实际的系统中存在比较大的容量滞后时，就需要在系统的数学模型中引入纯延迟环节。

设仿真步长为 T，延迟时间与仿真步长存在下面的关系

$$\frac{\tau}{T} = C_0 + C_1 \tag{9-34}$$

其中，C_0 为整数部分，C_1 为小数部分，则

$$G(s) = e^{-(C_0 + C_1)Ts} \tag{9-35}$$

式（9-35）对应的脉冲传递函数为

$$G(z) = z^{-(C_0 + C_1)} \tag{9-36}$$

将上式写成差分方程就是

$$y_{(k)} = u_{\left(k - (C_0 + C_1)\right)} \tag{9-37}$$

根据 C_1 是否等于零，分两种情况来处理。

1. C_1 为零的情况

若 $C_1 = 0$，那么式（9-37）简化为

$$y_{(k)} = u_{(k - C_0)} \tag{9-38}$$

对这个差分方程的仿真计算就是一个传输延迟的问题，传输过程相当于一个先进先出的管道。定义一个具有 $C_0 + 1$ 个存储单元的一维数组 M 存放各时刻的 u，假设数组索引从 0 开始，数组各单元存储的数据见表 9-1。

表 9-1　当 C_1=0 时延迟环节的存储结构

M[0]	M[1]	⋯	M[C_0−1]	M[C_0]
$y_{(k)} = u_{(k-C_0)}$	$u_{(k-C_0+1)}$	⋯	$u_{(k-1)}$	$u_{(k)}$

移位计算一步的步骤如下。

（1）当前计算出来的 $u_{(k)}$ 存入 M[C_0]。

（2）从 M[0] 取出 $u_{(k-C_0)}$ 作为 $y_{(k)}$。

（3）将各存储单元的内容移位，即 M[1]→M[0], M[2]→M[1], ⋯, M[C_0]→M[C_0−1]。

2. C_1 不为零的情况

当 $C_1 \neq 0$ 时，有

$$C_0 < C_0 + C_1 < C_0 + 1 \tag{9-39}$$

可以应用如下的插补公式求 $y_{(k)}$。

$$y_{(k)} = \left(1 - C_1\right)u_{(k-C_0)} + C_1 u_{(k-(C_0+1))} \tag{9-40}$$

定义一个具有 C_0+2 个存储单元的一维数组 M 存放各时刻的 u，假设数组索引从 0 开始，数组各单元存储的数据见表 9-2。

表 9-2　当 $C_1 \neq 0$ 时，延迟环节的存储结构

M[0]	M[1]	M[2]	⋯	M[C_0]	M[C_0+1]
$u_{(k-C_0-1)}$	$u_{(k-C_0)}$	$u_{(k-C_0+1)}$	⋯	$u_{(k-1)}$	$u_{(k)}$

移位计算一步的步骤如下。

（1）当前计算出来的 $u_{(k)}$ 存入 M[C_0+1]。

（2）取出 M[0] 和 M[1] 单元的 u，按插补公式（9-40）计算 $y_{(k)}$。

（3）将各存储单元的内容移位，即 M[1]→M[0], M[2]→M[1], ⋯, M[C_0+1]→M[C_0]。

9.3.2　带纯延迟环节的采样控制系统仿真示例

【例 9.3】一个具有延迟特性的采样控制系统如图 9-7 所示。设 $K_0 = T_0 = 1, R = 1$，$\tau = 1$，采用 PI 控制器，取 $K_p = 1$，$T_i = 2$。对该系统编写程序进行仿真，惯性环节采用时域离散相似模型。采用仿真步长 $T = 0.05$，采样周期 $T_s = 0.5$，作出控制器输出、延迟环节输出、系统输出的仿真曲线。

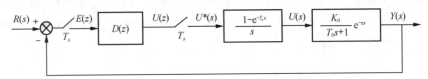

图 9-7　一个具有延迟特性的采样控制系统

解：假设延迟环节在对象模型的前面。

（1）PI 控制器的表示如下。

$$D_{\mathrm{PI}}(z) = \frac{u^*(z)}{e^*(z)} = \frac{K_p\left(1 + \dfrac{T_s}{T_i}\right)z - K_p}{z - 1}$$

写成差分方程就是

$$u^*_{(k)} = u^*_{(k-1)} + K_p\left(1 + \frac{T_s}{T_i}\right)e^*_{(k)} - K_p e^*_{(k-1)}$$

（2）纯延迟环节的处理。

$C_0 = \tau / T = 20$ 是一个整数。定义一个数组 M，它具有 C_0+1 个存储单元。

（3）模型离散化。

将惯性环节离散化，先将模型标准化

$$\frac{Y_1(s)}{U_1(s)} = \frac{K_0}{T_0 s + 1} = \frac{\dfrac{K_0}{T_0}}{s + \dfrac{1}{T_0}}$$

惯性环节的输入 u_1 在一个采样周期内是不变的，其离散时间模型可以写为

$$y_{1(k+1)} = \mathrm{e}^{-T/T_0} y_{1(k)} + K_0 \left(1 - \mathrm{e}^{-T/T_0}\right) u_1$$

当 $K_0 = 1$，$T_0 = 1$，$T = 0.05$ 时，离散时间模型就是

$$y_{1(k+1)} \approx 0.9512 y_{1(k)} + 0.0488 u_1$$

记 $N = \dfrac{T_s}{T} = 10$，在一个采样周期内需要将延迟环节和惯性环节计算 N 次。

针对这个示例编写一个 Notebook 程序文件，代码如下。图 9-8 为程序输出，展示了带延迟环节的采样控制系统的仿真曲线。

```
[1]:  ''' 文件: note9_03.ipynb
      【例 9.3】带延迟环节的采样控制系统仿真
      '''
      import numpy as np
      import matplotlib.pyplot as plt
      import matplotlib as mpl
      import control as ctr
      mpl.rcParams['font.sans-serif']= ['KaiTi','SimHei']
      mpl.rcParams['font.size']= 11
      mpl.rcParams['axes.unicode_minus']= False
```

```
[2]:  class PIcontroller:                          #PI 控制器
          def __init__(self, Kp=1, Ti=2, Ts=1, iniu=0):
              self.PIa= Kp*(1+Ts/Ti)
              self.PIb= -Kp
              self.err= np.array([0,0],dtype=float)      #必须定义为浮点数类型
              self.u0= iniu

          def control(self,cur_e):                  #计算 PI 控制器输出
              self.err[1]= self.err[0]              #移位存储
              self.err[0]= cur_e                    #最新的 ek
              self.u0 = self.u0 + self.PIa* cur_e + self.PIb* self.err[1]   #计算控制器输出
              return self.u0                        #返回值是标量
```

```
[3]:  Kp, Ti, Ts= (1.0, 2.0, 0.5)                  #PI 控制器参数,注意用浮点数表示
      PIer= PIcontroller(Kp,Ti,Ts,iniu=0.0)       #创建一个 PI 控制器
```

```
[4]:  h,tstop = (0.05, 10)                         #连续系统仿真步长,仿真时间长度
      N= int(Ts/h)                                 #采样步长与仿真步长之间的倍数
      PI_t= np.arange(0,tstop,Ts)                  #控制器的计算时间序列
```

```
           steps_PI= PI_t.size                       #控制器计算步数
           uout= np.zeros_like(PI_t)                  #控制器输出序列

           mod_t= np.arange(0,tstop+h,h)              #模型的计算时间序列
           yout= np.zeros_like(mod_t)                 #模型的输出数据序列
           (uout.size, yout.size)
```

[4]:　`(20,201)`

```
[5]:       tao= 1.0                                   #延迟环节的时间系数
           C0= int(tao/h)                             #与仿真步长的关系
           udelay= np.zeros(C0+1)                     #延迟环节存储数组
           du_out= np.zeros_like(mod_t)               #延迟环节的输出数据
           C0
```

[5]:　`20`

```
[6]:       (K0,T0)= (1.0, 1.0)                        #惯性环节的参数
           mod= ctr.ss([-1.0],[K0/T0],[K0/T0],0)      #惯性环节的连续状态空间模型
           mod_dt= mod.sample(h, method='zoh')        #模型离散化
           mod_dt
```

[6]:　$\left(\begin{array}{c|c} 0.951 & 0.0488 \\ \hline 1 & 0 \end{array}\right), dt = 0.05$

```
[7]:       R= 1.0                                     #系统输入，单位阶跃
           x,y= (0.0,0.0)                             #模型的状态初值和输出初值
           pos= 0                                     #存储位置
           for i in range(steps_PI):
               ek1= R-y                               #当前偏差
               uk1= PIer.control(ek1)
               uout[i]= uk1                           #存储控制器的输出
               for j in range(N):                     #一个采样周期内对模型计算 N 次
                   t= mod_t[pos]                      #当前时间
                   for k in range(C0):                #延迟环节移位存储
                       udelay[k] = udelay[k+1]
                   udelay[C0]= uk1                    #最新的控制作用
                   u= udelay[0]                       #作用于被控对象的 u
                   du_out[pos+1]= u                   #存储延迟环节的输出

                   x= mod_dt.dynamics(t,x,u)          #离散模型的状态迭代方程
                   newy= mod_dt.output(t,x,u)         #模型的输出方程
                   yout[pos+1]= newy[0]               #存储模型的输出
                   y= newy[0]                         #y 是标量，以便于计算偏差
                   pos= pos+1
```

```
[8]:       fig,ax= plt.subplots(figsize=(6,4),layout='constrained')
           ax.step(PI_t,uout, 'r--*', where="post", label="PI 控制器输出")
           ax.step(mod_t,du_out, 'g', where="post", label="延迟环节输出")
           ax.step(mod_t,yout, 'b:', where="post", label="惯性环节输出")
           ax.set_xlabel("时间(秒)")
           ax.set_ylabel("输出")
           ax.set_title("带延迟环节的采样控制系统仿真")
           ax.set_xlim(0,tstop)
           ax.set_ylim(-0.5,2.5)
           ax.legend(loc="upper right")
```

[8]:　`<matplotlib.legend.Legend at 0x188d6e6df50>`

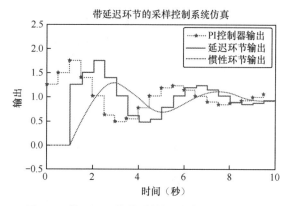

图 9-8　带延迟环节的采样控制系统的仿真曲线

输入[2]中定义了表示 PI 控制器的类 PIcontroller，其代码与【例 9.2】中的完全一样。输入[3]中给定 PI 控制器参数和采样周期 Ts，然后创建了一个 PIcontroller 类对象 PIer。

输入[4]中给定了仿真步长 h 和总的仿真时长 tstop，然后计算了 PI 控制器和模型各自需要计算的步数，并创建了各自的时间序列数据的存储数组。

输入[5]中给定了延迟环节的参数 tao=1.0，计算了延迟环节对仿真步长的倍数 C0，为简单起见，本示例中取这个倍数为整数。输入[5]中创建了用于表示延迟环节特性的数组 udelay，以及用于记录延迟环节仿真输出数据的数组 du_out。

输入[6]中给定了惯性环节的参数 K0 和 T0，创建了其状态空间模型 mod，然后利用 StateSpace 的 sample() 方法将其转换为离散时间模型 mod_dt。离散化的步长就是仿真步长 h，使用了基于虚拟零阶保持器的离散相似法。

输入[7]中是仿真计算过程，外层循环是 PI 控制器的计算，内层循环是延迟环节和模型的计算。延迟特性用数组 udelay 的移位存储来表示，延迟环节就相当于一个先入先出队列。惯性环节用离散时间模型 mod_dt 表示，在进行模型的更新计算时，用 mod_dt.dynamics() 方法对离散状态方程进行计算，用 mod_dt.output() 方法对输出方程进行计算。

输入[8]中绘制了 3 条曲线，因为延迟环节和惯性环节都采用了离散时间模型，所以都绘制成阶梯图，如图 9-8 所示。从图中可以看到，PI 控制器在 $t = 0$ 时就产生了控制输出，但是需要经过延迟环节延迟 1s 之后才作用于对象，对象在 $t = 1$ 时才开始发生变化。

练习题

9-1. 一个数字控制器在采样周期 $T_s = 0.5\text{s}$ 时的脉冲传递函数是 $D(z) = \dfrac{2.3(z - 0.8)}{z - 0.6}$，计算采样周期变为 $T_s' = 0.2\text{s}$ 时控制器的脉冲传递函数 $D'(z)$。

9-2. 采样控制系统如题图 9-1 所示，被控对象 $G(s) = \dfrac{1}{(s+2)^2}$，采用 PI 控制器。取采样周期 $T_s = 1$，

仿真步长 $h = 0.2$，取合适的 PI 控制器参数，做出系统在阶跃输入下的仿真输出曲线。

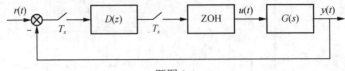

题图 9-1

9-3. 采样控制系统如题图 9-1 所示，采用增量式 PID 控制器，被控对象传递函数是 $G(s) = \dfrac{40}{s^2 + 5s}$。

（1）设系统输入为单位阶跃输入，取采样周期 $T_s = 0.01$，模型仿真步长 $h = 0.01$，仿真做出系统输出曲线。分别使用 P、PI、PID 等控制形式，仿真设置合适的控制器参数 K_p、T_i、T_d，并比较不同控制形式和控制器参数对控制效果的影响。

（2）取采样周期 $T_s = 0.05$，模型仿真步长 $h = 0.01$，对第（1）问进行仿真研究。

9-4. 采样控制系统如题图 9-1 所示，被控对象传递函数是 $G(s) = \dfrac{e^{-6s}}{20s + 1}$。采用 PI 控制器，控制器参数为 $K_p = 50$，$T_i = 1$，系统输入 $r(t) = 20$。取采样周期 $T_s = 2$，模型仿真步长 $h = 0.5$，将模型离散化后编程进行仿真，绘制出输出响应曲线。

附录 A　计算误差基本原理

利用计算机编写程序进行数值计算时，存在两种误差来源。一种是由于计算机内数的二进制表示所引起的舍入误差（round-off error），另一种是由于某些公式取近似表达式所引起的截断误差（truncation error）。本附录简要介绍这两种误差的来源及其影响，详细原理见参考文献[44]第 1 章。

A.1　舍入误差

在计算机内用浮点数表示实数时，存在机器精度的问题。机器精度就是某种浮点数类型所能表示的最小数据间隔。例如表 A-1 是 Visual C++中几种实数类型及其精度。

表 A-1　Visual C++中几种实数类型及其精度

数据类型	字节数	精度
float	4	1.19×10^{-7}
double	8	2.22×10^{-16}
long	10	1.08×10^{-19}

根据机器的舍入误差原理，可以将一个机器数表示为

$$x = x_e + \Delta x \tag{A-1}$$

其中，x 为计算机内表示的值，x_e 是数的真实值，Δx 为绝对舍入误差。再定义相对误差为

$$r_x = \frac{x - x_e}{x_e} \tag{A-2}$$

机器数的舍入误差会产生积累和传递。例如，设有两个数

$$x = x_e + \Delta x, \quad y = y_e + \Delta y \tag{A-3}$$

相加后其相对误差为

$$r_{x+y} = \frac{(x+y) - (x_e + y_e)}{x_e + y_e} = \frac{\Delta x + \Delta y}{x_e + y_e} \tag{A-4}$$

为了将式（A-4）用 r_x, r_y 来表示，设

$$y_e = \alpha x_e$$

如果 $x_e \neq 0$，α 是唯一的。那么，式（A-4）可以整理为

$$r_{x+y} = \frac{r_x + \alpha r_y}{1 + \alpha} \tag{A-5}$$

由式（A-5）可以看出，求和运算的累积误差与两个数的相对大小有关。

- 如果 $x_e \approx y_e$，即 $\alpha \approx 1$，那么 $r_{x+y} \approx \dfrac{r_x + r_y}{2}$

- 如果 $|y_e| \ll |x_e|$，即 $|\alpha| \ll 1$，那么 $r_{x+y} \approx r_x$

- 如果 $|y_e| \gg |x_e|$，即 $|\alpha| \gg 1$，那么 $r_{x+y} \approx r_y$

可见，两个数相加后的舍入误差主要由比较大的一个运算数决定。

机器数的舍入误差会在计算中积累和传递，造成计算误差。但是因为舍入误差一般比较小，在计算误差中不占主导地位，所以我们在使用计算机运算时一般忽略舍入误差的影响。

A.2　截断误差

数值计算中另外一个主要的误差是由于数学公式近似引入的。最常见的例子就是对一个无穷级数截取前面几项来近似表示，这种误差称为公式截断误差，或简称截断误差。

例如，函数 $f(x)$ 在 $x = a$ 处的泰勒级数展开表达式为

$$f(x) = \sum_{k=0}^{\infty} \frac{f^{(k)}(a)(x-a)^k}{k!} \tag{A-6}$$

其中，$f^{(k)}(a)$ 表示 $f(x)$ 的 k 阶导数在 $x = a$ 处的值，即

$$f^{(k)}(a) \overset{\Delta}{=} \left. \frac{\mathrm{d}^k f(x)}{\mathrm{d}x^k} \right|_{x=a} \tag{A-7}$$

如果公式在第 n 项截断，那么函数 $f(x)$ 就由一个 $n-1$ 阶多项式近似。

$$f_n(x) = \sum_{k=0}^{n-1} \frac{f^{(k)}(a)(x-a)^k}{k!} \tag{A-8}$$

由近似引起的误差 $E_n(x)$ 是所有忽略的高阶项的和，有时称为级数的余项。余项可以由忽略的第一项表示，即

$$E_n(x) \overset{\Delta}{=} f(x) - f_n(x) = \frac{f^{(n)}(\xi)(x-a)^n}{n!} \tag{A-9}$$

为简便起见，假设 $x > a$，那么 ξ 就是区间 $[a, x]$ 内的一个常数。根据 $f(x)$ 的特性，有可能

估计出 $E_n(x)$ 的上界。特别地，假设 $\left|f^n(\xi)\right|$ 的最大值是已知的并且可以估计为

$$M_n(x) \overset{\Delta}{=} \max_{a \leqslant \xi \leqslant x}\left\{\left|f^n(\xi)\right|\right\} \tag{A-10}$$

那么，从式（A-9）和式（A-10），可以得到保守的最坏情况的截断误差上限，并表示为

$$\left|E_n(x)\right| \leqslant \frac{M_n(x)(x-a)^n}{n!} \tag{A-11}$$

在讨论截断误差时，通常令 $h = x - a$，然后说截断误差 $E_n(x)$ 是 $O(h^n)$ 阶的。这表示当 h 趋近于零时，$E_n(x)$ 与 h^n 以相同的速度趋于零。因而，这种阶数符号 $O(h^n)$ 可以表示为下面的式子

$$O(h^n) \approx \alpha h^n, \qquad |h| << 1, \alpha \neq 0 \tag{A-12}$$

通常一个 $O(h^n)$ 阶的函数还包含高阶项，但在 h 趋近于零时，第一项是起主导作用的。数值计算算法通常是以它们的截断误差的阶数来分类的。与低阶的算法相比，高阶的算法能更快地收敛，精度也更高，但在一次迭代中需要更多的计算量。

【例 A.1】假设将 $f(x) = \mathrm{e}^{-x}$ 在 $a = 0$ 处展开，并截取前面 5 项作为近似表达式，那么

$$\mathrm{e}^{-x} \approx 1 - x + \frac{x^2}{2} - \frac{x^3}{6} + \frac{x^4}{24}$$

如果用这个近似表达式计算 $x = 1$ 时的值，那么

$$\mathrm{e}^{-1} \approx 1 - 1 + \frac{1}{2} - \frac{1}{6} + \frac{1}{24} = \frac{9}{24}$$

那么相对截断误差为

$$r_5(1) = \frac{9/24 - \mathrm{e}^{-1}}{\mathrm{e}^{-1}} \approx 1.94\%$$

为了根据式（A-11）计算截断误差上限，首先注意到 $f^{(k)}(\xi) = (-1)^k \mathrm{e}^{-\xi}$，因而由式（A-10）得到

$$M_5(1) = \max_{0 \leqslant \xi \leqslant 1}\left\{\mathrm{e}^{-\xi}\right\} = 1$$

因而，从式（A-11）可以得到绝对截断误差的上限为

$$\left|E_5(1)\right| \leqslant \frac{M_5(1)\left|1-0\right|^5}{5!} \approx 0.0083$$

转化为相对误差，得到

$$\left|r_5(1)\right| \leqslant \frac{\left|E_5(1)\right|}{\mathrm{e}^{-1}} \approx 2.26\%$$

附录 B　常用函数的 S 变换和 Z 变换

常用函数的 S 变换和 Z 变换见表 B-1。

表 B-1　常用函数的 S 变换与 Z 变换

时域函数 $f(t)$	拉普拉斯变换 $F(s)$	Z 变换 $F(z)$
$\delta(t)$	1	1
$\delta(t-kT)$	e^{-kTs}	z^{-k}
$1(t)$	$\dfrac{1}{s}$	$\dfrac{z}{z-1}$
t	$\dfrac{1}{s^2}$	$\dfrac{Tz}{(z-1)^2}$
$\dfrac{t^2}{2}$	$\dfrac{1}{s^3}$	$\dfrac{T^2 z(z+1)}{2(z-1)^3}$
e^{-at}	$\dfrac{1}{s+a}$	$\dfrac{z}{z-\mathrm{e}^{-aT}}$
$t\mathrm{e}^{-at}$	$\dfrac{1}{(s+a)^2}$	$\dfrac{Tz\mathrm{e}^{-aT}}{(z-\mathrm{e}^{-aT})^2}$
$1-\mathrm{e}^{-at}$	$\dfrac{a}{s(s+a)}$	$\dfrac{\left(1-\mathrm{e}^{-aT}\right)z}{(z-1)\left(z-\mathrm{e}^{-aT}\right)}$
$\sin\omega t$	$\dfrac{\omega}{s^2+\omega^2}$	$\dfrac{z\sin\omega T}{z^2-2z\cos\omega T+1}$
$\cos\omega t$	$\dfrac{s}{s^2+\omega^2}$	$\dfrac{z(z-\cos\omega T)}{z^2-2z\cos\omega T+1}$

附录 C 缩 略 词

ADC，analog-to-digital converter，模数转换器

AI，artificial intelligence，人工智能

AR，augment reality，增强现实

BIM，building information model，建筑信息模型

CAD，computer-aided design，计算机辅助设计

CAE，computer-aided engineering，计算机辅助工程

DAC，digital-to-analog converter，数模转换器

DCT，discrete cosine transform，离散余弦变换

EDA，electronic design automation，电子设计自动化

FFT，fast Fourier transform，快速傅里叶变换

GIS，geographic information system，地理信息系统

GPU，graphics processing unit，图形处理单元

GUI，graphical user interface，图形用户界面

HUD，head-up display，平视显示

IDE，integrated development environment，集成开发环境

LTI，linear time-invariant，线性时不变（或线性定常）

MIMO，multiple-input multiple-output，多输入多输出

MR，mixed reality，混合现实

ODE，ordinary differential equation，常微分方程

PCB，printed-circuit board，印制电路板

PID，proportional-integral-derivative，比例-积分-微分

PLC，programmable logic controller，可编程逻辑控制器

SISO，single-input single-output，单输入单输出

UML，unified modeling language，统一建模语言

VR，virtual reality，虚拟现实

VV&A，verification, validation and accreditation，校核、验证与确认

ZOH，zero-order holder，零阶保持器

参 考 文 献

[1] 钱学森，宋健. 工程控制论[M]. 3 版. 北京：科学出版社，2011.

[2] Mohammed Dahleh, Munther A. Dahleh, George Verghese. MIT open courseware: Lectures on Dynamic Systems and Control. 6.241J, Spring 2011. https://ocw.mit.edu/courses/.

[3] 肖田元，范文慧. 系统仿真导论[M]. 2 版. 北京：清华大学出版社，2011.

[4] 邱志明，李恒，周玉芳，等. 模拟仿真技术及其在训练领域的应用综述[J]. 系统仿真学报，2023，35(6):1131-1143.

[5] 高阳，吴巍，刘峥. 数字孪生技术在海上平台数字化建设中的应用研究[J]. 现代制造技术与装备，2023，6:88-91.

[6] 焦云强，罗敏明，赵恒平，等. 数字孪生在炼化装置生产数字化转型中的应用[J]. 世界石油工业，2023，30(2):42-49.

[7] 王新迎，蒲天骄，张东霞. 电力数字孪生研究综述及发展展望[J]. 2024，2(1):52-63.

[8] 杨小军，徐忠富，张星，等. 仿真模型可信度评估研究综述及难点分析[J]. 计算机科学，2019，46(6):23-29.

[9] 李东阳，倪菲菲. 水利工程河道泥沙冲淤规律及水沙调节仿真[J]. 系统仿真技术，2022，18(2):77-80.

[10] 孔刚，乔雨，陈晓楠，等. 南水北调中线工程应急调度仿真及策略研究[J]. 西北水电，2022，3:28-33.

[11] 唐平. 660 MW 核电机组一次调频实验及动态特性仿真分析[J]. 发电技术，2023，44(6):833-841.

[12] 姜静，何玉鹏，张子鹏. 基于在线仿真技术的核电厂事故评价与预测方案[J]. 上海交通大学学报，2019，53(增刊 1):123-126.

[13] 陈国平，李明节，董昱，等. 构建新型电力系统仿真体系研究[J]. 中国电机工程学报，2023，43(17): 6535-6550.

[14] 杜善周，黄涌波，卢国平，等. 面向新型电力系统的数字实时硬件在环仿真综述[J]. 湖南电力，2023，43(5):3-10.

[15] 程夕明. 新能源汽车电力电子技术仿真[M]. 北京：机械工业出版社，2022.

[16] 李煜，蔡玉梅，曾凯，等. 纯电动汽车锂电池组液冷散热系统的设计与仿真[J]. 内燃机与配件，2023，22:20-25.

[17] 侯慧，朱韶华，张清勇，等. 国内外高等学校虚拟仿真实验发展综述[J]. 电气电子教学学报，2022，44(5):143-147.

[18] 许志，张源，张迁，等. 飞行动力学设计与仿真[M]. 西安：西北工业大学出版社，2021.

[19] 杨顺昆，姚琪. 飞行失效原理与仿真[M]. 北京：国防工业出版社，2023.

[20] 闫杰，符文星，张凯，等. 武器系统仿真技术发展综述[J]. 系统仿真学报，2019，31(9):1775-1789.

[21] 冯培悌. 系统辨识[M]. 2 版. 杭州：浙江大学出版社，2004.

[22] 禹乐文，罗霞，刘仕焜. 复杂车路环境下自动驾驶车辆换道仿真研究[J]. 计算机仿真，2021, 38(5):146-152.

[23] 韩旭，盛怀洁，袁西超. 无人机群协同搜索航路规划仿真[J]. 计算机仿真，2018，35(9):37-41.

[24] 张俊瑞. 基于 Agent 的复杂系统建模与仿真[M]. 北京：北京邮电大学出版社，2018.

[25] 方美琪，张树人. 复杂系统建模与仿真[M]. 2 版. 北京：中国人民大学出版社，2011.

[26] 陈洁. 复杂系统建模与仿真——基于 Python 语言[M]. 北京：电子工业出版社，2021.

[27] 胡晓峰，贺筱媛，陶九阳. 认知仿真：是复杂系统建模的新途径吗？[J]. 科技导报，2018，36(12):46-54.

[28] 周攀，黄江涛，章胜，等. 基于深度强化学习的智能空战决策与仿真[J]. 航空学报，2023，44(4):126731.

[29] 夏琳. 基于深度强化学习的海上作战仿真推演决策方法研究[D]. 北京：中国舰船研究院，2023.

[30] 牛原玲，陈琳，陈洛南. 系统生物学中的随机微分方程数值仿真算法[J]. 数学理论与应用，2023，43(4)：76-92.

[31] 张彩友，汤耀景，龚列谦，等. GPU 并行的电力系统连锁故障快速仿真算法[J]. 电网与清洁能源，2022，38(10):28-34.

[32] 王红彦，阮兵. 数字孪生技术在汽车行业中的应用[J]. 科技创新与应用，2023.4：166-169.

[33] 张海涛，范荣琴，赵刚. 数字孪生关键技术及其在电力行业中的应用[J]. 通信电源技术，2023，40(11):100-102.

[34] 陈政强. Python 从入门到精通[M]. 北京：人民邮电出版社，2022.

[35] SUMMERFIELD M. Python 3 程序开发指南[M]. 王弘博，孙传庆，译. 北京：人民邮电出版社，2015.

[36] LOTT S F. Python 面向对象编程指南[M]. 张心韬，兰亮，译，北京：人民邮电出版社，2016.

[37] 王维波，栗宝鹃，张晓东. Python Qt GUI 与数据可视化编程[M]. 北京：人民邮电出版社，2019.

[38] MILOVANOVIC I. Python 数据可视化编程实战[M]. 颛青山，译. 2 版. 北京：人民邮电出版社，2018.

[39] 南裕树. 用 Python 轻松设计控制系统[M]. 施佳贤，译. 北京：机械工业出版社，2021.

[40] 刘豹，唐万生. 现代控制理论[M]. 3 版. 北京：机械工业出版社，2006.

[41] OGATA K. 现代控制工程[M]. 卢伯英，于海勋，译. 北京：电子工业出版社，2003.

[42] 郑大钟. 线性系统理论[M]. 2 版. 北京：清华大学出版社，2005.

[43] 胡寿松. 自动控制原理[M]. 6 版. 北京：科学出版社，2013.

[44] SCHILING R J, HARRIS S L. Applied Numerical Methods for Engineers Using MATLAB and C（影印本）[M]. 北京：机械工业出版社，2004.

[45] 姜建国，曹建中，高玉明. 信号与系统分析基础[M]. 北京：清华大学出版社，1994.

[46] CHEN C T. Digital Signal Processing Spectral Computation and Filter Design（影印本）[M]. 北京：电子工业出版社，2002.

[47] 张晓华. 控制系统数字仿真与 CAD[M]. 北京：机械工业出版社，2010.

[48] 刘金琨. 先进 PID 控制 MATLAB 仿真[M]. 5 版. 北京：电子工业出版社，2023.

[49] 薛定宇，陈阳泉. 基于 MATLAB/Simulink 的系统仿真技术与应用[M]. 2 版. 北京：清华大学出版社，2011.

[50] 乔·H.周，迪安·K. 弗雷德里克，尼古拉斯·W.切巴特. 离散时间系统控制问题——使用 MATLAB 及其控制系统工具箱[M]. 曹秉刚，王健，译. 西安：西安交通大学出版社，2004.